KB236241

최신 영양학

Contemporary
NUTRITION

김혜영·박혜련·이혜성·장순옥·최영선·김광옥·김기대·김윤희·박은미·임영숙 공저

    우리나라는 저출산 고령화가 지속되면서 2000년에 65세 이상 인구 구성비가 7%인 고령화사회에서 2017년에는 고령 인구 비율이 14%인 고령사회로 빠르게 진입하고 있다. 수명 증가와 함께 사람의 질환 보유기간도 늘어나면서 기대수명보다 건강수명을 더 늘리고자 하는 움직임이 보건의료전반에서 강조되고 있다. 건강한 장수를 위해서는 올바른 식생활 관리에 필요한 시의적절한 영양정보가 제공되어야하고, 그 근간에 영양학 연구 결과들을 토대로 한 최신 영양학에 대한 깊이 있는 이해가 우선적으로 필요하다.

    최근 생화학, 분자생물학, 역학 등의 발달과 더불어 영양학 분야의 지식 또한 양적, 질적으로 급속히 팽창하고 있다. 과거의 영양학 연구가 생존을 위한 식품의 양적인 충족이나 결핍증의 예방과 치료를 목표로 했다면, 현대의 영양학은 식사의 질적인 만족과 과다영양으로 인해 발생하기 쉬운 만성질환의 예방 및 건강 수명의 연장 등을 연구 목표로 하고 있다.

    '최신 영양학' 제4차 개정판은 앞으로 영양학을 선도할 젊은 영양학자들을 저자진에 보강하여 2015년 새로 개정된 한국인 영양소 섭취기준과 3차 개정판 이후 보고된 국내외 영양학 분야의 최신 영양정보들을 담아 그 내용을 새롭게 구성하였다. 또한 최근 영양사 국가시험 과목의 개편에 맞추어 영양학시험에서 다루는 전반적인 영양소와 영양소 대사의 내용을 독립된 장으로 분리하여 영양사 시험을 준비하는 학생들의 공부에 도움이 되도록 노력하였다.

    본서에서 사용한 외래어 용어는 한국영양학회에서 편찬한 '영양학 용어집', 한국생물과학협회에서 편찬한 '생물학용어집', 과학기술한림원의 '핵심과학기술용어집', 대한화학회에서 편찬한 화합물 명명법을 참고하였으며, 한글 옆에 원어를 기술하여 이해하기 쉽도록 표기하였다.

    본서의 집필진들은 항상 최신의 영양정보를 전달하고자 하는 사명감을 갖고 독자들의 제언을 겸허하게 수용하여 반영할 예정이다. 끝으로 이 책의 발간을 위해 힘써주신 도서출판 효일의 김홍용 대표님과 편집부에 감사드린다.

2016년 8월 저자 일동

Contents

영양학의 소개

영양학은 인간이 생명을 유지하고 건강하게 활동적으로 생활하며 장수하기 위해 필요한 각종 영양소의 역할과 기능, 소화, 흡수, 대사, 다른 영양소와의 관계, 필요량, 결핍증, 독성 등에 관한 지식 뿐 아니라 바람직한 식생활을 영위하기 위하여 필요한 기술과 관련 정보에 관하여 배우는 학문이다. 제1장에서는 영양소, 영양과 건강, 영양소 섭취기준 등에 관하여 배우며 바람직한 식생활을 영위하기 위한 영양소 섭취기준의 활용, 식사계획, 국가의 영양 정책에 관하여도 배우게 된다.

01. 영양소의 역할과 종류

영양소란 식품으로부터 공급되는 것으로, 체내에서 열량을 내주고 신체를 구성하며 성장시켜 주고 체조직을 유지, 보수하며 인체의 기능을 조절하는 성분들이다. 인간이 생명을 유지하기 위해서는 여러 종류의 다양한 영양소가 필요하다. 이들 영양소는 대부분 식품 속에 함유되어 있지만 때로는 인체 내에서 합성되기도 하고 섭취된 영양소가 체내에서 다른 영양소로 전환되기도 한다.

영양소는 일반적으로 탄수화물, 단백질, 지방, 비타민, 무기질의 5대 영양소로 분류하며 [표 1-1]과 같이 인체를 구성하는 중요 성분인 물을 포함하여 6대 영양소로 분류하기도 한다.

【표 1-1】 필수 영양소의 종류

탄수화물(당질)	포도당(포도당으로 전환되는 탄수화물)	
지질	리놀레산, 리놀렌산	
단백질 (필수 아미노산)	히스티딘, 이소류신, 류신, 메티오닌, 라이신, 페닐알라닌, 트레오닌, 트립토판, 발린	
비타민	지용성 비타민	A, D, E, K
	수용성 비타민	티아민, 리보플라빈, 니아신, 판토텐산, 비오틴, 비타민 B_6, 비타민 B_{12}, 엽산, 비타민 C
무기질	다량 무기질	칼슘, 염소, 마그네슘, 인, 칼륨, 나트륨, 황
	미량 무기질	요오드, 철, 아연, 크롬, 구리, 불소, 망간, 몰리브덴, 셀레늄, 코발트
	미확정 영양소	비소, 붕소, 카드뮴, 리튬, 니켈, 실리콘, 주석
물	물	

현재까지 인간의 성장과 발달을 위하여서는 45가지의 필수 영양소가 함유된 식사를 해야 한다고 알려져 있다. 이들 영양소는 인체 내에서의 역할에 따라 크게 3가지로 분류된다.

***영양소가 하는 일**

첫째는 주로 에너지를 내고,
둘째는 신체의 성장과 유지에 중요하며,
셋째는 체내에서 기능 조절의 역할을 한다.

몇몇 영양소들은 위에 분류된 3가지 중 한 가지 역할만 하지 않고 중복된 역할을 수행하기도 한다. 이러한 영양소들을 인체가 꼭 필요로 할 때 적절히 섭취하지 않으면 건강을 잃게 된다. 하지만 인체에 영구적인 장애가 오기 전에 필요로 하는 영양소가 보충된다면 건강 상태는 정상으로 되돌아 올 수 있다.

02. 영양과 건강

영양소는 인간이 태어나고 성장하는데 필수적이며, 성인이 된 후에는 신체조직의 유지 및 조직과 세포의 활발한 기능을 위해 필요하다. 그러나 특정한 영양소를 무조건 많이 섭취한다고 도움이 되는 것은 아니므로, 적정 섭취수준을 유지하는 것이 무엇보다 필요하다. 특히 체내 필요량이 아주 적은 비타민의 경우 "소량 섭취가 몸에 좋다면 다량 섭취는 더 좋을 것이다"라는 잘못된 믿음으로 건강에 해를 끼치는 경우도 종종 있다.

[그림 1-1]에 제시된 바와 같이 인체 건강을 위한 영양소 섭취 수준은 일정한 정도의 적정범위가 있다. 적정범위 섭취 수준보다 약간 적거나 많은 경계 수준으로 섭취할 경우에는 신체의 기능이 비례적으로 감소하게 되며, 그 정도가 더 심해지면 부족증이나 독성을 일으켜 결과적으로는 사망하게 된다. 그러므로 보충제를 사용하는 경우 전문가의 권고를 따르지 않으면 자칫 독성을 일으키기 쉽고 장기적으로는 건강에 해를 끼치게 된다. 영양 부족 역시 장기적으로 방치하면 회복될 수 없는 상태에 이르게 되므로 정상적인 식생활을 통하여 적정량의 영양소를 섭취하여 건강을 유지하도록 해야 할 것이다.

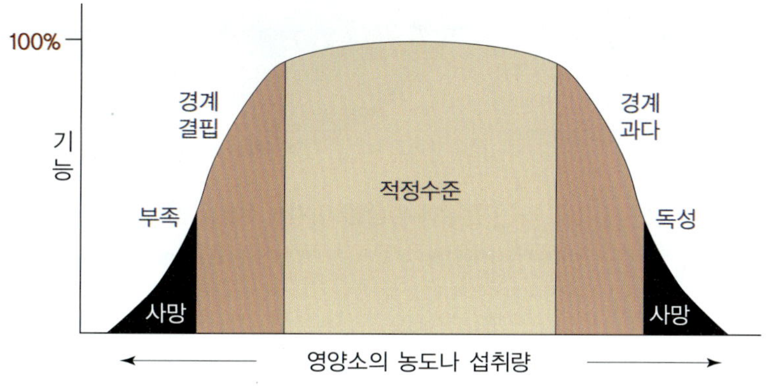

【그림 1-1】 영양소 섭취량과 건강상태

과거에는 식량 부족으로 인한 영양섭취 부족 및 의료혜택 부족 등의 영향으로 폐결핵, 기생충 감염과 같은 감염성 질환이 질병의 대부분을 차지하였고, 에너지와 단백질을 비롯한 특정 영양소의 부족증으로 면역 능력이 저하되어 모성 및 영아 사망률과 취학 전 어린이 사망률이 매우 높았다. 영양 부족으로 인하여 면역력이 결핍된 경우에는 감기나 홍역 또는 소화불량과 같은 가벼운 질병도 생명을 위협하는 경우가 많았고 이것은 국민의 평균 수명을 단축시키는 원인이 되었다.

그러나 현대 사회에서는 일부 극심한 식량부족 지역을 제외한 대부분의 지역에서 영양 과다로 인한 비만에서 비롯되는 질병이 주축을 이루고 있고 특히 선진국에서는 만성퇴행성질환이 만연하고 있으며 사망 원인도 순환기계 질환, 암 등이 수위를 달리고 있다. 영양부족의 경우에도 과도한 체중감량 또는 정신적 요인에 의한 거식증 등의 문제에 기인하며 불규칙한 식생활에서 비롯된 특정 영양소의 불균형 내지는 경계결핍(marginal deficiency)이 문제가 되고 있다.

따라서 인간의 건강한 삶에 있어서 질병과 관련된 영양의 역할이 과거와는 다른 의미로 더욱 더 중요시되고 있다. 특히 만성퇴행성질환은 그 회복과 재활에 막대한 의료비용이 소요되며 국민 생산성에도 큰 지장을 초래하므로 세계 각국은 어릴 때부터의 건강한 식생활 지도를 통한 예방에 힘을 기울이고 있다.

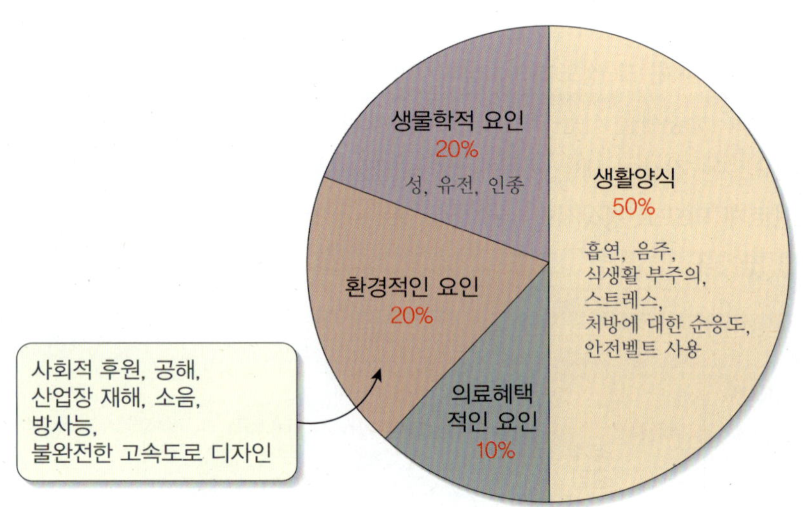

【그림 1-2】 건강에 영향을 미치는 위험요인

*자료: The Surgeon General's Report on Health Promotion and Disease Prevention, 1979

[그림 1-2]에 제시된 바와 같이 건강에 영향을 미치는 요인은 크게 생활양식, 생물학적인 요인, 환경적인 요인, 의료 혜택적인 요인으로 구분되며 그 중에서 생활양식(life style)이 약 50%를 차지하고 있고 이 생활양식 중 가장 중요한 부분이 식생활이라고 학자들은 주장하고 있다. 이렇듯 영

양은 현대인의 건강과 다양한 모습으로 관련되어 있으므로 건강을 결정짓는 가장 중요한 요소라 해도 과언이 아닐 것이다.

*영양과 건강의 관련성

- 영양 상태와 분명한 관련이 있는 경우: 비만, 철 결핍성 빈혈, 영양부족, 성장지체, 충치 등
- 영양문제가 여러 위험요인 중 한 가지인 경우: 저체중아 출산, 선천적 대사장애, 대사성 질환, 고혈압 및 몇 종류의 암, 골다공증, 뇌졸중 등
- 영양이 위험요인이 아니라도 적절한 식사요법을 통하여 건강상태를 호전시키거나 조절 할 수 있는 경우: 에이즈, 당뇨병, 위장관 질환, 신장병 등

03. 영양소 섭취기준과 활용

1 영양소 섭취기준

한국인 영양소 섭취기준은 1962년 세계식량농업기구와 세계보건기구 한국위원회에 의하여 최초로 제정된 이후 매 5년 마다 지속적인 개정을 거듭하여 왔다. 종전의 영양권장량은 영양부족이 만연하던 열악한 환경에서, 알려진 과학적인 정보를 기초로 반드시 섭취해야 할 것으로 고려되는 영양소들의 양을 단일 값으로 제시하였다.

그러나 현대사회에서는 부족한 영양소의 섭취만을 강조하기보다는 최적의 건강유지를 목표로 만성질환의 예방과 보충제나 건강기능식품의 남용 등에 의한 특정 영양소 과다섭취의 예방까지도 포함하는 새로운 개념의 영양섭취기준을 필요로 하기에 이르렀다. 2015년 한국인 영양소 섭취기준(dietary reference intakes for Koreans)은 과학적 근거활용, 다학제적 접근, 활용도 제고면에서 전략적인 방법으로 제정되었다[그림 1-3]. 또한 에너지 적정비율이 조정되었고 당류섭취기준도 추가되었다[부록 1-1].

2015년 한국인 영양소 섭취기준 에너지 적정비율(19세 이상)

탄수화물	단백질	지질					
		총지방	n-6계 지방산	n-3계 지방산	포화 지방산	트랜스 지방산	콜레스테롤
55~65%	7~20%	15~30%	4~10%	1% 내외	7% 미만	1% 미만	300 mg/일 미만

2015년 한국인 영양소 섭취기준-당류

- 총당류 섭취량은 총 에너지섭취량의 10~20%로 제한
- 첨가당은 총 에너지 섭취량의 10% 이내로 섭취

*자료: 2015 한국인 영양소 섭취기준, 보건복지부·한국영양학회, 2015

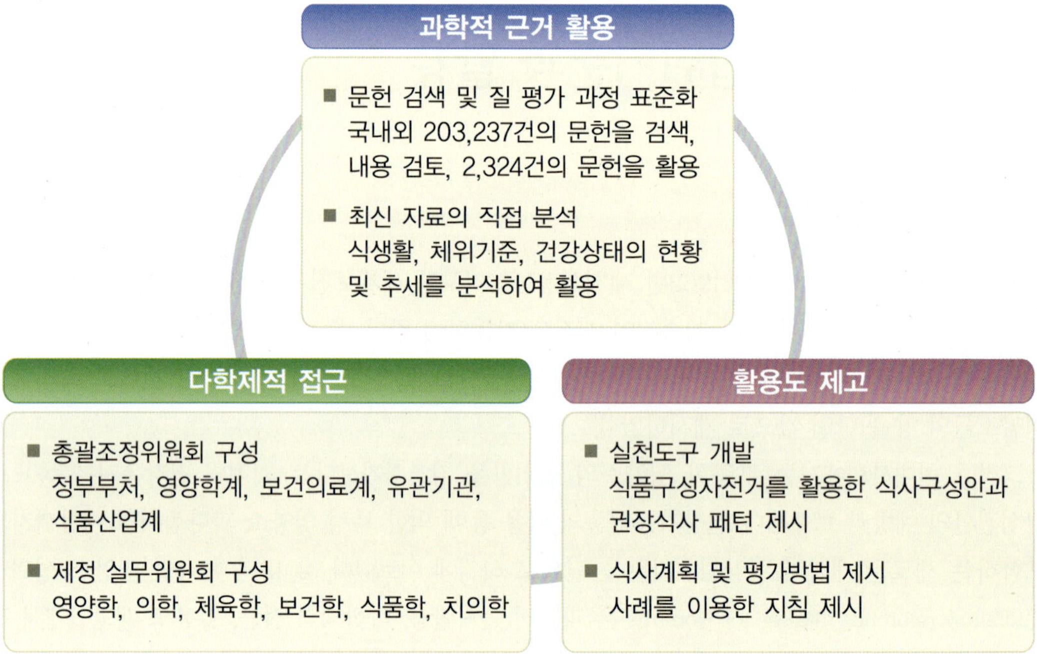

과학적 근거 활용

- 문헌 검색 및 질 평가 과정 표준화
  국내외 203,237건의 문헌을 검색,
  내용 검토, 2,324건의 문헌을 활용
- 최신 자료의 직접 분석
  식생활, 체위기준, 건강상태의 현황
  및 추세를 분석하여 활용

다학제적 접근

- 총괄조정위원회 구성
  정부부처, 영양학계, 보건의료계, 유관기관,
  식품산업계
- 제정 실무위원회 구성
  영양학, 의학, 체육학, 보건학, 식품학, 치의학

활용도 제고

- 실천도구 개발
  식품구성자전거를 활용한 식사구성안과
  권장식사 패턴 제시
- 식사계획 및 평가방법 제시
  사례를 이용한 지침 제시

【그림 1-3】 2015 한국인 영양소 섭취기준 제정 전략 및 방법

(1) 한국인 영양소 섭취기준의 구성

우리나라는 2005년부터 새로운 개념의 영양섭취기준을 적용하였고 2015년 한국인 영양소 섭취기준을 개정하였다. 영양소 섭취기준에는 [알아두기 1-1], [그림 1-4]와 같이 평균필요량, 과거의 영양권장량 개념인 권장섭취량, 그리고 충분섭취량과 상한섭취량이 포함되어있다.

알아두기 1-1

■ 영양소 섭취기준(Dietary Reference Intakes: DRIs)의 개념

영양소 섭취기준의 구성	영양소 섭취기준의 개념
평균필요량(EAR) Estimated Average Requirements	건강한 사람들의 일일 필요량의 중앙값으로부터 산출한 수치이며 인체필요량에 대한 과학적 근거가 충분한 경우 제정
권장섭취량(RI or RNI) Recommended Intake	약 97~98%에 해당하는 사람들의 영양소 필요량을 충족시키는 섭취수준으로, 평균필요량에 표준편차 또는 변이계수의 2배를 더하여 산출
충분섭취량(AI) Adequate Intake	영양소의 필요량을 추정하기 위한 과학적 근거가 부족할 경우, 대상 인구집단의 건강을 유지하는데 충분한 양을 설정
상한섭취량(UL) Tolerable Upper Intake level	인체에 유해한 영향이 나타나지 않는 최대 영양소 섭취기준으로, 과량을 섭취할 때 유해영향이 나타날 수 있다는 과학적 근거가 있을 때 설정

(2) 권장섭취량의 제정

권장섭취량을 추정하는 가장 이상적인 방법은 [그림 1-5]와 같이 건강하고 대표성 있는 집단에 속한 사람들을 대상으로 필요량을 측정하고 집단에 속한 개인의 통계적인 변이를 추정한 후 대상이 되는 집단구성원 거의 모두(97.5%)의 필요를 충족시킬 수 있도록 필요량을 증가시켜 보정하는 것이다.

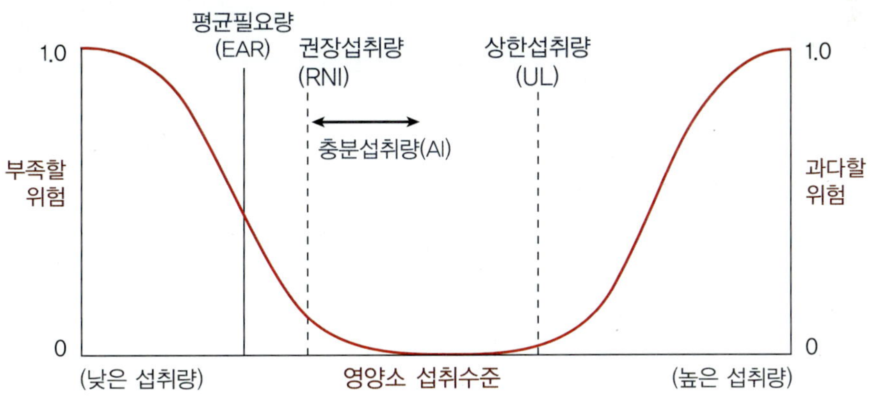

【그림 1-4】 영양소 섭취기준 개념도

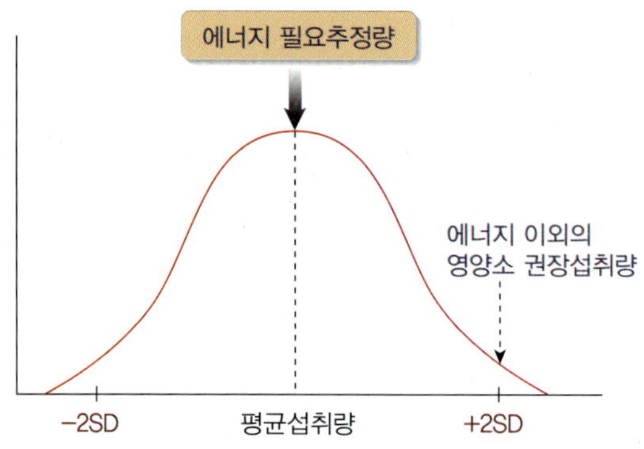

【그림 1-5】 **영양소 필요량 수준의 분포와 권장섭취량**

(3) 영양소 섭취기준의 적용

영양소 섭취기준의 적용대상은 건강한 개인 또는 건강한 사람으로 구성된 집단이다. 영양소 섭취기준은 다양하게 이용될 수 있지만 대표적으로 개인 및 집단의 식사섭취상태 평가와 식사계획에 활용할 수 있다. 그 외에도 [**알아두기 1-2**]에 제시된 것처럼 다양한 영양교육 설계, 급식 기준과 정책수립에 활용된다.

알아두기 1-2

■ **영양소 섭취기준의 적용**

- 인구집단의 식품섭취조사 결과 평가와 영양 상태 판정을 위한 기준으로 이용
- 국가나 특정집단의 식품공급의 계획 및 평가
- 식사지침과 영양지원정책 수립
- 영양표시, 영양소 강화 기준 등 각종 영양관련 법규의 입법화 및 행정관리 규정의 설정
- 영양 교육
- 단체 급식 시설의 급식 기준

2 ■ 영양소 섭취기준의 활용

(1) 기초식품군과 식품구성자전거

기초식품군은 균형 잡힌 식생활을 위하여 매일의 식생활에서 반드시 먹어야하는 식품의 종류들로, 식품이 주로 함유한 영양소의 종류를 중심으로 분류하는데 각 나라마다 국민 특유의 식생활을 감안하여 4~7개 군으로 다르게 책정하고 있다. 우리나라에서는 과거 5가지의 기초식품군을

사용하였으나 2005년부터는 곡류, 고기·생선·달걀·콩류, 채소류, 과일류, 우유·유제품류, 유지·당류의 6가지 식품군으로 분류하고 있다.

식품구성자전거(food balance wheels)는 유지·당류를 제외한 5가지 식품군을 매일 골고루 필요한 만큼 먹어 균형 잡힌 식사를 해야 한다는 의미를 전달하고 있다. 식품구성자전거는 매일 충분한 양의 물을 섭취해야하는 것과 매일 충분한 양의 신체활동을 해서 적절한 영양소 섭취기준과 함께 건강을 유지하고 비만을 예방할 수 있음을 전달하고 있다[그림 1-6].

식품구성자전거를 보면 곡류는 매일 2~4회, 고기·생선·달걀·콩류는 매일 3~4회, 채소류는 매 끼니 2가지 이상, 과일류는 매일 1~2개, 우유·유제품은 매일 1~2잔, 유지·당류는 조리 시 조금씩 사용하는 것을 권장하여 포함하고 있지 않다. 또한 개인의 하루 필요량에 따라 식품의 양과 종류를 조정하여 식사구성안(권장식사패턴)을 이용하면 편리하게 하루에 필요한 식품군의 섭취횟수를 정할 수 있다.

【그림 1-6】 **식품구성자전거**

*자료: 2015 한국인 영양소 섭취기준, 보건복지부·한국영양학회, 2015

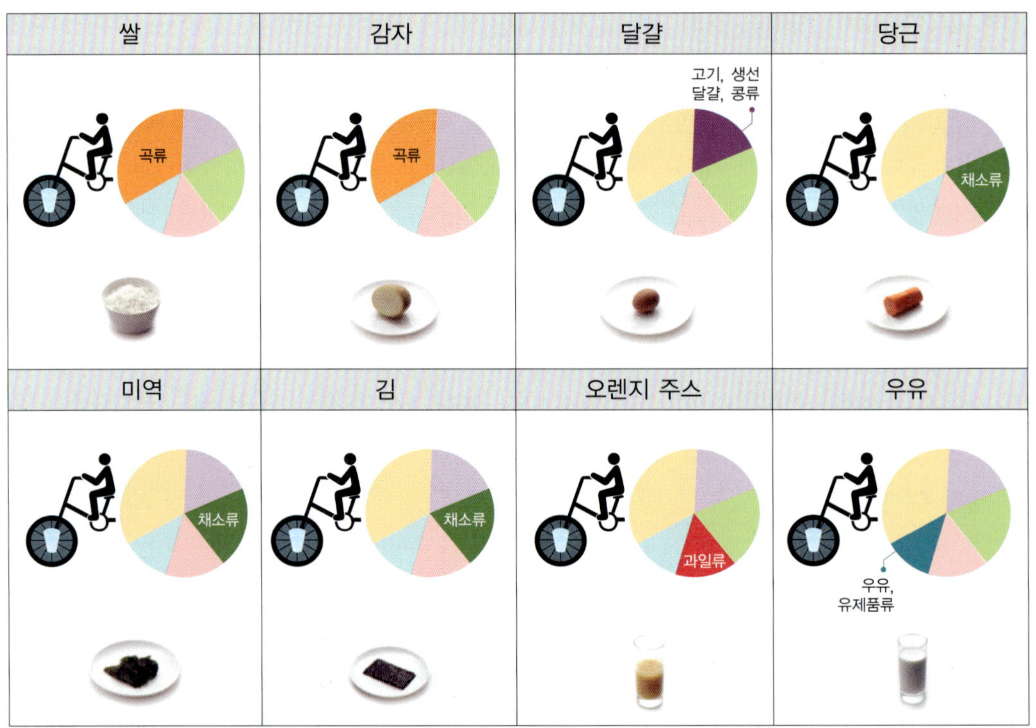

【그림 1-7】 식품구성자전거를 활용한 영양플러스 식품패키지
*자료: 2015 한국인 영양소 섭취기준, 보건복지부·한국영양학회, 2015

(2) 식사구성안

식사구성안은 영양학을 전공하지 않은 일반인들이 건강하고 균형 잡힌 식생활을 영위할 수 있도록 도움을 주기 위하여

① 식품을 특성에 따라 몇 개의 식품군(기초식품군)으로 나누고

② 각 식품군에 속한 대표식품을 정한 후, 대표 식품을 중심으로 한 번에 섭취하는 1인 1회 분량(serving size)으로 정하며

③ 각 식품군에 속한 식품을 하루에 섭취해야 할 횟수로 정한다. 식사구성안은 권장섭취량이나 식품의 영양가표를 이용하지 않고도 대략적으로 영양섭취 목표를 달성하고 건강한 식생활을 유지할 수 있도록 식사의 기본 구성 개념을 설명 한 것이다[표 1-2].

【표 1-2】 식사구성안의 영양목표와 일반적 개념의 목표

영양목표				
섭취 허용		섭취 주의		
에너지	100% 에너지 필요추정량	지방	1~2세 총 에너지의 20~35%	
단백질	총 에너지의 약 7~20%		3세 이상 총 에너지의 15~30%	
비타민·무기질	100% 권장섭취량 또는 충분섭취량 상한섭취량 미만	당류	설탕, 물엿 등의 첨가당 최소한으로 섭취	
식이섬유	100% 충분섭취량			
일반적 개념의 목표				

1. 건강인의 건강증진을 위한 것이다.
2. 과학적인 근거를 기반으로 식사구성안을 개발해야 하며, 그러기 위해서는 최신 연구의 결과와 최신조사결과를 반영해야 한다.
3. 식사구성안은 한국인의 식생활지침에도 부합되도록 전반적인 식생활을 포함하는 내용으로 권장한다.
4. 식사구성안은 일반인들이 사용하기 쉽고 간편해야 한다.
5. 식사구성안은 영양소 섭취기준의 목표가 실제 식생활에 적용이 가능해야 한다.
6. 식사구성안은 사용자의 개인 선호 식품에 따라 동일한 식품군 내에서는 식품의 변화를 주고자 할 때 식품의 대체가 용이하며, 변경한 식품은 식품간의 영양소가 충족되어야 한다.

*자료: 2015 한국인 영양소 섭취기준, 보건복지부·한국영양학회, 2015

(3) 식품군별 대표 식품과 1인 1회 분량 및 섭취횟수

1인 1회 분량은 일반인들이 한 번에 먹어야 하는 정확한 분량으로 처방하기 위한 것이 아니고 통상적으로 대부분의 국민들이 한 번에 섭취하고 있다고 생각되는 식품의 양이며 질병이 없고 건강한 일반인들의 간편한 식사계획을 돕기 위해 개발되었다. 현재 우리나라에서 이용되고 있는 1회 분량은 국민영양조사 4기 2009년부터 6기 2013년까지의 자료를 통합 분석하여 결정하였다.

1인 1회 분량 설정의 기본원칙은 일반인들의 1회 섭취량에서 산출해야 하고, 쉽게 이해할 수 있는 분량이어야 하며, 같은 식품군의 일정한 에너지 기준을 충족하여야 하므로 1회 제공량 또는 1회 섭취량이 식사구성안의 1인 1회 분량으로 사용되었으며 [표 1-3]과 같다. 섭취횟수는 식품군의 에너지 함유량을 맞추는 방향으로 설정되었다. 그 예로 곡류의 대표 식품 분량 및 해당 횟수는 평균 에너지 함량 300 kcal에 해당되는데 식빵의 경우 1쪽 35 g, 100 kcal가 1회 분량으로 설정이 되어 있어 해당 식품군의 에너지 함유량을 같게 하려면 약 1/3 정도에 해당되는 0.3회인 것이다. 식품군별 대표 식품과 1인 1회 분량 및 섭취횟수는 [표 1-3]과 같다.

【표 1-3】 식품군별 대표 식품과 1인 1회 분량 및 섭취횟수

식품군	1인 1회 분량(섭취횟수)			
곡류 (300 kcal)	쌀밥 210 g (1회)	백미 90 g (1회)	건국수 90 g (1회)	생국수 210 g (1회)
고기·생선 달걀·콩류 (100 kcal)	육류 60 g (1회)	닭고기 60 g (1회)	생선 60 g (1회)	바지락, 게, 굴 80 g (1회)
채소류 (15 kcal)	콩나물 70 g (1회)	시금치 70 g (1회)	배추 김치 4 0g (1회)	깍두기 40 g (1회)
과일류 (50 kcal)	사과 100 g (1회)	귤 100 g (1회)	참외 150 g (1회)	포도 150 g (1회)
우유· 유제품류 (125 kcal)	우유 200 g (1회)	치즈 20 g (0.3회)	호상 요구르트 100 g (1회)	액상 요구르트 150 g (1회)
유지·당류 (45 kcal)	식용유 5 g (1회)	버터 5 g (1회)	들깨 5g (1회)	커피 프림 5g (1회)

*자료: 2015 한국인 영양소 섭취기준, 보건복지부·한국영양학회, 2015

(4) 권장식사패턴

권장식사패턴이란 개인이 복잡한 영양가 계산을 하지 않아도 영양소 섭취기준에 맞도록 식단을 구성할 수 있는 식사구성방법이다. 1일 에너지필요량에 따라 식품군별 섭취 횟수를 계산하여 제시한 것이므로 개인이 필요한 열량을 알고 식품군별 섭취횟수에 따라 식단을 구성하여 식사를 하면 하루에 필요한 영양소의 양을 섭취할 수 있다.

영유아·청소년의 성장기 특징을 반영하여 하루 우유 2컵을 섭취하는 형태의 권장식사패턴 A와 하루 우유 1컵을 섭취하는 형태의 권장식사패턴 B로 구성되어 있다. 생애주기별 1일 권장식사패턴을 [표 1-4]에 정리하였다.

【표 1-4】 생애주기별 1일 권장식사패턴

적용대상 / 식품군	A타입					B타입			
	1,400A	1,700A	1,900A	2,000A	2,600A	1,600B	1,900B	2,000B	2,400B
	3~5세 유아	6~11세 여	6~11세 남	12~18세 여	12~18세 남	65세 이상 여	19~64세 여	65세 이상 남	19~64세 남
곡류	2	2.5	3	3	3.5	3	3	3.5	4
고기·생선 달걀·콩류	2	3	3.5	3.5	5.5	2.5	4	4	5
채소류	6	6	7	7	8	6	8	8	8
과일류	1	1	1	2	4	1	2	2	3
우유·유제품	2	2	2	2	2	1	1	1	1
유지·당류	4	5	5	6	8	4	4	4	6

*자료: 2015 한국인 영양소 섭취기준, 보건복지부·한국영양학회, 2015

식습관이 일반인들과 크게 다르지 않다면 연령별로 식품군별로 제시된 섭취 횟수를 따라 식생활을 유지해 나갈 때 일일 영양섭취기준에 대략적으로 맞추어 섭취할 수 있게 되므로 복잡한 영양지식이나 영양가 계산과정이 없이도 건강한 식생활을 영위할 수 있도록 되어 있다. 그러나 개인의 1회 섭취분량이 일반적으로 제시된 것과 크게 다르다면 반드시 권장섭취 횟수를 따를 필요는 없을 것이다. 또한 [표 1-5]과 같이 권장섭취횟수를 기준으로 식단을 작성할 수도 있다.

【표 1–5】 1일 식단 구성의 예(성인 여자 19~64세 1,900 kcal, B타입)

메뉴	분량	아침	점심	저녁	간식
		쌀밥 달걀국 땅콩멸치볶음 애호박나물 깍두기	보리밥 팽이버섯된장국 소불고기 콩나물무침 오이소박이	떡국 갈치카레구이 꽈리고추볶음 배추겉절이 양배추샐러드	우유 토마토 귤 포도
곡류	3회	쌀밥 210 g ①	보리밥 201 g ①	가래떡 150 g ①	
고기·생선 달걀·콩류	4회	달걀 30 g ⓪.⑤ 건멸치(소) 15 g ① 땅콩 6 g ⓪.②	소고기 60 g ①	소고기 18 g ⓪.③ 갈치 60 g ①	
채소류	8회	애호박 70 g ① 깍두기 40 g ①	팽이버섯 15 g ⓪.⑤ 양파 35 g ⓪.⑤ 콩나물 70 g ① 오이 70 g ①	꽈리고추 35 g ⓪.⑤ 배추 35 g ⓪.⑤ 양배추 70 g ①	토마토 70 g ①
과일류	2회				귤 100 g ① 포도 100 g ①
우유· 유제품류	1회				우유 200 mL ①

구분	식단	식단사진	
		식사	간식
아침	쌀밥 달걀국 땅콩멸치볶음 애호박나물 깍두기		우유, 토마토
점심	보리밥 팽이버섯된장국 소불고기 콩나물무침 오이소박이		귤
저녁	떡국 갈치카레구이 꽈리고추볶음 배추겉절이 양배추샐러드		포도

*유지·당류 4회는 조리 시 소량씩 사용

자료: 2015 한국인 영양소 섭취기준, 보건복지부·한국영양학회, 2015

(5) 권장식사 계획표

권장식사 계획표는 [그림 1-8]과 [그림 1-9]의 예시한 바와 같이 일반인용과 전문가용으로 개발되었는데 일반인용 권장식사 계획표는 에너지필요량에 따라 식사구성안의 권장식사패턴을 기준으로 우유·유제품류의 섭취 횟수에 따라 섭취 2회인 패턴 A와 섭취 1회인 패턴 B, 2가지 계획표로 구성되어 있다. 각 식품군별 대표식품의 1인 1회 분량과 지방 및 당류의 과잉섭취를 자제해야 한다는 내용도 포함되어 있어 본인의 섭취상태가 부족, 정상, 과잉인지를 판단할 수 있게 되어있다. 이 도구는 개인 상담뿐 아니라 단체교육 활용에도 적합하다.

전문가용은 24시간 회상법을 통해 내담자의 식사력을 조사한 후 전문가가 직접 음식 섭취량을 기재하여 평상시 식사의 적절성을 평가하도록 되어 있어 개인상담 시 유용하게 활용될 수 있다.

1900B 권장식사 계획표

곡류 3회	고기, 생선, 달걀, 콩류 4회	채소류 8회	과일류 2회	우유, 유제품류 1회
1인 1회 분량 ▪ 쌀밥 (210g) ▪ 현미 (90g) ▪ 팥 (90g) ▪ 국수 (건90g) ▪ 떡 (150g) ▪ 빵 (80g)	**1인 1회 분량** ▪ 쇠고기 (60g) ▪ 닭고기 (60g) ▪ 생선 (60g) ▪ 달걀 (60g) ▪ 두부 (80g) ▪ 콩 (20g)	**1인 1회 분량(1접시)** ▪ 고추 (70g) ▪ 오이 (70g) ▪ 콩나물 (70g) ▪ 배추김치 (40g) ▪ 느타리버섯 (30g) ▪ 미역 (30g)	**1인 1회 분량** ▪ 참외 (150g) ▪ 수박 (150g) ▪ 사과 (100g) ▪ 귤 (100g) ▪ 포도 (100g) ▪ 과일음료 (100mL)	**1인 1회 분량** ▪ 우유 (200mL) ▪ 액상요구르트 (150g) ▪ 호상요구르트 (100g) ▪ 아이스크림 (100g) ▪ 치즈 (20g*0.3회)
Tip. 식이섬유 섭취를 늘리기 위해 전곡류 또는 잡곡 섭취 권장	**Tip.** 살코기 위주로 섭취 지방 함량이 높은 부위는 제거 후 섭취 권장	**Tip.** 매끼 1회분 이상 섭취 제철 채소 이용한 음식 섭취 권장	**Tip.** 매일 1회분 이상 섭취 주스보다는 생과일 섭취 권장	**Tip.** 매일 1회분량 이상 섭취 단순당질 및 지방이 적게 함유된 제품 권장

권장섭취 횟수에 맞춰 섭취하세요.

섭 취 주 의	식 사 원 칙
※**과잉의 지방** 섭취 주의 ※**짠 음식**의 섭취는 줄이고 싱겁고 담백한 음식 섭취 권장 ※**첨가당**(설탕, 물엿 등) **되도록 적게** 섭취	※**제때에!** 신체리듬에 맞춰 제때에 규칙적인 식사 권장 ※**골고루!** 영양적으로 균형잡힌 식사를 위해 다양한 　　　　식품 골고루 섭취 ※**알맞게!** 신체에 필요한 양만큼 알맞게 섭취

＿＿＿＿＿＿＿＿ 님의 식사지침

【그림 1-8】 일반용 권장식사패턴 B 권장식사 계획표

1900B 기준 식사기록지 및 권장식사패턴 계획서 전문가용

식사구분	음식명	곡류	고기, 생선, 달걀, 콩류	채소류	과일류	우유, 유제품류
		3	4	8	2	1
아침	____________					
점심	____________					
저녁	____________					
간식	____________					
총 섭취횟수						
TIP						

섭 취 주 의

※**과잉의 지방** 섭취 주의

※**짠 음식**의 섭취는 줄이고 싱겁고 담백한 음식 섭취 권장

※**첨가당**(설탕, 물엿 등) **되도록 적게** 섭취

식 사 원 칙

※**제때에!** 신체리듬에 맞춰 제때에 규칙적인 식사 권장
※**골고루!** 영양적으로 균형잡힌 식사를 위해 다양한 식품 골고루 섭취
※**알맞게!** 신체에 필요한 양만큼 알맞게 섭취

상담일자 ______ 년 __ 월 __ 일 __ 요일   _________ 님의 식사일기

【그림 1-9】 전문가용 권장식사 계획표

*자료: 2015 한국인 영양소 섭취기준, 보건복지부·한국영양학회, 2015

3 식사 계획의 기본 원칙

(1) 식사 지침(Dietary guidelines)

풍요로운 현대인의 식생활에서는 특정 필수 영양소의 결핍에 의한 부족증에 기인한 질병보다는 단순당을 포함한 열량, 포화지방, 알코올, 나트륨 등의 과잉섭취와 식이섬유, 칼슘 등의 섭취부족 등이 원인이 되어 질병이 유발되기도 하고 때로는 스트레스나 운동부족도 건강에 중요한 장애요소가 되고 있다. 따라서 정부와 학계에서는 국민의 건강한 식생활을 위하여 식생활과 관련된 광범위한 분야에 걸쳐 알기 쉬운 지침을 제정하였다.

사회·경제적 여건에 관계없이 건강한 사람들이 현재의 건강한 생활 패턴을 유지할 수 있도록 하기 위하여 나라마다 자기 국민 특유의 식습관과 건강문제를 감안하여 다양한 식생활지침을 제정하고 있으며 우리나라, 일본, 호주의 경우처럼 생애주기에 따라 다양한 식생활 지침을 제정하는 곳도 있다.

「국민 공통 식생활 지침」은 [표 1-6]에 제시된 바와 같이 보건복지부, 농림축산식품부, 식품의약품안전처 등 여러 부처 간의 협의를 통해 2015년에 제정되었다.

(2) 식사계획의 기본원칙

① 균형(balance): 섭취하는 식품이나 영양소 면에서 특정한 것에 치우침이 없는 것을 의미한다. 예를 들어 우유나 유제품에는 칼슘이 풍부한 대신 철분이 부족하고 고기, 생선에는 철분은 풍부하나 칼슘이 부족하므로 각 식품군의 식품을 충분히 그러나 너무 많지 않게 섭취하는 것을 의미한다.

② 다양성(variety): 각각 다른 식품을 골고루 섭취하는 것을 의미하며 다양성이 확보될 때 영양소 섭취의 적정성과 섭취된 영양소 사이의 균형 역시 염려할 필요가 없게 된다. 식품마다 다양한 종류의 영양소를 함유하고 있지만 어떤 영양소는 상대적으로 더 많이, 어떤 영양소는 아주 적게 함유되어 있는 경우가 많으므로 다양한 종류의 식품을 섭취하는 것이 영양소 섭취의 상호보완 효과를 위하여 필요하다. 기초식품군에 속한 식품들을 모두 섭취하고 한 가지 식품군 안에서도 역시 다양한 종류의 식품을 섭취하는 것을 말한다.

③ 절제/적절한 양(moderation): 식사에서 지질, 단순당 등이 차지하는 비율이 너무 많지 않게 배려하는 의미에서 사용된다. 이들은 음식의 풍미와 맛을 위하여, 또 필수영양소의 섭취를 위하여 필요하기는 하지만 너무 많이 섭취할 때 비만을 유발하고 각종 질병 발생의 위험을 높이므로 절제하는 것이 필요하다. 특히 알코올과 흡연의 경우는 절대적인 절제를 요구한다.

알아두기 1-3

■ 영양밀도(nutrient density)

식품이 함유한 에너지 양에 대한 다른 영양소의 함량을 의미한다. 즉 영양밀도가 높은 식품이란 같은 양의 에너지를 공급하더라도 비타민, 무기질과 같은 미량영양소를 충분히 함유한 식품을 선택하는 지혜를 의미한다. 특히 체중감량을 시도하는 경우 섭취열량만 제한하고 미량영양소의 양을 고려하지 않으면 심각한 건강문제를 초래할 수 있으므로 상대적으로 영양밀도가 높은 식품을 선택해야 한다.

【표 1-6】 국민 공통 식생활 지침

1. 쌀·잡곡, 채소, 과일, 우유류, 육류, 생선, 달걀, 콩류 등 다양한 식품을 섭취하자.
2. 아침밥을 꼭 먹자.
3. 과식을 피하고 활동량을 늘이자.
4. 덜 짜게, 덜 달게, 덜 기름지게 먹자.
5. 음료 대신 물을 충분히 마시자.
6. 술자리를 피하자.
7. 음식을 위생적으로 안전하게 필요한 만큼 마련하자.
8. 우리 농산물을 활용한 식생활을 즐기자.
9. 가족과 함께하는 식사를 늘이자.

*자료: 보건복지부/한국보건산업진흥원 「국민 공통 식생활 지침 제정」, 2015

04. 영양표시제도

1 식품의 영양표시제도

(1) 영양표시제도의 필요성

산업화 이전 사회에서는 가공식품의 생산이 미미하여 대부분의 식품이 가공과정을 거치지 않고 이용되거나 가정에서 가공되었다. 마요네즈는 식용유와 달걀노른자와 식초가 주원료가 된다는 사실을 알듯이 일반인들도 식품가공에 이용된 재료의 성분을 모두 알 수 있었고 따라서 식품에 함유된 영양성분도 대체로 추측할 수 있었다.

그러나 현대에 들어와서는 수많은 가공식품이 제조되고 있고 같은 종류의 식품이라도 제조 공정에 따라 특정 영양소나 성분이 강화되거나 보충되고 또 제거되는 등 다양한 가공 과정을 거치게 되어 육안으로 식품의 성격을 파악하기가 어렵게 되었다. 예를 들면 오렌지 주스라도 순수 오렌지 추출액도 있고 희석된 제품도 있으며 오렌지 향을 섞고 비타민을 첨가한 주스도 있을 수 있다.

소비자가 알레르기를 일으키는 특정 성분을 피하고 싶다거나 식사계획에 따라 과도한 열량섭취를 피하고 싶다면 식품에 함유된 성분을 구체적으로 알기 원할 것이다. 따라서 소비자들은 식품이 함유한 영양 성분이나 특수 성분을 파악하지 못하여 자신이 불이익을 당하는 일이 없도록 하기 위하여, 또 자신에게 필요한 식사계획을 세우고 효율적으로 실천하기 위하여 식품에 함유된 영양성분의 표시(nutrition labeling)를 요구하게 되었다.

(2) 영양표시제도의 역할

식품의 영양표시제도는 다음과 같은 의미와 역할을 가진다.

소비자 측면에서는
- 소비자 자신의 알 권리를 보장받고
- 식품을 비교, 선택할 수 있으며
- 다양한 수입, 수출 식품의 성분도 알 수 있다.

생산자 측면에서는
- 생산원가가 다소 증가하나
- 정보제공이라는 차별화 전략을 통하여 제품에 대한 소비자 신뢰를 구축할 수 있다.

국가적으로는
- 질적으로 우수한 제품의 생산을 유도하고
- 영양교육의 수단으로 이용될 수 있다.

영양표시제도는 1995년 도입되었고 가공식품의 영양적 속성을 일정한 기준과 방법에 따라 표현하여 소비자로 하여금 자신의 건강에 도움이 되는 제품을 선택할 수 있게 돕는 제도이다.

미국의 경우 초기에는 자발적으로 원하는 제품만 영양표시를 하도록 유도하였으나 1994년 이후 모든 가공식품에 영양표시를 의무화하였고 이는 세계무역기구(WTO) 체제 이후 세계적인 추세로 확산되고 있으며 국제적으로 통용되는 표시 제도를 개발하고 있다.

(3) 우리나라 영양표시제도의 현황

우리나라에서는 의무적으로 영양 성분 표시를 해야 하는 식품을 건강기능식품, 영양성분표시를 하고자 하는 식품, 영양강조표시(무-, 저-, 고-, -함유 등의 함량 강조와 더, 덜, 감소, 강화, 첨가 등의 비교 강조)를 하고자 하는 식품에 대하여만 제한하였으나 현재는 표시대상 식품을 지속적으로 확대해 나가고 있다. 표시항목은 [표 1-7]과 같이 열량, 탄수화물, 당류, 단백질, 지방, 포화지방, 트랜스지방, 콜레스테롤, 나트륨 9가지를 모두 표시하도록 되어있고 그 외에 강조 표시된 영양소를 의무표시 영양소로 정하고 있으며 나머지 영양소들은 임의표시 항목으로 규정하고 있다. 영양표시 기본패턴을 [그림 1-10]에 제시하였다.

영양성분		
1회 제공량 00 (00g) ⓐ		
총 00회 제공량 (00g) ⓑ		
1회 제공량 당 함량 ⓒ		* %영양성분 기준치 ⓓ
열량	000kcal	
탄수화물	00g	00%
당류	00g	
단백질	00g	00%
지방	00g	00%
포화지방	00g	00%
트랜스지방	00g	
콜레스테롤	00mg	00%
나트륨	00mg	00%

* %영양성분 기준치 : 1일 영양성분 기준치에 대한 비율

【그림 1-10】 **영양성분표시 예**

자료: 식약처 영양표시 정보 사이트
(http://www.mfds.go.kr/nutrition)

【표 1-7】 **우리나라 영양성분 표시대상 식품 및 영양소**

표시 대상 식품	대상 영양소	
	의무표시 영양소	임의표시 영양소
① 장기보존식품(레토르트식품만 해당한다) ② 과자류 중 과자, 캔디류 및 빙과류 ③ 빵류 및 만두류 ④ 초콜릿류 ⑤ 잼류 ⑥ 식용 유지류(油脂類) ⑦ 면류 ⑧ 음료류 ⑨ 특수용도식품 ⑩ 어육가공품 중 어육소시지 ⑪ 즉석섭취식품 중 김밥, 햄버거, 샌드위치 ⑫ ①부터 ⑪까지에 규정된 식품 외의 식품 중 영양표시나 그 강조표시를 하려는 식품(추가로 개정할 예정임)	① 열량 ② 탄수화물 ③ 당류 ④ 단백질 ⑤ 지방 ⑥ 포화지방 ⑦ 트랜스지방 ⑧ 콜레스테롤 ⑨ 나트륨 ⑩ 그 밖에 강조표시를 하고자 하는 영양 성분	식이섬유, 칼륨, 비타민 A, 비타민 C, 칼슘, 철분, 비타민 D, 비타민 E, 비타민 K, 비타민 B_1, 비타민 B_2, 니아신, 비타민 B_6, 엽산, 비타민 B_{12}, 비오틴, 인, 판토텐산, 요오드, 마그네슘, 아연, 셀린, 구리, 망간, 크롬, 몰리브덴

*자료: 식약처 영양표시 정보 사이트(http://www.mfds.go.kr)

(4) 영양성분 기준치

영양성분 기준치는 소비자가 식품에 함유된 영양적 가치를 보다 잘 이해하고 식사계획에 적용하

며 유사 식품간의 영양 가치를 비교할 수 있도록 식품의 영양표시에 사용하는 영양소의 평균적인 1일 섭취기준량이라고 할 수 있다. 영양표시 제도에서 활용하고 있는 %영양성분 기준치는 1일 영양성분 기준치에 대해 해당식품의 1회 혹은 100 g/mL가 제공하는 양의 비율을 나타낸다. 따라서 %영양성분 기준치를 보면 하루에 섭취해야 할 영양성분의 양의 몇 %를 함유하고 있는지 알 수 있다.

■ Daily Values(DV: 1일 섭취기준)

미국에서 식품표시에 사용되는 영양정보(nutrition fact)의 영양소 섭취기준

- 비타민, 무기질과 같이 해당수준의 섭취가 권장되는 기준치,
- 탄수화물, 식이섬유, 불포화지방산, 칼륨과 같이 일정 수준 이상을 섭취하거나 유지해야 하는 영양소 기준치,
- 지질, 포화지방, 콜레스테롤, 나트륨과 같이 일정 수준 이하를 섭취해야 하는 영양소 기준치가 포함되어 있다.

05. 우리 국민 식생활 패턴의 변화

1980년대 이후 풍요로운 식생활로의 변화는 단순히 1인당 식품비와 섭취영양소의 증가에 따른 국민 평균체위의 향상만을 의미하는데 머무르지 않고 식품첨가물 사용의 문제, 에너지 과잉섭취의 문제, 과다한 체중감량 시도의 문제 등과 관련된 여러 가지 건강문제를 야기하고 있다.

1 국민 1인당 식품소비량의 변화와 영양섭취실태

최근에 발표된 국민건강영양조사 결과자료는 전체 식품소비량이 증가하고 특히 동물성 식품의 소비가 늘고 있는 것을 보여주고 있어 식생활 패턴이 서구화되어 가고 있음을 나타내고 있다. 동물성 식품의 섭취는 육류, 달걀, 어패류, 유류의 섭취가 모두 증가하는 추세에 있고 식물성 식품의 경우에는 곡류의 섭취가 특히 감소하고 과실류 섭취가 증가하는 경향을 보이고 있다. 국민건강영양조사는 계절별 조사를 포함하여 연중 수행되고 있고 그 분석결과가 보건복지부에서 제공되고 있다(http://knhanes.cdc.go.kr).

지난 30년간 우리 국민의 식생활 변화를 살펴보면 동물성 식품 섭취의 증가와 식물성 식품 섭취의 감소로 [그림 1-11]와 같이 단백질과 지질의 에너지 구성 비율이 꾸준히 증가하고 있어 과거의 과다한 탄수화물 위주의 식사패턴에서 벗어나고 있다. 또한 우리 국민이 특별히 부족하게 섭취하는 영양소는 칼슘, 철분, 비타민 A, 리보플라빈 등이며 특히 나트륨은 전 연령층에서 과잉섭취하고 있어 향후 이에 대한 특별한 관심과 교육이 요구되고 있다.

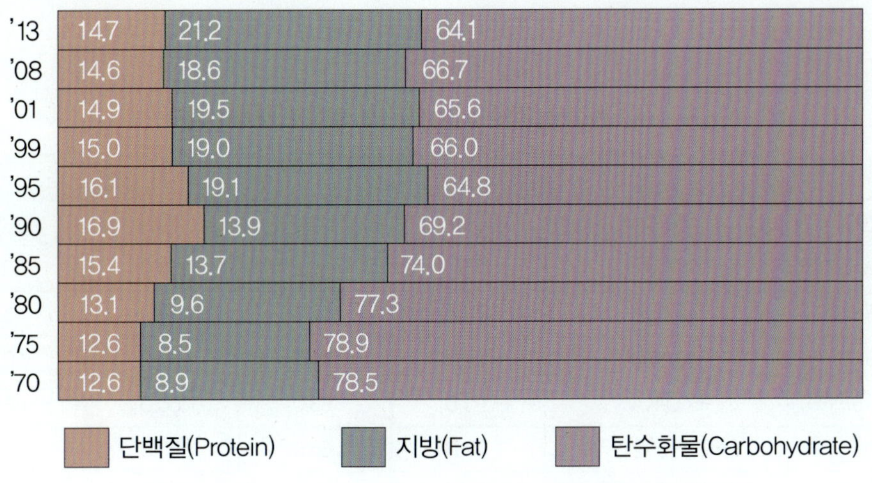

【그림 1-11】 섭취에너지의 영양소구성비의 추이

*자료: 2013년 국민건강통계, KCDC, 2014

2 식품 소비행태의 변화

여성의 사회활동이 증가하면서 이중소득의 경제적 여유를 구가하는 맞벌이가구가 증가하였다. 과거에 비하여 주부의 시간가치가 상승하여 여유 있는 시간에 레저를 지향하는 경향이 식생활에 반영되어 외식소비가 증가하였고 간편한 편의식품의 소비도 증가하였다.

경제·사회적인 변화와 함께 음식에 대한 가치관도 변화하여 소비자의 인력과 시간의 소모가 적은 편의식에 대한 요구가 증대되고 있다. 이에 따라 식품산업, 식품서비스 산업, 외식산업 등이 발전되었고 식품생산패턴은 국제화, 가공식품화, 레저화의 경향을 나타내게 되었다. 다양한 가공식품이 개발되어 우리 식탁에서도 즉석식품이나 반조리식품 등의 이용이 잦아졌고 WTO 체제 하에서 수입 자유화 물결을 타면서 외국의 가공식품이나 농산물의 이용이 일반화되고 있다.

통계청 도시가계 조사 자료에 의하면 생활수준이 향상되면서 총 식품비 중에서 외식비 지출액이 차지하는 비율은 지속적으로 증가하였고 이러한 외식비의 증가는 쾌락적, 사교적 외식부분 뿐 아니라 가정식사 대용 외식 부분이 크게 승가했기 때문으로 풀이된다. 교육 성노가 높을수록 외식비 지출액도 증가하고 있으며 특히 대학원 이상 교육받은 가구의 외식비 지출액이 크게 늘어나

전문직을 가진 맞벌이 부부의 식생활 패턴을 짐작하게 하고 있다.

3 국민체위의 변화

2015년 한국인 영양소 섭취기준 제정 시 사용한 20대 성인의 체위 기준은 남녀 각각 174.8 cm, 161.5 cm로 1940년 이병남 씨에 의해 조사된 것보다 남자는 8 cm 이상, 여자는 7 cm 이상 증가한 것으로 나타나 한국인의 체위가 전반적으로 향상된 것을 보여준다[표 1-8].

【표 1-8】 한국 성인의 평균 신장과 체중의 시대적 비교

성별		남자		여자	
연도	연구자	신장(cm)	체중(kg)	신장(cm)	체중(kg)
1940	이병남	166.1	58.2	154.4	52.1
1953	김인달	166.5	58.6	154.9	53.5
1978	박순영	169.2	61.9	157.2	50.4
1985	FAO/KA	171.0	63.0	160.0	52.0
1994	한국영양, 박순영	172.0	66.0	160.0	53.0
2004	산업자원부 기술표준원	173.5	68.9	159.7	52.9
2015	한국인 영양소 섭취기준	174.8	68.7	161.5	56.1

이는 풍요로운 식생활과 질병감염의 감소로 한국인의 성장 잠재력이 충분히 발현된 결과라고 하겠다. 소아과학회와 보건복지부에 의해 매 10년마다 개정되고 있는 소아발육표준치도 꾸준한 증가를 보여 최근에는 평균체위가 10대 전반기까지는 서구의 어린이들에 비해 크게 뒤지지 않는 것으로 나타나고 있다.

1998년부터 실시된 국민건강영양조사는 건강설문조사, 건강검진조사, 영양조사로 구성되어 있다. 영양조사는 가구단위에서 개인단위로, 식품섭취조사는 실측조사에서 24시간 회상법으로 전환되었고 대표섭취식품에 대한 식품섭취빈도 조사를 병행하였다. 또한, 건강설문조사는 급·만성질환 이환, 의료이용, 활동제한 등의 건강과 건강변수, 흡연, 음주, 운동, 수면, 휴식, 스트레스, 구강보건, 보건교육 및 기타 예방활동, 음용수, 안정의식, 비만 및 체중조절 등의 보건의식행태를 면접을 통해 조사하며 건강검진조사는 신체계측조사(혈압측정), 혈액검사(혈중지질치, 당대사, 간 기능, 빈혈 등)와 요검사 등이 포함되었다.

국민건강영양조사는 우리나라의 유일한 영양모니터링 제도이며 그 결과가 우리 국민 건강과 식생활에 대하여 시사하는 바는 대단히 중요하다. 새로이 개선된 국민건강영양조사를 통하여 국민의 평균적인 식생활 내용보다는 취약계층과 고위험군의 식생활 및 건강 현황과 경향에 관한 좀 더 구체적이고 전문적인 자료가 제시되어 각종 영양정책과 영양개선 프로그램에 응용되고 있다.

06. 신뢰할 수 있는 정보의 보급

현대인들의 건강에 대한 관심과 장수에 대한 욕구는 지속적으로 증대되고 있고 식생활에 보다 많은 시간과 비용을 투자하게 되었다. 이러한 때일수록 영양전문가의 역할이 중요하며 바른 영양 정보의 확산이 절실히 요구된다.

1 유행식품과 효능에 대한 과대선전

유행식품(food faddism)이란 특정한 영양적 효능이 있는 것으로 일반인들 사이에서 알려져 일시적으로 특정 식품이 선풍적인 유행을 일으키는 것을 말한다. 특별한 다이어트 비법으로 또는 체질 개선으로 건강을 보장하거나 혈액의 지방성상을 교정시켜 준다는 등의 효능선전과 함께 상대적으로 비싸게 팔리는 상품들이 그 대표적인 것들이다.

효능에 대한 과대선전(quackery) 역시 의학적으로 특정 질병이나 증세에 효과가 있어 과학적으로 증명된 것처럼 선전되는 모든 식품이나 처방들을 통칭한다. 이들은 임상실험 없이 또는 비과학적인 연구 설계에 의하여 발견된 사실을 과대포장 하거나 때로는 부정적인 정보를 공개하지 않는 등의 방법으로, 전문가를 사칭하는 사람들에 의하여 상업적으로 이용되는 경우가 많다.

2 자연식품과 유기농 식품

자연식품(natural foods)은 최소한도로 가공되어서 인위적으로 식품첨가제 등이 전혀 가미되지 않은 자연 그대로의 식품이란 뜻으로 통용되는 식품들이다. 최근 들어 가공기술의 발달에 따른 불필요한 식품첨가제의 남용이 소비자들의 과민한 반응을 일으키고 있다. 그러나 식품의 저장을 위하여 가장 많이 사용되는 설탕이나 소금 역시 첨가물이란 사실을 간과해서는 안 되며 식품 중에는 아플라톡신(aflatoxin)이나 솔라닌(solanine)과 같이 특별한 첨가물의 사용이 없이도 자연적으로 발생되는 독성물질도 많이 있음을 주지할 필요가 있다.

생산성을 높이기 위한 무분별한 농약의 사용이 일반화되면서 유기농 식품(organic foods)은 소비자들에게 또 다른 건강생활 방식으로 인식되고 있다. 식품이 수확되기까지 화학비료나 살충제를 이용하지 않고 퇴비만을 이용하여 재배한 식품이란 뜻으로 이해되고 있다. 무분별하고 과도하게 사용되는 첨가물이나 농약의 양은 일정한 기준이 확립되어 법적으로 규제되어야 하며 소비자들이 피해를 보지 않도록 식품의 표시 제도를 통하여 정보가 공개되어야 한다.

3 영양보충제의 사용

영양보충제 역시 필요한 소비자가 필요한 양만큼 사용하도록 교육하는 것이 중요하다. 노인 대상 보충제 복용 이유를 묻는 설문조사 결과를 보면 식사로는 부족한 영양소를 보충하기 위해서(12.9%), 피로회복 또는 기분이 좋아지거나 몸이 가벼워지므로(22.3%), 건강유지(37.5%), 힘을 내기 위하여(11.9%), 질병치료(9.9%), 노화방지(5.4%), 기타 정력에 도움이 되므로 복용한다고 하였고 의사의 처방에 의한 경우는 극히 적은 것으로 나타났다. 그러나 과학적 근거에 의하여 영양보충제의 사용이 필요하다고 알려진 경우는 [표 1-9]과 같은 다음 몇몇의 경우에 국한되며 보충제의 남용 역시 경제적으로 때로는 건강상에 부정적인 효과를 가져 올 수 있다.

【표 1-9】 영양 보충제의 복용이 필요하다고 고려되는 경우

- 생리주기 동안 출혈량이 많은 여성의 철분 보충
- 일부 임신, 수유부의 철분, 칼슘, 엽산 보충
- 1200 kcal 이하로 섭취하는 경우 비타민, 무기질 보충
- 채식주의자들의 경우 칼슘, 철분, 아연, 비타민 B_{12} 보충
- 신생아의 경우 의사의 처방이 있을 때 비타민 K 보충
- 특정한 질병을 앓거나 특정한 약의 복용으로 관련 영양소의 흡수나 이용에 문제가 있다고 의사가 권할 때

4 바른 영양정보의 급원

현대인은 다양한 정보의 홍수 속에서 생활하고 있으며 그 속에서 올바른 식생활과 건강에 관련된 정보를 구분해 내기가 어려워지는 실정이다. 영양전문가들은 다양한 소비자들의 정보공개 요구에 부응하여 올바른 영양정보가 사회에 널리 보급되어 영양과 건강에 대한 올바른 인식이 확대되고 국민들이 건강을 유지할 수 있도록 노력하여야 하고 소비자들도 자격을 갖춘 영양전문가에게서 조언을 구하고 공신력 있는 기관의 정보를 이용하도록 지도되어야 한다.

올바른 영양정보의 급원으로는 식품의약품안전처를 비롯한 정부기관, 각 대학의 식품영양학과나 각종 식품·영양관련 학회, 대한영양사협회를 들 수 있다. 이들 기관은 우선적으로 영양과 관련된 전문가를 양성하고 전문인들의 연구에 관한 정보를 교환하는 것이 목적이지만 대국민 영양서

비스에도 관심을 기울이고 있다.

　또한 네트워크 정보를 활용하는 방안으로 인터넷상에서 정보검색 및 서비스 도구인 World Wide Web 시스템을 사용하여 국내 뿐 아니라 세계 각국의 다양한 정보를 받을 수 있다. 앞으로는 영양학 분야에서도 가상현실 체험을 가능하게 하는 교육도구로 이용되거나 원격교육의 도구로서 활발히 이용될 전망이고 사이버 공간을 이용한 소비자들의 인식조사나 영양교육 결과의 평가 분석에도 적극적으로 활용되고 있다. 참고로 식품영양학 관련분야의 대표적인 Web Site들을 [**표 1-10**]에 소개한다.

【표 1-10】 식품영양학 관련분야의 Web Site

영양 및 식품관련 정보제공 사이트			
	웹사이트명	I P	특징
국내	식품의약품안전처	www.mfds.go.kr	식품 관련 여러 정보(식품공전, 식품정보, 유전자 재조합 식품, 수입식품)와 식중독 지수 예보 서비스 제공, 영양 안전 관련 정부정책, 생애주기 및 생활터별 대국민 영양교육자료 제공
	대한지역사회 영양학회 식생활정보센터	www.dietnet.or.kr	학회 부설 정보센터로서 식품영양관련정보 및 상담 기회 제공
	대한영양사협회	www.dietitian.or.kr	질환에 따른 관리 정보를 식사와 영양 중심으로 제공
	한국영양학회	www.kns.or.kr	식품영양학 관련 자료에 대한 다양한 정보를 체계적으로 분류 및 제공
	한국보건사회연구원 건강길라잡이	www.kihasa.re.kr	일반인을 위한 건강정보에서 학술정보까지 다채로운 내용구성으로 신뢰성 있는 건강정보를 제공
	어린이급식관리지원센터	http://ccfsm.foodnara.go.kr	유아원 어린이와 어린이집 교사, 원장들을 위한 급식 및 식품영양정보 제공
국외	미국 영양사협회	www.eatright.org/public	일반인들을 대상으로 식품, 영양, 건강정보 제공
	세계보건기구(WHO)	www.who.int/en	중앙검역소 업무와 연구자료, 유행성 질병 및 전염병에 관한 정보를 제공
	미국 질병예방 통제 센터	www.cdc.gov	미정부 산하의 질병 조절 센터에서 발행하는 각종 정보문서와 NHANES III의 통계자료를 제공
	미국 농무성의 식품영양정보센터	www.usda.gov	식품과 영양에 관련된 다양한 정보를 제공
	미국 식품의약 안전본부(FDA)	www.fda.gov	식품위생, 식중독, 미국 가공식품의 영양표시제에 관한 정보를 제공

인체:
세포의 기능과 소화 흡수

국민건강영양조사 결과에 의하면 우리나라 국민의 1일 평균 식품섭취량이 1 kg을 훨씬 넘는다. 하루 동안에 이처럼 많은 양의 식품을 섭취하기 위해서는 왕성한 소화능력을 필요로 한다. 아무리 좋은 식품이라도 우리 체내에서 이용되려면 소화와 흡수과정을 거쳐야 하기 때문이다. 본 장에서는 인체의 구성단위인 세포의 구조와 기능을 소개하고 섭취된 식품이 체내에서 어떻게 소화되고 흡수되는지 그 전반적인 과정을 이해해보도록 한다.

신체가 음식물을 필요로 하는 상태에 이르면 두뇌와 호르몬 작용에 의해 배고픔을 느끼게 되고, 일단 음식물이 섭취되면 두뇌와 호르몬은 소화기계의 여러 기관들을 지휘·조절함으로써 음식물들을 소화·흡수시키는 과정에 관여한다. 흡수된 영양소들은 우리 인체를 구성하는 약 3조(10^{12})개의 세포들에 의해 이용되며, 이러한 과정에서 끊임없이 일어나는 일련의 화학작용들을 통틀어 대사라고 한다. 대사는 신경호르몬계와 밀접하게 연관되어 있으며 직접적인 영향을 받는다.

01. 세포의 구조와 기능

모든 생명체는 세포(cell)를 기본단위로 구성되어있다. 세포는 종류마다 크기와 모양이 다르지만 목적에 따라 적합하게 분화되고 분화된 세포들이 모여 조직(tissue)을 이룬다. 또 몇 종류의 조직이 결합하여 특정한 기능과 역할을 하는 기관(organ)을 구성하며 몇 개의 기관이 모여 하나의 기능적 단위를 구성하는 계통(system)을 이루기도 한다. 인체를 구성하고 있는 세포는 각각 크기, 모양, 기능이 다르지만 기본구조는 비슷하다. 세포는 세포막(cell membrane), 핵(nucleus), 세포질(cytoplasm)로 구성되어있다[그림 2-1].

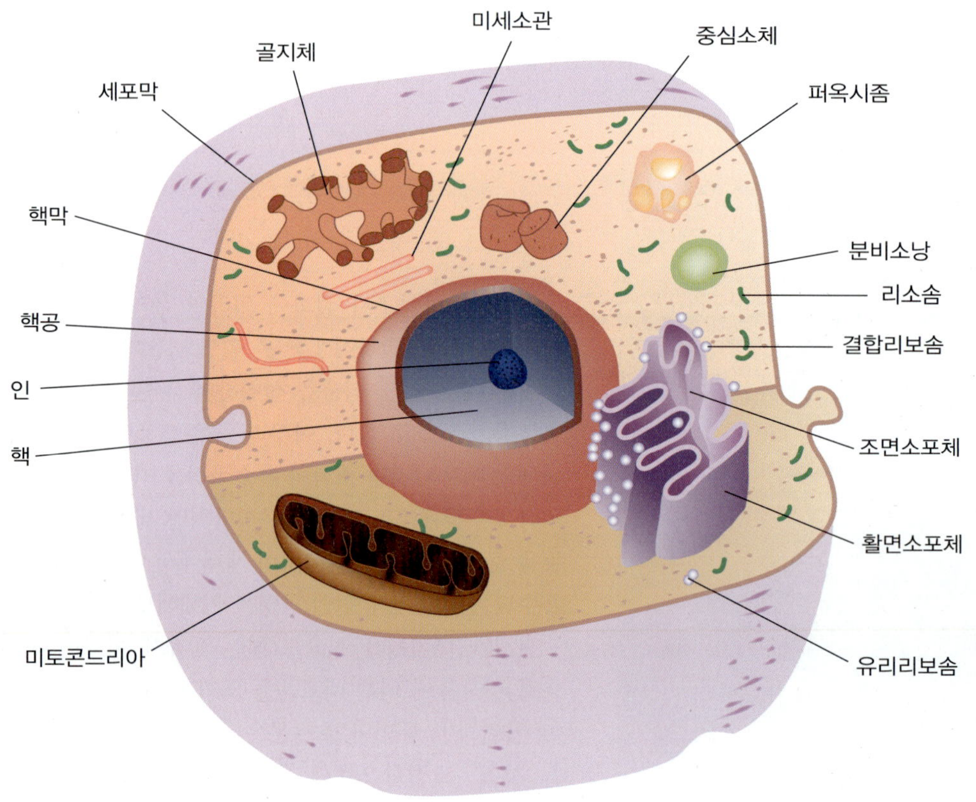

【그림 2-1】 세포의 구조

1 세포막

(1) 구조와 기능

세포는 세포막(cell membrane, plasma membrane)으로 둘러싸여 있고 세포막은 세포의 바깥과 안쪽의 경계역할을 하는 선택적 투과성을 갖고 있으며 물질의 이동을 조절한다. 세포막은 인지질 이중층으로 구성되어 있으며 단백질, 탄수화물, 콜레스테롤이 박혀있다. 인지질은 친수성과 소수성을 동시에 갖고 있는데 인산기(친수성)는 물과 접촉하는 세포의 바깥부분을 향해 있고 지질기(소수성)는 세포의 안쪽을 향해 정렬되어 있다. 세포막과 관련된 단백질은 세포내외로 물질을 운반하는 역할을 하며, 다른 분자의 수용기로 세포와 세포간의 정보를 교환하는 역할을 한다. 세포막의 콜레스테롤은 세포막의 안정성과 유동성을 유지하는 역할을 하며 세포막의 탄수화물은 다른 세포를 인지하고 세포들이 서로 알아보고 상호작용을 할 수 있도록 돕는다[그림 2-2].

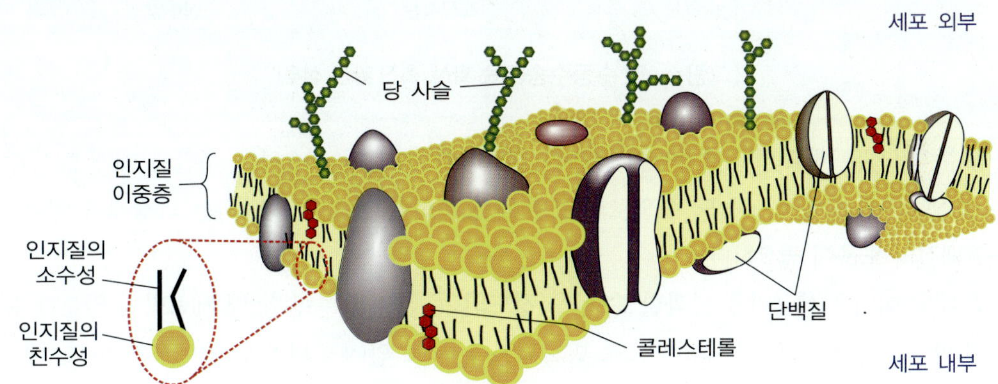

【그림 2-2】 세포막의 구조

(2) 세포막을 통한 물질의 운반

세포막을 통한 물질의 운반은 수동수송기전과 능동수송기전으로 구분된다. 수동수송기전은 단순 확산(diffusion), 촉진 확산(facilitated diffusion), 삼투(osmosis)의 3가지 종류가 있고 능동수송기전에는 운반체 매개 능동수송, 세포 내 이입, 세포 외 유출이 있다.

수동수송기전은 에너지 소비 없이 세포막을 중심으로 물질을 운반하는 기전으로 확산은 이온이나 전하를 띤 크기가 작은 분자들이 세포막을 쉽게 통과하여 물질을 운반한다.

촉진 확산은 분자의 크기가 상대적으로 큰 분자로 세포막과 결합된 수송단백질의 도움을 받아 세포막을 통과한다. 삼투는 에너지 소비 없이 세포막의 통과가 자유로운 물의 이동을 이용하여 세포막을 중심으로 세포내외의 물질의 농도가 같아질 때까지 물이 이동한다. 물의 이동은 용질의 농도가 낮은 쪽에서 용질의 농도가 높은 쪽으로 이동한다[그림2-3].

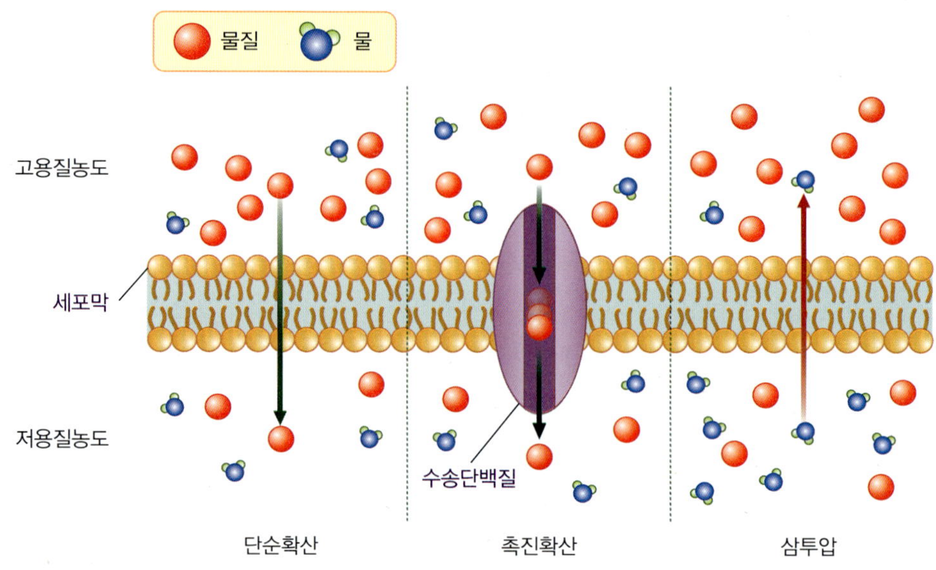

【그림 2-3】 수동수송(단순 확산, 촉진 확산, 삼투)

능동수송기전은 세포막을 통과하여 운반할 때 에너지(ATP)가 필요하고 운반체 매개 능동수송에는 물질이 저농도에서 고농도 쪽으로 세포막을 통과하여 물질이 운반되는 과정에서 에너지와 수송단백질의 도움이 필요하다.

세포 내외 이입은 세포막을 통과할 수 없을 정도의 큰 분자를 수송할 때 세포막의 일부가 용질을 둘러싸서 용질이 세포 밖(세포 외)으로 방출되거나, 세포 안(세포 내)으로 들어오게 한다. 대표적 세포 내 이입에는 백혈구의 식균 작용을 들 수 있으며 박테리아를 세포 내로 이동시켜 파괴한다 [그림 2-4].

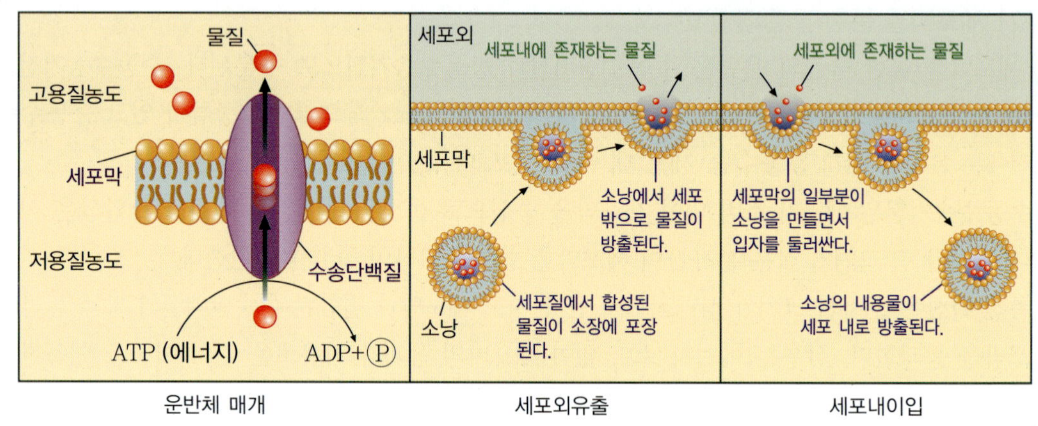

【그림 2-4】 능동수송(운반체 매개, 세포 외 유출, 세포 내 이입)

2　핵

　핵(nucleus)은 세포의 중심에 있고 두겹으로 구성된 막과 염색체, 핵소체, 핵질, 핵인으로 구성되어 있다. 핵막에는 핵공이 있어서 핵과 세포질의 연결통로가 되며 핵막이 소포체와 연결되어서 직접 세포 밖의 물질이 핵 안으로 들어와 물질교환이 이루어진다.

　핵막 내의 염색체와 핵소체는 핵질에 잠겨있는데 염색체는 단백질과 유전인자인 DNA가 결합되어 있고 핵소체에는 대부분의 RNA가 있다. 핵 내의 DNA는 단백질 합성을 조절하며 세포내의 세포의 증식이 이루어진다. 핵인은 핵질 근처에 있고 리보솜이 합성된다[**그림 2-5**].

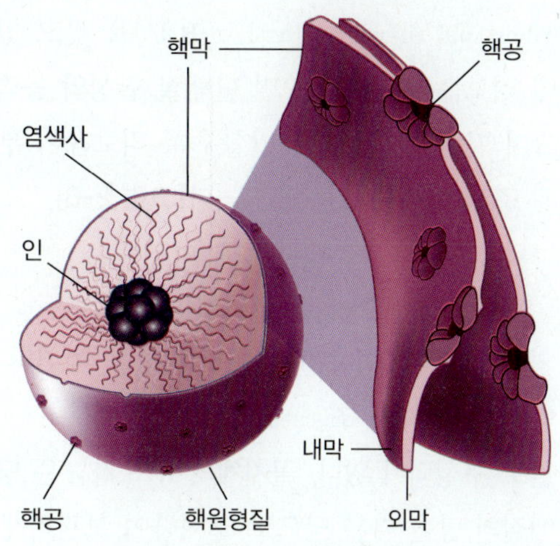

【그림 2-5】 **세포핵의 구조**

3　세포질

　세포질(cytoplasm, cytsol)은 세포 내의 모든 소기관들이 생명을 유지하도록 조건을 만들어준다. 세포질에는 소포체(endoplasmic reticulum), 리보솜(ribosome), 골지체(golgi apparatus), 미토콘드리아(mitochondria), 리소솜(lysosome)과 같은 소기관들이 있다.

(1) 소포체(Endoplasmin reticulum)

　소포체는 핵막에서 세포막까지 연결되어 있는 그물주머니 모양의 막 조직으로 리보솜을 갖고 있는 조면 소포체(rough endoplasmic reticulum, RER)와 리보솜이 없는 활면 소포체(smooth endoplasmic reticulum, SER)로 구별된다. 조면 소포체(RER)는 효소를 분비하는 선세포에 주로 분포해 있고 주요기능은 세포가 분비하는 단백질과 소포체 막을 만든다. 활면 소포체(SER)는 스테로이드 호르몬을 형성하는 성선, 해독과 저장 글리코겐 대사에 관여하는 간세포, 염산분비에 관여하는 위의 벽세포에서 주로 분포해 있다. 활면 소포체의 주요기능은 약물과 유해물질을 분해하고, 성호르몬을 합성하며 근육세포에 칼슘이온을 저장하여 근육의 수축운동에 도움을 준다. 이 밖에도 세포질을 구획하여 세포를 지지해 주는 기능을 갖는다[**그림 2-6**].

(2) 리보솜(Ribosome)

리보솜은 단백질 합성에 필요한 리보솜-RNA (ribosomal ribonucleic acid, r-RNA)을 갖고 있는데 리보솜 농도가 높으면 단백질 합성의 능력이 크며 단백질 합성이 활발할수록 리보솜이 부착된 조면 소포체의 농도가 높다[그림 2-6].

(3) 골지체(Golgi apparatus)

골지체는 표면이 매끈하고 납작한 주머니 모양의 여러 개의 조(cisternae)와 분비소포(vesicle)들로 구성되어 있다. 골지체의 주요기능은 당단백질의 당을 다른 당으로 교체하여 보관하게 하고 이러한 과정에서 단백질이 자신의 목적지로 잘 이동될 수 있도록 표시·분류되게 한다. 또 골지체는 여러 분비세포에 발달되어 있는데 조면 소포체에서 합성된 효소나 호르몬 같은 단백질은 골지체로 이동된 후 농축하여 저장하였다가 과립의 형태로 분비된다[그림 2-7].

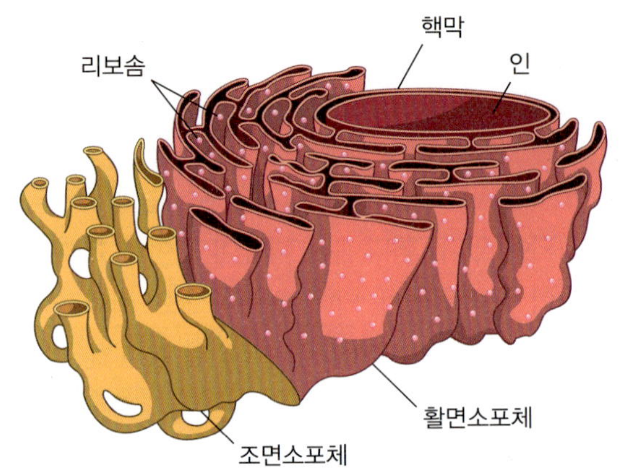

【그림 2-6】 **소포체와 리보솜의 구조**

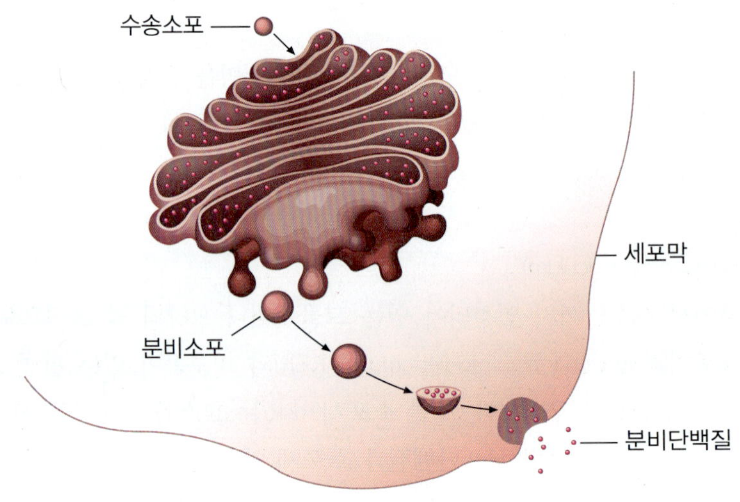

【그림 2-7】 **골지체의 구조**

(4) 미토콘드리아(Mitochondria)

미토콘드리아는 에너지를 생산하는 세포 내의 소기관이다. 에너지를 많이 생산하는 세포에 미토콘드리아가 많이 발달되어 있으며 세포질 내에 분포되어 있다. 미토콘드리아는 외막, 내막, 막공간, 기질로 구성되어 있다. 외막은 매끈하고 내막과 사이에 공간이 분리되어 막공간을 이루고 있으며 거의 모든 물질을 통과시킨다. 내막은 주름이 접혀져 있고 돌출모양의 크리스테(cristae)가 있으며 내부공간은 기질로 채워져 있다. 또 내막은 몇 종류의 물질만을 통과시킨다.

세포의 호흡작용이 왕성할수록 크리스테가 조밀하게 돌출되는데 크리스테가 많을수록 내막의 표면적이 넓어 ATP 생성능력이 커진다.

미토콘드리아의 외막, 내막, 기질에 들어 있는 효소들의 분포가 다르다. ATP를 합성하는 데 필요한 호흡계 효소는 내막에 있고 지방산 산화와 TCA회로에 관여하는 효소는 주로 기질에 분포되어 있다[그림 2-8].

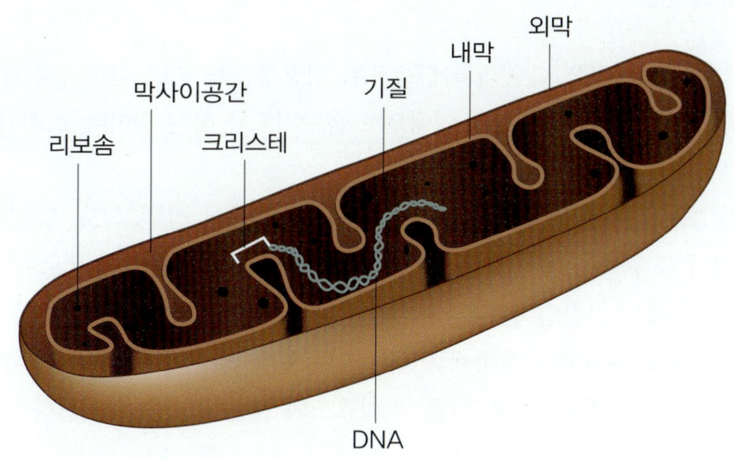

【그림 2-8】 미토콘드리아의 구조

(5) 리소솜(Lysosome)

리소솜은 한 겹의 막으로 되어 있고 산성 가수분해효소(acidic hydrolase)를 많이 갖고 있다. 리소솜은 주로 소포체와 골지체에서 만들어지는데 소포체에서 효소와 막을 만들어 골지체로 보내면 골지체에서는 최종 완성하여 리소솜을 방출한다.

리소솜은 세포내 소화액의 창고이며 세포내로 들어온 이물질을 소화하고 제거한다. 리소솜을 싸고 있는 지단백막은 리소솜 내의 소화효소들이 세포질로 나가는 것을 방지하여 리소솜 내의 소화효소로부터 세포를 안전하게 한다.

그러나 만일 지단백막이 파괴되면 효소들이 세포질로 나와 세포자체를 소화시켜 세포를 파괴시킨다. 이런 이유로 리소솜을 자살주머니(suicide bag)라고도 하는데 리소솜에 의한 세포파괴는 세포개체의 파괴를 의미하나 인체에서 노화된 세포를 새로운 세포로 대체하기 위한 정상적인 과정이기도 하다.

세포질내의 조각이나 미토콘드리아 및 리보솜 등 자체의 노후된 조각들을 감싸서 소화시킨 후 세포질로 보내어 재사용하게 한다. 또한 기아와 같은 특별한 조건에서는 리소솜이 세포의 생존에 영향을 주지 않는 물질들을 소화시켜서 세포에게 영양소나 에너지를 공급하기도 한다.

02. 소화기계의 구조와 소화관의 운동

1 소화기계의 구조

소화기계의 역할은 궁극적으로 음식물에 함유된 영양성분을 일단 최소 단위의 개별적인 영양소로 분리시킨 후 소장 상피세포를 통해 혈액으로 흡수되도록 하는 것이다. 소화기계는 소화관(위장관)과 부속기관으로 구성된다.

[그림 2-9]에서 보는 것처럼 소화관은 구강에서부터 시작하여 인두, 식도, 위, 소장, 대장 및 직장을 거쳐 항문까지 총 7~8 m에 이르는 튜브 형태의 탄력성 있는 근육층으로 구성되어 있다. 소화는 소화관 튜브의 내부 공간인 관강(lumen)에서 일어나며 소화과정 후 용해된 영양소 또는 기타 물질이 소화관 벽을 구성하는 상피세포 내로 이동하여 흡수된다. 치아 및 혀의 타액선 외에도 췌장, 간, 담낭의 소화선들은 타액, 담즙, 소화효소와 같은 분비물을 생산하여 소화와 흡수를 돕는다. 특히 췌장은 α-아밀라아제 및 트립신 등의 소화효소를 다량 가지고 있고 소화 및 흡수의 역할을 한다. 또 췌액은 고농도의 중탄산이온을 함유하고 있어서 위로부터 넘어온 음식물의 산도를 중화시켜 염산이나 펩신에 의한 십이지장점막의 손상을 방지한다. 췌장은 식이 단백질을 분해하는 분해효소와 당질분해효소 및 지질분해효소를 분비하는데 이들 소화효소는 췌장으로부터 불활성 상태로 분비되고 장에서 활성화 된다.

간은 식이성 지방과 지용성 비타민의 소화와 흡수에 필수적인 담즙을 생산하여 소화과정에 참여한다. 간은 하루에 600~1200 mL 정도의 담즙을 생성한다.

담낭은 간 밑에 존재하는데 담즙을 저장하고 농축하며 총담관의 압력조절에 의해 담즙을 십이지장으로 분비한다. 담즙은 십이지장으로 들어가 지방의 소화를 돕는다. 담낭수축 자극은 호르몬과 음식물의 영향을 받는데 식이성 소화물은 위장관호르몬인 콜레시스토키닌(cholecystokinin)의 분비를 촉진한다. 콜레시스토키닌은 담낭이 강한 수축을 하도록 자극을 준다.

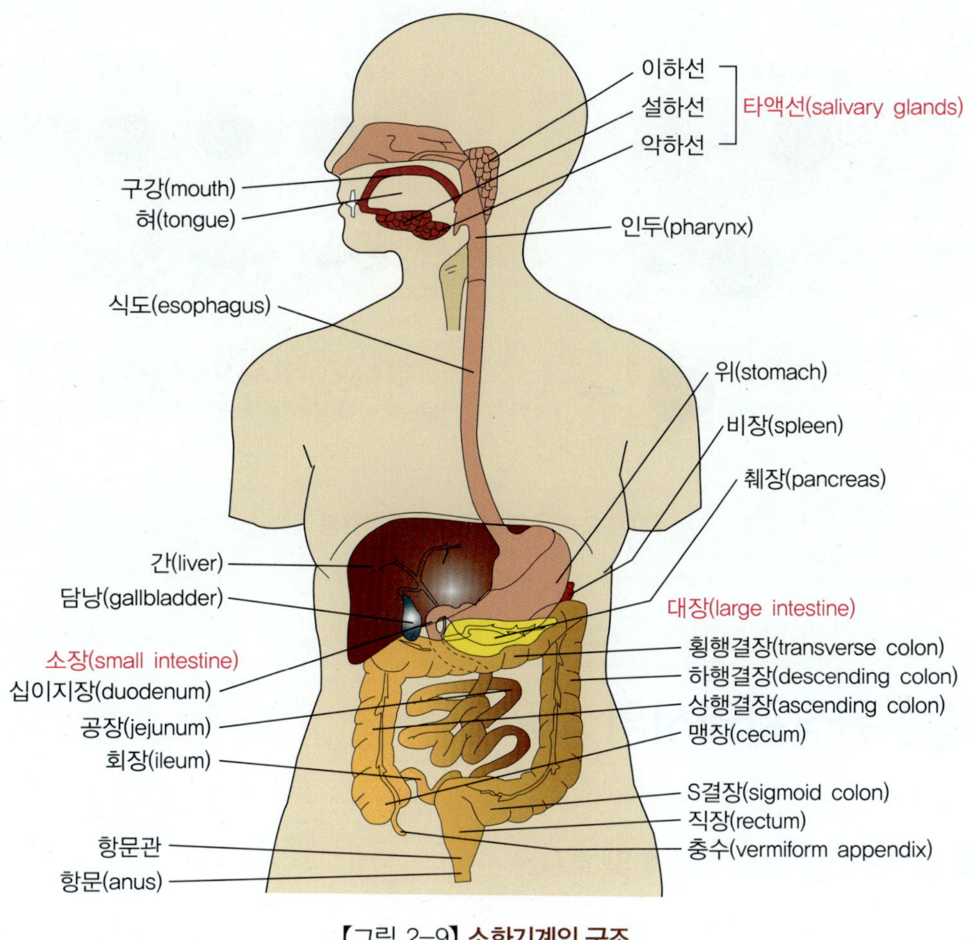

【그림 2-9】 소화기계의 구조

2 소화관의 운동

소화관의 운동은 크게 연동운동과 분절운동으로 나누는데, 그 작용이 [그림 2-10]에 표현되어 있다. 연동운동(peristalsis)은 소화관벽 수축과 이완에 의한 파동으로 음식물이 위에서 아래로 이동하는 수축운동이다. 따라서 음식이 인두로 들어가는 시간부터 연동은 완전히 반사적으로 일어난다. 분절운동(segmentation)은 장관의 환상근육이 수축해서 장관소화물이 잘게 부서지고 섞이도록 하는 운동이다.

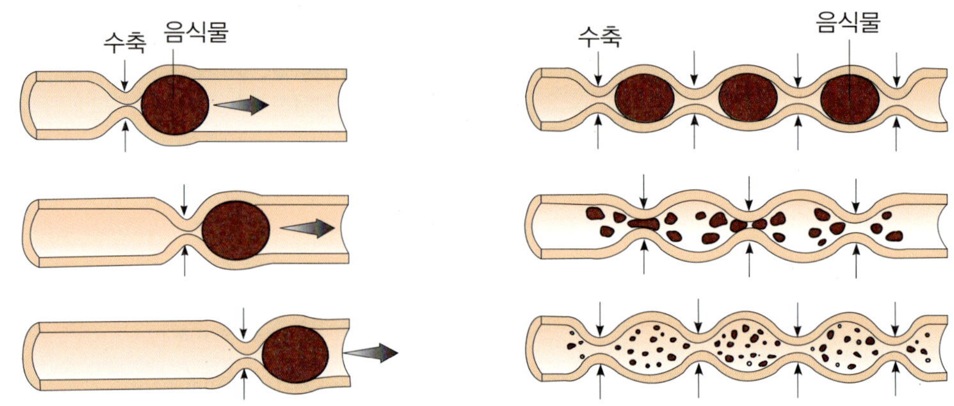

【그림 2-10】 연동운동과 분절운동

03. 위장관에서의 소화과정

1 소화관 운동 관련 신경계 및 호르몬

소화와 흡수 과정을 조절하는 정교하면서도 민감한 2가지 시스템 즉, 호르몬계와 신경계가 있다. 소화관 운동과 관련된 신경계는 위장관의 장신경계(enteric nervous system)와 자율신경계가 있다. 장신경계는 전체 위장관을 따라 연결되어 있으며 위장관 전체의 연동운동 및 위장관 각 부분의 기능 조절에 관여하여 국소적 위장관 운동, 위장관의 분비 등을 조절한다. 위장관의 자율신경계는 부교감신경과 교감신경 섬유로서 존재한다. 위장관의 부교감신경은 장 신경계를 자극하고 소화, 흡수를 촉진시킨다. 반면에 교감신경은 점액분비정도를 조절하고, 위장관운동을 감소시키며, 괄약근의 기능을 향상시키면서 위장관으로의 혈류유입을 감소시킨다.

소화 흡수에 관여하는 호르몬의 종류와 작용은 다음 [표 2-1]과 같다.

【표 2-1】 소화, 흡수와 관련된 호르몬의 종류와 작용

호르몬	분비 자극물	생성 부위	작용
가스트린(gastrin)	위의 음식물, 특히 단백질, 카페인, 향신료, 알코올	위 유문부와 십이지장 상부	위산 분비 촉진, 펩시노젠 생성 자극, 단백질 소화 자극, 위 운동 증가
세크레틴(secretin)	산성 유미즙, 펩톤	십이지장, 공장	췌장의 중탄산과 수분 분비 자극, 소장의 산성 내용물 중화, 위산 분비 억제, 가스트린 분비 억제
콜레시스토키닌 (cholecystokinin, CCK)	십이지장내 지방과 단백질	십이지장, 공장	담낭 수축, 담즙 분비 증가, 췌장 소화효소 분비 자극, 위 운동 억제
위장억제 펩타이드 (gastric inhibitory peptide, GIP)	유미즙의 지방과 단백질	소장	위 운동 억제, 인슐린 분비 자극

2 입에서의 소화

음식물 덩어리가 입으로 들어오면 치아를 이용하여 작은 조각으로 부수고, 동시에 침(세 개의 타액선으로부터 하루 약 1.5 L가 분비됨)이 분비되어 음식물을 적시면 삼키기 쉬운 부드러운 상태가 된다. 충분히 씹어서 침에 의해 적셔진 상태의 음식물은 구강의 뒤쪽으로 보내진 후 삼키는 과정을 통해 식도로 들어오게 되는데, 이때 후두개가 후두를 덮기 때문에 폐로 연결되는 기관이 봉쇄되고 음식물이 안전하게 식도로 이동될 수 있다. 식도로 들어온 음식물은 연동운동에 의해 빠르게 위로 이동된다.

3 위에서의 소화

소화내용물이 식도(esophagus)를 따라 위에 도달하면 식도하부괄약근(sphincter muscle)이 열리면서 위 내부로 유입된다. 위세포들은 위액을 분비하는데, 위액은 수분, 효소, 염산으로 이루어져 있다. 위점막의 술잔세포(goblet cell)는 점액을 분비하여 위 점막을 보호한다. 위의 기계적 수축 작용과 화학적 소화 작용으로 내용물이 죽과 같은 유미즙 상태(chyme)가 된 후에 위와 십이지장 사이의 유문괄약근(pyloric sphincter)이 1분당 약 3회씩 열리면서 소량씩 십이지장으로 내보내진다. 유문괄약근은 십이지장으로 이동된 유미즙이 다시 위의 하단으로 역류하는 것을 막아준다.

음식물이 위에 체류하는 시간(gastric emptying time)은 음식의 양 및 종류에 따라 약 1~4시간 정도 소요되는데, 당질 음식은 가장 빨리 위를 통과하고 그 다음이 단백질, 지방 식품의 순이다. 액체상태의 음료수는 고형식품에 비해 더 빨리 위를 통과하여 소장으로 이동된다.

(1) 소장의 구조

소장은 위와 연결된 상단부에서 시작하여 크게 십이지장(duodenum), 공장(jejunum) 및 회장(ileum)의 세 부분으로 구분되며, 대부분의 소화과정은 십이지장과 공장에서 실행되고, 회장에서는 주로 영양소의 흡수가 일어난다.

음식은 소장 내에 약 3~10시간 머물며 위장관 근육에 의한 연동작용은 매 4~5초 간격으로 수축·이완함으로써 소장을 따라 내용물을 내려 보낸다.

사람의 소장 길이는 3~4 m에 이르며, [그림 2-11, 예: 십이지장]과 같이 소장벽을 구성하는 윤상주름(plicae circulares, 점막의 깊고 영구적인 주름으로 길이는 1 cm 정도)을 확대하면 손가락 모양의 융모(villi, 약 1 mm 길이)로 덮여있다. 융모의 표면을 덮은 상피세포는 주로 원주형의 흡수세포이며 세포의 표면에 돌출된 미세융모(microvilli)를 쇄자연(brush border)이라 한다. 술잔세포(goblet cell)는 다량의 점액을 분비하며, 십이지장선은 산성미즙을 중화시키기 위해 알칼리성 점액을 분비한다. 융모의 내부에는 모세혈관과 유미관(lacteal, 림프모세관)이 자리 잡고 있어 융모막을 통해 흡수된 영양소가 순환계로 곧바로 흡수될 수 있게 한다[그림 2-11].

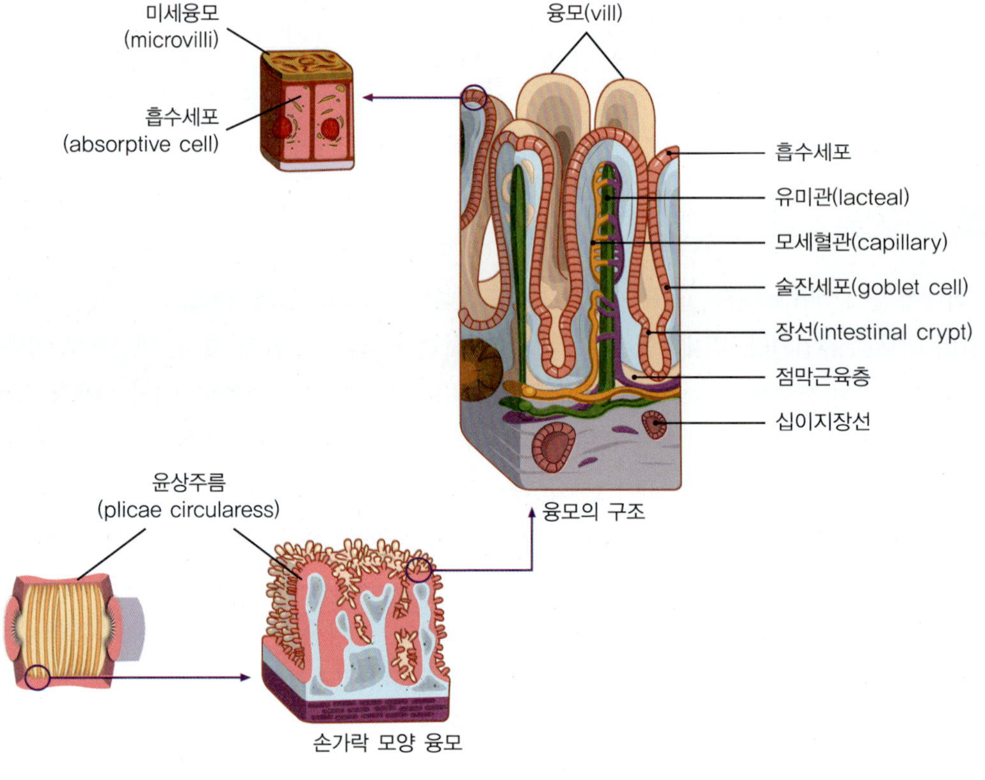

【그림 2-11】 소장(예: 십이지장)의 구조

(2) 소장에서의 소화와 흡수 작용

효소에 의한 화학적 소화는 대부분 소장에서 본격적으로 진행된다. 산성의 위내용물이 십이지장에 들어오면 십이지장점막에서 생성되는 호르몬인 세크레틴(secretin)은 중탄산염을 함유한 췌장액(pH 8~9)의 분비를 촉진함으로써 산성유미즙(pH 1~2)을 중화한다. 또한 췌장에서 탄수화물, 지질 그리고 단백질의 소화를 촉매하는 다양한 종류의 소화효소들이 분비되어 소화가 시작된다. 지방함량이 높은 음식물이 십이지장으로 들어오면, 간에서 만들어져 담낭에 고여 있던 담즙이 콜레시스토키닌(cholecystokinin)에 의해 십이지장으로 분비되어 지질의 유화 및 소화를 돕는다.

소장은 윤상주름, 융모와 미세융모로 구성된 점막구조로 인해 총 흡수면적은 약 $200 \ m^2$나 된다. 겉보기보다 표면적의 크기가 600배나 증가됨 될 정도로 소장의 흡수 능력은 뛰어나 신체가 필요한 양의 영양소를 충분히 흡수할 수 있다. 한편, 소장의 흡수 능력은 신체의 영양 상태에 따라 매우 놀라운 적응력을 보인다. 예를 들어 체내의 칼슘 보유량이 낮아지면 소장 상피세포에서 칼슘 흡수율을 증가시켜 식품 중의 칼슘을 최대한 이용하고자 하며, 반대로 체내에 칼슘이 충분히 저장되어 있는 경우에 장에서 칼슘의 흡수율을 낮추어 이에 대응한다.

5 ■ 대장에서의 소화

대장은 회장결장 괄약근부터 항문까지이며, 맹장, 상행결장, 횡행결장, 하행결장, S자 결장 그리고 직장으로 구성된다. 대장은 융모를 가지고 있지 않다.

대장의 근육운동은 결장띠와 윤상근의 국소적 수축으로 대장에 주름과 주머니 모양(팽기형성, haustration)을 만들어 내는데, 이는 완만한 비추진성 연동작용에 해당하며, 율동적 분절운동도 있어 대장 내용물을 섞어 주는 효과가 있다. 음식물은 대장 내에 약 12~72시간 머물며, 이때 대장 내 박테리아의 작용으로 다양한 종류의 가스 및 유기산이 발생하는데 주로 맹장에서 일어난다. 대장에서는 수분과 전해질, 그리고 대장 내 박테리아에 의해 합성된 일부 비타민과 짧은 사슬 지방산의 흡수가 이루어진다. 수분의 거의 대부분이 대장을 통해 흡수되고, 극히 일부만이 대변으로 배설된다. 대변은 약 75%의 수분과 25%의 고형물로 구성되어 있는데, 고형물의 약 1/3 가량이 죽은 박테리아이며, 나머지는 무기물, 지질, 식이섬유 등이다.

■ 일반적인 소화기 장애

- 질식(choking): 음식물이 기도로 들어가 호흡이 중단되고 소리를 낼 수 없는 상태
- 구토(vomiting): 위 내용물이 인두를 거쳐 입으로 배출되는 현상
- 설사(diarrhea): 빈번하면서 무르고 수분이 많은 변
- 변비(constipation): 드문 배변 또는 힘든 장운동을 가진 상태
- 트림(belching): 위에서 입으로 가스가 방출되는 현상
- 장 가스(intestinal gas): 하루 수백 mL 가스가 장에서 방출됨
- 가슴앓이(heartburn): 위에서 인두 쪽으로 음식물이 역류했을 때 느끼는 가슴 부위의 타는 듯 한 통증
- 궤양(ulcer): 상피층 또는 그 하부층이 짓무른 상태

04. 영양소의 흡수와 순환

1 영양소의 흡수 기전

흡수소화가 끝난 후 영양소가 장세포 내부로 흡수되는데, [그림 2–12]와 같이 영양소의 종류에 따라 주 흡수 부위가 다르다. 구강이나 식도에서는 영양소의 흡수가 일어나지 않으며, 위에서는 물, 소량의 알코올, 특정 종류의 지질이 흡수될 뿐이다. 대부분의 영양소는 소장에서 흡수되며, 수분은 주로 대장에서 흡수된다. 영양소의 흡수는 단순 확산, 촉진 확산, 능동 수송과 같은 수송기전에 의한다.

포도당은 Na^+과 함께 운반체에 결합되어 소장 점막세포 내로 이동하는 능동 수송기전을 따른다.

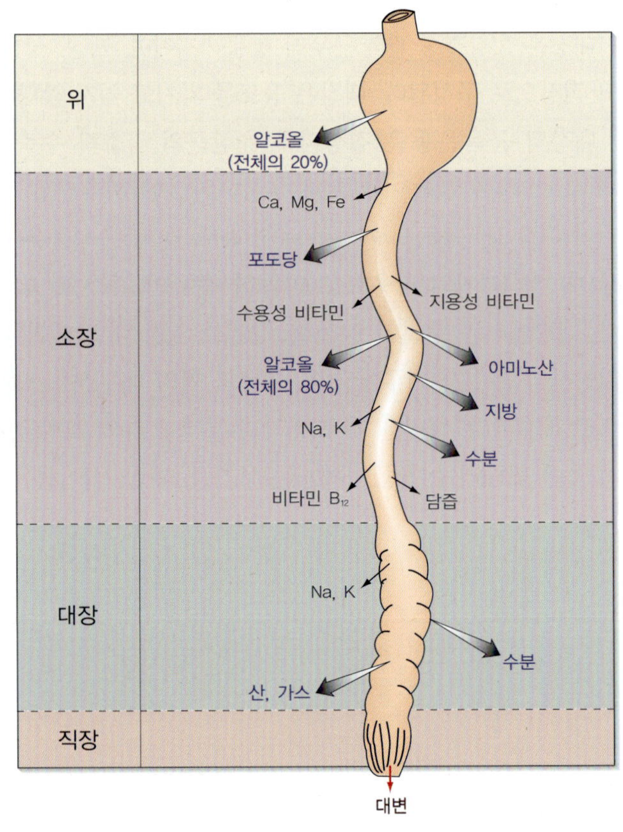

【그림 2–12】 영양소의 주 흡수 부위

이때 ATP(adenosine triphosphate)를 소모하는 Na⁺-펌프에 의하여 Na⁺의 농도경사에 역행하는 Na⁺를 세포 외로 내보낸다. 한편 소장의 관내에 포도당이 농축되어 있을 경우는 영양소의 농도가 높은 쪽에서 낮은 쪽으로 영양소의 농도 기울기에 의해 운반되는 단순 확산에 의해 흡수된다. 과당은 운반체는 필요하지만 Na⁺에 의존하지 않는 촉진 확산에 의하여 세포 내로 이동한다.

2 영양소의 순환계를 통한 운반

소장 상피세포 내로 흡수된 영양소가 체내 다른 조직으로 이동하려면 순환계를 통하여 운반되어야 한다. 각 융모 마다 모세혈관과 림프관이 연결되어 있으므로 영양소는 크게 두 가지 경로 즉, 문맥순환과 림프관순환에 의해 체내 다른 조직으로 운반된다.

문맥순환은 소장 융모에 자리한 모세혈관을 통해 수용성 영양소(아미노산, 포도당, 짧은 및 중간 사슬 지방산, 수용성 비타민, 무기질 등)들이 문맥(portal vein)을 통해 직접 간으로 들어가는 경로이다.

림프관순환은 소장의 유미관(lacteal)을 통하여 지용성물질(긴 사슬 지방산, 지용성 비타민)을 함유한 킬로미크론(chylomicron)이 림프관으로 집합하여 흉관(thoracic duct)으로 흘러 들어가 좌측 쇄골하정맥을 통해 혈류와 연결된다.

05. 영양 대사와 관련된 호르몬

호르몬은 대사 능력, 식욕, 세포막을 통한 물질의 운반 등을 조절하기도 하고, 성장, 성(gender), 생식 등에 영향을 미친다. 호르몬이 체내에서 작용하기 위해서는 세포표면의 수용체와 결합하여 세포 내로 신호를 전달하는 2차 메신저(예를 들면 cAMP, Ca⁺⁺)를 활성화하거나 또는 세포막을 통과하여 세포 내 수용체에 결합하고 핵 안으로 이동하여 DNA에 결합하거나 mRNA 합성을 유발한다. [표 2-2]는 영양과 대사에 관련이 깊은 호르몬의 종류를 나타내는데 크게 스테로이드, 폴리펩타이드 또는 아민류로 분류된다. 각각의 호르몬은 분비되는 기관의 종류와 영양 및 대사에 미치는 효과가 다르다.

【표 2-2】 호르몬의 종류와 생리적 효과

호르몬	종류	분비기관	영양과 대사에 미치는 효과
코르티솔(cortisol)	스테로이드	부신피질	단백질, 탄수화물 및 지방 대사
알도스테론(aldosterone)	스테로이드	부신피질	전해질 평형
인슐린(insulin)	폴리펩타이드	췌장	글리코겐 합성, 지방 축적, 아미노산 흡수 증가
글루카곤(glucagon)	폴리펩타이드	췌장	간에서 포도당 혈류 방출, 지방 동원 증가
성장 호르몬(growth hormone)	폴리펩타이드	뇌하수체	단백질 합성과 성장 촉진, 지방 이용 증가
부갑상선 호르몬(parathyroid hormone)	폴리펩타이드	부갑상선	뼈에서 혈액으로 칼슘 유출, 혈액 칼슘 농도 증가
칼시토닌(calcitonin)	폴리펩타이드	갑상선	뼈로 칼슘 흡수 증진, 혈액 칼슘 농도 감소
에피네프린(epinephrine) 노르에피네프린(norepinephrine)	아민류	부신수질	간에서 포도당 혈류 방출, 지방 동원 증가
갑상선 호르몬(thyroid hormone)	아민류	갑상선	단백질, 탄수화물 및 지방 대사, 대사율 증가
렙틴(leptin)	단백질	지방조직	식욕 감퇴

확인해봅시다

1. 세포의 구조에 대해 각각 특징과 기능을 정리하시오.

종류		특징	기능
세포막			
핵			
세포질	소포체		
	리보솜		
	골지체		
	미토콘드리아		
	리소솜		

2. 각 소화관에서의 소화의 특징과 주로 흡수되는 영양소들을 정리하시오.

장소	소화의 특징	흡수되는 영양소
입		
위		
소장		
대장		

3. 식사구성별 어떤 순환과정을 통해 운반되는지 정리하시오.

영양소	순환과정
아미노산, 포도당, 짧은, 중간 사슬 지방산, 수용성 비타민, 무기질	
긴 사슬 지방산, 지용성 비타민	

4. 다음 각 호르몬의 분비기관과 관련된 영양대사에 대해 정리하시오.

호르몬	분비기관	영양대사
코르티솔(cortisol)		
알도스테론(aldosterone)		
인슐린(insulin)		
글루카곤(glucagon)		
성장 호르몬(growth hormone)		
부갑상선 호르몬(parathyroid hormone)		
칼시토닌(calcitonin)		
에피네프린(epinephrine)		
노르에피네프린(norepinephrine)		
갑상선 호르몬(thyroid hormone)		
렙틴(leptin)		

03 탄수화물 영양

탄수화물(carbohydrate)은 우리 인간의 식생활에서 가장 기본적인 에너지원으로 지역에 따른 주식의 특징을 이루어 왔다. 즉 아시아는 쌀, 지중해 연안 및 중동·북동 아프리카는 밀, 영국은 귀리와 보리, 아메리카는 옥수수와 감자, 남아프리카는 카사바(cassava) 뿌리, 남태평양 도서지역은 타로(taro) 뿌리를 주식의 기본으로 삼았다. 교통의 발달, 지역 간 이주와 국제적 교류로 지역에 따른 특성은 많이 완화되었으나 여전히 인체가 필요로 하는 에너지의 가장 많은 부분을 탄수화물로부터 공급받으며 이는 가장 경제적 식행동으로 볼 수 있다.

탄수화물은 식물의 엽록소에 의해서 합성되며, 일반적으로 $(CH_2O)_n$의 구조를 가지고 당질이라고도 한다. 탄수화물은 몸 안에서 포도당과 글리코겐의 형태로 신경조직, 근육조직, 그 외 조직들이 사용하는 에너지의 반 이상을 공급한다.

01. 탄수화물의 분류

탄수화물은 단당류가 구성단위(monomer)이며, 그 중합 정도에 따라 크게 단당류(monosaccharide), 이당류(disaccharide), 올리고당(oligosaccharide) 및 다당류(polysaccharide)로 분류한다.

1 단당류 및 이당류

단당류 및 이당류는 한편으로는 당류(simple sugars)로 불리며, 육탄당인 포도당(glucose), 과당(fructose) 및 갈락토오스(galactose)는 가장 중요한 단당류로서 당질의 기본 구성성분이 된다[**그림 3-1**]. 광학활성도에 따라 D형과 L형이 가능하나 생체 내에서는 D-형 이성질체(enantiomer) 만을 이용한다. 당의 구조는 사슬 또는 고리 형태가 가능하며 수용액 상태에서는 주로 고리구조를 가진다.

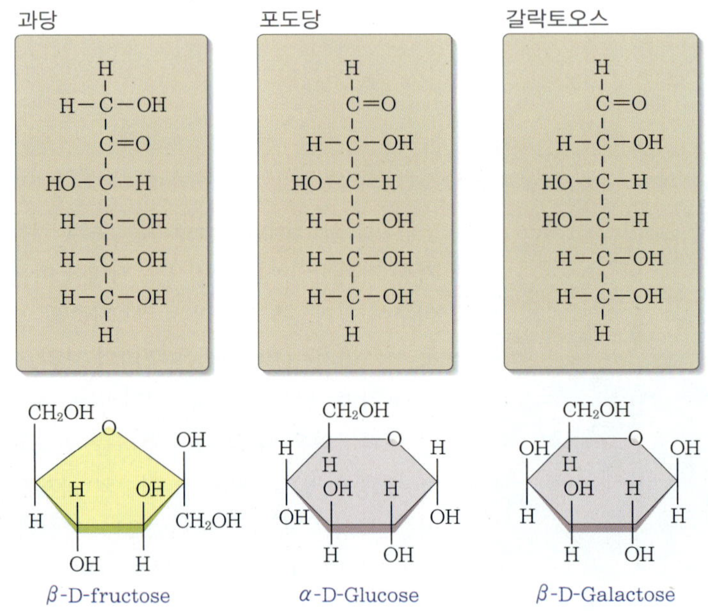

【그림 3-1】 단당류의 구조

포도당 자체는 과일, 꿀, 옥수수시럽에 들어 있으나 식품 급원으로는 크게 중요하지 않은 반면에, 당질의 대사와 인체의 혈당(blood sugar) 급원의 중심 역할을 하는 영양소이다. 과당은 과일, 꿀 및 고과당 옥수수시럽에 주로 함유되어 있으며 갈락토오스는 그 자체로 식품에 함유되어 있지는 않으나 유당의 구성요소이다. 오탄당인 리보오스(ribose)와 디옥시리보오스(deoxyribose)는 핵산의 구성 성분이다.

이당류는 2개의 단당류가 글리코시드 결합(glycosidic bond)으로 연결되어 이루어지며 주된 이당류는 맥아당(maltose), 자당(sucrose), 유당(lactose)이다[그림 3-2]. 맥아당은 포도당이 α-1→4 글리코시드 결합으로 연결되어 있으며 자연 식품에는 거의 함유되어 있지 않으나 전분의 소화과정에서 생성된다. 맥아당은 말타아제(maltase, α-1→4 glucosidase)에 의하여 가수분해 되어 2분자의 포도당이 된다. 자당은 1분자의 포도당과 1분자의 과당이 α-1→β-2결합으로 연결되어 있으며 사탕무와 사탕수수에서 추출하여 대량 생산한다. 세계적으로 설탕의 소비가 증가하는 추세이므로 에너지 급원으로서 자당의 비중은 점점 높아지고 있다. 유당은 유즙의 주된 성분으로 갈락토오스와 포도당의 β-1→α-4 결합으로 연결되어 있다. 모유는 유당을 약 7% 함유하는 반면에 우유는 4.5% 정도 함유한다.

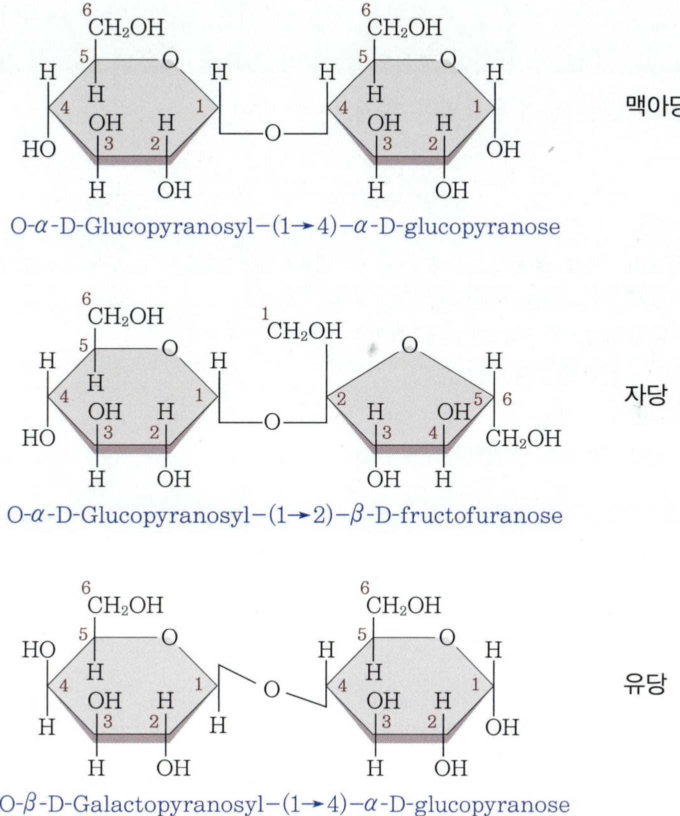

【그림 3-2】 이당류의 구조

2   올리고당

올리고당(oligosaccharide)은 단당류의 중합단위가 3~10개로서 쉽게 물에 용해되며 α-갈락토시드(α-galactoside)로는 라피노오스(raffinose, 갈락토오스-포도당-과당으로 연결된 삼당류), 스타키오스(stachyose, 갈락토오스-갈락토오스-포도당-과당으로 연결된 사당류), 베르바스코오스(verbascose, 오당류)가 있으며 강낭콩, 렌즈콩, 완두콩 등의 건조 중량의 5~8%를 구성한다. 프럭토올리고당(fructooligosaccharide)은 많은 종류의 식물성 식품에 소량 포함되어 있다. 전분의 부분 가수분해 산물인 말토덱스트린(maltodextrin), 이눌린(inulin, fructan, 과당중합체)의 분해산물, 전분의 산열분해산물인 피로덱스트린(pyrodextrin, 산열분해에 의해 생성된 덱스트린) 등도 올리고당에 속한다.

사람의 장내에는 장내 세균이 균총을 형성하여 숙주의 건강에 직간접적인 영향을 미치는데, 특히 비피더스균은 장내에서 당질을 이용하여 아세트산, 프로피온산, 젖산 등의 유기산을 생성하여 장내 부패성 세균(대장균, 박테로이더스)의 증식을 억제하는 장내 유용 세균으로 알려져 있다. 올리고당 중에 장내 비피더스균의 증식을 촉진하는 기능을 가진 올리고당을 비피더스인자라 하며 자연계에서 발견되고 있는 대표적인 것이 모유와 우유의 초유에 함유된 올리고당이다. 장내 비피더스균의 증식은 다음과 같은 생리적 효과를 가져 올 수 있다.

- 발효에 의해 젖산과 짧은 사슬 지방산을 생산하여 장내 pH를 낮추고, 유해 미생물의 생장을 억제하며, 아민 등의 유해물질 생산을 감소시킨다.
- 담즙산염 분해효소를 분비하여 담즙산의 재흡수를 감소시킨다.
- 영양소의 소화와 흡수를 증진시킨다.
- 항생물질을 분비한다.
- 비타민 등의 영양소를 합성한다.

3   다당류

다당류(polysaccharide)는 단당류의 중합단위가 10개를 초과하여 그 수가 수천에 이르기도 하는 중합체로서 복합당질(complex sugars)로도 일컬어진다. 다당류를 구성하는 가장 주된 에너지 급원인 전분(starch)은 아밀로오스(amylose)와 아밀로펙틴(amylopectin)으로 나눠지는데[그림 3-3], 전분 급원에 따라 아밀로오스와 아밀로펙틴의 비율이 달라진다.

【그림 3-3】 **다당류의 구조**

　아밀로오스는 포도당이 α–1→4 글리코시드 결합으로만 연결되어 있는 반면에, 아밀로펙틴은 α
–1→4 글리코시드 결합 외에 α–1→6 글리코시드 결합을 가지고 있어 많은 가지 사슬을 가지고 있
다. 전분은 좌선성 α–나선 구조(left handed α–helix)를 형성하므로 전분 입자는 미셀(micelle) 구조
를 취한다.

　글리코겐(glycogen)은 동물성 전분으로 불리며, 아밀로펙틴과 유사한 구조를 가지고 있으나 α
–1→6 글리코시드 결합이 많아 아밀로펙틴보다 더 촘촘한 구조를 지니고 있다. 간의 글리코겐은
체내 혈당유지의 주요 급원으로서 매우 중요한 반면에, 식품으로 공급되는 양은 소량이고 갑각류
와 동물의 간에 소량 존재한다.

02. 탄수화물의 소화와 흡수

1 소화

　식품의 맛과 향기가 타액의 분비를 자극시키고 치아의 저작작용에 의하여 전분이 작은 입자들
로 부서지면서 타액과 섞인다. [그림 3-4]는 인체의 소화기관 내에서 당질의 전반적인 소화과정을
보여준다. 타액의 α–아밀라아제(amylase, 최적 pH 6.6)는 전분의 α–1→4 글리코시드 결합을 가수
분해하여 덱스트린과 약간의 맥아당으로 전환시킨다.

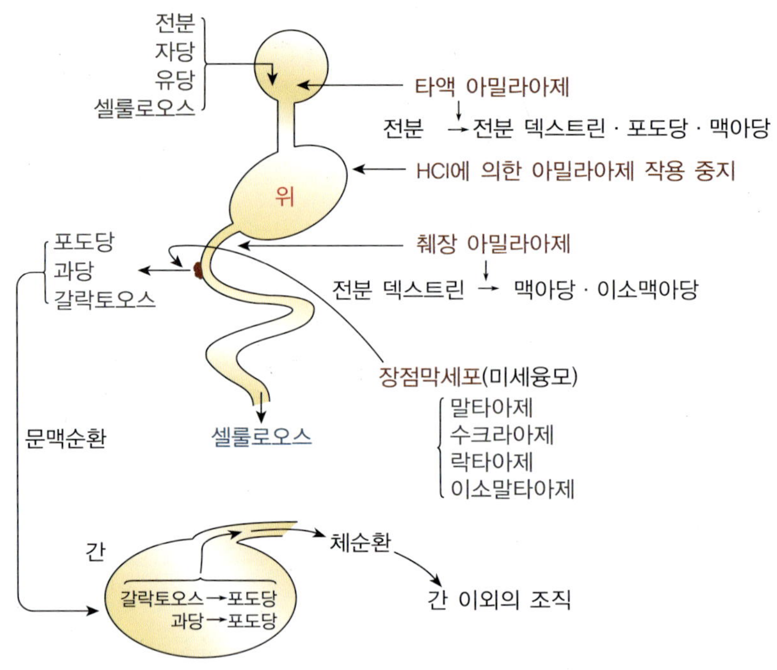

【그림 3-4】 탄수화물의 소화과정

소화내용물이 식도를 따라 위에 도달하면 식도하부괄약근이 열리면서 위 내부로 유입된다. 위는 당질 소화효소를 분비하지 않으며 타액의 α-아밀라아제의 활성도 위액의 강한 산성 때문에 억제된다. 위의 수축 작용으로 내용물이 유미즙이 된 후에 소량씩 십이지장 내로 내보내지는데, 이 작용은 췌장액과 담즙의 분비를 자극한다. 알칼리성을 띤 췌장액과 담즙은 유미즙을 약알칼리성으로 만들어 췌장 α-아밀라아제(최적 pH 7.1)의 활성을 유지케 함으로써 덱스트린(dextrin)은 말토오스, 말토트리오스(maltotriose, 포도당 3개가 연결된 삼탄당), 한계 덱스트린(limit dextrin, 3~5개의 포도당이 α-1→4 글리코시드 결합으로 연결되고 거기에 한 개의 포도당이 α-1→6 글리코시드 결합됨)으로 전환된다. 이들은 최종적으로 이당류 가수분해효소(disaccharidase)에 의하여 단당류로 가수분해 된다.

【그림 3-5】 이당류의 분해

이당류 가수분해효소는 소장 융모의 미세융모에 단단히 결합되어 있으며, 미세융모 표면을 덮고 있는 비동수층(unstirred water layer, UWL, 약 1 ㎜ 두께)으로 아밀라아제에 의한 생성물이 확산되어 들어오면 다음과 같이 단당류들로 분해한다. 맥아당은 말타아제(maltase)에 의해 2분자의 포도당으로, 자당은 수크라아제(sucrase)에 의해 포도당과 과당으로, 이소맥아당은 이소말타아제(isomaltase, α-1,6-glucosidase)에 의해 2분자의 포도당으로, 그리고 유당은 락타아제(lactase)에 의해 포도당과 갈락토오스로 분해된다[그림 3-5].

2 흡수와 운반

당질은 다가알코올이며 극성을 띠고 있기 때문에 비극성의 세포막을 통과하는데 운반체가 필요하다. 일반적으로 생체막을 사이에 둔 물질의 이동은 능동적 운반, 촉진 확산과 단순 확산에 의하며, 당질의 운반도 위의 기전 중 하나 이상에 의한다. 포도당의 능동적 운반의 기전은 ATP(adenosine triphosphate)를 소모하는 Na^+-펌프에 의하여 Na^+를 세포외로 내보내면서 Na^+의 농도경사가 형성되고, 농도경사에 힘입어 포도당이 Na^+와 함께 운반체(sodium-dependent glucose transporter, SGLT)에 결합되어 소장 점막세포 내로 운반된다. 갈락토오스도 같은 기전에 의해 소장 점막세포 내로 흡수된다. 한편, 소장의 관강 내에 포도당이 농축되어 있을 경우는 상당량이 단순 확산에 의해 운반된다. 과당은 운반체는 필요하나 Na^+에 의존하지 않는 촉진 확산에 의해 세포 내로 이동한다. 따라서 과당의 흡수 속도는 갈락토오스와 포도당보다는 느리다.

흡수된 단당류는 장점막세포에서 기저막을 통과한 후 가까운 모세혈관으로 들어가 간문맥으로 흘러 간으로 운반되며 간으로부터 체순환에 의해 체내 다른 조직으로 이동한다.

03. 탄수화물의 생리적 기능

1 에너지 공급

탄수화물은 평균 1 g당 4 kcal를 공급하며 곡류나 감자류는 많은 나라에서 주식으로 이용되므로 가장 중요한 에너지 급원식품이다. 탄수화물은 소화·흡수율이 평균 98%이다. 정상 상태에서 뇌는 포도당을 이산화탄소와 물로 완전 산화시켜 에너지를 얻으므로 혈당에 의존하는 유일한 기관이다.

건강한 성인에서는 공복 시의 혈당 농도가 80~110 mg/dL로 유지되고 식후에도 140 mg/dL 이하로 유지가 되며 공복 기간이 길어지더라도 50~60 mg/dL 이하로 쉽게 떨어지지 않는다. 이는 뇌와 같은 중추신경계와 적혈구의 에너지 대사가 주로 포도당에 의존하므로 생체에는 정교한 항상성 조절기전이 존재하기 때문이다[그림 3-6].

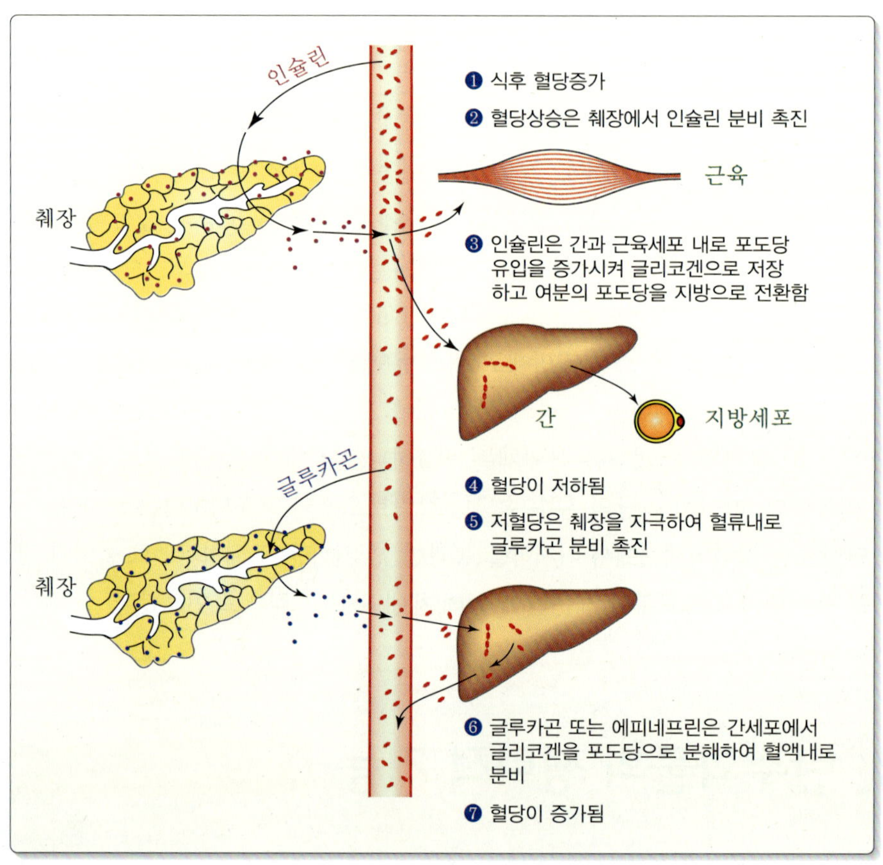

【그림 3-6】 혈당의 조절 기전

식후 혈당이 증가하면 간에서 글리코겐 합성이 활발히 일어나며 간 이외의 조직으로도 포도당의 유입이 증가한다. 반면에 공복 시 혈당이 떨어지면 간에서의 글리코겐 분해(glycogenolysis)가 활발해지고, 한편으로 포도당신생합성도 진행이 되며, 공복이 장기간 진행될 경우에는 신장에서도 포도당 합성이 이루어진다. 근육은 글리코겐의 상당량을 함유하고 있어도 혈당을 직접 공급하지 않는데 그 이유는 글리코겐 분해과정의 마지막 단계인 포도당-6-인산에서 포도당으로 전환시키는 효소인 포도당-6-인산가수분해효소(glucose-6-phosphtase)가 없기 때문이다.

[표 3-1]은 혈당 유지에 관여하는 대표적인 호르몬에 대해 정리한 것이다. 인슐린은 혈당 유지와 관계가 깊은 호르몬으로 식후 바로 췌장의 β세포에서 분비되며, 혈액에 포도당이 유입되면 더욱 많은 양의 인슐린이 분비된다. 인슐린은 혈액의 포도당을 간, 근육세포, 지방세포 등으로 흡수시키며, 간과 근육에서 글리코겐 합성을 촉진시켜 혈당을 낮추는 기능을 한다. 반면에 혈당 농도가 떨어지면 췌장의 α세포에서는 글루카곤을 분비하고 이 호르몬은 간에서 글리코겐 분해를 촉진시켜 혈류 중으로 포도당이 방출되도록 한다. 에피네프린, 코르티솔, 성장호르몬, 갑상선 호르몬도 혈당을 정상으로 유지하는데 기여한다. 호르몬의 이와 같은 조절 기전은 식이 당질, 식이 지방, 호르몬의 농도, 호르몬 수용체간의 복잡한 상호작용으로 나타나게 된다.

【표 3-1】 혈당 조절과 호르몬

호르몬	분비기관	작용기관	혈당조절	작용
인슐린 (insulin)	췌장의 β세포	간, 근육, 피하조직	감소	• 근육과 지방세포로 포도당의 유입이 증가 • 간세포에 있는 글루코키나아제(glucokinase)의 발현을 증가시켜 포도당대사 촉진 • 간과 근육세포에서 글리코겐 합성 증가 • 포도당신생합성 저하
글루카곤 (glucagon)	췌장의 α세포	간	증가	• 간세포에서 글리코겐 분해시켜 혈당 유지에 기여 • 간세포에서 포도당신생합성 증가
에피네프린 (epinephrine)	부신수질	간, 근육	증가	• 간과 근육세포에서 글리코겐을 분해시켜 간의 글리코겐은 혈당 유지에, 근육세포의 글리코겐은 에너지생성에 기여 • 지방 분해 증가로 혈중 지방산의 농도 증가

3 단백질 절약 작용

혈당이 낮아지고 외부에서 당질이 공급되지 않으면 체단백질이 분해되어 포도당신생합성을 위한 전구체로 사용된다. 따라서 당질의 적절한 공급은 체단백질의 분해를 방지하고 단백질이 에너지원으로 사용되는 것을 억제하므로 단백질을 절약하는 작용이 있다.

4 체내 대사의 조절작용

당질을 적게 섭취하거나 체내에서 이용이 원활하지 않을 경우에 에너지 급원으로 체단백질이나 지방이 분해되며 체내에 여러 가지 비정상적인 대사산물이 축적된다. 지방의 중간대사 산물인 케톤체(ketone body)가 혈액 중에 축적되어 케톤혈증(ketosis)이 생기며 오랜 기아 상태와 같은 영양장애 증상이 나타난다. 당질을 하루 최소 50~100 g을 섭취하여야 이와 같은 증상을 방지할 수 있다. 기아상태에 적응된 사람은 뇌의 에너지 요구량의 약 80%를 케톤체의 산화를 통해 제공받게 된다.

5 기타 작용

단당류와 이당류는 감미를 내며, 당질의 하나인 리보오스는 핵산을 구성하는 성분이다. 갈락토오스, 만노오스는 복합지질 및 당단백질의 성분으로서 당단백질이나 당지질에 포함되는 경우 조직의 항원 및 분비 물질의 주요 성분을 이룬다. 유당은 소장에서 칼슘의 흡수를 돕고 영아의 뇌 발달과 성장에 중요한 역할을 한다.

04. 식이섬유

식이섬유(dietary fiber)의 대부분은 난소화성 다당류로서 복합당질(complex carbohydrate, 포도당과 포도당 이외의 단당류들로 구성된 다당류)에 속한다.

1 식이섬유의 종류

[그림 3-7]은 식이섬유의 분류를 나타낸다. 식이섬유는 인체의 소장 상부 소화관내 효소에 의해 소화되지 않는 식물의 세포벽 또는 식물다당류의 성분들로 정의되며, 리그닌(lignin)을 제외하면 모두 다당류에 속한다. 비전분다당류(nonstarch polysaccharides, NSP)는 셀룰로오스(cellulose)와 비셀룰로오스 다당류(non-cellulosic polysaccharides, NCP)로 나눌 수 있으며, 비셀룰로오스 다당류에는 헤미셀룰로오스(hemicellulose), 펙틴(pectin), β-글루칸(β-glucans), 이눌린(inulin), 검류(gums), 점액질(mucilages), 조류다당류(algal polysaccharides) 등이 포함된다. 또한 이들을 물리적인 성질에 따라 수용성과 불용성으로 구분할 수 있으며, 단위 성분의 종류도 다르다.

총 섬유	비전분 다당류	비셀룰로오스 다당류	기타 다당류	수용성 섬유	기타 당잔기	세포벽
					유론산	
					람노오스	
			펙틴		아라비노오스	
					자일로오스	
			헤미셀룰로오스		만노오스	
				불용성 섬유	갈락토오스	
	셀룰로오스	셀룰로오스	셀룰로오스		글루코오스	
리그닌	리그닌	리그닌		리그닌		
저항성 전분						

【그림 3-7】 식이섬유의 분류

　　[**표 3-2**]는 주요 식이섬유의 종류, 급원체, 구조 및 성상을 보여준다. 셀룰로오스(섬유소)와 헤미셀룰로오스는 식물의 세포벽을 구성하는 구조적 다당류이다. 셀룰로오스는 포도당의 β-1→4 글리코시드 결합으로 연결된 다당류로서 인접한 분자와 수소결합을 형성하여 단단한 섬유성 구조를 지니고, 헤미셀룰로오스는 세포벽에서 셀룰로오스를 둘러싸고 있으며 오탄당을 함유하는 등 다양한 가지사슬과 불용성 성질을 가지고 있다. 펙틴과 검류는 식물세포의 비구조적 다당류에 속하며 수용성의 성질을 지닌 식이섬유이다. 비당질로 식이섬유에 속하는 리그닌은 페닐프로판(phenylpropane)의 중합체이다.

【표 3-2】 식이섬유의 종류와 화학적 조성

형태	급원체	구조와 성상
셀룰로오스(cellulose)	식물세포벽의 구성분 곡류의 기울	포도당의 직선 중합(β-1,4) 불용성, 분자량 $10^5 \sim 10^8$
헤미셀룰로오스(hemi cellulose)	식물세포벽의 구성분	육탄당 또는 오탄당의 중합체 약간의 곁사슬 함유 불용성, 분자량 10^4
펙틴(pectin)	과일	갈락투론산 및 유도체의 중합체 수용성, 분자량 $10^4 \sim 10^5$
카라기난(carrageenan)	홍조류	갈락토오스-4-SO_4와 3,6- 무수갈락토오스-2-SO_4 중합체(β-1,4) 수용성, 분자량 10^4
이눌린(inulin)	돼지감자, 치커리	과당 중합체(β-2,1), 수용성
리그닌(lignin)	식물세포벽의 구성분	페닐프로판의 측선 중합체 불용성, 분자량 $1 \cdot 5 \times 10^3$

식이섬유의 생리적 효과는 주로 식이섬유의 물리적 성질에 기인한다. [표 3-3]은 식이섬유의 용해도에 따른 생리적 특성을 보여준다.

【표 3-3】수용성 식이섬유와 불용성 식이섬유의 비교

구분	수용성 식이섬유	불용성 식이섬유
종류	펙틴, 검류	셀룰로오스
특징	• 수분 보유력이 크고 점도를 가져 위 공복 시간을 늦춤 • 겔 형성 • 대장박테리아에 의해 발효	• 장내용물의 통과 시간을 단축 • 장내용물을 희석시켜 대변의 부피를 증가 • 수분 보유 능력이 적음

식이섬유의 수분보유력(water holding capacity)과 점도(viscosity)는 위의 공복 시간을 늦추면서, 소장에서 겔을 형성하여 영양소의 흡수를 지연시키며, 혈당 상승을 완만하게 하고, 대변의 부피를 증가시킨다. 이러한 효과는 펙틴과 검류 등의 수용성 섬유에서 더 크다. 셀룰로오스가 많은 식품은 대장의 작용에 영향을 주어 장내용물의 통과시간을 단축시키고 장내용물을 희석시키며 대변의 부피를 증가시킨다. [그림 3-8]은 비전분다당류의 1일 섭취량과 1일 대변량과의 관계를 보여주는데 그 상관계수가 0.84로서 강한 상관관계를 보여준다.

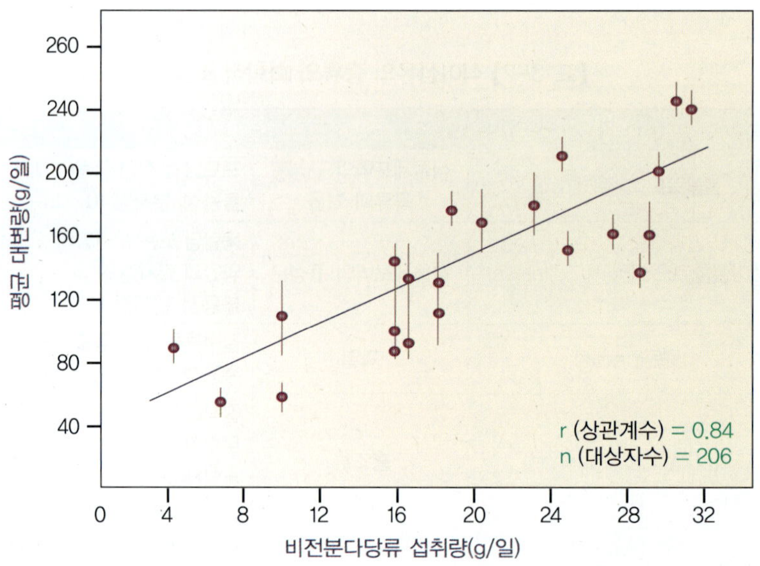

【그림 3-8】건강한 사람들의 1일 평균 비전분다당류 섭취량과 대변량의 관계

식이섬유는 담즙산과 결합함으로써 담즙산이 지질과 미셀을 형성하는 것을 억제하므로 지방산과 콜레스테롤의 흡수를 저해하고 담즙산의 재흡수를 억제하여 혈청 콜레스테롤의 농도를 낮춘다. 이 작용은 리그닌, 수용성 섬유 그리고 불용성 섬유의 순으로 활성이 크다.

또한 수용성 식이섬유는 대장의 박테리아에 의해 짧은 사슬 지방산(short-chain fatty acids, SCFAs) 즉, 아세트산, 프로피온산 및 부티르산으로 전환되며 점막세포 내로 흡수되어 에너지 급원으로 쓰이거나 문맥을 경유하여 간으로 들어가 콜레스테롤 합성을 저해할 수 있는 것으로 알려져 있다. 대장의 발효과정은 혐기적이므로 식이섬유로부터 회수되는 에너지는 1.5~2.5 kcal/g 정도이다. 한편 식이섬유는 양이온 교환 능력을 가지고 있어 무기질과 결합할 수 있으므로 다량의 식이섬유 섭취는 철, 칼슘, 아연과 같은 무기질의 생체이용률을 저하시킬 수 있지만, 하루 50 g 정도까지 섭취해도 인체의 무기질 흡수나 영양에는 역효과를 미치지 않는다는 보고도 있다.

05. 당류

1 당류의 정의

당류섭취와 건강과의 관계에 대한 과학적 근거가 확인되면서 당류의 섭취량에 대한 관심이 높아지게 되었다. 당류(sugars)란 과당, 포도당, 갈락토오스와 같은 단당류와 자당, 맥아당, 유당과 같은 이당류를 통칭하는 개념이며, 총 당류(total sugars)란 식품에 내재하거나 가공·조리 시에 첨가된 당류를 모두 합한 값이다(FAO/WHO, 1998). 당류와 관련된 용어의 정의는 [표 3-4]와 같다.

【표 3-4】 당류의 정의

용어	정의
총 당류(total sugars)	식품 내에 존재하거나 식품의 가공·조리 시에 첨가되는 포도당, 과당, 갈락토오스 등의 단당류와 맥아당, 유당, 자당 등의 이당류의 함량을 합한 값(FAO/WHO, 1998)
내재성 당(intrinsic sugars)	식품의 세포벽 안에 자연적으로 들어 있는 당
외재성 당(extrinsic sugars)	식품에 첨가하는 당(COMA, 1991)
첨가당(added sugars)	식품의 제조과정이나 조리 시에 첨가되는 당과 시럽(USDA/DHHS, 2000)
유리당(free sugars)	식품의 제조과정이나 조리 시에 첨가하는 단당류와 이당류의 총량과 꿀, 시럽, 과일주스에 내재되어 있는 당 (WHO, 2003)

*자료: 2015 한국인 영양소 섭취기준, 보건복지부·한국영양학회, 2015

2 당류의 체내 작용

당류의 주된 기능은 신체에 에너지를 공급하는 것으로 1 g당 4 kcal의 에너지를 생성한다. 이외에 정신적으로 만족감을 갖게 하고, 식품의 조리 또는 가공 시 단맛이나 기능적인 면을 향상시키기 위한 감미료로도 이용된다.

이당류는 소장 벽세포에서 분비되는 이당류 분해효소에 의해 단당류로 분해되어 소장에서 흡수된 후 모세혈관과 문맥을 통해 간으로 운반된 후 체내 세포로 이동되어 에너지로 사용되거나, 글리코겐의 형태로 전환되어 간이나 근육에 저장된다. 과당과 갈락토오스는 해당과정의 중간과정, 또는 포도당신생합성 과정으로 유입되거나, 글리코겐 및 중성지질 합성과정에 유입된다. 따라서 단순당류의 과잉 섭취는 여분의 에너지를 축적시켜 글리코겐 및 중성지질 합성을 촉진하게 된다.

당류의 과잉섭취는 비만, 대사증후군 및 당뇨병, 고지혈증 또는 관상동맥질환 등의 만성질환의 발생과 관련이 있으며 또한 어린이의 경우 과행동증의 발생과 관련이 있음을 알리는 많은 연구가 최근에 발표되고 있다. 총 당류의 섭취량뿐만 아니라 첨가당 형태의 당류 섭취량에도 관심이 집중되고 있다. 첨가당의 과잉섭취는 식사의 영양밀도를 감소시키며, 성인과 어린이 모두에게서 비만, 당뇨 및 심혈관계질환과 같은 만성질환 그리고 충치 발생의 위험도에 관련이 있는 것으로 보고되고 있어, 총 당류 섭취량뿐만 아니라 섭취하는 당류 형태에도 주의를 기울일 필요가 있다.

06. 탄수화물 섭취기준과 급원

1 섭취기준

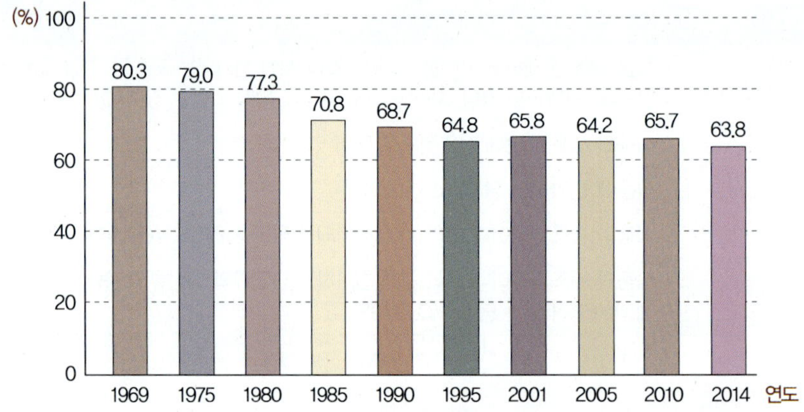

【그림 3-9】 탄수화물 급원 에너지 섭취비율 변화 추이 (2014년 국민건강영양조사)

인류는 오랜 기간 동안 섭취 에너지의 50~80%를 탄수화물, 특히 복합당질에 의존하여 왔다. 2차 세계대전 이후 서구의 각 나라에서 낙농과 목축이 주된 농업으로 발전하면서 탄수화물의 섭취가 급속히 줄어들었고 상대적으로 탄수화물에서 취했던 에너지를 지방에서 취하게 되었으며 탄수화물의 종류도 복합당질의 섭취는 줄어들고 설탕과 같은 단순당류의 섭취가 증가하였다. 이와 같은 변화는 탄수화물, 단백질, 지방으로부터 제공되는 에너지비의 급격한 변화를 가져오게 되었다.

한국인의 1일 총 에너지 섭취량 중에서 탄수화물에 의한 에너지가 차지하는 비율은 1970년대 중반까지도 80%에 가까웠으나 1980년대에 들어서면서 점차 감소하여 2014년 국민건강영양조사에서 63.8%까지 감소하였다[그림 3-9]. 그 원인은 곡류 섭취량이 지속적으로 감소했기 때문이며, 탄수화물 에너지의 대부분이 곡류, 특히 주식인 쌀에서 공급되므로 쌀의 섭취량 감소에 주로 기인한다. 통계청이 발표한 '2014년 양곡 소비량 조사결과'에 의하면 우리나라 국민의 1인당 연간 쌀 소비량은 65.1 kg으로 2010년 대비 7.7 kg이 감소하였다. 한편 단순당류의 섭취량은 증가하는 추세이다.

(1) 탄수화물과 당류

탄수화물의 공급이 충분하지 않을 경우 지방의 분해가 증가되어 케톤혈증(ketosis)을 초래하며, 단백질에서 포도당의 전구물질을 공급하기 위하여 체단백질의 분해가 증가된다. 케톤혈증을 방지하기 위한 당질 최소요구량은 1일 50~100 g으로 보고되었다. 식후 근육은 0.5 kg의 글리코겐을 저장할 수 있어 근육의 에너지 대사를 원활하게 하고, 유당은 칼슘의 장내 흡수를 돕는 기능을 가지고 있다. 또한 탄수화물은 소화가 가장 빠른 영양소이며 정상적인 식사를 하는 경우에는 뇌와 적혈구가 포도당을 에너지원으로 사용한다. 탄수화물의 평균필요량을 추정하는데 사용되는 대표적인 지표인 뇌의 포도당 이용량을 근거로 미국은 1세부터 65세 이상 노인까지 1일 100 g을 평균필요량으로 추정하였으나, 우리나라의 경우 1세 이상 1일 평균 314.5 g으로 탄수화물의 섭취가 비교적 많으므로 우리나라에서 탄수화물 평균필요량을 설정하는 것은 현실적으로 합리적이지 않다. 따라서 탄수화물의 경우 평균필요량을 설정하지 않고, 총 섭취 에너지에 있어서 탄수화물로부터의 적정한 에너지 섭취비율을 규정하는 에너지적정비율(acceptable macronutrient distribution range, AMDR)을 설정하였다.

서구의 저탄수화물 고지방식이는 여러 가지 만성병의 이환율을 증가시켰으며 이와 같은 추세가 전세계적으로 확산되는 것을 우려하여 세계보건기구는 식사지침을 정하였다. 그러나 탄수화물의 섭취가 지나치게 높을 경우 혈중 중성지방 농도가 높아지고 HDL-콜레스테롤의 농도가 낮아지며 또한 크기가 작고 밀도가 높은 LDL 입자가 증가하여 심장순환계 질환의 위험을 높이고 인슐린 저항성을 증가시켜 제2형 당뇨병 발생을 높인다고 보고되었다

우리나라의 경우 2008~2012년 국민건강영양조사 결과를 토대로 우리나라 국민의 탄수화물 섭취량과 섭취비율, 생화학적 지표와 만성질환의 위험성 등을 고려하여 탄수화물 섭취비율을 설정하였다. 탄수화물의 섭취비율이 70% 이상일 때 건강위험성이 증가한다고 사료되어 2010년 탄수화물의 섭취상한비율인 70%에서 65%로 낮춰 2015년에는 적정비율을 55~65%로 설정하였다. 유아, 아동 및 청소년은 2008~2012년 국민건강영양조사 자료에서 나타난 탄수화물 에너지비율에 근거하여 성인과 유사한 55~65%로 정하였다. 영아는 총 에너지의 약 60%를 두뇌에서 소모하며, 체중 당 포도당 대사량은 성인에 비해 4배 이상 높다. 영아의 탄수화물 요구량은 분명하지 않으나 1세까지는 모유로부터 섭취되는 탄수화물의 양이 가장 바람직한 수준으로 간주되고 있으므로 모유 섭취량을 근거로 하여 영아기의 탄수화물 충분섭취량을 0~5개월은 60 g, 6~11개월은 90 g으로 설정하였다.

【표 3-5】 탄수화물 영양섭취기준

연령	에너지적정비율	영아	충분섭취량 g/일
1~2세	55~65%	0~5개월	60
3~18세	55~65%	6~11개월	90
19세 이상	55~65%		

*자료: 2015 한국인 영양소 섭취기준, 보건복지부·한국영양학회, 2015

한편 탄수화물의 과잉섭취 특히, 정제된 형태인 단순당류의 섭취가 증가하면 비만, 당뇨병, 고지혈증, 대사증후군의 위험이 커지므로 탄수화물의 양적인 측면뿐만 아니라 질적인 측면도 고려하여 단순당질의 형태가 아닌 복합당질 형태 즉, 전곡, 채소, 콩 및 과일 등의 섭취를 권장한다.

또한, 총 당류 섭취량을 총 에너지섭취량의 10~20%로 제한하고, 특히 식품의 조리 및 가공 시 첨가되는 첨가당은 총 에너지섭취량의 10% 이내로 섭취하도록 한다. 첨가당의 주요 급원으로는 설탕, 액상과당, 물엿, 당밀, 꿀, 시럽, 농축과일주스 등이 있다.

(2) 식이섬유

식이섬유는 평균필요량 추정을 위한 과학적 근거가 부족하므로 충분섭취량이 설정되었다. 식이섬유의 필요량 추정에 사용될 수 있는 지표로 식사 중에 식이섬유가 부족할 때 위협받을 수 있는 잠재적인 건강상 이점들이 검토되었는데, 그 중에서 관상동맥심장질환의 발생 감소가 근거가 되었다. 식이섬유의 충분섭취량은 만성 질환이 주요 사인이 되지 않았던 60년대 말~70년대 초의 한국인 평균 식이섬유 추정 섭취량(12 g/1,000 kcal)과 2008~2013년 국민건강영양조사 자료 분석 결과 얻어진 성별/연령군별 에너지 섭취량의 중앙값을 사용하여 산출했다. 0~5개월 영아와 6~11개월 영아의 경우에는 식이섬유 섭취에 관한 과학적 근거가 명확하지 않아 섭취기준을 설정하지 않았다. 이 외에 유아, 아동 및 청소년, 성인, 노인의 충분섭취량은 동일한 산출식을 사용하여 설정하였다. 따라서 각 연령별, 성별 식이섬유의 충분섭취량은 성별/연령군별 에너지섭취량 중앙값을 토대로 하여 다음 식에 의해 산출되었으며, 그 수준은 **[부록 1-2]** 다량영양소에 기재한 것과 같다.

> 식이섬유 충분섭취량(g/일)
> = 12 g/1,000 kcal × 성별, 연령군별 1일 에너지섭취량 중앙값(kcal/일)

19세 이상 성인 남자의 식이섬유 충분섭취량은 25 g, 성인 여자의 경우 20 g으로 설정하였다. 65세 이상 노인들의 경우 에너지섭취량을 토대로 산출한 식이섬유의 충분섭취량은 성인기에 비해 낮을 것이나 노년기의 높은 만성질환 유병률을 고려하여 성인기와 동일한 양을 충분섭취량을 적용하였다.

2 급원 식품

(1) 탄수화물과 당류

우리나라 사람들의 탄수화물의 주요 급원식품은 지역, 계층, 계절에 따라 차이가 있을 수 있으나, **[표 3-6]**에서 보는 바와 같이 백미, 빵과 찹쌀이 1, 2, 3 순위이다. 그 다음으로 국수, 라면, 떡, 사과가 주요 탄수화물 급원식품이고, 과일 중에 사과가 가장 주요 급원식품이다.

【표 3-6】 탄수화물 섭취량의 주요 급원 식품(만 1세 이상, 30순위)

순위	식품	순위	식품	순위	식품
1	백미	11	보리	21	과자, 비스킷, 쿠키
2	빵	12	설탕	22	양파
3	찹쌀	13	밀가루	23	시럽, 물엿
4	국수	14	우유	24	바나나
5	라면	15	콜라	25	귤
6	떡	16	메밀국수, 냉면국수	26	과자, 스낵과자
7	사과	17	고추장	27	포도
8	현미	18	감	28	케이크
9	커피	19	김치, 배추김치	29	맥주
10	고구마	20	감자	30	요구르트(호상)

*2014년도 국민건강영양조사, 질병관리본부, 2014

우리나라에서는 그동안 당류의 함량을 포함한 데이터베이스가 없어서 관련 연구가 활발히 진행하지 못하였다. 최근 한국보건산업진흥원과 식품의약품안전처에 의해 구축된 총 당류 함량 데이터베이스는 2008~2011년도 국민건강영양조사에서 조사된 식품을 대상으로 구축된 것이다. 우리나라 사람들의 총 당류 섭취의 주요 급원식품은 가공식품이 56.8%로 가장 높았고, 그 다음으로는 과일류 24.9%, 원재료성 식품 12.5%, 그리고 우유류 5.7%의 순이었다[그림 3-10].

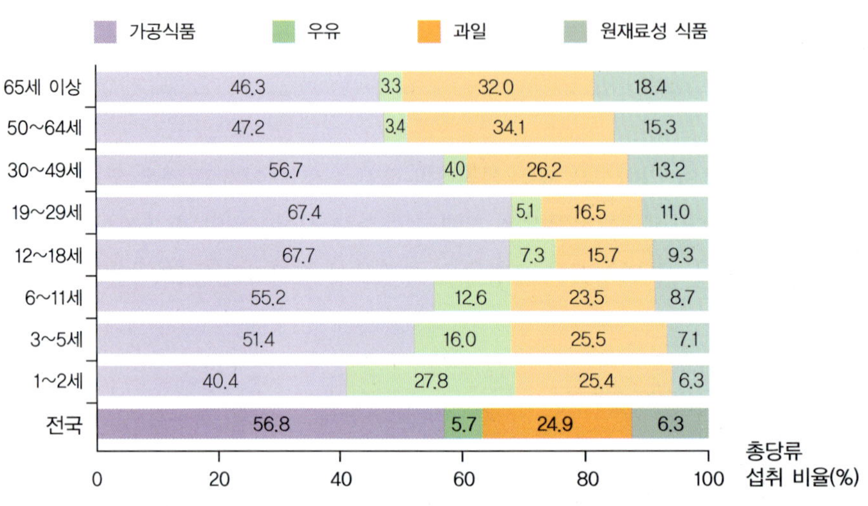

【그림 3-10】 **한국인의 총 당류 섭취에 기여하는 식품군 비율**
*자료: 2015 한국인 영양소 섭취기준, 이행신 등 2014

또한, 최근 식품의약품안전처에서 조사한 자료에 따르면, 우리나라 사람들이 섭취하는 가공식품 중 총 당류에 가장 기여도가 높은 식품의 유형은 음료수류가 34.3%로 가장 높았으며, 그 다음이 빵류·과자류·떡류(15.0%), 그리고 설탕류 및 기타 당류(14.5%)의 순이었다.

(2) 식이섬유

식이섬유는 대부분의 과일류, 채소류, 곡류에 존재하며, 우리나라 사람들이 사용하는 해조류나 콩류, 버섯류는 식이섬유의 좋은 급원이다. '2011 식품성분표(농촌진흥청 국립농업과학원, 2011)'에 의하면, 한국인의 상용 식품 중 식이섬유 함량이 가장 많은 것은 건미역으로 미역 100 g당 총 식이섬유 90.4 g이 함유된 것으로 발표하였다. 식품군별 주요 급원식품으로는 해조류에서 미역, 다시마, 김, 파래가 30% 이상의 식이섬유를 함유하고 있으며, 채소류에서는 고구마줄기, 고사리나물, 가죽나물, 가지나물, 참나물과 같은 나물류의 식이섬유 함량이 30% 이상으로 높았고, 버섯류에서는 영지버섯, 목이버섯, 석이버섯, 표고버섯이 주요 급원인 것으로 나타났다[표 3-7]. 한편 한국인이 가장 많이 섭취하는 쌀의 식이섬유 함량은 백미에서는 1.3 g/100 g, 현미에서는 3.8 g/100 g

으로 현미가 백미에 비해 약 3배의 식이섬유를 함유하고 있는 것으로 나타났다. 1회 섭취분량으로 식이섬유를 비교적 다량 섭취할 수 있는 상용 식품으로는 표고버섯, 콩, 밀가루, 사과주스, 현미, 고구마, 콩나물, 미역, 당근, 시금치, 배추, 김치 등을 들 수 있다.

【표 3-7】 식이섬유의 주요 급원식품 및 함량

급원식품	식이섬유 함량(g/100g)	급원식품	식이섬유 함량(g/100g)
건미역	90.4	콩, 검정콩, 서리태	26.0
고구마줄기(마른 것)	65.8	보리, 겉보리, 통보리(생 것)	19.8
고사리(마른 것)	58.0	옥수수, 찰옥수수(생 것)	13.6
표고버섯(마른 것)	37.9	무시래기(데친 것)	10.3
김, 참김(마른 것)	33.6		

*자료: 2015년도 한국인 영양소 섭취기준, 농촌진흥청 국립농업과학원, 2011

07. 탄수화물과 건강문제

1 충치

설탕을 포함한 정제된 당질 섭취량의 증가는 충치 이환율의 증가를 초래하였다. 설탕 소비량과 충치 이환율 사이에는 S자 형태의 관계를 보여주며 연간 개인의 설탕 소비량이 10 kg(1일 약 30 g) 미만일 때는 이환율이 낮게 유지되다가 연간 설탕 소비량이 15 kg 이상으로 증가하면 이환율이 급속히 증가하는 것으로 보고되었다. 그 외의 요인들, 즉 개인의 민감성, 식품의 형태(점성, 완충능력, 영양소 함량 등)도 영향을 미친다.

2 고지혈증

설탕을 포함한 단순당류는 에너지 밀도가 높으므로 과잉섭취는 비만을 가져오기 쉽다. 설탕의 분해 단당류인 과당의 대사는 포도당의 해당과정에서와 같은 조절효소의 엄격한 조절작용을 받지 않으므로 지방산 합성으로 진행되기 쉬우며 따라서 중성지방의 농도를 증가시키기 쉽다.

중성지방의 증가는 관상동맥심장질환의 2차적 위험인자가 되므로 우리나라와 같이 고당질 식사를 하는 경우에 중성지방혈증이 심각한 건강문제가 될 수 있다.

인슐린이 부족하거나 효율적으로 이용되지 못하면서 근육과 지방세포로의 포도당 유입은 충분하지 않은 반면에 혈액 내 포도당 농도는 비정상적으로 높아진 상태가 고혈당증이며, 혈당이 신장에서의 포도당 재흡수의 한계를 넘어서면 포도당이 소변으로 배설되는 증세를 당뇨라 한다. 당뇨병은 포도당 내성 검사로 진단하며 혈당과 포도당 주입 이후의 혈당 변화를 관찰하여 판정한다. 당뇨병 환자에게는 혈당 조절이 가장 중요한데 식사요법의 원칙으로 식후 혈당이 완만히 상승되도록 에너지 섭취량과 식품의 선택에 역점을 둔다. 즉, 수용성 식이섬유가 많은 식품을 권장함으로써 위장관 통과속도를 느리게 하여 공복감을 덜 느끼게 하고 소장에서 당질의 소화와 흡수가 서서히 일어나도록 하는 것이다.

[표 3-8]에서 보는 바와 같이 당질 함유 식품은 소화기간 중 혈당 농도에 미치는 효과(glycemic response)의 폭이 넓다. 식품의 혈당상승지수(glycemic index, GI)는 식품에 함유된 당질이 혈당농도 증가에 기여하는 정도를 나타내며, 혈당상승지수가 낮은 식품이 혈당조절에 바람직할 가능성이 크다고 알려져 있다. 그러나 혈당을 상승시키는 능력이 개인의 건강상태, 식사의 양, 식이 지방의 양 등 다양한 요인과의 상호작용에 영향을 받으므로 식품의 혈당상승지수만으로 개인의 혈당 상승을 예측하기는 어렵다. 최근에는 당질의 질과 양적인 측면을 모두 평가할 수 있는 혈당부하지수(glycemic load)를 이용하여 식품의 탄수화물 질을 평가하기도 한다.

【표 3-8】 주요 식품별 혈당지수와 혈당부하지수

식품	혈당지수	1회 분량 (g)	탄수화물 함량 (g/1회 분량)	1회 분량 당 당부하 지수	식품	혈당지수	1회 분량 (g)	탄수화물 함량 (g/1회 분량)	1회 분량 당 당부하 지수
찹쌀밥	92	150	48	44	페이스트리	59	57	26	15
떡	91	30	25	23	파인애플	59	120	13	7
흰밥	86	150	43	37	현미밥	55	150	33	18
구운 감자	85	150	30	26	호밀빵	50	30	12	6
콘플레이크	81	30	26	21	쥐눈이콩	42	150	30	13
게토레이	78	250	15	12	포도	46	120	18	8
늙은 호박	75	80	4	3	밀크초콜릿	43	50	28	12
수박	72	120	6	4	배	38	120	11	4
환타	68	250	34	23	사과	38	120	15	6
아이스크림	61	50	13	8	우유	27	250	12	3
고구마	61	150	28	17	대두콩	18	150	6	1

*자료: 2015 한국인 영양소 섭취기준, 대한당뇨병학회 2010

■ 혈당상승지수와 혈당부하지수

혈당상승지수는 동량의 당질(약 50 g)을 함유한 시험하고자 하는 당질식품을 먹은 후 일정한 시간(약 2시간) 동안의 혈당 증가 곡선 아래 면적을 기준 식품(예: 흰빵 또는 포도당)에 대한 동일한 시간 동안의 혈당 증가곡선 아래 면적으로 나눈 값에 100을 곱한 것이다. 혈당부하지수는 혈당상승지수에 시험하고자 하는 식품에 함유된 탄수화물의 양(g)을 곱하여 100으로 나눈 값으로 혈당부하지수 1 단위는 포도당 또는 흰빵 1 g의 혈당상승 효과와 동등한 정도를 뜻한다. 혈당부하지수는 혈당에 미치는 식품에 함유된 탄수화물의 질(혈당상승지수)과 양(1회 분량 내 탄수화물)을 동시에 평가하는 척도로 사용된다.

4 유당불내증

유당불내증(lactose intolerance)은 유당을 분해하는 효소인 락타아제가 성장 후 생성이 잘 되지 않으므로 유당이 가수분해 되지 않고, 흡수되지 못한 유당은 소장의 박테리아에 의해 이용되면서 많은 양의 가스를 만든다. 또 높아진 삼투압에 의해 수분을 끌어들여 장 경련과 설사 및 복통을 유발하는 증세이다. 이러한 증세는 코카서스인이 아닌 경우에 더 빈번하다. 어릴 때부터 계속적으로 유당을 섭취함으로써 락타아제 생성을 비교적 높게 유지할 수 있다.

5 게실증

식이섬유의 섭취는 대변의 수분 보유를 높이고 부피를 증가시키며 변을 부드럽게 만들므로 위장관 통과속도가 빨라지도록 한다. 반대로 식이섬유 섭취가 부족하면 대변의 양이 적고 단단해지므로 배설시 대장벽에 압력을 가하게 되고 오래 장내에 머물게 되므로 [그림 3-11]과 같이 대장벽을 부풀려 주머니(게실, diverticula)를 형성하게 된다.

이러한 증상을 게실증(diverticulosis)이라 하며, 그 내부에 찌꺼기가 끼여 염증을 일으켜 게실염(diverticulitis)으로 진행된다.

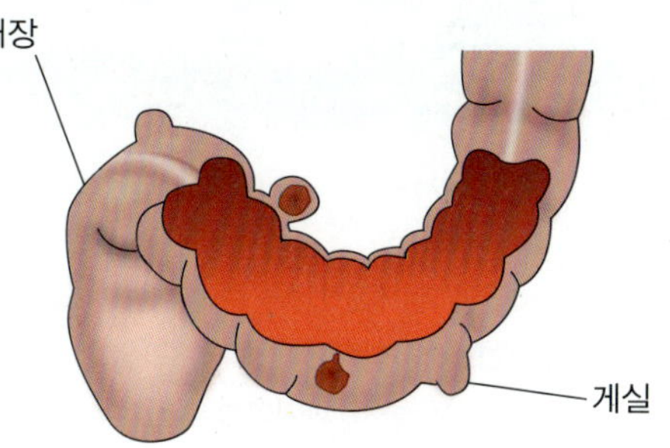

【그림 3-11】 게실증

가공식품 속의 숨은 당류

당류(sugars)란 매우 간단한 구조를 하고 있는 과당, 포도당, 갈락토오스와 같은 단당류와 자당, 맥아당, 유당과 같은 이당류를 통칭하는 개념으로, 식품에 내재하거나 가공·조리 시에 첨가된 당류를 모두 합한 값이다. 이들은 체내에서 매우 쉽게 흡수되며, 단맛을 갖고 있어서 음식의 맛, 조직, 외관 등에 좋은 영향을 준다. 식품 중에 존재하는 포도당, 과당, 유당 등은 그 식품 중의 다른 영양소와 함께 섭취하게 되므로 나쁘다고 할 수 없으나, 식품의 제조과정이나 조리 중에 첨가되는 설탕, 과당, 맥아당, 포도당 등의 첨가당은 다른 영양소 없이 단맛과 열량만을 제공하므로 적게 섭취하는 것이 좋다.

식품의약품안전처의 보고에 따르면 우리나라 사람들의 총 당류 섭취의 주요 급원식품은 가공식품이 56.8%로 가장 높고, 가공식품 중 가장 기여도가 높은 식품의 유형은 음료류가 34.3%, 그 다음이 빵류·과자류·떡류(15.0%) 그리고 설탕류 및 기타 당류(14.5%)의 순이었다. 연령별 가공식품으로부터 당류 섭취는 1~5세의 경우 빵·과자·떡류, 6세 이상은 음료류를 통해 가장 많이 섭취하고 있는 것으로 나타났다. 음료류의 경우 1~5세는 과일·채소류 음료, 6~29세는 탄산음료, 30세 이상은 커피를 통해 많이 섭취하고 있었다. 가공식품 내의 당류 함량은 아래 표와 같다.

【가공식품 내의 당류 함량】

가공식품	용량	각설탕 수	비고
과일·채소음료	200 mL	7개	오렌지, 포도, 사과, 알로에, 매실 주스 등
탄산음료	250 mL	8개	콜라, 사이다 등
캔·병 커피	175 mL	7~8개	–
어린이 음료	200 mL	4개	–
가공우유	200 mL	7개	바나나, 딸기 우유 등
비타민 음료	240 mL	6개	–
케이크류	120 g	5~6개	–
과자	75 g(1봉지)	6~7개	–
설탕 및 기타 당류	20~30 g	4~6개	사탕, 캐러멜, 초콜릿, 딸기잼

*각설탕 한 개(1 cm×1 cm×1 cm, 정육면체)에는 4 g의 당이 함유되어 있음

국민의 1일 평균 당류 총 섭취량이 외국에 비해 아직 우려할 수준은 아니지만 어린이와 청소년의 가공식품을 통한 당류 섭취량이 증가하고 있고 가공식품을 통한 첨가당의 과잉 섭취는 당뇨병, 비만, 심혈관계질환, 대사성증후군, 충치, 과잉행동장애, 우울증 등을 증가시킬 우려가 있으므로 체계적인 당류 저감화 정책이 필요한 것으로 판단된다.

---

1) 영양과 식생활, 2015
2) 건강이와 함께하는 단맛이야기, 2014

확인해봅시다

1. 탄수화물의 종류를 분류하시오.

2. 식이섬유의 물리적 성질과 그와 관련된 체내 기능에 대해 설명하시오.

3. 우리가 쉽게 섭취하는 빈 칼로리식품(empty-carolie food)의 종류를 열거하고 1회 섭취량이 제공하는 열량을 구하시오.

4. 일반적으로 탄수화물은 에너지만을 제공하는 영양소로 인식되고 있어 섭취에 신경을 쓰지 않아도 되는 것으로 인식되기 쉽다. 에너지 급원 외에 탄수화물의 중요 기능에 대하여 설명하시오.

5. 2015년에 개정된 한국인 영양소 섭취기준에서 식이섬유의 섭취기준을 설정한 근거를 설명하시오.

탄수화물 대사

섭취된 탄수화물은 체내에서 소화 과정을 거치면서 모두 단당류로 분해된다. 흡수된 모든 단당류들은 간에서 효소의 작용에 의하여 포도당 대사에 합류하여 대사된다. 따라서 당질의 주된 대사과정은 포도당 대사를 중심으로 이루어지며, 생체 내의 에너지 상태 및 단백질과 지방 대사와의 상호작용에 의하여 조절된다.

탄수화물 섭취 후 혈액의 포도당 농도가 높아지면 포도당은 첫째, 간 및 간 이외의 조직에서 분해되어 에너지 화합물(ATP)의 합성에 쓰이며, 둘째, 일부는 간과 근육에 글리코겐으로 저장이 되고, 또는 간이나 지방 조직에서 지방 합성의 전구체로 쓰인다. 반면에 탄수화물 섭취가 부족하면, 혈당을 유지하기 위해 비탄수화물 전구물질로부터 포도당을 새로 합성하게 된다. 이처럼 다양한 포도당 대사 과정은 지방 대사 및 단백질 대사와 밀접하게 연관되어 있어 TCA회로와 전자전달계 및 ATP 합성 반응은 에너지 영양소의 공통적인 대사 경로에 해당하며, 오탄당인산경로나 포도당신생합성도 지방과 아미노산 대사와 연결되어 있다.

01. 포도당 대사

    포도당의 대사는 크게 이화대사(catabolism)와 동화대사(anabolism)로 나눌 수 있는데 이화대사는 해당과정(glycolysis), 오탄당인산경로와 TCA회로(tricarboxylic acid cycle)로 구성되며 동화대사는 포도당신생합성(gluconeogenesis)으로 대표된다.

    일반적으로 이화대사는 에너지 영양소가 분해되는 과정으로서 에너지를 방출하고 그 에너지는 생체가 사용할 수 있는 에너지 형태인 ATP를 합성하는데 사용된다. 반대로 동화대사는 전구물질로부터 생체가 요구하는 화합물(포도당 등)로 합성되는 과정이므로 에너지(ATP)가 소모되는 과정이다.

1 해당과정

    해당과정(glycolysis)은 [그림 4-1]에서 보는 것처럼 일련의 반응을 통해 1분자의 포도당(육탄당)이 2분자의 피루브산(pyruvate, 3탄소 유기산)으로 분해되면서 포도당이 가지는 에너지를 생체가 사용할 수 있는 에너지 형태인 ATP와 NADH(nicotinamide adenine dinucleotide hydrogen) 형태로 전환되는 과정이다.

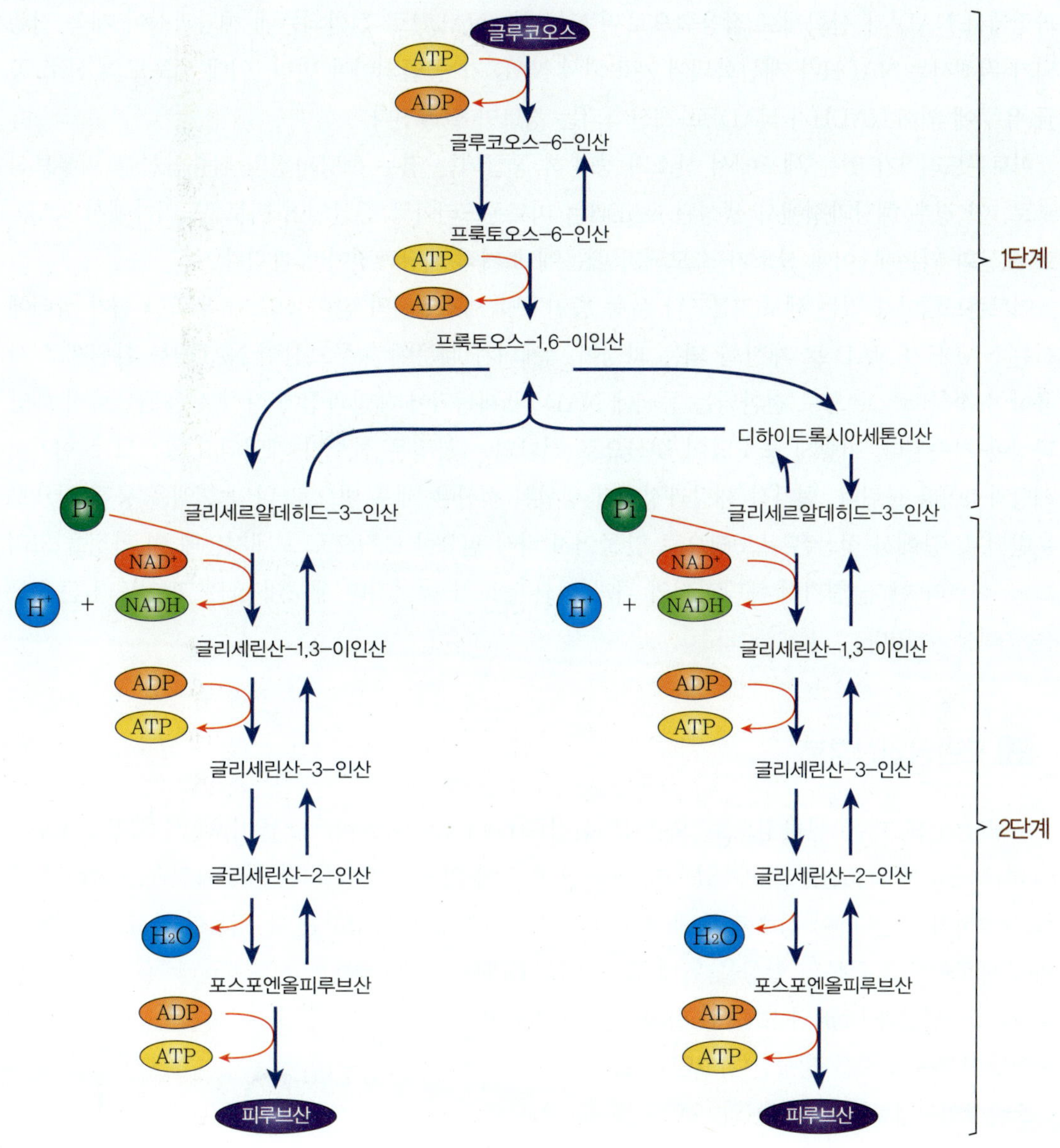

【그림 4-1】 포도당의 해당과정

해당과정에 관여하는 모든 효소가 세포질에 존재하기 때문에 해당과정은 세포질에서 일어나고, 에너지(ATP)를 생성할 뿐 아니라, 다른 대사경로에 필요한 중간대사산물을 생성하고 공급한다. 이 과정은 총 10개 반응으로 크게 ATP 투입단계(1단계 5개 반응)와 ATP 생성단계(2단계 5개 반응)로 나눌 수 있는데, 투입단계에서 2분자의 ATP를 사용하고, 생성단계에서 4분자의 ATP가 생성되므로 결과적으로 1분자의 포도당은 분해되어 2분자의 ATP가 생성된다.

해당과정 중 중간대사물질인 글리세르알데히드 3 인산(glyceraldehyde 3-phosphate)이 산화되는 과정에서 NAD$^+$가 산화제로 작용함으로써 NAD$^+$는 NADH로 전환되는데 해당과정이 계속 진행되기 위해서는 NADH가 재산화되어 계속해서 NAD$^+$가 공급되어야 한다. 이때 세포로의 산소 공급 유무에 의해 NADH가 NAD$^+$로 재산화되는 경로가 달라진다.

미토콘드리아가 있는 세포에서 산소가 충분히 공급되는 경우 해당과정의 최종산물은 피루브산으로, 이 경우 해당과정에서 생성된 NADH는 미토콘드리아로 전달되어 미토콘드리아에서 NAD$^+$로 재산화 되는데, 이때 산소가 소모되기 때문에 호기적 해당과정이라 불린다.

미토콘드리아가 없는 세포(적혈구)나 운동 중인 근육세포에서와 같이 산소가 부족한 혐기 상태에서는 NADH가 NAD$^+$로 재산화 되는 과정이 억제되기 때문에 피루브산이 NADH를 환원제로 사용하여 젖산(lactate)으로 전환되는 동시에 NAD$^+$가 재생되어 해당과정에 다시 사용됨으로써 해당과정이 지속된다. 이렇게 포도당이 젖산으로 전환되는 과정은 산소가 개입되지 않으므로 혐기적 해당과정이라 불린다. 혐기적 해당과정에서 생성된 젖산은 세포 밖으로 나와 혈액을 통해 간으로 운반되고, 간에서 젖산은 포도당으로 만들어져 다시 필요한 조직으로 보내지는데 이 과정을 코리(Cori) 회로라 한다. 혐기적 해당과정의 결과 젖산 농도가 높아지면 세포내 pH를 떨어뜨려 근육통을 초래할 수 있다.

2 오탄당인산경로

포도당의 또 다른 분해경로로 오탄당인산경로[pentose phosphate pathway, HMPS(hexose monophosphate shunt)]를 들 수 있으며, 세포질 효소에 의해 촉매 되지만 해당과정과는 달리 ATP를 생성하지 않는다. 이 경로를 통해 포도당은 새로운 물질을 합성하는 데 필요한 물질, 즉 지방산과 스테로이드 호르몬의 합성을 위해 필요한 NADPH(nicotinamide adenine dinucleotide phosphate hydrogen) 생성과 DNA와 RNA의 합성을 위해 필요한 오탄당인 리보오스를 생성한다[그림 4-2].

오탄당인산경로는 NADPH와 오탄당을 제공하므로 세포분열이 빈번한 조직(골수, 피부, 소장점막 및 암)에서 활발히 일어나고, 지질 합성이 왕성한 간, 유선 및 지방조직과 스테로이드 호르몬의 합성이 왕성한 부신피질 및 성선에서도 활발히 일어난다.

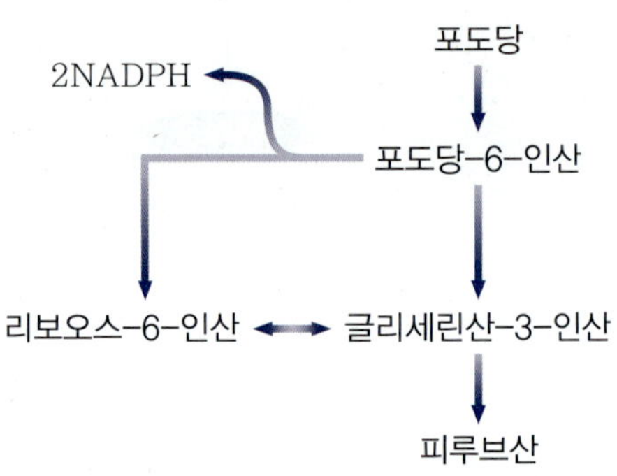

【그림 4-2】 오탄당인산경로

02. 과당 및 갈락토오스 대사

1 과당 대사

과당이 포도당 대사경로에 합류하려면 우선 인산화가 되어야 하는데 간에서 과당은 주로 과당인산화효소(fructokinase)에 의하여 과당-1-인산이 되면서 해당과정의 ATP 투입단계 중 하나인 포스포프럭토키나아제(phosphofructokinase)에 의한 반응(1단계의 3번째 반응, 그림 4-1 참고)을 거치지 않고 알돌라아제(aldolase)에 의하여 해당과정의 중간대사산물인 디하이드록시아세톤인산(dihydroxyacetone phosphate)과 글리세르알데히드(glyceraldehyde)로 전환된다. 이 과정은 많은 에너지를 소모하는 단계를 우회하므로 과당은 포도당보다 매우 빠르게 대사가 진행되어 피루브산 및 중성지방으로 쉽게 전환된다[그림 4-3]. 따라서 고중성지방혈증, 당뇨병, 비만 환자들은 과당을 다량 함유한 식품 및 가공식품의 과다 섭취를 주의해야 한다.

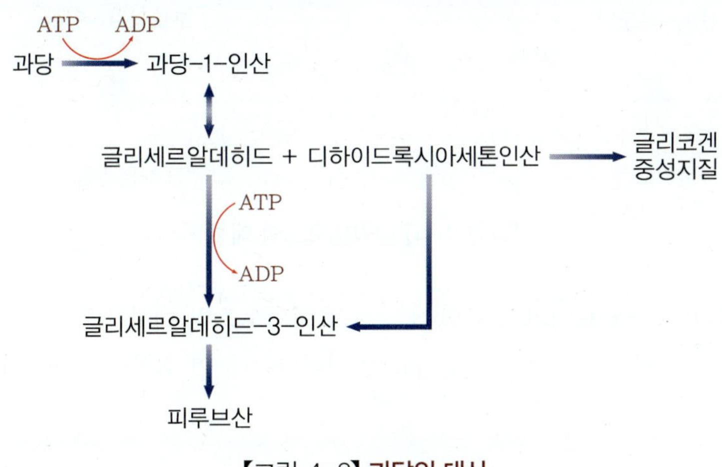

【그림 4-3】 과당의 대사

2 갈락토오스 대사

유당에서 공급되는 갈락토오스는 유아의 경우 간에서 갈락토오스-1-인산으로 전환된 후 갈락토오스-1-인산 유리딜기전달효소(galactose-1-phosphate uridyltransferase)에 의해 UDP-갈락토오스와 포도당-1-인산이 된다[그림 4-4]. UDP-갈락토오스는 에피머화효소(epimerase)에 의하여 UDP-포도당으로 전환되어 글리코겐 합성에 사용되거나, 포도당-1-인산으로 전환되어 포도당-6-인산을 거쳐 해당과정으로 대사된다.

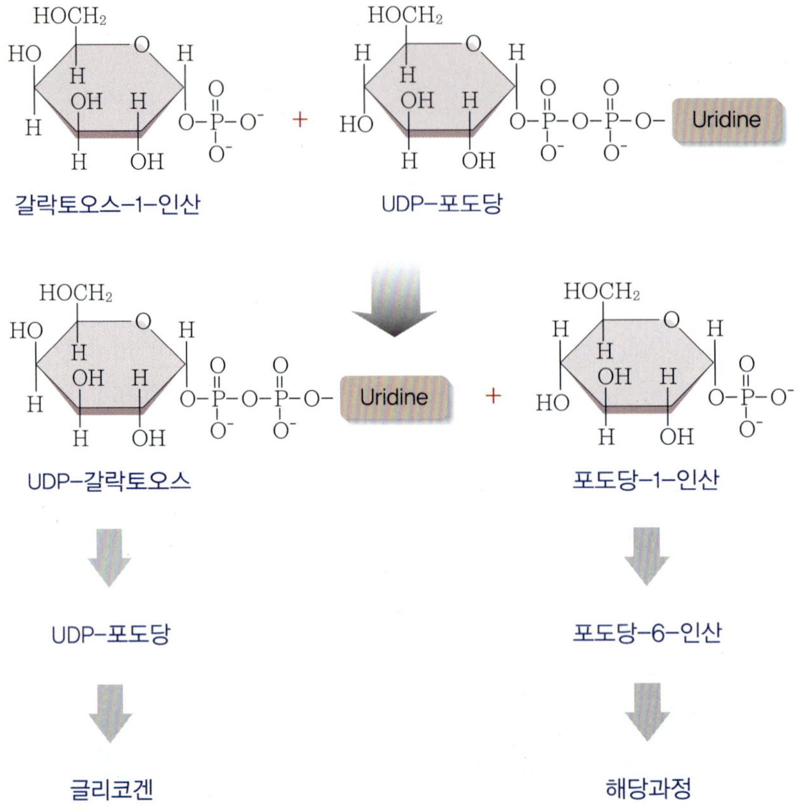

【그림 4-4】 갈락토오스의 대사

선천적으로 유리딜기전달효소가 부족한 영아는 갈락토오스의 대사가 저해되어 혈액에 축적되는 유전성질환인 갈락토오스혈증(galactosemia)이 나타나는데 이 질환은 백내장과 신경질환을 일으킨다.

03. TCA회로

산소가 충분한 호기 상태에서 해당과정은 TCA회로(tricarboxylic acid cycle)로 연결되어 진행되며 이 과정은 세포 내 미토콘드리아에서 일어난다. 해당과정에 의해 포도당으로부터 생성된 2분자의 피루브산은 세포질에서 미토콘드리아로 이동하여 CO_2를 잃고 2분자의 아세틸 CoA(acetyl CoA)로 전환되면서 2분자의 NADH를 생성한다. 이 반응이 일어나기 위해서는 TPP(thiamine pyrophosphate), NAD(nicotinamide adenine dinucleotide), FAD(flavin adenine dinucleotide)와 같은 비타민 B군 보조효소들이 요구되며, 이 반응은 해당과정과 TCA회로를 연결하는 가교역할을 한다.

TCA회로의 첫 과정은 아세틸 CoA의 아세틸기가 옥살로아세트산(oxaloacetate)과 결합하여 구연산을 생성하는 반응으로, TCA회로를 거치는 동안 2분자의 CO_2로 완전 산화되면서 3분자의 NADH, 1분자의 $FADH_2$, 1분자의 GTP(guanosine triphosphate)와 같은 고에너지화합물을 생성한다[그림 4–5]. 이들 고에너지화합물은 최종 에너지 생성단계인 전자전달계와 산화적 인산화 반응을 통해 ATP를 합성하게 된다.

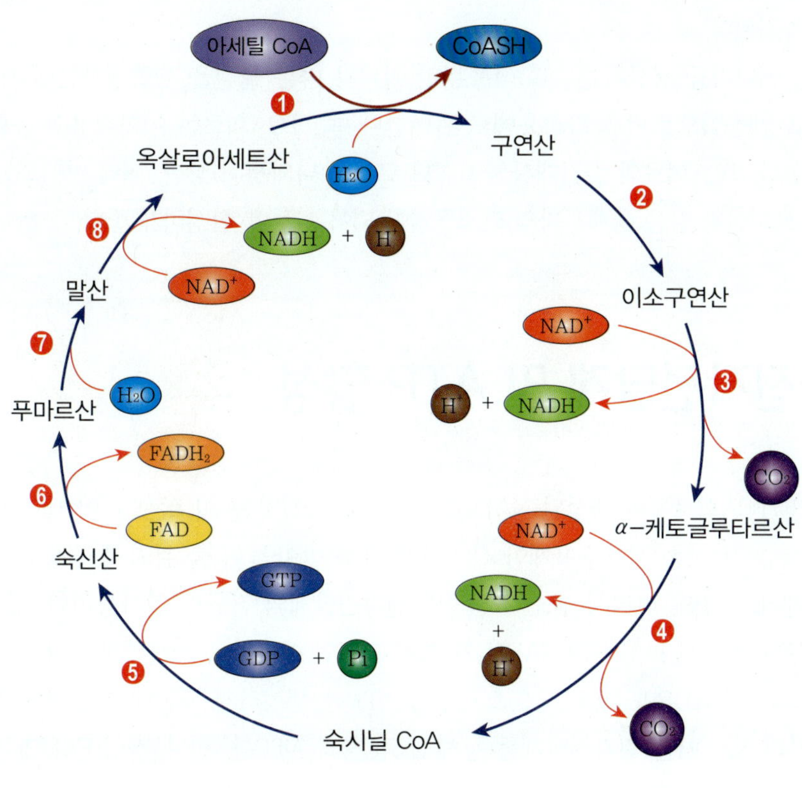

【그림 4–5】 TCA회로

TCA회로에서는 구연산에서부터 2분자의 CO_2만 산화될 뿐 옥살로아세트산은 다시 생성되므로 아세틸 CoA가 새로 유입되면 TCA회로는 계속 일어날 수 있다. 하지만, TCA회로는 포도당의 대사뿐만 아니라 지방이나 아미노산의 대사에도 공통적인 경로로, 지방산과 아미노산의 탄소 골격은 TCA회로를 통해 분해되어 에너지를 생성한다. TCA회로의 중간대사물들이 비필수 아미노산이나 포도당을 합성하기 위해 사용되므로 TCA회로가 제대로 작동하기 위해서는 옥살로아세트산의 재생이 가능하도록 탄수화물의 섭취가 일정 수준 이상으로 확보되어야 한다.

이렇듯 탄수화물, 지방, 아미노산은 모두 TCA회로를 이용하여 대부분의 에너지를 생산하므로 생체 내 요구에 맞게 세밀하게 조절되어야 한다. 세포의 에너지상태는 ATP-ADP, NADH-NAD^+ 등의 비율로 측정되므로 이들의 비율에 의해 해당과정과 TCA회로의 반응 속도가 조절된다. 반응 속도는 조절효소의 활성 조절에 의해 효율적으로 조절되는데 이러한 조절기전은 생체 내의 에너지 상태를 일정하게 유지하는데 크게 기여한다. 대표적인 예로 해당 과정의 효소인 포스포프럭토키나아제(phosphofructokinase)에 의한 반응 속도는 조절인자(effector)의 농도에 의해 영향을 받게 되는데, ADP와 AMP는 촉진인자로, ATP는 억제인자로 작용한다. 즉, 세포 내 ATP의 농도가 높으면 해당과정은 억제되고 ATP의 농도가 낮고 ADP와 AMP의 농도가 높으면 해당과정은 촉진된다.

TCA회로는 에너지를 생산하는 이화작용뿐만 아니라 다른 물질을 생합성하는데 사용될 수 있는 전구체들을 제공함으로써 동화작용에도 관여한다. 즉, TCA회로는 이화작용과 동화작용 양방향으로 작용한다. TCA회로의 중간대사물이 회로로부터 나와서 지방산, 여러 아미노산, 뉴클레오타이드 및 포르피린과 같은 생체분자의 탄소골격이 되어 이들을 합성하게 한다.

04. 전자전달계 및 ATP 합성

해당과정 및 TCA회로에서 생성된 NADH와 $FADH_2$의 전자는 미토콘드리아 내막에 있는 여러 전자 수용체를 거쳐 최종 전자수용체인 산소가 전자를 받아들여 물 분자를 생성하는데 이 과정을 전자전달계라고 한다. 따라서 산소가 없으면 전자전달계의 작동이 불가능하다. 전자가 전자전달계를 통해 흘러가면서 NADH와 $FADH_2$가 가지고 있던 에너지를 소실하게 된다. 소실된 에너지의 일부가 포획되어 ADP와 P_i(무기인산)으로부터 ATP를 생성하게 되는데 이를 산화적 인산화라 한다. 한 분자의 NADH는 전자전달계를 통해 2.5분자의 ATP를, 한 분자의 $FADH_2$는 1.5분자의 ATP를 생성한다. 결국 1분자의 포도당이 해당과정을 통해 2개의 피루브산을 형성하여 TCA회로를 통해 완전 산화하면 해당과정에서 생성한 세포질의 NADH가 미토콘드리아로 들어오는 수송방법에 따라 30분자의 ATP 또는 32분자의 ATP를 생성한다[표 4-1].

【표 4-1】 포도당 산화에 의한 ATP 생성

과정		생산물	장소	전자전달계에서의 ATP합성	최종 ATP수
해당과정	포도당→ 2피루브산	2ATP 2NADH	세포질	– 수송방법에 따라	2 3 또는 5
피루브산의 산화	피루브산→ 2아세틸 CoA	2NADH	미토콘드리아	2×2.5ATP	5
TCA회로	2아세틸 CoA의 산화	6NADH 2FADH₂ 2GTP	미토콘드리아	6×2.5ATP 2×1.5ATP 효소에 의해 ATP 로 전환	15 3 2
합계					30 또는 32

■ NADH의 세포질로부터 전자전달계로의 합류

해당과정의 결과로 세포질에 생성된 NADH는 다음 두 가지 셔틀 시스템에 의해 미토콘드리아 내막에 존재하는 전자전달계로 전달된다.

1) 말산–아스파르트산 셔틀

간, 신장 및 심장에서 작용하며, 세포질의 NADH 환원력을 옥살로아세트산에 이동시켜 말산으로 전환시킴으로써 미토콘드리아에 NADH로 전달되어 2.5분자의 ATP를 생성하도록 한다.

2) 글리세롤인산 셔틀

골격근과 뇌에서 작용하며, 세포질의 NADH 환원력이 디하이드록시아세톤 인산을 거쳐 글리세롤–3–인산이 되고 다시 산화되는 과정에서 미토콘드리아의 FADH₂로 전환되어 1.5분자의 ATP를 생성한다.

05. 포도당신생합성

뇌세포, 적혈구, 신경세포 등은 포도당을 유일한 에너지원으로 사용하는 세포로 인체에서 혈당을 일정하게 유지하는 것은 매우 중요하다. 혈당이 저하되면 호르몬의 작용으로 포도당신생합성이 증가하는데 간이나 신장에서 당 이외의 물질인 피루브산에서 출발하여 포도당 합성까지의 경로를 포도당신생합성(gluconeogenesis)이라고 한다[그림 4–6]. 포도당 합성에 필요한 전구체인 피루브산이 부족할 경우에는 다양한 보충반응을 통하여 아미노산, 글리세롤, 젖산이 공급되며, 이들 전구체들로부터 포도당이 합성된다. 포도당신생합성 전구체로 이용되는 아미노산들을 포도당생성성(glucogenic) 아미노산이라 한다. 혐기적 해당과정에서 생성된 젖산은 코리회로(cori cycle)에 의해 간에서 포도당으로 만들어진다.

　포도당신생합성은 해당과정의 7개 반응에 관여하는 효소들을 공유하며 단지 세 반응에서 다른 경로를 취하게 된다. 2분자의 피루브산에서 1분자의 포도당을 합성하는 데는 6분자의 ATP가 소모되는 동화반응이다. 포도당 합성반응 속도도 역시 조절 효소들을 통하여 적절히 조절된다. 대표적인 조절효소로서 피루브산 카르복실화효소(pyruvate carboxylase)는 아세틸 CoA에 의해 활성화된다. 포도당신생합성은 호르몬의 조절을 받는데, 글루카곤과 코르티솔은 포도당신생합성 효소들의 합성을 촉진하고 인슐린은 포도당신생합성 효소들의 합성을 억제함으로써 당 대사 조절에 관여한다.

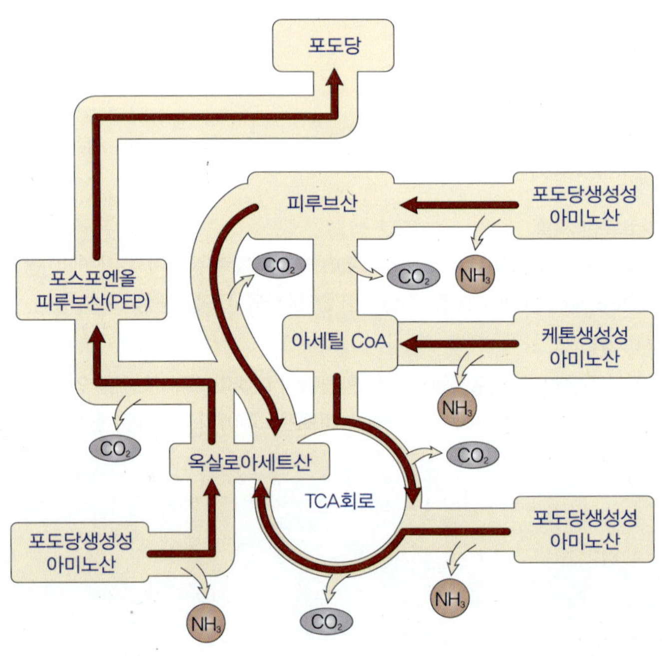

【그림 4-6】 포도당신생합성

06. 글리코겐 대사

글리코겐의 합성과 분해는 주로 간과 근육에서 서로 다른 대사 경로를 통해 일어난다. 고당질 식사로 과량의 포도당이 흡수되었을 때, 에너지를 생성하고 남은 여분의 포도당은 글리코겐으로 합성되어 저장되며, 이는 고혈당을 방지할 뿐 아니라, 나중에 공복 시나 운동 시에 포도당을 신속하게 공급할 수 있게 된다. 저혈당 시 간에 저장되었던 글리코겐은 호르몬의 작용을 받아 신속하게 분해되어 혈당 유지에 기여하며 근육에 저장되었던 글리코겐은 근수축의 에너지원이 된다.

1 글리코겐 합성

세포 내의 ATP가 증가하면 포도당의 이화대사가 억제되면서 여분의 포도당은 글리코겐으로 전환되어 간과 근육에 저장된다. 포도당은 인산화 되어 포도당-6-인산을 거쳐 포도당-1-인산으로 전환된다. 포도당-1-인산은 UTP(uridine triphosphate)와 반응하여 UDP-포도당이 된 후, 글리코겐 프라이머(primer, 시작물질)에 계속 첨가되면서 α-1→4 글리코시드 결합을 형성하는데 이 작용은 글리코겐 합성효소(glycogen synthase)에 의해 진행된다. 글리코겐이 직선상으로 길어지면 분지효소(branching enzyme)에 의해 α-1→4 글리코시드 결합을 분해함으로써 말단의 5~8개 잔기를 분리하여 α-1→6 글리코시드 결합으로 새로운 가지를 형성한다[그림 4-7].

성인의 경우 일반적으로 간에 100 g 정도, 근육에 250 g 정도의 글리코겐이 저장될 수 있는데, 보통 간 무게의 4~6%, 근육 무게의 1~2%에 해당한다.

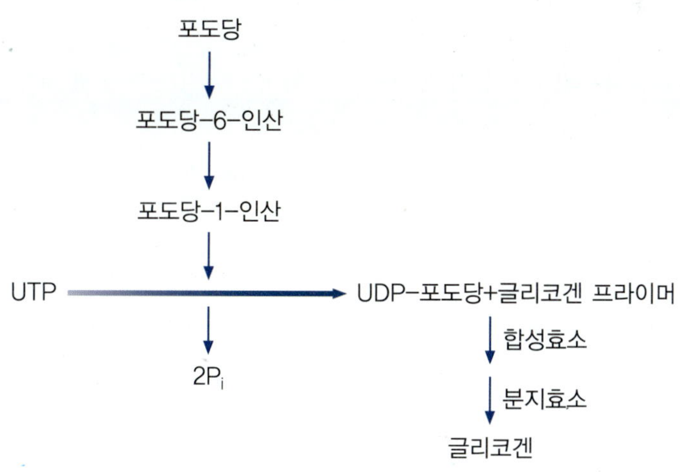

【그림 4-7】 글리코겐 합성

혈액 내 포도당의 농도가 감소되면 저장되어 있던 글리코겐은 글리코겐 가인산분해효소(glycogen phosophorylase)와 탈분지효소(debranching enzyme)의 두 가지 효소에 의해 분해된다. 글리코겐은 글리코겐 가인산분해효소(glycogen phosophorylase)에 의해 포도당–1–인산이 생성되고, 이어 포도당–6–인산이 된 후 간에서 포도당–6–인산가수분해효소(glucose–6–phosphatase)에 의해 포도당으로 변환하기도 하고 근육에서는 포도당–6–인산은 해당과정에 합류하여 에너지를 생성하기도 한다. 탈분지효소는 글리코겐의 α–1→6 글리코시드 결합을 끊어서 글리코겐의 곁가지 구조를 완전히 제거한다.

글리코겐 대사는 인슐린, 글루카곤 및 에피네프린과 같은 호르몬에 의해 정교하게 조절됨으로써 에너지 소모를 방지한다. 즉, 혈당 증가에 의한 인슐린의 증가는 글리코겐의 합성을 촉진하는 동시에 분해를 억제하는 반면, 혈당 저하에 의한 글루카곤(간에서 작용)이나 에피네프린(근육에서 작용)의 증가는 글리코겐 합성을 억제하는 동시에 분해를 촉진한다.

확인해봅시다

1. 포도당 한 분자가 분해되어 에너지와 물과 이산화탄소를 생성하는 과정을 요약해서 설명하시오.

2. 글리코겐의 구조가 생체 내의 대사에서 어떠한 역할을 하는지 설명하시오.

3. 설탕을 포함한 단순당류의 과잉섭취가 비만으로 쉽게 이어지는 이유에 대해 설명하시오.

4. 혈당 조절에 관여하는 인슐린과 글루카곤의 역할에 대해 설명하시오.

5. 탄수화물의 적정 섭취량은 식생활 특성에 따라 조금씩 다르다. 우리는 에너지의 55~65%를 탄수화물에서 취할 것을 권장하고 있어 서양의 경우와 비교하면 비교적 탄수화물 섭취가 많은 편이다. 탄수화물에 의한 에너지 섭취량이 많은 경우와 연관되어 생각해 볼 수 있는 인체 내 대사과정에서의 장점과 단점에 대하여 설명하시오.

지질 영양

지질(lipids)은 물에 쉽게 녹지 않으며 유기용매에 녹는 유기화합물로서 중성지방(triglyceride, triacylglycerol), 인지질(phospholipid), 스테롤(sterol), 스핑고지질(sphingolipid), 당지질(glycolipid), 왁스(wax) 등을 포함한다. 지질은 대표적인 에너지 영양소로서 1 g 섭취로 9 kcal를 얻을 수 있으며 생체 내에서 생체구성성분 및 조절인자 등의 다양한 필수적인 기능들을 수행한다. 그 외에도 지방은 음식의 맛과 향미를 북돋우며 만복감을 주고 지용성 비타민의 흡수를 촉진한다.

한편 지질의 과잉섭취나 섭취 불균형은 만성퇴행성 질환의 위험요인으로 알려져 지질 영양에 대한 관심이 매우 높다. 우리나라 사람들의 지방 섭취량이 에너지의 20% 정도로 비교적 낮은 상태이나 지난 수십 년 동안 지방 섭취량은 꾸준히 증가하여 왔다. 이와 같은 변화는 고지혈증과 같은 지방 영양과 밀접한 연관이 있는 질환의 이환율을 크게 증가시킨 원인으로 지목되었다.

지질을 단순지질, 복합지질 및 유도지질로 분류하면, 단순지질은 지방산과 알코올의 에스테르 화합물로 정의되고 유지(油脂)와 왁스가 이에 해당한다. 복합지질은 지질 외에 인산, 염기, 당, 단백질 등이 함유된 지질을 의미한다. 유도지질은 단순지질이나 복합지질을 가수분해할 때 얻어지는 지방산, 알코올, 스테롤 등을 의미한다. 또 지방산과 에스테르 결합을 형성하고 있어 알칼리 용액에서 검화(비누화)되는 지질(saponifiable lipid)과 검화가 일어나지 않는 지질(unsaponifiable lipid)로 나눌 수 있다.

1 지방산

지방산(fatty acid)은 지질의 가장 보편적인 구성성분으로서 탄소 수가 대개 짝수인 4~24개로 이루어진 카르복실산(carboxylic acid)이다. 아래 **[그림 5-1]**은 stearic acid(18:0)의 구조로서 카르복실기(탄소번호는 1)로 시작하여 소수성인 긴 탄화수소로 이어지며 마지막 탄소 번호를 의미하는 n 또는 ω(오메가)에서 메틸기로 끝난다.

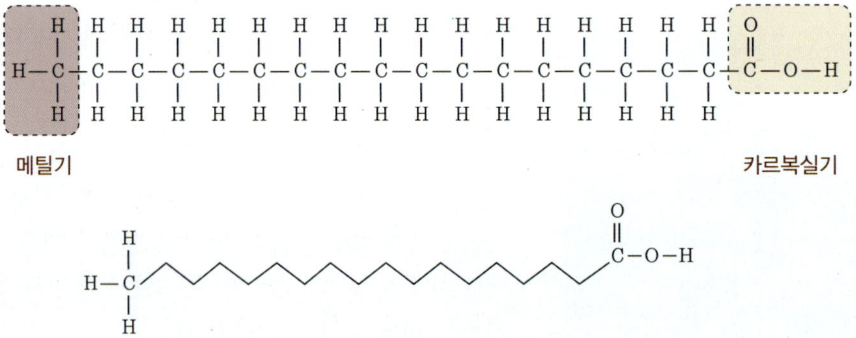

【그림 5-1】 Stearic acid의 구조

유리지방산은 식품의 형태로는 거의 섭취되지 않으나, 식품의 중성지방, 인지질, 콜레스테롤 에스테르의 구성 물질이다. 지질의 물리적 성질은 구성요소 중에서 특히 지방산의 종류와 구조에 따라 크게 좌우된다.

[표 5-1]은 식품 및 영양에서 중요한 지방산의 종류 및 특성을 보여준다.

【표 5-1】 식이 지방산의 계통명과 관용명

계통명	관용명	기호
Octanoic	카프릴산(caprylic)	8:0
Decanoic	카프릭산(capric)	10:0
Dodecanoic	라우릭산(lauric)	12:0
Tetradecanoic	미리스트산(myristic)	14:0
Hexadecanoic	팔미트산(palmitic)	16:0
Octadecanoic	스테아르산(stearic)	18:0
9-Octadecenoic	올레산(oleic)	18:1n-9
9,12-Octadecadienoic	리놀레산(linoleic)	18:2n-6
6,9,12-Octadecatrienoic	γ-리놀렌산(γ-linolenic)	18:3n-6
9,12,15-Octadecatrienoic	α-리놀렌산(α-linolenic)	18:3n-3
5,8,11,14-Eicosatetraenoic	아라키돈산(arachidonic)	20:4n-6
5,8,11,14,17-Eicosapentaenoic	EPA	20:5n-3
4,7,10,13,16,19-Docosahexaenoic	DHA	22:6n-3

(1) 탄소 수에 따른 지방산의 분류

탄소 수가 4~6개인 짧은 사슬 지방산(short-chain fatty acid, SCFA), 탄소 수가 8~10개인 중간 사슬 지방산(medium-chain fatty acid, MCFA), 그리고 탄소 수가 12개 이상인 긴 사슬 지방산(long-chain fatty acid, LCFA)으로 나눈다. 탄소 수가 많을수록 물에 쉽게 녹지 않으며 융점이 높다.

(2) 이중결합의 수에 따른 분류

사슬 내의 이중결합이 없는 지방산을 포화지방산(saturated fatty acid, SFA), 이중결합이 하나인 단일불포화지방산(monounsaturated fatty acid, MUFA), 그리고 이중결합이 2개 이상인 다가불포화지방산(polyunsaturated fatty acid, PUFA)으로 구분한다. 최근에는 이중결합이 3개 이상이며 탄소 수가 20개 이상인 불포화지방산을 고도불포화지방산(highly unsaturated fatty acid, HUFA)으로 따로 분류하기도 한다. 이중결합이 많을수록 융점이 낮아 실온에서 액체 상태이다.

지방산은 카르복실산이므로 '-ic acid'로 끝나나, 카르복실기가 중성인 체액에서 수소이온을 내어놓고 이온화된 후 Na$^+$, K$^+$와 같은 양이온과 지방산염을 형성한 것을 '-ate'라고 한다. 대부분의 지방산은 관용명[표 5-1]으로 통용되나, 계통명은 지방산의 구조를 예측할 수 있게 한다. 지방산의 계통명은 탄소 수를 나타내는 octa(8개), deca(10개), octadeca(18개) 등으로 시작되고, oleic acid(또는 oleate)는 탄소 수 18개에 이중결합(en)이 1개이므로 octadecenoic acid이며, linoleic acid처럼 이중결합이 2개이면 'dien'이 linolenic acid처럼 이중결합이 3개이면 'trien'이 삽입된다.

(3) 이중결합의 위치에 따른 분류

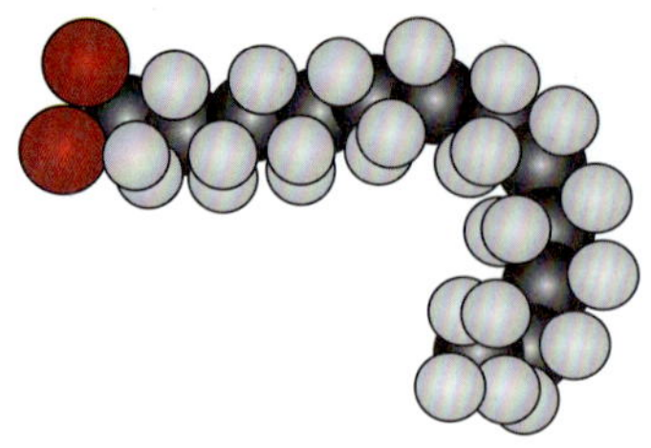 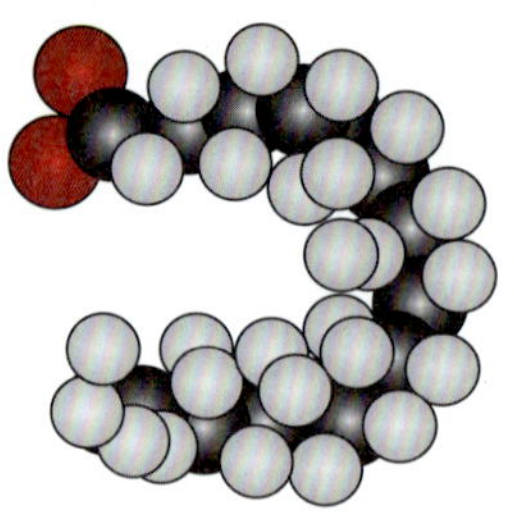

A : α-Linolenic acid   B : Arachidonic acid

【그림 5-2】불포화지방산의 공간충진모형

다가불포화지방산은 메틸기에서 가장 가까운 이중결합의 위치에 따라 크게 오메가(n)-6와 오메가(n)-3 지방산으로 나눠진다. 이들 다가불포화지방산은 생체막의 구성 요소이며, 조절 물질의 전구체로서 세포 내 대사에 중요한 기능을 수행한다. 이들 오메가-6와 오메가-3 지방산이 부족하게 되면, 생체 내에서 오메가-9 지방산, 즉 oleic acid로부터 다가불포화지방산이 합성되는데 그 대표적인 지방산이 eicosatrienoic acid(20:3n-9)이다. [그림 5-2]는 다가불포화지방산인 α-linolenic acid와 arachidonic acid의 공간충진모형(space filling model)으로 cis 이중결합을 중심으로 사슬이 굽어져 있음을 볼 수 있다.

(4) Cis, trans 이성체에 따른 분류

이중결합이 trans 구조를 가진 지방산은 반추동물의 유즙에 들어 있으며, 유지의 가수소화(경화) 과정에서 형성된다. trans 지방산은 이중결합을 가지고 있으나 cis 구조와는 달리 탄화수소가 굽지 않으므로 포화지방산과 비슷한 물리적인 성질을 가진다.

탄소 수 18개에 이중 결합이 하나이나 cis 형태를 가진 oleic acid와 trans 형태를 가진 elaidic acid의 구조를 비교하면 [그림 5-3]과 같다.

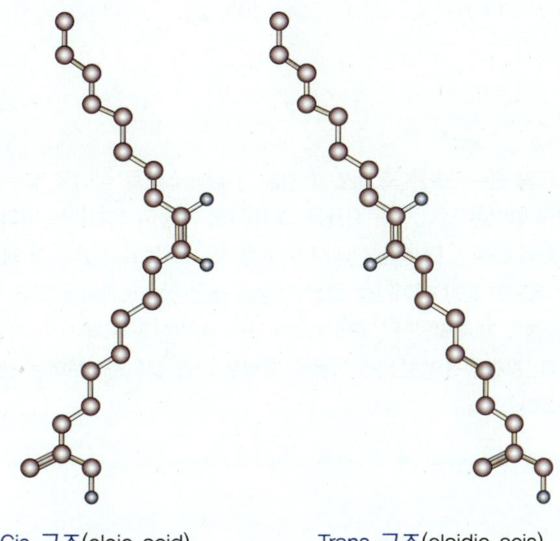

【그림 5-3】 cis와 trans 지방산의 구조

알아두기 5-1

■ **지방산의 구조**

　　자연상태의 지방산의 이중결합은 cis 형태를 취하고 있으며 이중결합 사이에는 methylene($-CH_2-$)기가 삽입되어 있으므로 인접한 이중결합 사이에는 탄소수 3개가 차이난다. 이와 같은 구조를 methylene-interrupted conjugated double bond라 한다. 예를 들어 linoleic acid는 [표 5-1]에서 보면 관용명이 9,12-octadecadienoic acid로서 9, 12는 탄소번호 9번과 10번 사이와 12번과 13번 사이의 탄소들이 이중결합에 참여하고 있음을 나타낸다. Linoleic acid를 나타내는 기호는 18:2 n-6로서 18은 탄소 수, 2는 이중결합의 수를 나타내며, n-6은 지방산의 메틸기부터 번호를 붙이면 6~7번째(카르복실기로부터 12~13번) 탄소사이에 첫 번째 이중결합이 존재하는 것을 나타내며, 다음 이중결합은 3을 더한 9~10번째(카르복실기로부터 9~10번) 탄소사이에 이중결합이 있음을 알 수 있다. 이처럼 메틸기에서 가까운 첫 번째 이중결합의 위치를 지방산 명명에 사용하게 된 이유는, 동물의 체내에는 메틸기와 가장 인접한 이중결합 사이에 새로운 이중결합이 형성될 수 없으며, 지방산의 대사는 카르복실기 탄소 쪽부터 진행되어 생체 내의 지방산이 대사되는 과정에서 메틸기에서 진행되는 첫 번째 이중결합의 위치가 변하지 않기 때문이다.

■ 오메가-3 지방산

알라스카와 그린랜드의 원주민들은 고열량, 고지방, 고콜레스테롤 식이를 섭취함에도 불구하고 서구인
들에 비하여 심장질환의 발병은 낮다. 연구자들은 그 이유를 그들이 섭취하는 바다동물에서 찾았으며 오메
가-3 지방산, 특히 다량의 EPA와 DHA 섭취에서 비롯된 것으로 보고하였다. 그 동안의 연구들에서 어유가
풍부한 식이는 저지방 저포화 지방 식이만큼 혈청 지질을 개선하는 효과가 있었고 그 외에도 혈전을 방지하
며 혈압을 낮추는 가능성도 제시되었다. 그러나 오메가-3 지방산과 오메가-6 지방산의 균형
섭취를 이루어야 하므로 오메가-3 지방산을 어유 보충제로 다량 섭취하기보다는 생선으로부터
섭취하는 것이 바람직하다.

2 중성지방

중성지방[그림 5-4]은 일반적으로 지방이라 불리며, 유지(油脂, oils and fats)의 주성분으로서 글
리세롤에 3분자의 지방산이 에스테르 결합을 형성하여 생성되고, 가수분해 되면 글리세롤과 지방
산으로 나눠진다. 중성지방은 1 g당 9 kcal를 제공하는 농축된 에너지 급원이며, 식품의 맛과 향
미를 제공하고, 탄수화물이나 단백질에 비하여 위장관을 통과하는 속도가 느리므로 포만감을 줄
수 있다. 또한 지용성 비타민을 용해시켜 소화 흡수를 도와준다.

3 스테롤

콜레스테롤(cholesterol)[그림 5-4]은
스테롤의 구조를 가진 화합물 중에서
가장 대표적인 것으로서 동물성 식
품에만 함유되어 있다. 콜레스테롤은
탄화수소의 고리 구조(phenanthrone)
에 의하여 소수성의 단단한 성질을
가지며, 세포막의 구성성분이다. 3번
탄소의 하이드록실기에 지방산이 에
스테르 결합하여 생성되는 콜레스테

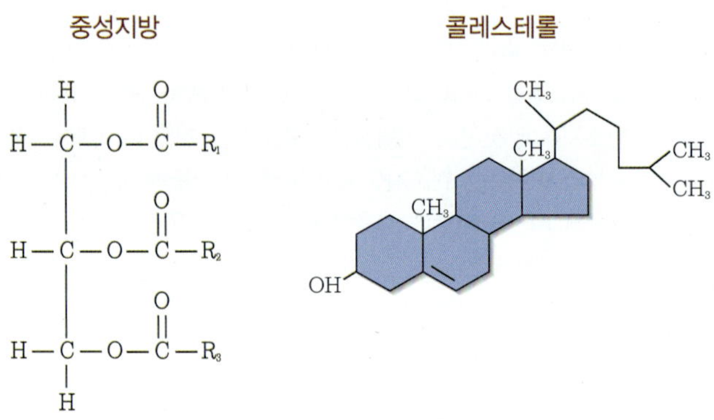

【그림 5-4】 중성지방과 콜레스테롤의 구조

롤 에스테르는 물을 싫어하는 성질을 가지며, 지단백질의 내부에 함유되고 세포 내에 저장되는 형
태이다. 콜레스테롤에서 변형된 스테롤에는 담즙산, 스테로이드 호르몬, 비타민 D 등이 있다.

4 인지질

인지질은 세포막을 구성하는 기본 구조 성분으로서 뇌와 신경계의 필수성분이며 지단백질 (lipoprotein)의 구성 성분이다[그림 5-5].

탄소골격이 글리세롤인 글리세르인지질(glycerophospholipid)과 탄소골격이 스핑고신인 스핑고인지질(sphingophospholipid)로 구별되며, 인산과 유기염류를 함유하고 있다. 가장 잘 알려진 포스파티딜 콜린(phosphatidylcholine, lecithin) 외에 포스파티딜 에탄올아민(phosphatidylethanolamine, cephalin), 포스파티딜 세린(phosphatidylserine), 포스파티딜 이노시톨(phosphatidylinositol) 등이 있다. 글리세롤 탄소골격의 2번에는 주로 다가불포화지방산이 결합되어 있다. 그 외에 당지질로서 세라마이드(ceramide), 세리브로사이드(cerebroside), 시알산(sialic acid), 강글리오사이드(ganglioside) 등이 있다.

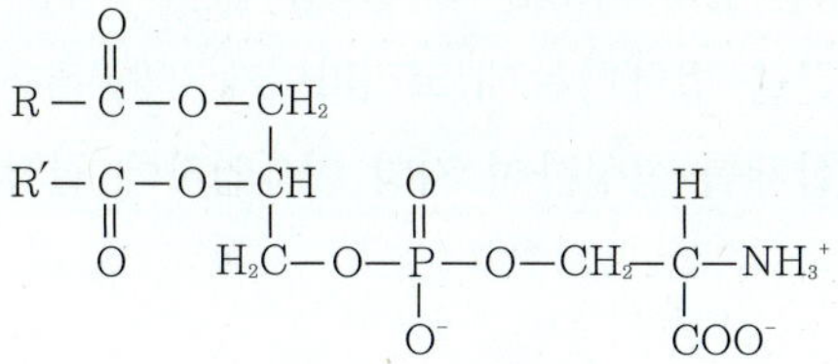

포스파티딜 세린

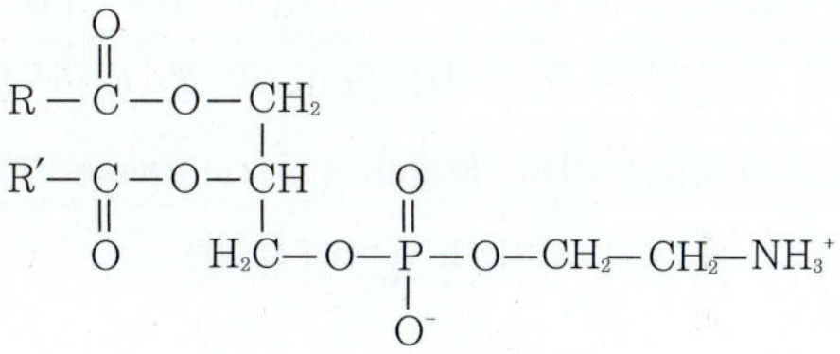

포스파티딜 에탄올아민

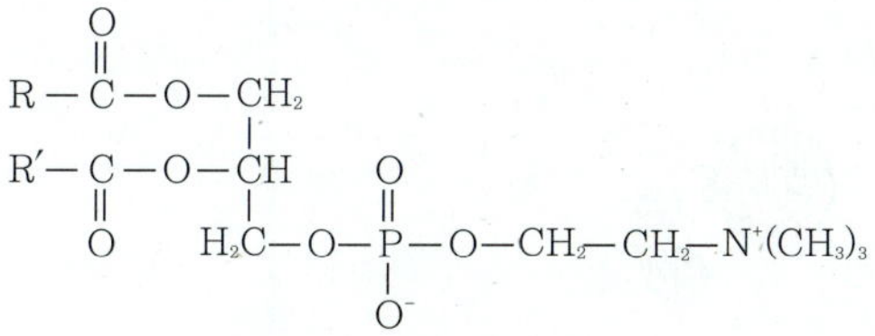

포스파티딜 콜린

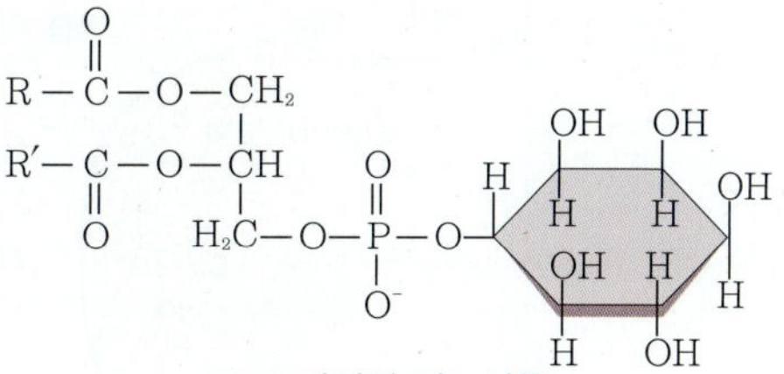

포스파티딜 이노시톨

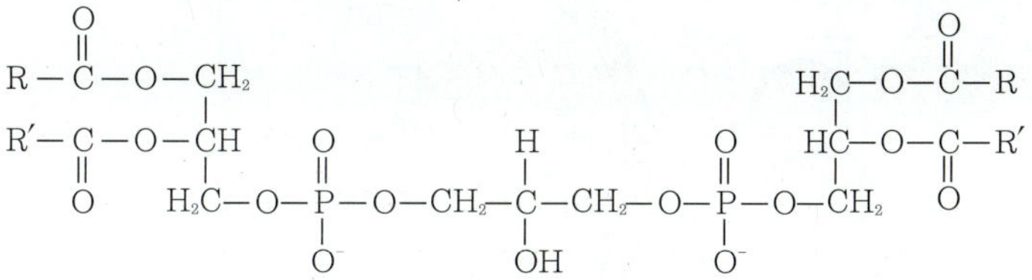

디포스파티딜 글리세롤(카르디오리핀)

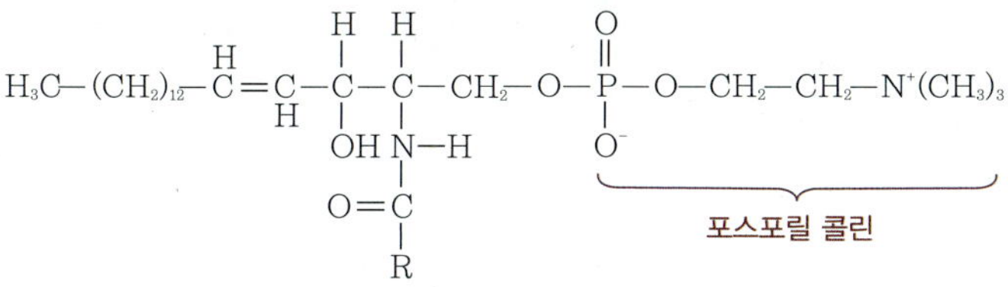

포스포릴 콜린

스핑고미엘린

【그림 5-5】 인지질의 구조

02. 지질의 소화와 흡수

지질의 소화는 구강에서부터 시작한다. 설선에서 분비되는 리파아제(lingual lipase)는 중성지방을 가수분해하는데, 주로 중간 사슬 및 짧은 사슬 지방산에 특이적으로 작용하고, pH 2~6에서 활동을 유지하므로 위에서도 작용하며, 가수분해 산물은 디글리세리드(diglyceride)와 지방산이다.

[그림 5-6]과 [그림 5-7]은 소장 내에서 지방의 소화와 흡수 과정을 보여준다. 십이지장에 지방을 함유한 유미즙이 도달하면 십이지장 세포에서 콜레시스토키닌이 분비된다. 이 호르몬의 작용은 췌장의 리파아제 분비와 담낭의 담즙 분비를 촉진시키며 위의 운동을 저하시켜 소화를 느리게 한다. 지방은 수용액에서 쉽게 용해되지 않으므로 효소가 기질에 접근하기 쉬워야 한다. 효소가 쉽게 작용할 수 있도록 지방덩어리가 지방 미세입자(fat droplets)로 나눠져야 하는데 이 과정을 유화라고 한다. 담즙산염과 레시틴에 의해 지방이 유화되면서 pH가 5.5~6.5로 증가된다. 지방 미세입자에 달라붙는 담즙 미셀(micelle)은 리파아제의 접근을 방해하는데 코리파아제(지방분해조효소, colipase)가 췌장 리파아제(pancreatic lipase)와 함께 복합체를 형성하여 지방 미세입자에 결합하면 지방 가수분해가 시작된다[그림 5-6].

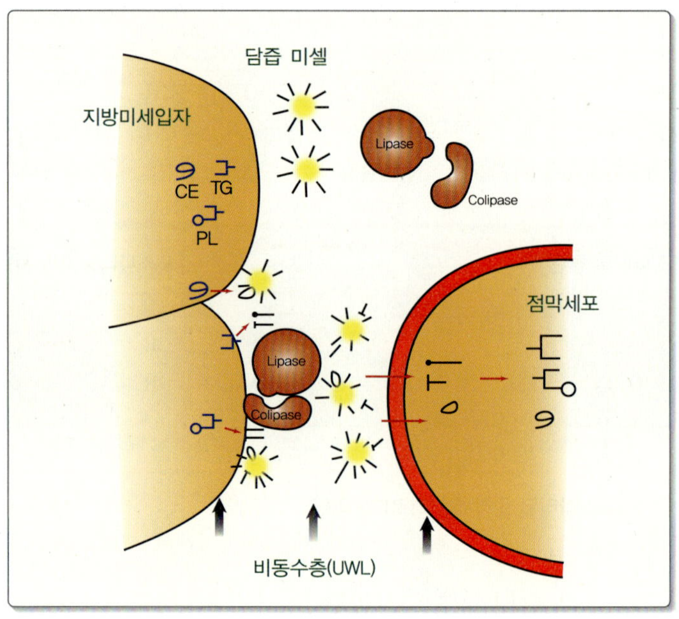

【그림 5-6】 식이지방의 소화와 흡수 과정

지방산과 2-모노글리세리드(2-monoglyceride)는 담즙 미셀에 흡수되어 미세융모의 비동수층

(unstirred water layer, UWL)으로 용해되면서 단순 확산에 의해 소장 점막세포 내로 이동하는데 이 이동속도가 지질 흡수 속도를 좌우한다. 소장 점막세포 내에서 모노글리세리드는 리파아제에 의해 지방산과 글리세롤로 분해된 후, 글리세롤은 간문맥을 경유하여 간으로 운반된다.

모노글리세리드는 점막세포 내에서 아실기전이효소(acyltransferase)에 의해 지방산과 다시 결합하여 트리글리세리드(triglyceride, 중성지방)를 생성한다. 트리글리세리드의 신생합성에 필요한 글리세롤은 포도당의 대사물질인 디하이드록시아세톤 인산(dihydroxyacetone phosphate)에서 공급된다. 한편, 중간 사슬 지방산은 세포 내에서 트리글리세리드로 재합성될 필요 없이 지방산 형태로 바로 모세혈관으로 흡수되어 간 문맥으로 이동하기 때문에 림프계를 경유하는 긴 사슬 지방산에 비하여 훨씬 빠른 속도로 운반된다[그림 5-7].

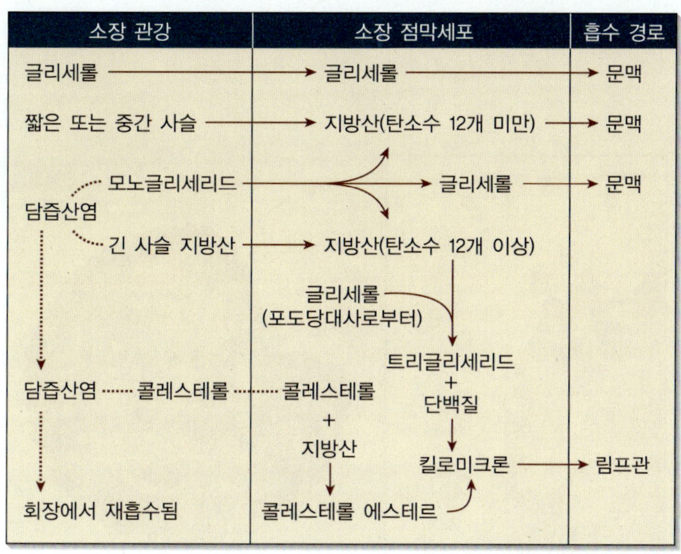

【그림 5-7】 장 관강과 점막세포 내의 지질 흡수과정

인지질은 췌장액의 포스포리파아제 A_2(phospholipase A_2)에 의하여 지방산과 라이소인지질 (lysophospholipid, 글리세르인지질의 2번 탄소에 결합된 지방산이 가수분해 되어 없어진 형태, 그림 5-5 참고)로 분해된 후 점막세포 내로 이동하며, 세포 내에서 다시 지방산과 결합하여 인지질로 재생된다. 식이 중 콜레스테롤 에스테르는 췌장액의 콜레스테롤 에스테르 가수분해 효소(cholesterol esterase)에 의해 유리 콜레스테롤로 전환되며 담즙으로 분비된 콜레스테롤과 함께 미셀에 함유된 상태로 비동수층을 통과하여 소장 점막세포 내로 이동한다. 세포 내에서 콜레스테롤은 아실 CoA-콜레스테롤 아실기전이효소(acyl CoA-cholesterol acyltransferase, ACAT)에 의하여 콜레스테롤 에스테르로 전환된다.

한편, 지질의 소화 흡수에 필수적인 담즙산은 회장까지 도달하여 95% 정도가 소장 점막세포 내로 흡수되어 간문맥을 통하여 간으로 운반된다. 이 경로를 장간순환(enterohepatic circulation)이 라 한다.

03. 지질의 운반

식이 지질의 대부분은 중성지방이며, 인지질, 콜레스테롤 및 기타 지질은 비교적 적은 양이다. 지질이 혈액 내로 운반되기 위해서는 운반체가 필요한데, 수용액과 지질층 양쪽을 수용하는 단 백질과 인지질을 포함한 운반체인 지단백질이 형성되며, 그 전형적인 크기와 구조는 [그림 5-8]과 같다.

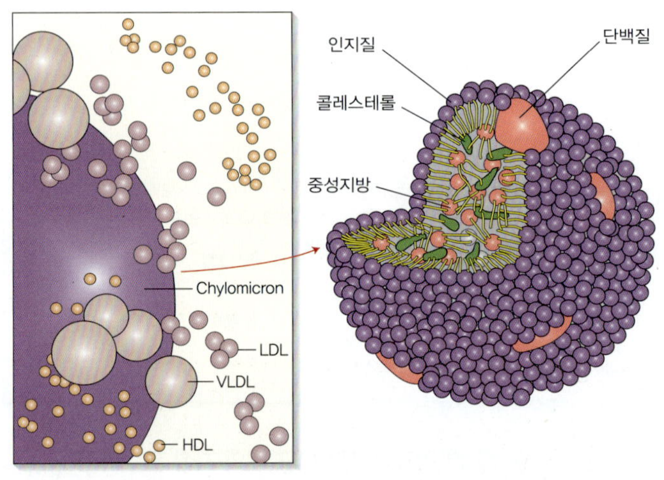

【그림 5-8】 지단백질의 전형적인 구조

대표적인 4가지 종류의 지단백질인 킬로미크론(chylomicron), 초저밀도지단백질(very low density lipoprotein, VLDL), 저밀도지단백질(low density lipoprotein, LDL), 그리고 고밀도지단백질(high densisty lipoprotein, HDL)은 분자의 크기, 밀도, 전기적 성질 등이 다를 뿐만 아니라[표 5-2], 지단 백질을 구성하는 성분 조성도 각각 다르다[그림 5-9].

【표 5-2】 혈장 지단백질의 종류와 특성

종류	주요 지질	주요 아포단백질	밀도(g/mL)	직경(nm)
킬로미크론	식이성 중성지방	AI, AII, B48, CI, CII, CIII, E	<0.95	800~5,000
VLDL	내인성 중성지방	B48, B100 CI, CII, CIII, E	<1.006	300~800
LDL	콜레스테롤 에스테르	B100	1.019~1.063	180~280
HDL	콜레스테롤 에스테르	AI, AII	1.063~1.210	50~120

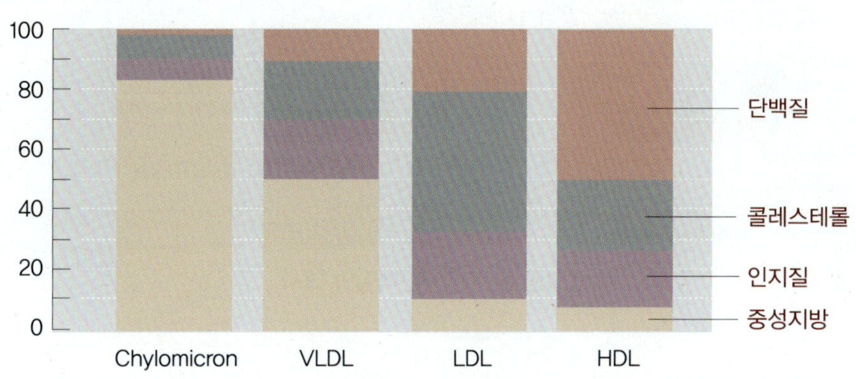

【그림 5-9】 혈장 지단백질의 조성

1 킬로미크론

수용액에 용해되지 않는 중성지방, 콜레스테롤, 콜레스테롤 에스테르, 인지질 등은 소장 점막세포에서 혈액으로 이동하기 위하여 아포단백질 B48(apo B48)과 결합하여 킬로미크론을 생성한다. 중성지방, 콜레스테롤 에스테르와 같은 소수성 물질은 지단백질 내부에 포함되며, 콜레스테롤과 인지질의 소수성 부분은 내부로 향하고 친수성 부분은 외부에 위치함으로써 혈중에 분산된다.

[그림 5-10]은 지단백질의 대사과정을 보여준다. 킬로미크론은 림프계를 거쳐 흉관에서 모세혈관과 접하여 체순환계로 이동하고, 이 과정에서 HDL과 접촉하면서 아포단백질 CII, CIII, E 등을 전달받는다. 아포단백질 CII를 조효소로 하는 지단백질 리파아제(lipoprotein lipase)의 작용을 받아 중심부의 중성지방이 가수분해되어 조직으로 이동되면 킬로미크론 잔류입자(chylomicron remnant)로 남게 되고, 잔류입자는 간세포의 아포단백질 E 수용체와 결합하여 간세포 내로 유입된다.

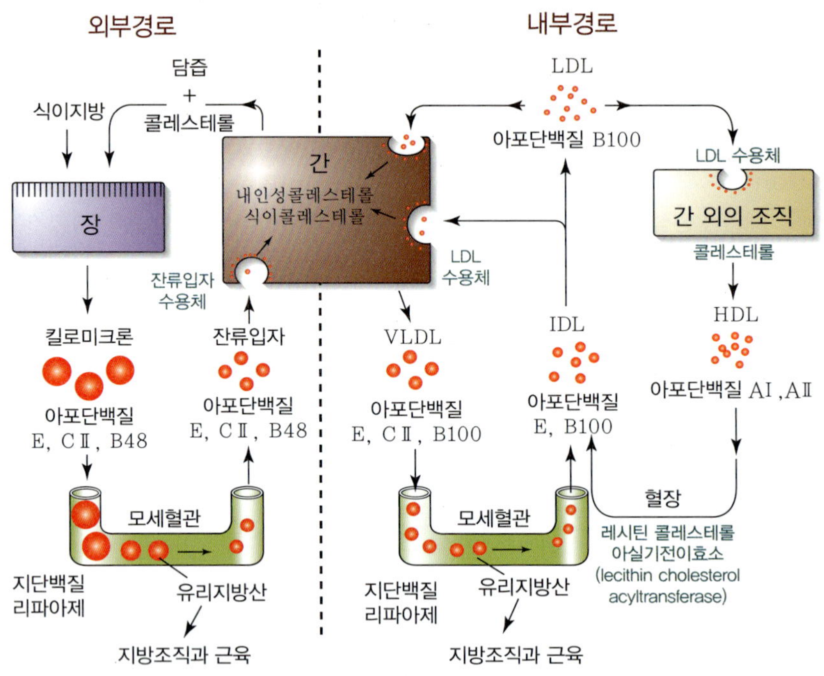

【그림 5-10】 **지단백질의 대사**

2 초저밀도지단백질

초저밀도지단백질(VLDL)은 주로 간에서 생성되며, 아포단백질 B100을 함유하나, 소장 점막세포 내에서 생성되는 VLDL은 아포단백질 B48을 포함한다.

VLDL이 혈액 내로 분비되면 HDL과 접촉하면서 아포단백질 CⅡ, CⅢ, E, 콜레스테롤 에스테르 등을 전달받아 구조가 완성되고, 역시 아포단백질 CⅡ를 조효소로 하는 지단백질 리파아제의 작용에 의하여 중심부의 중성지방이 가수분해 되면 VLDL 잔류물이 된다. 이 잔류입자의 일부는 간세포의 아포단백질 B100/E 수용체를 통하여 제거되나, 대부분은 중간밀도지단백질 (intermediate density lipoprotein, IDL)로 전환된다. IDL은 지단백질 리파아제의 작용으로 중성지방 이 더욱 제거된 후 LDL로 전환된다.

3 저밀도지단백질

저밀도지단백질(LDL)은 지단백질 중에서 콜레스테롤 함유량이 가장 높으며, 간 이외의 실질세 포에 콜레스테롤을 공급하는 역할을 한다. [그림 5-11]에서 나타난 것처럼 LDL은 지방조직, 근 육 및 간 등에 존재하는 아포단백 B100 수용체(LDL receptor)에 결합함으로써 세포 내로 이입

(endocytosis)된 후, LDL은 수용체와 분리되어 리소솜(lysosome)에서 가수분해 된다. LDL 수용체는 세포표면으로 다시 순환되어 피막 홈(coated pit)으로 되돌아간다. LDL의 유입에 의해 세포 내에 유리 콜레스테롤이 증가하면, 콜레스테롤 합성속도 조절효소인 HMG−CoA 환원효소(hydroxymethyl glutaryl−CoA reductase)의 활성이 억제되어 세포 내에서 콜레스테롤의 생성이 억제된다. 또한 콜레스테롤 에스테르 합성 효소인 아실−CoA 콜레스테롤 아실기전이효소(ACAT)의 활성은 증가되고, LDL 수용체의 합성은 억제되어 콜레스테롤이 세포 내로 들어와 축적되는 것을 억제한다. 이렇게 세포 내에 들어온 콜레스테롤은 세포막의 구성 물질이나 스테로이드 호르몬 및 담즙산의 전구체로 사용되거나 콜레스테롤 에스테르로 전환되어 세포 내에 저장된다.

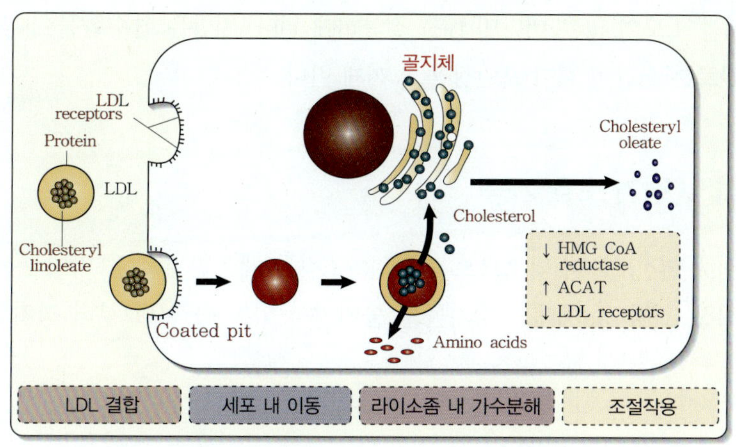

【그림 5−11】 LDL수용체를 통한 LDL의 세포 내 이입과 분해 과정

4 고밀도지단백질

고밀도지단백질(HDL)은 간에서 생성되며, 간에서 막 분비된 원반 형태의 HDL은 혈액 순환 중에 중성지질을 받아들여 구형의 형태로 바뀌게 된다. HDL은 말초조직 세포나 지방 분해의 부산물에서 유래한 인지질이나 콜레스테롤을 전달받아 간에 직접 수송하거나, 가지고 있는 콜레스테롤 에스테르를 VLDL과 LDL에 전달하는 역할을 하며, 이 과정에서 간접적으로 콜레스테롤을 간으로 역수송하는 기능을 수행한다.

한편 지단백질 리파아제에 의해 트리글리세리드에서 가수분해 된 지방산은 단순 확산에 의해 세포 내로 이동한 후, 다시 아실화 되어 트리글리세리드, 인지질 및 콜레스테롤 에스테르의 구성 성분이 된다. 절식 동안에는 지방 조직에서 유리지방산이 혈액 내로 유입되는데 이때는 알부민과 복합체(fatty acid−albumin complex)를 형성하여 간으로 이동한다.

04. 지질의 생리적 기능

1 높은 효율의 에너지 급원

지방은 체내에서 산화될 때 1 g당 9 kcal를 내므로 탄수화물과 단백질의 생리적 열량가 4 kcal와 비교하면 높은 에너지 급원이다. 지방이 체내에 저장될 때 탄수화물과는 달리 수분을 결합하지 않은 형태로 축적되므로 단위 부피당 축적된 에너지가 훨씬 많다. 지방은 에너지 섭취가 부족하면 에너지를 제공하는 효율적인 에너지 저장원이다. 식사 시에 탄수화물을 지방으로 대체하면 탄수화물 대사에서 소모가 많은 비타민 B_1을 절약하게 된다. 지방은 탄수화물이나 단백질에 비하여 위장관에 머무르는 시간이 길어 포만감을 느끼게 한다.

2 체온 조절 및 장기 보호 기능

지방은 물에 비해 열전도율이 낮으므로 피하지방조직은 체온의 손실을 막아주는 역할을 한다. 또한 체지방은 심장, 간장 등 체내의 장기들을 둘러싸서 외부 충격으로부터 장기를 보호하는 완충 역할을 한다.

3 지용성 비타민의 흡수 촉진

지방은 지용성 비타민의 소화·흡수를 돕는 역할을 한다. 지용성 비타민의 소화·흡수는 지방, 담즙산 등 지방의 소화·흡수와 밀접하게 연관되기 때문이다.

4 인지질의 유화작용

인지질은 물과 기름 양쪽에 용해(양친매성)될 수 있으므로 생체 내에서 유화작용을 할 수 있다. 따라서 혈액 내 지질을 운반하는 지단백질의 형성에서 지단백질 내부에 소수성(물을 싫어하는 성질) 지질이 위치하고 바깥쪽으로 인지질이 둘러쌈으로써 지질의 운반을 용이하게 한다.

5 세포막의 주성분

인지질의 물리적인 성질(양친매성)로 인하여 인지질은 생체막을 구성하는 기본 성분이 된다. 인지질 외에도 세포막의 성분으로서 이용되는 지질은 콜레스테롤, 당지질 등이다.

6 필수지방산의 제공

(1) 필수지방산의 종류와 기능

인체는 linoleic acid(18:2n-6)와 α-linolenic acid(18:3n-3)를 체내에서 합성하지 못하는데, 이들 지방산은 생체 기능에 필수적이며 식품을 통하여 공급되어야 하므로 필수지방산(essential fatty acid)이라 한다. 필수지방산의 주된 기능은 피부의 보전, 생체막의 구조적 완전성과 막 기능, 아이코사노이드(eicosanoid)의 생성과 관련된 전구체로서의 역할과 아이코사노이드 생성조절기능 등이다. 이들 다가불포화지방산은 생체막 및 지단백질을 구성하는 인지질의 2번 탄소에 에스테르 결합되어 있으며 생체막에 적당한 유동성을 부여하는 기능을 가진다.

망막과 뇌에 다량 함유된 docosahexaenoic acid(22:6n-3, DHA)는 식품에서 직접 섭취하거나 α-linolenic acid(18:3n-3) 또는 eicosapentaenoic acid(20:5n-3, EPA)로부터 합성된다. 뇌의 회백질이나 망막은 DHA 농도가 총 지방산의 50%를 초과할 정도로 매우 높은 농도를 유지한다. 출생 전과 후, 성장하는 뇌는 많은 양의 DHA를 축적하며 이는 2세까지 계속된다. α-Linolenic acid 등 n-3지방산의 결핍은 뇌세포의 DHA 함량 감소를 초래하고, 인지기능, 학습능력과 시각기능의 장애를 초래하는 등 linoleic acid에는 없는 독특한 기능이 알려졌다. 따라서 α-linolenic acid를 포함한 n-3 지방산은 필수적인 식이성분으로 인식되고 있다. 한편 조제분유에 arachidonic acid 가 첨가되지 않을 경우 성장 감소를 보였으므로 arachidonic acid 보충 없이 지나치게 많은 DHA 를 보충하면 역시 부작용을 야기할 수 있다는 점에서 n-6와 n-3 지방산 간의 균형이 매우 중요하다.

(2) 필수지방산 결핍

대부분의 식이는 필수지방산인 linoleic acid의 필요량을 충족시키기 때문에 결핍을 우려하지 않아도 되지만, 탈지유를 먹이는 영유아나 장기간 다가불포화지방산이 결핍된 저지방 영양공급을 받는 환자는 결핍증이 발생한다. 식물성유는 필수지방산인 linoleic acid와 α-linolenic acid의 주된 급원이다. 필수지방산 결핍 증세를 방지하기 위한 linoleic acid의 식이 수준은 칼로리의 1~2% 면 충족될 정도로 매우 낮다. α-Linolenic acid는 linoleic acid를 완전히 대체할 수는 없으나 쥐의 정상적인 성장과 피부수분손실 예방 효과에는 linoleic acid의 10% 정도의 효과를 가진 것으로 밝혀졌다.

필수지방산 결핍 시는 성장 지연, 생식 장애, 신장과 간장 기능장애, 신경 및 시각 기능장애 등이 야기된다. n-6와 n-3 지방산 결핍 시 혈장의 arachidonic acid(20:4n-6) 농도는 감소하고 oleic acid(18:1n-9)에서 전환된 eicosatrienoic acid(20:3n-9)의 농도는 높아지므로 20:3n-9/20:4n-6비가 증가된다.

05. 지질 섭취기준과 급원

2013년 국민건강영양조사 결과에 의하면 우리나라 국민의 평균 지방섭취량은 총에너지의 21.2%로, 한국인의 지질섭취량은 꾸준히 증가하여 왔다[그림 5-12]. 지방을 공급하는 식품군을 비교한 결과 식물성 식품이 61%에서 57.8%로 감소한 반면, 동물성 식품이 39%에서 42.2%로 증가하는 추세에 있었다. 전체 식품군 중 육류 및 그 제품이 26.3%로 가장 높고, 곡류 및 그 제품에서 17.8% 식물성 유지류에서 16.8%, 그리고 유류 및 그 제품에서 8.0%를 공급하였다.

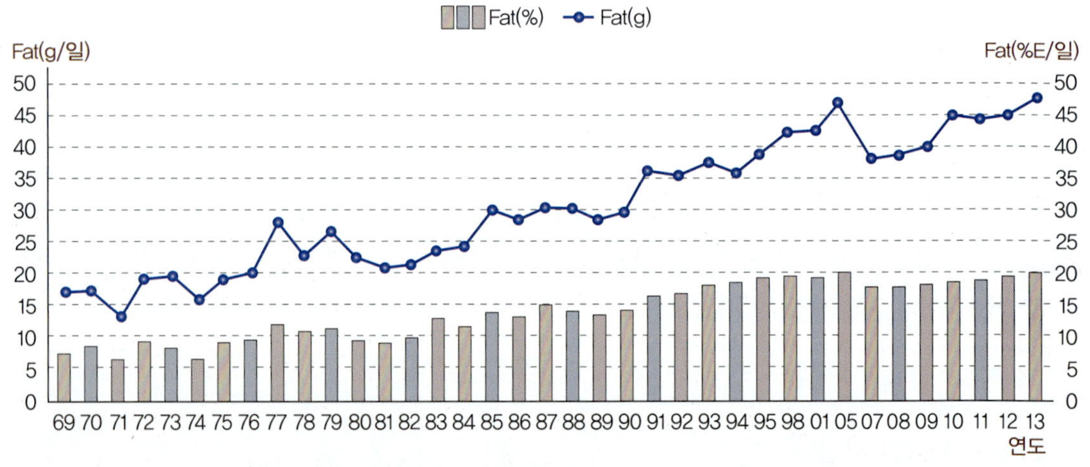

【그림 5-12】 한국인의 1일 지질 섭취량과 에너지섭취비율의 변화추이
*자료: 2015 한국인 영양소 섭취기준, 질병관리본부 2014

1 지질의 섭취기준

(1) 지방 섭취기준

지방 및 지방산의 영양 상태를 반영할 수 있는 뚜렷한 기능지표를 현재로서는 설정하기가 어렵다. 성장 및 비만, 관상동맥심장질환 등이 지방 섭취와 관련이 있으나 지방의 평균필요량이나 권장섭취량을 설정할 만큼 결정적이지 못하기 때문이다. 따라서 지방의 섭취기준은 대부분의 나라

에서 영아를 제외한 모든 연령층에 에너지적정비율(acceptable macronutrient distribution ranges, AMDR)을 적용하고 있다. 에너지 섭취에서 지방 및 포화지방산의 섭취비율이 증가할 때 혈청지질 상태가 악화되며, 동맥경화와 대장암의 발병이 증가된다는 연구 자료들에 근거하여 지방의 영양섭취기준인 에너지적정비율을 설정하고 있다. 영아의 지방 섭취기준은 모유를 통한 섭취량에 근거하여 충분섭취량을 설정한다.

[표 5-3]은 2015년에 제정된 한국인 영양소 섭취기준에서 제시된 연령별 지방 에너지 적절 비율을 보여준다.

【표 5-3】지방 영양섭취기준

연령	에너지적정비율	영아	충분섭취량 g/일
1~2세	20~35%	0~5개월	25
3~18세	15~30%	6~11개월	25
19세 이상	15~30%		

*자료: 2015 한국인 영양소 섭취기준, 보건복지부·한국영양학회, 2015

지방의 과잉 섭취는 만성퇴행성질환, 특히 이상지질혈증의 예방차원에서 제한해왔으나, 지방의 제한 시 상대적으로 탄수화물 섭취가 증가하게 되고, 이는 혈액 내 중성지방 수치를 상승시키는 것으로 확인되었다. 또한, 지방섭취를 조절한 30개의 임상연구를 메타분석한 결과에서 중등도의 지방 섭취(총 에너지의 32.5~50% 지방)와 저지방 섭취(총 에너지의 18.5~30%)를 비교하면 혈중 총 콜레스테롤과 LDL-콜레스테롤은 차이가 없었고, 중등도의 지방섭취가 오히려 혈중 중성지방을 감소시키고 HDL-콜레스테롤을 증가시켰다고 보고하였다. 미국과 유럽의 심장관련학회에서는 지방의 섭취를 25~35%로, 유럽식품안전위원회에서는 20~35%, 세계보건기구에서는 15~35%로 제안하였다. 또한 우리나라와 식습관 형태가 비슷한 일본은 2015 식사섭취기준에서 전 연령의 총 지방 에너지적정비율을 20~30%로 하였다. 따라서 2015 한국인 영양섭취기준에서는 19세 이상 남녀의 총 지방 에너지적정비율을 15~30%로 수정하였다.

유아, 아동 및 청소년은 국민건강영양조사에서 이들의 지방섭취량의 25에서 75 백분위에 해당하는 범위를 근거로 하여 1~2세는 20~35%, 3~18세는 15~30%로 설정하였다. 에너지 요구가 높은 성장과정에서 성인에 이르기까지 지방에너지 비율도 점차적으로 낮아지는 것이 타당하다.

영아의 지방섭취기준은 모유섭취량에 근거하였는데, 우리나라 0~5개월 령 영아의 모유섭취량에 평균 모유 지방함량을 적용하여 환산하면 24 g/일이 되므로 충분섭취량은 25 g/일로 하였다. 6~11개월 령 영아는 모유 섭취량과 이유 보충식에 의한 섭취량에 근거하여 계산하면 24.8 g/일로 계산되므로 25 g/일로 설정하였다.

(2) 지방산 섭취기준

　지방산의 영양섭취기준에 반드시 고려해야 할 사항은 첫째, 필수지방산이 충족되어야 하며, 둘째, 식이지방 내의 n-6계와 n-3계 지방산이 체내에서 서로의 대사에 영향을 미치기 때문에 이 두 계열의 지방산 섭취비율이 적절해야 한다. [표 5-4]는 2015 한국인의 지방산 영양섭취기준으로 1세 이후는 에너지적정비율로 제시한다.

　n-6계와 n-3계 지방산의 에너지적정비율은 우리나라 사람들의 지방산 섭취량조사 자료와 바람직한 P/M/S 비(1:1:1)를 근거로 하여 1세 이상 모든 연령층과 임신·수유부에 대해 n-6 다가불포화지방산은 4~10%, n-3 다가불포화지방산은 1% 내외로 설정하였다. 영아 전기에는 모유 내 필수지방산 농도와 평균 모유 섭취량을 적용하여 설정하였으며, 영아 후기에는 모유와 이유 보충식에서 공급되는 지방산량에 의해 n-6계와 n-3계 필수지방산에 대해 충분섭취량을 설정하였다.

【표 5-4】 지방산 영양섭취기준

구분	에너지적정비율		구분	충분섭취량 g/일	
	n-6 다가불포화지방산	n-3 다가불포화지방산		n-6 다가불포화지방산	n-3 다가불포화지방산
1~2세	4~10%	1% 내외	0~5개월	2.0	0.3
3~18세	4~10%	1% 내외	6~11개월	4.5	0.8
19세 이상	4~10%	1% 내외			
임신·수유부	4~10%	1% 내외			

*자료: 2015 한국인 영양소 섭취기준, 보건복지부·한국영양학회, 2015

　대부분의 나라에서 n-6 다가불포화지방산의 급원으로 linoleic acid가 95% 이상을 차지하므로 그 섭취량이 상대적으로 매우 높다. 그러나 n-3 지방산의 급원으로 생선 및 해산물의 섭취가 적은 서구지역에서는 주로 α-linolenic acid가 주된 n-3 지방산인 반면, 일본은 EPA와 DHA 등 탄소 수 20~22개의 n-3 지방산의 섭취량이 α-linolenic acid의 3배에 이르며, 우리나라도 1/2 정도가 된다. 따라서 서구에서는 식사 중 linoleic acid:α-linolenic acid 비를 5:1~10:1로 유지할 것을 제안하는 반면에, 우리나라는 n-3 급원으로 탄소 수 20개 이상의 n-3 지방산이 30% 이상을 차지하는 점을 고려하여 linoleic acid:α-linolenic acid 비 대신에 n-6/n-3 다가불포화지방산 적정비율을 설정하는 것이 타당하며, 이는 4:1~10:1의 범위가 바람직하다.

2 급원

우리가 식품으로 섭취하는 지질은 대부분이 중성지방의 형태이며 눈으로 쉽게 식별되는 가시지방(visible fat)과 식품 속에 함유되어 있거나 조리 시 첨가되어서 쉽게 구별되지 않는 비가시지방(invisible fat)으로 나눌 수 있다. 식용유, 라드, 쇼트닝은 거의 지방이며, 버터, 마가린, 마요네즈 등은 중량의 80% 정도가 지방이다. 육류의 경우는 가시지방의 함량에 따라 지방 함량이 크게 차이가 난다. 우유는 3.4%의 지방을 함유하며 우리가 주식으로 취하는 쌀은 약 1%의 지질을 함유한다. [표 5-5]은 우리나라 사람들이 주로 섭취하는 지방의 주요 급원 식품 30순위까지의 종류를 보여 준다. 돼지고기, 콩기름, 쇠고기, 달걀, 마요네즈가 5순위까지의 주요 급원 식품이다.

【표 5-5】 지질 섭취량의 주요 급원 식품(만 1세 이상, 30순위)

순위	식품명	순위	식품명	순위	식품명
1	돼지고기	11	두부	21	소시지
2	콩기름	12	커피	22	만두
3	쇠고기	13	과자, 비스킷, 쿠키	23	초콜릿
4	달걀	14	케이크	24	햄버거
5	마요네즈	15	과자, 스낵과자	25	오리고기
6	라면	16	대두	26	아몬드
7	우유	17	백미	27	돼지고기, 부산물
8	빵	18	유채씨 기름, 채종유	28	돼지고기 가공품, 햄
9	참기름	19	아이스크림	29	깨
10	닭고기	20	땅콩	30	두유

*2014년도 국민건강영양조사, 질병관리본부, 2014

[표 5-6]은 식물성 유지의 포화지방산(SFA), 단일불포화지방산(MUFA), 다가불포화지방산(PUFA)의 함량과 n-6/n-3비 등을 보여 준다. 대두유, 면실유, 옥수수유는 다가불포화지방산(PUFA)이 많은 식용유이며, 미강유, 채종유, 올리브유는 단일불포화지방산(MUFA)을 많이 함유하는 반면에, 비록 식물성유이기는 하나 팜유, 코코넛유는 포화지방산(SFA) 함유량이 높다. n-6/n-3 비가 낮은 식용유로는 들깨유, 채종유, 대두유 순이다.

【표 5-6】식물성 유지의 포화, 단일불포화 및 다가불포화지방산 함량(100g당 g)

식물성 유지	SFA	MUFA	PUFA	n-6 지방산	n-3 지방산
대두유	14.0	23.2	57.4	54.2	8.1
면실유	22.0	18.0	54.1	54.8	0.3
옥수수유	12.5	32.5	48.7	50.5	1.5
미강유	17.6	38.8	34.5	36.9	1.1
채종유	6.1	57.4	30.7	21.8	10.8
올리브유	12.3	71.2	10.5	7.8	0.6
팜유	47.6	37.6	9.4	10.5	0.2
코코넛유	84.9	6.5	1.9	2.0	-
들깨유	8.7	16.5	74.7	15.0	59.7

*자료: 식품영양소 함량 자료집, 한국영양학회, 2009

쇠기름은 포화지방산(SFA)과 단일불포화지방산(MUFA)이 대부분이나 라드, 닭고기, 달걀은 다가불포화지방산(PUFA)이 10~20% 수준이며, 고등어와 오징어는 다가불포화지방산(PUFA)이 차지하는 비율이 각각 30.6%, 56.4%이다.

콜레스테롤은 동물성 식품에만 함유되어 있으며, 육류, 난류 및 갑각류에 특히 높다. Trans 지방산 함량이 식품의 영양표시 대상에 포함된 이래 최근에 국내 식품산업계에서 trans지방산 함량을 낮추기 위한 기술 개발 등의 지속적인 노력의 결과, 국내 가공식품의 trans 지방산 함량이 획기적으로 감소하였다.

06. 지질과 건강문제

지질은 탄수화물이나 단백질에 비해 두 배 이상의 에너지를 공급하기 때문에 과다하게 섭취할 경우 비만의 위험이 높아질 수 있고, 포화지방산이나 trans 지방산의 과다섭취는 뇌·심혈관계질환, 이상지질혈증, 고혈압 등의 위험을 증가시킬 수 있다.

인슐린비의존성 당뇨병은 비만과 깊은 관계가 있으며 담석증도 비만인에게 더 빈번히 발생한다. 심혈관계 질환은 총지방섭취량, 특히 포화지방산이나 trans 지방산의 과다섭취와 관련성이 크며, 몇몇 종류의 암은 지방섭취량과 관련이 있다고 보고되었다.

1 이상지질혈증 및 관상동맥심장질환

심근경색, 협심증과 같은 관상동맥심장질환(coronary heart disease)은 관상동맥의 죽상경화증 (atherosclerosis)에서 비롯되며, 관상동맥의 내벽에 지질, 기타 성분, 그리고 섬유조직이 축적되고 혈관중막층의 변화가 일어나면서 혈관 벽이 굳어지고 탄력성을 잃게 된다. 대부분 사람들에서 혈중 콜레스테롤 증가는 관상동맥심장질환의 주된 위험요인으로 간주된다.

[그림 5-13]은 361,662명의 남성을 평균 6년간 추적한 MRFIT(multiple risk factor intervention trial) 연구 결과로서 혈청 콜레스테롤 농도와 허혈성 심질환에 의한 연령 보정 사망률과의 관계를 보여 주는데, 혈청 콜레스테롤과 사망률과는 비례적인 관계가 있음을 알 수 있다. 동맥벽에 콜레스테롤이 쌓이면 혈액의 흐름이 제한되고 혈압이 증가하며 심장기능의 장애가 발생한다.

혈청 콜레스테롤은 식이성 콜레스테롤과 체내에서 합성되는 콜레스테롤에 의해 항상성이 유지되는데, 식이성 콜레스테롤보다는 오히려 포화지방산과 trans 지방산의 과잉섭취가 혈중 총 콜레스테롤, LDL-콜레스테롤 등을 증가시키고 HDL-콜레스테롤을 감소시키는 것으로 알려지고 있다. 포화지방산으로 섭취하는 에너지를 불포화지방산으로 대체하면 혈중 중성지방과 콜레스테롤을 감소시켜 심혈관계질환의 위험을 낮춘다고 하였다. 또한 마가린, 쇼트닝 등의 경화유에 포함된 trans 지방산은 혈중 LDL-콜레스테롤을 높이고 HDL-콜레스테롤을 낮추어 심혈관계질환의 위험을 높일 수 있다. 관상동맥심장질환의 원인으로는 혈청 콜레스테롤 증가 외에도 여러 가지 복합적인 요인들이 작용하는데, 가족력, 비만, 연령, 성, 고혈압, 당뇨병, 흡연, 스트레스, 운동 부족 등 매우 다양하나 생활습관과 식생활의 개선으로 관상동맥심장질환의 위험도를 상당히 감소시킬 수 있다.

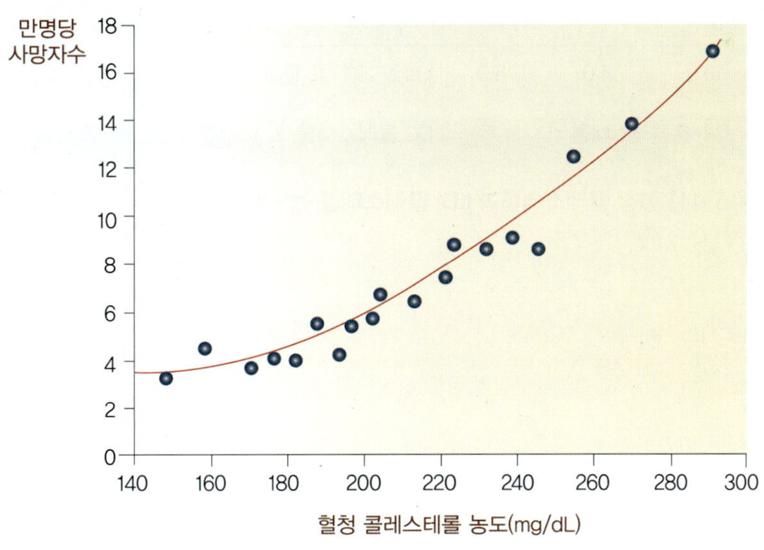

【그림 5-13】 혈청 콜레스테롤 농도와 허혈성 심질환에 의한 연령 보정 사망률의 관계

[그림 5-14]는 에너지의 1%를 해당 지방산으로 섭취하였을 때 예측되는 결과로 포화지방산(12:0, 14:0, 16:0)의 섭취는 총콜레스테롤, LDL-콜레스테롤과 HDL-콜레스테롤을 증가시킨다. 반면 단일불포화지방산(cis-18:1)은 총콜레스테롤과 LDL-콜레스테롤을 소량 감소시키거나 중립적으로 작용하면서 HDL-콜레스테롤을 증가시키며, 다가불포화지방산(18:2)은 총콜레스테롤과 LDL-콜레스테롤을 감소시킨다. 반면에 trans-18:1 지방산은 총콜레스테롤과 LDL-콜레스테롤을 증가시키고 HDL-콜레스테롤을 감소시킨다. 역학연구에서도 trans 지방산의 에너지 섭취를 1%에서 3%로 증가시켰을 때 심장혈관질환의 위험률이 2배 증가했다고 보고되었다.

따라서 지방산의 균형 잡힌 섭취를 위하여 다가불포화지방산, 단일불포화지방산 및 포화지방산의 비 (P/M/S 비)를 1:1:1로 하는 것이 바람직하며, 또한 trans 지방산을 총 에너지의 1% 미만으로 섭취할 것을 권장하는 WHO 권고에도 주의를 기울여야 할 것이다.

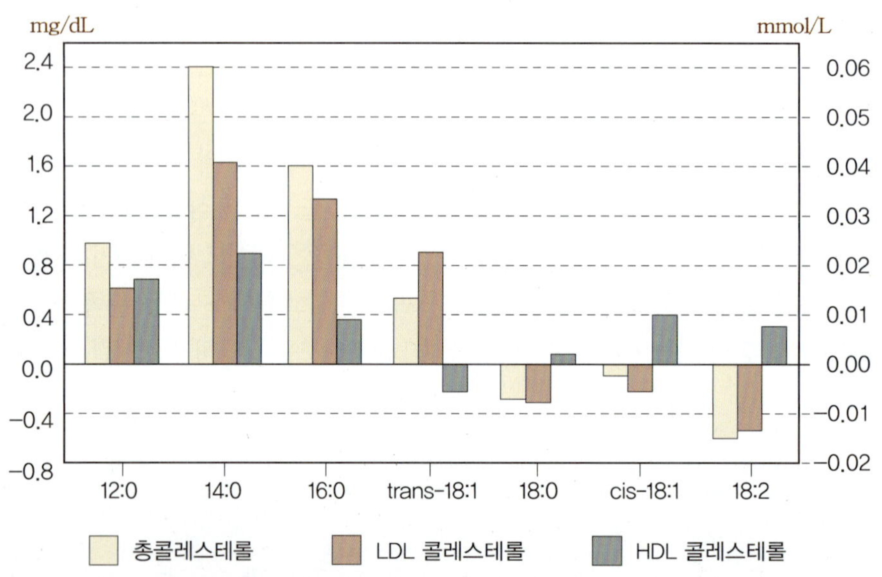

【그림 5-14】 혈청 콜레스테롤과 LDL콜레스테롤 농도에 미치는 식이 지방산의 영향

■ 지중해식 식사(mediterranean diet)

지중해 주변 사람들은 고지방식이를 섭취함에도 불구하고 북미나 북유럽국가 사람들에 비하여 관상동맥 심장질환으로 인한 사망률이 훨씬 낮다. 학자들은 그 이유를 지중해식 식사에서 찾고 있으나, 명확한 이유를 알지 못한다. 다만 지중해 주변 사람들이 육류 대신에 해산물이나 두류를 즐겨 먹고, 곡류를 충분히 섭취하며, 포화지방이 많은 버터나 쇼트닝 대신에 단일불포화지방산인 oleic acid를 다량 함유한 올리브유를 섭취하는 것에 이유가 있을 것으로 판단하고 있다. 최근에는 포화지방 대신에 당질을 섭취하는 것이 혈중 콜레스테롤은 낮추나 고중성지방혈증을 야기하고, 반면에 oleic acid 섭취를 늘리면 혈중 콜레스테롤도 개선되고 중성지방혈증도 야기되지 않는다하여 저지방식이보다 고지방식이를 유지하며 oleic acid가 다량 함유된 올리브유 섭취를 하자는 견해들이 서구 학자들 사이에서 주장되고 있다. 그러나 우리나라 사람들은 오랫 동안 저지방식이에 익숙한 식사를 해왔으며, 현재도 서구인에 비하면 비교적 낮은 지방 섭취를 하고 있으므로 올리브유를 다량 섭취하는 것이 바람직할 것인지에 대해서는 심사숙고할 필요가 있다.

2 암

식이지질은 그 자체가 발암 인자로 작용하지는 않으나, 발암을 촉진하는 인자로 작용하는 것으로 인지되고 있다. 고지방식이를 먹인 동물에서 저지방식이를 먹인 동물에 비하여 유방암, 피부암, 결장암, 췌장암, 전립선암의 발병률이 높게 나타났다. 또한 동물실험 연구결과, n-6 다가불포화지방산이 포화지방산보다 오히려 암을 촉진하며, 반면에 n-3지방산은 암을 억제하는 인자로 작용한다고 보고되었다.

[그림 5-15]에서 보는 바와 같이 국가 간의 지방섭취량과 유방암으로 인한 사망률간의 상관관계를 보면 서로 직접적인 관련이 있는 듯 하며, 이러한 연구는 유방암 예방을 위하여 열량의 30% 이상을 지방에서 섭취하지 않는 것이 바람직하다는 주장을 지지한다.

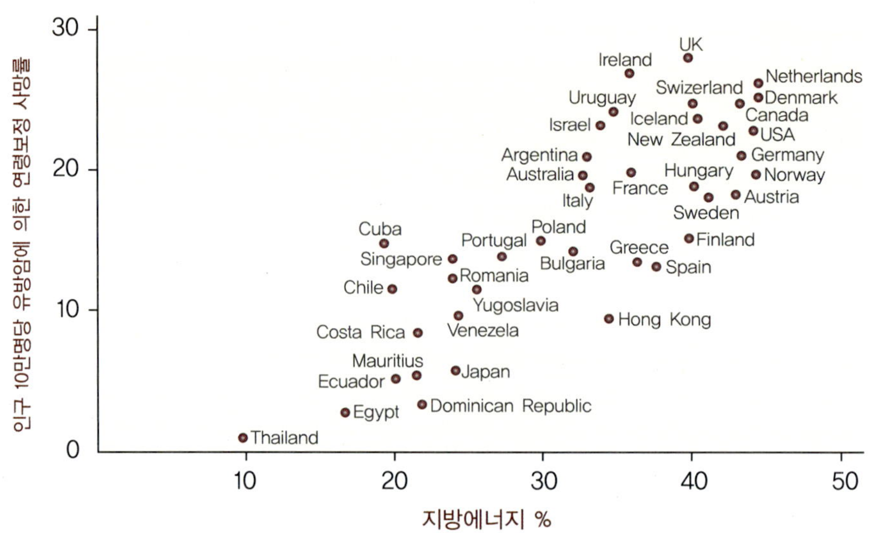

【그림 5-15】 국가 간의 지방섭취량과 유방암으로 인한 사망률 간의 상관관계

고콜레스테롤 함유식품, 제한해야 할까요?

콜레스테롤은 세포막과 뇌와 신경조직의 주요 구성성분이며, 스테로이드 호르몬, 비타민 D 및 담즙산 생성의 전구체로 작용하는 인체에 매우 필수적인 물질이다. 우리 체내에 필요한 콜레스테롤은 간과 소장에서 대부분 (75%) 합성되며, 건강한 사람의 경우 음식을 통한 콜레스테롤 섭취가 증가하면 간에서 합성되는 양이 줄어들어 총 콜레스테롤의 양이 적정수준에서 일정하게 유지된다.

미국식생활지침자문위원회(dietary guidelines advisory committee, DGAC)는 2015년도 보고서를 통해 섭취를 제한해야 하는 7가지 식품(seven food sins, 나트륨, 포화지방, 콜레스테롤, trans 지방, 첨가당, 정제 곡물, 과음)에서 콜레스테롤을 제외하였다. DGAC는 건강한 성인의 경우 달걀이나 새우, 육류, 꽃게 등 콜레스테롤이 많이 든 음식을 먹는 것이 혈중 콜레스테롤 수치를 올리거나 심장질환 위험을 증가시킬 정도는 아니라고 설명했다.

우리나라와 식생활이 유사한 일본에서도 일본인 식사 섭취기준(dietary reference intakes for japanese 2010)을 통해 콜레스테롤의 과다섭취가 심혈관질환으로 이어진다는 과학적 근거가 부족하고, 목표량을 선정하기에 충분한 과학적 근거를 얻을 수 없다는 이유로 콜레스테롤에 대한 권고 제한을 삭제하였다. 콜레스테롤 함량이 높은 달걀, 오징어, 새우 등의 갑각류는 콜레스테롤 외에도 필수 아미노산과 같이 신체에 꼭 필요한 성분을 공급하므로 무조건 먹지 않는 것이 오히려 건강에 해가 될 수 있다고 제안하고 있다. 고지혈증, 고혈압, 당뇨 등 대사증후군 환자에게도 달걀의 섭취는 건강에 도움이 될 수 있으며, 다만 혈관벽에 쌓이는 지방인 중성지방이 높은 사람이라면 일주일에 달걀을 4개 이하, LDL 콜레스테롤이 높은 사람이라면 일주일에 2개 이하로 섭취량을 제한하는 것을 권장하였다. 이와 더불어 콜레스테롤의 섭취는 허용하지만 포화지방은 전체 열량의 10% 이내, 트랜스지방은 적극 피하라고 권고하였다.

　　우리나라의 경우 서구인에 비해 탄수화물 섭취가 높고, 지방의 섭취가 상대적으로 낮아 이들 권고안을 그대로 우리나라 국민에게 적용해도 되는지에 대한 우려가 있다. 콜레스테롤 섭취보다 탄수화물의 과잉 섭취가 간에서 중성지방의 합성 증가에 의한 혈중 중성지방 수치를 증가시키고, LDL 콜레스테롤의 생성을 증가시켜 심혈관질환의 원인이 되는 것으로 알려져 있다. 또한 40~50대를 대상으로 한 국내 연구에서 1주일 동안 삶은 달걀을 매끼마다 하나씩 섭취하도록 하고 1주일 후 혈액검사를 통해 혈중 콜레스테롤을 측정한 결과 달걀 섭취가 혈중 콜레스테롤 농도에 직접적인 영향을 주지 않는 것으로 나타났다. 따라서 콜레스테롤을 다량 함유한 특정 식품의 섭취를 제한하기 보다는 탄수화물 과잉 섭취와 튀기기, 볶기 등과 같이 다량의 기름을 사용하는 조리법 개선에 의한 혈중 지질의 증가를 억제하는 것이 바람직하다고 판단된다.

1) 강근호 외, 계란의 콜레스테롤은 심장질환과 무관 : 총설, 한국가금학회지 2013 ; 40(4): 337~349.
2) 양은주 외 2인, 계란의 영양적 특성 및 건강에 미치는 영향, Journal Nutrition Health 2014 ; 47(6): 385~393.

확인해봅시다

1. 지방산의 분류에서 오메가(n)-3, 오메가(n)-6, 오메가(n)-9 지방산의 근거는 무엇이며, 이렇게 분류하는 것이 왜 합리적인지 설명하시오.

2. 지방의 소화, 흡수 과정 중 담즙의 역할은 무엇인지 설명하시오.

3. 혈청 지단백질의 종류에 대하여 설명하시오.

4. 왜 저밀도지단백질은 나쁜 지단백질이며 고밀도지단백질은 좋은 지단백질이라고 하는지 대사와 관련하여 설명하시오.

지질 대사

식사를 통해 공급되거나 체내에서 합성된 지방산, 글리세롤, 인지질, 콜레스테롤 등 지질은 여러 경로로 대사된다. 중성지방은 주요 에너지 영양소로서 이화대사를 통해 에너지를 공급하거나 동화대사에서는 체지방으로 저장되는 형태이며, 콜레스테롤은 스테로이드 호르몬과 담즙 및 비타민 D 합성의 전구체이고, 체내에서 합성된 인지질들은 세포막의 주요 성분을 이루게 된다. 간은 지질 대사의 주된 기관으로 지방산, 중성지방, 인지질, 콜레스테롤의 합성, 분해 또는 대사가 활발히 일어나며, 또한 지방산 사슬의 연장과 불포화 과정, 콜레스테롤로부터 담즙산 생성도 담당하고 있다.

01. 중성지방 대사

지방조직은 중성지방을 저장하며 지방 분해효소와 합성효소를 동시에 가지고 있어 에너지 평형과 연관되어 활발하게 지방 대사에 참여하고 있다. 지방조직에서 일어나는 지방의 합성과 분해는 호르몬에 의해 조절된다. 식후 췌장에서 분비되는 인슐린의 증가는 중성지방의 합성을 촉진하며 생체가 스트레스 상태에 있거나 저혈당증 또는 굶은 경우에 부신 수질 호르몬인 에피네프린, 췌장 호르몬인 글루카곤이 분비되어 이들에 대해 민감하게 반응하는 호르몬 민감성 리파아제(hormone-sensitive lipase)가 활성화된다. 중성지방의 분해와 생합성과정은 각기 다른 대사 회로를 따라 이루어지고 있으며 서로 가역과정을 밟지 않는다. 세포 내 지방산의 분해는 미토콘드리아에서 일어나며, 생합성은 세포질에서 일어난다.

1 지방산 분해

지방조직에서 호르몬 민감성 리파아제에 의해 중성지방의 1 또는 3번 탄소에 결합되어 있는 지방산이 분해되어 혈중으로 유리된다. 유리지방산이 혈액 내의 알부민과 결합하여 지방산을 에너지원으로 사용하는 조직으로 이동하고 세포 내에서 산화되어 에너지를 생성한다. 세포의 세포질에서 지방산은 아실-CoA 합성효소(acyl-CoA synthetase)의 작용에 의해 코엔자임 A(coenzyme A, CoA)와 반응하여 지방산아실-CoA로 활성화(2분자의 ATP 소모)된다. 지방산아실-CoA가 미토콘드리아 내에서 대사되기 위해서는 미토콘드리아 내막을 통과해야 하는데 지방산아실-CoA는 미토콘드리아 내막을 직접 통과할 수 없기 때문에 카르니틴(carnitine)에 결합되어 미토콘드리아 기질(matrix)로 이동하고, 카르니틴은 다시 세포질로 이동된다.

지방산아실-CoA는 미토콘드리아의 기질 내에서 일어나는 β-산화(β-oxidation)의 4개의 반응, 산화(탈수소)반응, 수화반응, 산화(탈수소)반응, 분해반응을 통해 지방산아실-CoA의 카르복실기 끝으로부터 탄소 2개가 아세틸 CoA의 형태로 떨어져 나가고 탄소 2개만큼 짧아진 지방산아실-CoA가 다시 β-산화를 거치게 된다. 이 반응은 지방산아실-CoA의 탄소 사슬이 아세틸 CoA의 형태로 모두 분해될 때까지 일어난다[그림 6-1].

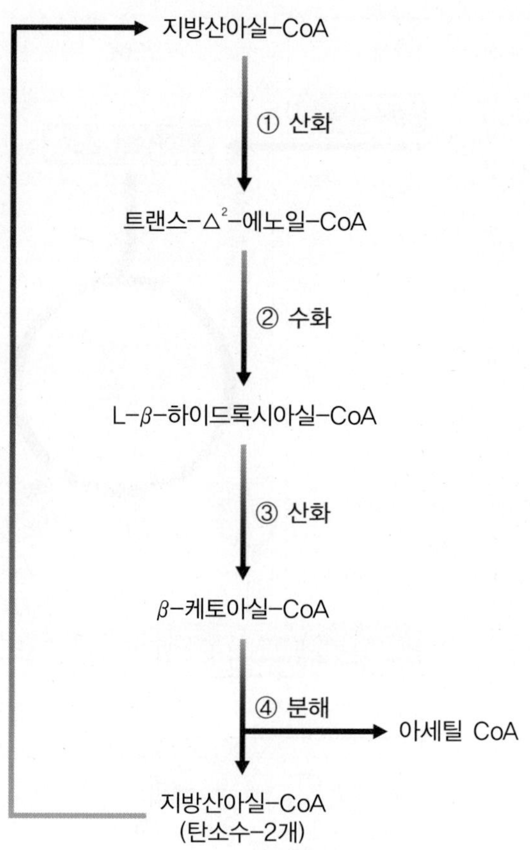

【그림 6-1】 포화지방산의 β-산화

β-산화는 **[그림 6-2]**에서 보는 것처럼 1회로 당 2탄소단위가 끊어져 아세틸 CoA로 전환되며 1분자의 FADH₂(그림 6-1의 ①에서)와 1분자의 NADH(그림 6-1의 ③에서)를 생성한다. 탄소 수 16개의 팔미틸-CoA는 7회의 β-산화를 거쳐 8개의 아세틸 CoA를 생성하는데, β-산화과정에서 생긴 7분자의 NADH(2.5개 ATP/분자)와 7분자의 FADH₂(1.5개 ATP/분자)가 전자전달계와 산화적인 산화과정을 거치면 28분자의 ATP(그림 6-2의 3단계에서)를 만들고, 8분자의 아세틸 CoA는 TCA회로를 경유한 산화(그림 6-2의 2단계에서)에서 80분자의 ATP(그림 6-2의 3단계에서)를 생성한다.

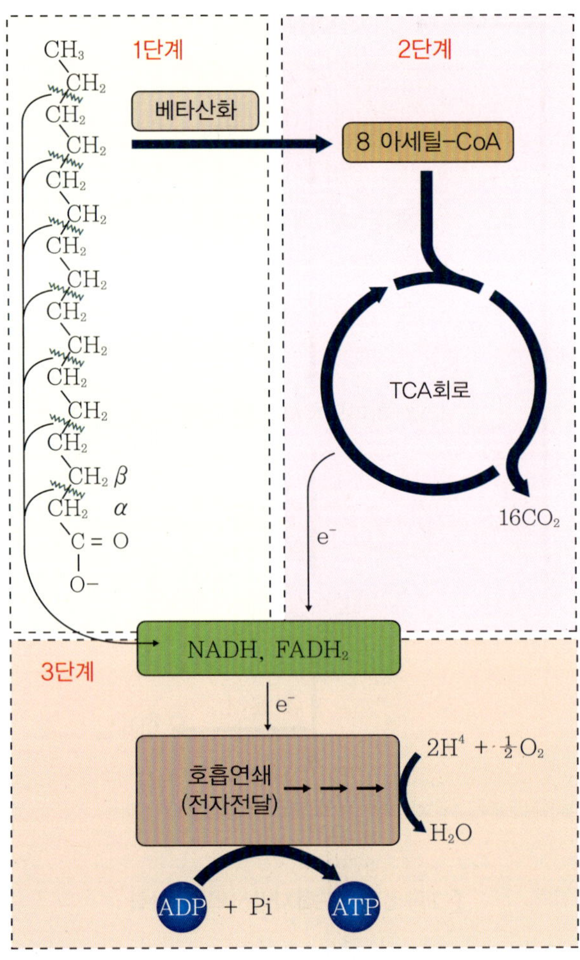

【그림 6-2】 포화지방산의 β−산화(1단계), TCA회로(2단계)와 전자전달 및 산화적 인산화과정(3단계)의 연계

포화지방산과 마찬가지로 불포화지방산의 산화도 β−산화를 거치나 이중결합의 위치 및 구조에 따라 β−산화 효소 외에 이성질화효소(isomerase)가 작용하여 이중결합을 이동해서 β−산화과정이 진행될 수 있도록 효소의 도움을 받아 아세틸 CoA로 전환된다.

2 지방산 생합성

생체 내에서는 지방산의 생합성도 활발히 진행되는데, 특히 에너지가 과잉으로 섭취될 경우 여분의 탄수화물은 지방합성에 이용되며, 간, 지방조직, 유선 등에서 지방합성이 활발하게 일어난다. 체내에서 합성되지 못하므로 식이로부터 섭취해야 하는 필수지방산인 리놀레산(linoleic acid)과 α−리놀렌산(α−linolenic acid)을 제외하고 대부분의 지방산들이 체내에서 합성될 수 있다.

지방산의 생합성은 세포의 세포질에서 일어나며 직접적인 전구물질은 아세틸 CoA이다. 대사과정에서 생기는 대부분의 아세틸 CoA는 포도당의 산화, 지방산의 β−산화 등의 대사과정에 의해 미토콘드리아에서 생성된다. 체내 ATP 요구량이 감소할 경우 잉여의 아세틸 CoA가 세포질로 이동하여 지방산 합성에 이용되기 위해서는 아세틸 CoA가 옥살로아세트산과 결합하여 구연산의 형태로 전환되어 미토콘드리아 밖으로 나와야 한다. 세포질로 나온 구연산은 다시 아세틸 CoA와 옥살로아세트산으로 분해되고 아세틸 CoA는 아세틸 CoA 카르복실화효소(carboxylase)에 의한 카르복실화 반응에 의해 말로닐 CoA(malonyl CoA)로 전환되며, 이는 지방산 합성의 시작점이다. 지방산의 생합성과정도 지방합성효소(fatty acid synthase)에 의해 2개의 탄소가 증가하는 회로가 되풀이된다. 말로닐 CoA는 말로닐−ACP(acyl carrier protein)로 전환되어 아세틸기를 결합한 아세틸−합성효소와 반응하는 과정에 탈탄산이 되면서 탄소 수 4개의 아실기가 생성된다. 여기에 새로운 말로닐−ACP가 추가 되며 이 반응은 지방합성효소에 의해 탄소 수 16개의 팔미트산이 생성될 때까지 계속된다[그림 6-3]. 이 때 환원제로서는 NADPH가 필요한데 주로 포도당의 오탄당인산경로(pentose phosphate pathway)에 의해 제공된다.

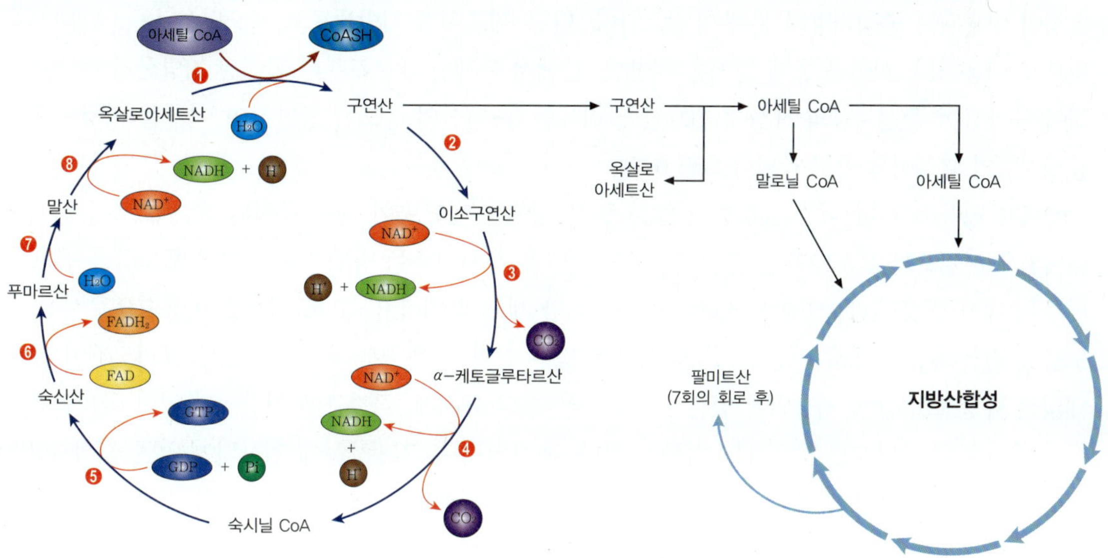

【그림 6-3】 지방산 생합성의 개요

탄소 16개보다 더 긴 지방산은 팔미트산에 탄소 2개씩을 덧붙이는 반응에 의해 만들어지는데, 연장효소(elongase)의 작용에 의해 일어난다. 불포화지방산의 생합성은 포화지방산이 합성된 후 불포화효소(desaturase)의 작용에 의해 이중결합이 삽입된다. 트리글리세리드의 골격을 구성하는 글리세롤은 포도당의 중간대사 산물인 디하이드록시아세톤인산에서 주로 공급된다.

중성지방은 체내에 에너지를 저장하는 일차적 형태이며, 에너지 섭취 부족 시 중성지방이 분해되어 에너지를 제공한다. 이는 체내 에너지 생성량과 요구량에 의해 정교하게 조절된다.

탄수화물, 지방, 단백질의 에너지 영양소를 고루 함유하고 있고, 탄수화물이 주된 에너지원인 일상식사를 하면 식후 혈중 포도당, 중성지방, 아미노산의 농도가 증가한다. 혈중 포도당의 증가로 인해 인슐린의 분비가 증가하여 간, 근육, 지방조직으로 포도당의 유입이 증가되고 해당과정이 활성화 되어 피루브산의 생성이 촉진된다. 동시에 피루브산에서 아세틸 CoA로 전환을 촉매하는 피루브산 탈수소효소(pyruvate dehydrogenase)의 활성 증가로 인해 피루브산이 아세틸 CoA로 전환되고 TCA회로를 통해 에너지를 생산한다. 체내에너지 필요량이 충족되면 TCA회로는 억제되고 에너지 영양소로부터 생산된 아세틸 CoA는 간에서 지방산 합성을 위한 전구체로 사용되어 지방산의 합성이 증가된다. 간에서 생성된 지방산 증가와 식이를 통해 들어온 지방산의 증가, 해당과정에 의해 생성된 글리세롤 3-인산 농도 증가로 인해 중성지방의 합성이 증가되고, 간과 지방조직에 여분의 에너지로 저장된다. 이와 동시에 지방조직에서는 인슐린에 의해 호르몬 민감성 리파아제의 활성이 억제되어 중성지방의 분해가 감소한다. 다른 세포처럼 지방세포도 포도당을 주된 에너지원으로 이용한다. 식이를 통해 들어온 지방산, 간에서 아세틸 CoA로부터 합성된 지방산과 해당과정이 증가하여 중성지방의 생성에 필요한 글리세롤 3-인산의 농도가 증가하여 이들을 바탕으로 중성지방의 합성이 증가하게 된다[그림 6-4].

에너지 영양소가 더 이상 흡수되지 않는 공복 시에는 혈당량이 계속 유지되어야 뇌 조직에 에너지원으로 필요한 포도당을 공급할 수 있다. 혈당을 유지해주는 방법으로는 혈액 포도당을 공급해주는 대사 반응(글리코겐 분해 및 포도당신생합성)과 세포의 에너지원으로 지방을 이용함으로서 포도당을 절약해주는 대사 반응이 있다. 전자의 경우 간과 골격근에 저장되어 있는 글리코겐이 분해되는 과정으로 간에 저장되어 있는 글리코겐은 혈당 유지에, 골격근에 저장되어 있던 글리코겐은 근육세포에 에너지를 제공하는 역할을 한다. 후자의 경우 지방세포에 저장되어 있던 중성지방이 글루카곤의 작용에 의해 활성화된 호르몬 민감성 리파아제에 의해 글리세롤과 지방산으로 분해되어 글리세롤은 간에서 포도당신생합성의 전구체로 사용되고 지방산은 알부민과 결합하여 혈액을 통해 다른 조직으로 이동한 후 β-산화를 통해 아세틸 CoA를 공급한다. 아세틸 CoA는 TCA회로로 들어가 분해되고 전자전달계를 통해 에너지를 생산한다. 오랜 시간 공복이 지속되면 지방산의 산화로 인해 아세틸 CoA의 농도가 증가하는 반면 공복에 의해 포도당의 부족으로 TCA회로의 중간대사물들이 충분하지 않기 때문에 TCA회로를 통해 산화되지 못한 아세틸 CoA가 케톤체를 형성하여 에너지를 공급하게 된다[그림 6-5].

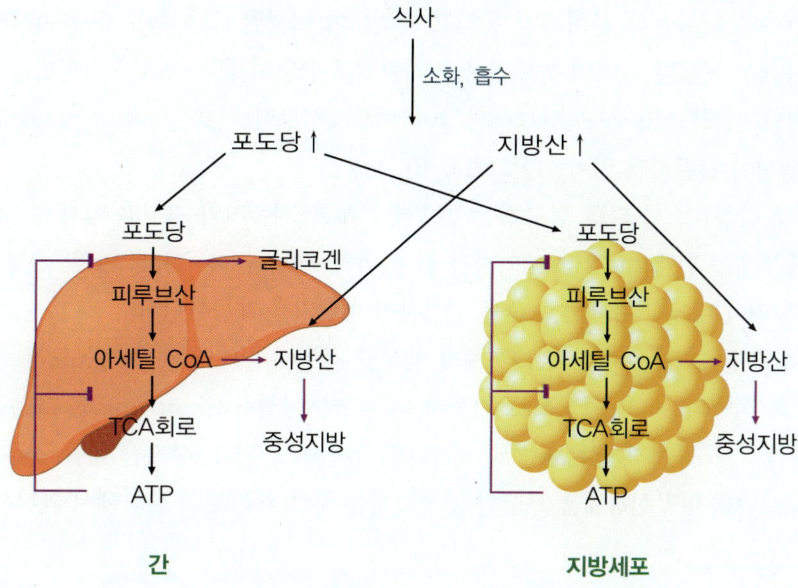

【그림 6-4】 식사 후 포도당 대사와 지방산 대사의 상호작용

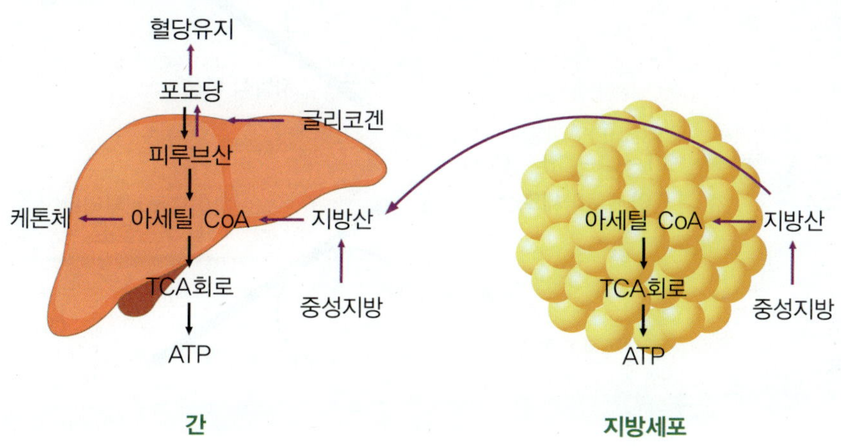

【그림 6-5】 공복 시 포도당 대사와 지방산 대사의 상호작용

02. 케톤체 대사

체내에서 탄수화물의 공급이 원활하지 않거나 굶을 경우 또는 탄수화물 대사에 이상(당뇨병)이 있는 경우에 옥살로아세트산의 공급이 원활하지 않기 때문에 지방산의 β-산화에서 생성된 아세

틸 CoA는 TCA회로를 통해 산화되지 못하고 축적되어 아세틸 CoA 농도가 높아지게 된다. 간의 미토콘드리아에서 아세틸 CoA의 농도가 높아지면 2분자의 아세틸 CoA가 축합반응을 일으켜 케톤체, 즉 아세토아세트산(acetoacetic acid), 3-하이드록시부티르산(3-hydroxybutyric acid), 아세톤(acetone)의 생성이 활발하게 일어난다[그림 6-6].

간은 케톤체 합성효소를 다량 함유하는 반면에 분해효소는 거의 가지고 있지 않기 때문에 간에서 생성된 케톤체는 혈액으로 내보내어져서 간 이외의 조직, 근육, 심장, 뇌 및 신장 등으로 이동하여 미토콘드리아 내에서 아세틸 CoA를 생성하여 에너지를 제공한다.

체내에서 산화될 수 있는 이상의 케톤체가 생성될 경우에 혈액의 케톤체 농도가 증가되어 케톤혈증(ketosis)과 혈액의 pH가 산성으로 기울게 되는 케톤산혈증(ketoacidosis)을 초래한다. 한편 소변의 케톤체 농도도 높아져 케톤뇨증(ketonuria)을 동반하게 된다. 장기간 굶을 경우에 혈당 농도가 지속적으로 낮아지면 신경계를 포함한 말초조직은 주로 케톤체의 산화에서 에너지를 얻는다.

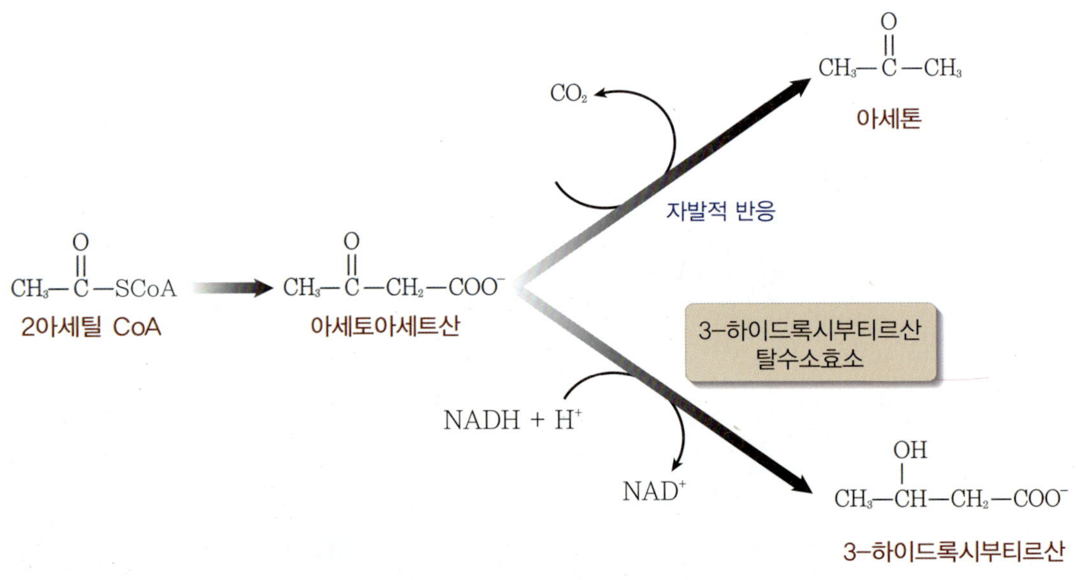

【그림 6-6】 케톤체의 종류와 구조

03. 콜레스테롤 대사

콜레스테롤은 세포막의 구성 성분으로 작용하며, 간세포에서는 담즙산으로, 난소와 고환에서는 성호르몬으로 전환되고 그리고 부신피질에서는 스테로이드 호르몬으로, 피하조직에서는 비타민 D로 전환되는 등 다양한 기능을 가지는 필수적인 물질이다. 체내 콜레스테롤은 식사로부터의 섭취와 체내에서 합성된 것에 의해 유지되며, 식이로부터 흡수된 콜레스테롤 양에 따라 체내에서의 콜레스테롤 합성이 조절된다. 콜레스테롤 대사는 섭취, 합성, 대사 및 배설이 균형을 이루어 혈액 중에 정상 수준이 유지되게 한다.

1 콜레스테롤 합성

모든 포유류의 세포들은 콜레스테롤을 합성할 수 있으며, 주로 간에서 일어난다. 콜레스테롤은 긴 사슬 지방산처럼 아세틸 CoA와 NADPH로부터 합성된다. 피루브산이나 지방산 산화에 의해 생성된 세 분자의 아세틸 CoA가 축합하여 HMG-CoA가 생성된다. HMG-CoA는 HMG-CoA 환원효소(reductase)에 의해 메발론산(mevalonate)으로 환원된다. 이 단계는 콜레스테롤 합성의 속도조절단계이며, 대표적인 되먹임저해(feedback inhibition) 작용을 받는 효소이다. 즉, HMG-CoA 환원효소는 콜레스테롤의 공급 수준에 의해 조절되며, 호르몬에 의해서도 조절된다. 인슐린은 HMG-CoA 환원효소의 발현을 증가시키고, 글루카곤은 효소의 발현을 억제한다. 6분자의 메발론산이 축합하여 고리구조의 스쿠알렌(squalene)을 거쳐서 1분자의 콜레스테롤이 합성된다[그림 6-7].

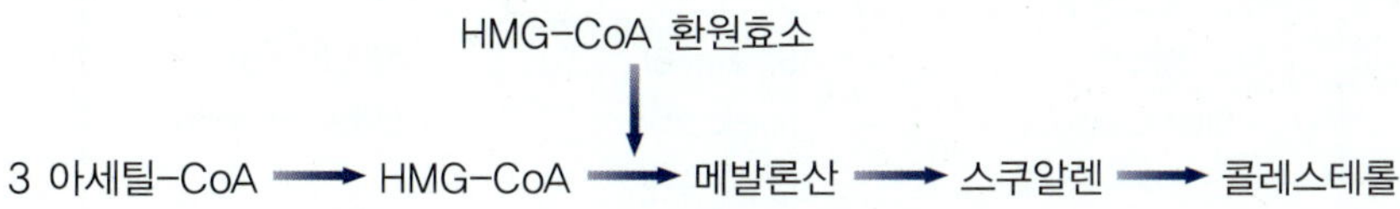

【그림 6-7】 **콜레스테롤의 합성**

2 콜레스테롤 분해

콜레스테롤의 생성과정과는 달리 포유류에서는 스테로이드의 이화대사는 일어나지 않으며 스테로이드가 제거되기 위해서는 체외로 배설되어야 한다. 분비 기전은 콜레스테롤로 배출되고 중성 스테로이드(coprostanol, coprostanone)로 전환되거나 담즙산으로 전환된 후 글라이신, 타우린 등과 결합하여 담즙 형태(glycholate, taurocholate)로 배설된다. 그러나 담즙의 약 95%는 문맥으로 재흡수 되어 간으로 들어가고, 필요시 다시 담즙으로 재배출 되는데, 이러한 과정을 장간순환이라고 한다. 대장에서 담즙산이 펙틴이나 검과 같은 수용성 식이섬유에 결합한 채로 대변으로 배설되면 혈중 콜레스테롤 농도가 효과적으로 저하된다.

04. 필수지방산 대사

1 n-6와 n-3 지방산 대사의 상호작용

[그림 6-8]처럼 탄소 수 18개를 가진 3가지 종류의 지방산, 즉, stearate, linoleate, α-linolenate 로부터 각각 n-9, n-6, n-3 계열의 지방산이 합성될 수 있다. 이들의 생체 내 전환 과정을 보면, 불포화과정(desaturation)과 연장과정(elongation)이 되풀이되면서 사슬의 길이가 길어지고 불포화도 가 증가된다.

18:3(n-3)과 18:2(n-6) 지방산의 첫 번째 불포화과정에는 Δ6-불포화효소(desaturase)가 작용하므 로 18:2(n-6) 지방산의 과잉섭취는 18:3(n-3) 지방산의 EPA와 DHA로 전환하는 것을 방해하며, 반 대로 18:3(n-3) 지방산의 과잉섭취는 18:2(n-6) 지방산이 아라키돈산(arachidonic acid)으로 전환하는 것을 방해한다. 많은 동물실험 결과, linoleic acid와 α-linolenic acid의 균형이 조직 지질의 아라키 돈산, DHA, EPA의 조성을 결정하며, 이는 아이코사노이드(eicosanoids) 합성에 영향을 미친다.

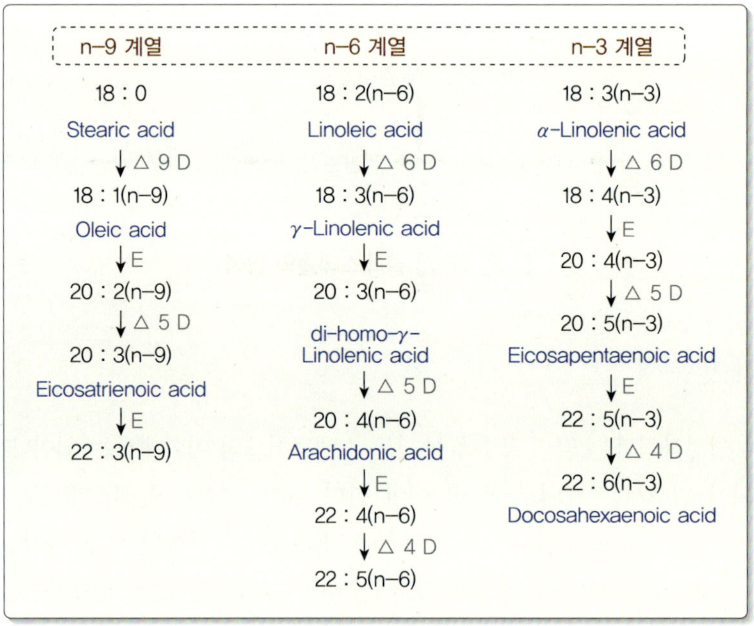

【그림 6-8】 지방산의 생체 내 전환

2 아이코사노이드 합성과 조절

지방산 유도체인 아이코사노이드는 호르몬과 유사한 물질로서 프로스타그란딘(prostaglandin), 트롬복산(thromboxane), 프로스타사이클린(prostacyclin), 루코트리엔(leukotriene) 등이 포함된다. 이들은 혈관의 수축과 이완에 의한 혈압의 조절, 혈소판 응집, 그 외 다양한 생리적 기능들을 나타낸다.

[그림 6-8]의 지방산 중 γ-linolenic acid는 1계열, 아라키돈산은 2계열, 그리고 EPA는 3계열의 아이코사노이드 전구체로 쓰인다. [그림 6-9]는 2계열인 아라키돈산에 고리산소화효소(cyclooxygenase) 또는 지질산소화효소(lipoxygenase)가 작용하여 다른 종류의 아이코사노이드가 생합성 되는 과정을 보여준다. 아라키돈산은 트롬복산 A_2, 프로스타사이클린 PGI_2, 루코트리엔 B_4와 같은 아이코사노이드의 전구체이다. 아이코사노이드는 종류에 따라 혈소판 응집, 혈액동력, 관상동맥의 탄력성 등에 유익한 효과 또는 역효과를 나타낸다(알아두기 6-1 참고).

알아두기 6-1

■ 아이코사노이드의 종류

· 프로스타그란딘(prostaglandin): 사이클로펜탄 고리를 갖고 있는 아라키돈산 유도체로서 광범위한 생체 조절 기능을 가지고 있다.
· 트롬복산(thromboxane): 혈소판에서 생성되며 혈액응고를 유발한다. 혈소판 응집과 평활근 수축을 촉진시킨다.
· 루코트리엔(leukotriene): 아라키돈산의 하이드록시 유도체이며, 백혈구(leukocyte)에서 처음 발견되었고, 이중결합이 3개인 triene를 의미한다. B_4는 강력한 주화성 인자로서 감염에 대항하는 백혈구를 손상된 조직으로 유인하는 역할을 한다.
· 프로스타사이클린(prostacyclin): 혈관벽의 내피세포에서 형성되며 혈소판의 응집을 억제하고 혈관을 이완시킨다.

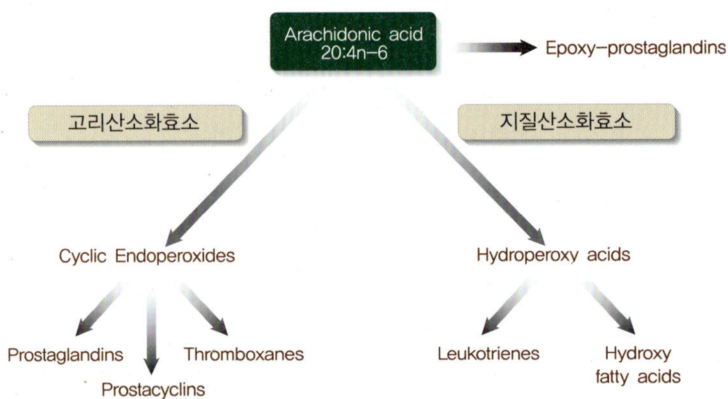

【그림 6-9】 Arachidonic acid로부터 2계열 아이코사노이드의 생합성

EPA는 n-6 지방산의 아이코사노이드 생성을 억제하며, 트롬복산 A_3, PGI_3, leukotriene B_5를 생성하고, 혈전생성이나 죽종 형성에 미치는 효과가 아라키돈산(arachidonic acid)에 비해 상대적으로 약하다. 조직 내 지방산 조성과 함량은 식이 지방에 의해 크게 영향을 받으며, 지방산의 상호 전환은 서로에게 영향을 미치므로, 식이지방의 지방산 조성은 궁극적으로 아이코사노이드 합성에 영향을 미치게 된다.

조직에 포함된 n-3 지방산에 비하여 n-6 지방산 함량이 지나치게 높으면 2계열의 아이코사노이드 생성이 증가되고 이는 혈전증, 관절염, 천식 등 다양한 질병의 원인이 될 수 있다. 따라서 최근의 지질 영양섭취기준 설정에는 리놀레산의 과잉 섭취를 제한하며 동시에 n-6/n-3지방산의 균형 섭취를 중요하게 고려한다.

확인해봅시다

1. 지방이 탄수화물이나 단백질 보다 열량가가 높은 이유는 무엇인지 설명하시오.

2. 케톤증이란 무엇이며, 탄수화물 섭취와 케톤증의 관계에 대하여 설명하시오.

3. 지질대사에서 간은 어떠한 역할을 하는지 설명하시오.

07

단백질 영양

단백질은 탄수화물, 지질과는 달리 그 구조적 특성으로 인해 인체 내에서 훨씬 다양한 역할을 수행한다. 즉, 근육, 머리카락, 피부, 뼈 등의 인체 구성성분이 되고 항체, 효소, 호르몬 생성 등의 중요한 기능을 가진다. 식이 단백질은 약 20종의 아미노산으로 구성되며 섭취 후 소화기 내에서 아미노산으로 분해 흡수되어, 체내에서 이용된다. 아미노산은 수십, 수천 개가 연결되어 입체적인 단백질을 형성한다. 또 구성 아미노산에 따라 질적 차이를 나타내어 다양한 급원식품으로 섭취하는 것이 중요하다. 단백질 부족증이 저개발국에는 아직도 잔존하나 우리나라는 이미 양적으로나 질적으로 단백질 영양 상태는 충족되고 있다.

01. 아미노산과 단백질의 구조

1 아미노산의 구조

아미노산은 단백질을 구성하는 기본단위로 C, H, O, N로 구성되며 약 20여종이 있다. 이들의 공통 구조는 α-탄소에 아미노기($-NH_3^+$), 카르복실기($-COO^-$), 수소원자($-H$)와 R로 표시되는 특이성을 가지는 곁사슬군으로 되어 있다[그림 7-1]. 곁사슬 R에 따라 서로 다른 아미노산이 되는데 R=H는 글라이신(glycine), R=CH₃는 알라닌(alanine) 등 20개의 아미노산이 조성된다.

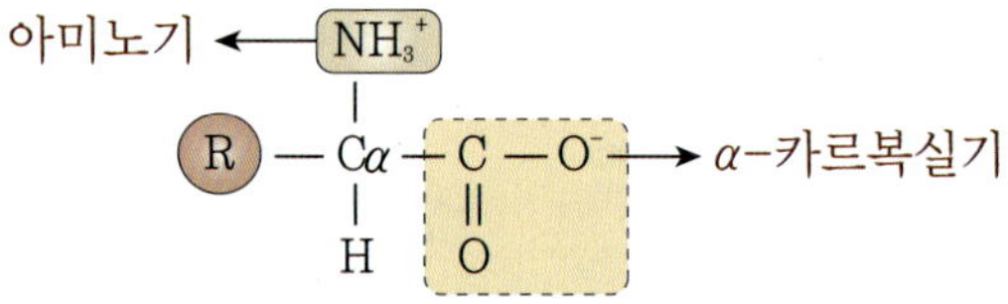

【그림 7-1】 아미노산의 일반구조

2 아미노산의 분류

(1) 영양적 분류

아미노산은 인체에서 생합성 가능 여부에 따라 필수 아미노산(essential amino acid)과 불필수 아미노산(nonessential amino acid)으로 분류한다. 필수 아미노산은 섭취가 부족하면 성장기 동물은 성장이 멈추고 성인이나 성숙한 동물들은 체중이 감소되므로 식품으로 섭취해야만 한다. 미국의 오스본(Osborne)과 멘델(Mendel)이 여러 단백질과 아미노산의 기능을 검토하였고, 그 후 미국 일리노이대학의 로즈(W.C. Rose)가 사람을 대상으로 질소균형실험을 통하여 필수 아미노산을 확인하였다. 불필수 아미노산은 포도당 대사의 중간 산물인 탄소 골격과 아미노기를 활용하여 체내에서 합성이 가능한 아미노산이다. 불필수 아미노산이라 하여 체내에서 중요성이 없는 것은 아니다. 단백질 합성을 위해서는 필수 아미노산과 똑같은 비중으로 이 아미노산들도 필요하고, 생리적 활성에서 그 중요성은 마찬가지이다. 단지 식품의 섭취 의존도에 차이가 있을 뿐이다.

히스티딘과 아르기닌은 성장기와 특별한 병리상태에서는 필수이나 정상 성인은 체내 합성만으로 질소평형을 유지할 수 있어 이들을 조건적 필수 아미노산(conditional essential amino acid)이라 한다. 최근에는 몇몇 아미노산들이 특수한 생리적, 병리적 상황에서 식이에 의존하는 조건적 필수 아미노산으로 분류되기도 한다[표 7-1].

【표 7-1】 아미노산의 영양적 분류

필수 아미노산	불필수 아미노산	조건적 필수 아미노산**
히스티딘(His)*	알라닌(Ala)	아르기닌(Arg)
이소류신(Ile)	아스파라긴(Asn)	시트룰린(citrulline)
류신(Leu)	아스파르트산(Asp)	오르니틴(ornithine)
라이신(Lys)	글루탐산(Glu)**	시스테인(Cys)
메티오닌(Met)	세린(Ser)**	티로신(Tyr)
페닐알라닌(Phe)		글루타민(Gln)
트레오닌(Thr)		글라이신(Gly)
트립토판(Trp)		프롤린(Pro)
발린(Val)		타우린(taurine)

* 성장기 인체에는 필수임

** 조건적 필수 아미노산은 합성이 그 대사적 요구를 충족시키지 못할 경우 식이를 통한 공급이 필요한 아미노산임.

(2) 화학적 분류

아미노산의 곁사슬군(R group)은 생리적 조건에서 서로 다른 화학적 특성을 띠어 중성, 염기성, 산성으로, 또 황(S)을 함유하는 함황 아미노산, 가지사슬을 가지는 분지아미노산, 환상구조를 함유하여 방향성을 가지는 아미노산 등으로 나누기도 한다[표 7-2]. 이들 곁사슬군은 단백질의 구조를 결정하고 안정시키는 중요한 역할을 할 뿐 아니라 단백질의 특별한 기능에 직접 관여한다. 즉 −OH기는 뮤신단백질이 올리고당과 결합할 수 있게 하고 글루탐산의 곁사슬 −COO⁻ 기는 칼슘결합 단백질로 하여금 이온결합력을 가지게 한다. 일부 아미노산은 단백질로 합성된 후 변형되어 단백질 고유의 기능을 부여한다. 그 대표적인 예로 콜라겐(collagen)의 하이드록시프롤린(hydroxyproline)과 하이드록시라이신(hydroxylysine)은 콜라겐 사슬의 교차결합에 관여하여 단백질이 탄성과 견고함을 가지게 한다.

【표 7-2】 아미노산의 곁사슬군(R group)과 화학적 분류

사슬 아미노산(Aliphatic amino acid)	
글라이신(glycine, Gly)	$H-$
알라닌(alanine, Ala)	CH_3-
발린(valine, Val)*	$\begin{matrix} CH_3 \\ CH_3 \end{matrix}\!\!>\!CH-$
류신(leucine, Leu)*	$\begin{matrix} CH_3 \\ CH_3 \end{matrix}\!\!>\!CH-CH_2-$
이소류신(isoleucine, Ile)*	$\begin{matrix} CH_3-CH_2 \\ CH_3 \end{matrix}\!\!>\!CH-$
세린(serine, Ser)	$HO-CH_2-$
트레오닌(threonine, Thr)	$\overset{\overset{\textstyle OH}{\textstyle \mid}}{CH_3-CH}-$
함황 아미노산(Sulfur containing amino acid)	
시스테인(cysteine, Cys)	$HS-CH_2-$
메티오닌(methionine, Met)	$CH_3-S-CH_2-CH_2-$
방향족 아미노산(Aromatic amino acid)	
페닐알라닌(phenylalanine, Phe)	⬡$-CH_2-$
티로신(tyrosine, Tyr)	$OH-$⬡$-CH_2-$
트립토판(tryptophan, Trp)	$\begin{matrix} & C-CH_2- \\ \text{⬡} & \parallel \\ & CH \\ & \!\!N \\ & H \end{matrix}$
염기성 아미노산(Basic amino acid)	
히스티딘(histidine, His)	$\begin{matrix} CH=C-CH_2- \\ N \quad NH \\ CH \end{matrix}$
라이신(lysine, Lys)	$NH_3^+-CH_2-CH_2-CH_2-CH_2-$
아르기닌(arginine, Arg)	$\overset{\textstyle NH_2-C-NH-CH_2-CH_2-CH_2-}{\underset{\textstyle NH_2^+}{\parallel}}$

산성 아미노산(Acidic amino acid) 및 이들의 아미드(amide) 아미노산	
아스파르트산(aspartic acid, Asp)	$COO^- - CH_2 -$
아스파라긴(asparagine, Asn)	$\underset{NH_2}{\overset{O}{\diagdown}}C - CH_2 -$
글루탐산(glutamic acid, Glu)	$COO^- - CH_2 - CH_2 -$
글루타민(glutamine, Gln)	$\underset{NH_2}{\overset{O}{\diagdown}}C - CH_2 - CH_2 -$
프롤린(proline, Pro)**	$\begin{matrix} CH_2 - NH \\ | \\ CH_2 - CH_2 \end{matrix} \diagup C - COOH \diagdown H$

* 분지 아미노산(branched-chain amino acid)군으로 분류하기도 함.
** 프롤린은 전체 구조식으로 나타내었고, 엄격히 말하면 이미노(imino, NH)산임.

알아두기 7-1

■ 조건적 필수 아미노산과 생리활성 아미노산

• 조건적 필수 아미노산

성장기 아동은 아르기닌과 히스티딘이 성장에 필요한 만큼 빠른 속도로 합성되지 못하여 반드시 음식으로 섭취해주어야 하므로 이를 조건적 필수 아미노산이라고 부르기도 한다. 신장질환자의 경우에는 히스티딘이, 간질환으로 인한 요소대사에 문제가 있을 때는 아르기닌이 필수 아미노산으로 간주된다. 정상 성인은 소량 합성되는 것으로 필요량을 충당할 수 있다. 최근에는 불필수 아미노산도 체내에서 이를 합성할 수 있는 전구체가 충분하지 않거나 합성에 관련한 효소의 활성이 부족한 경우는 식이를 통한 보충이 필요하다. 즉 미숙아의 경우는 시스테인, 극심한 이화상태에서는 글루타민, 소장의 대사장애에는 글루타민과 아르기닌이 조건적 필수 아미노산으로 분류되고 있다(Institute of Medicine, National Academy, USA 2002).

• 단백질 합성에 참여하지 않는 아미노산들

단백질 합성에는 이용되지 않으나 생리활성이 있는 아미노산들도 상당히 밝혀져 있다. 그 중 일부는 요소 합성회로에 관련된 오르니틴(orithine), 시트룰린(citrulline), 아르기노숙신산(arginosuccinate) 등이 있다.

최근 망막이나 뇌 기능에서 활성을 가진다고 알려진 타우린(taurine)은 아미노기($-NH_3^+$)가 분자구조의 β-탄소에 붙어 있는 함황 아미노산으로 체액이나 체조직에 유리상태로 존재한다. 항산화, 항염증, 심근활성 등에 관련된 타우린의 다양한 생리적 활성은 아직은 명확하지 않으나 담즙산의 포합기능(conjugation)의 역할은 오래 전부터 밝혀져 있다.

단백질은 수백, 수천 개의 아미노산이 펩타이드 결합으로 연결되어 폴리펩타이드를 이루면서 다양한 입체적 형태를 가지게 된다. 즉, 둥근 공 모양이나 긴 섬유모양 또는 코일이나 열쇠꾸러미 모양을 이루어 생물적 활성을 가진다.

펩타이드 결합은 한 아미노산의 카르복실기($-COOH$)와 그 다음 아미노산의 아미노기($-NH_2$)가 물(H_2O) 한 분자를 내놓으면서 펩타이드 결합($CO-NH$)을 이루어 두 개 아미노산이 결합되면 다이펩타이드, 세 개의 아미노산이 결합하면 트라이펩타이드가 된다[그림 7-2].

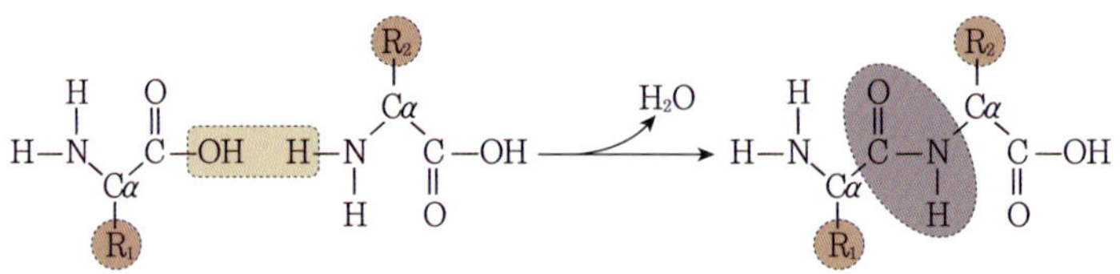

【그림 7-2】 **펩타이드 결합**

단백질은 각 세포의 고유한 유전 정보에 따라 펩타이드 결합으로 연결되어 특정한 서열을 갖는 폴리펩타이드 사슬이 되는데 이를 단백질의 1차 구조라 한다. 아미노산 배열순서가 단백질의 구조나 활성에 있어서 중요하다는 것은 낫모양 적혈구 빈혈증(sickle-cell anemia)에 잘 나타나 있다. 헤모글로빈의 폴리펩타이드 구성 중 아미노산인 글루탐산이 발린으로 대체되므로 입체적 구조가 변화를 일으켜 헤모글로빈의 산소운반 기능에 장애를 초래한다.

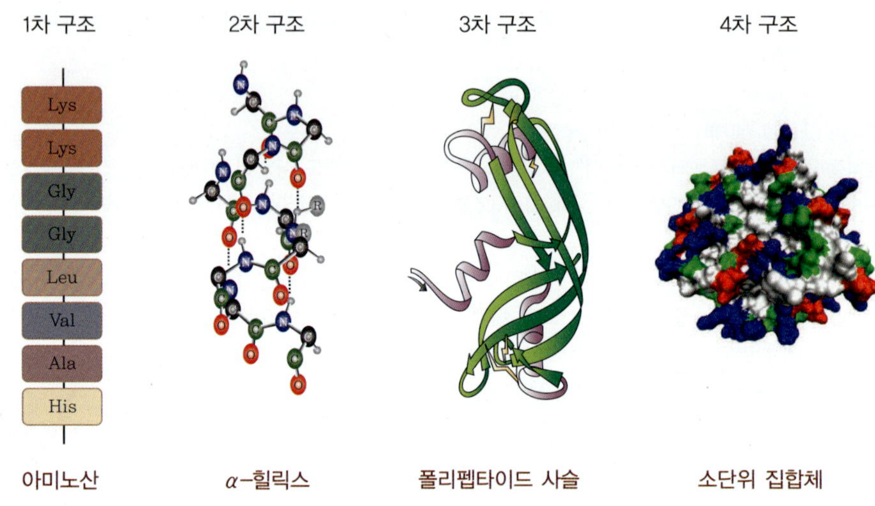

【그림 7-3】 **단백질의 구조**

폴리펩타이드 사슬 내에서 또는 사슬 간에 수소결합 또는 다이설파이드(disulfide, S–S) 결합에 의하여 구성 아미노산들이 반복되는 나선형의 입체적인 α–힐릭스나 병풍처럼 주름이 잡히는 β–시트를 형성하는 것을 2차 구조라 한다.

단백질 활성에 필요한 입체적 구조와 안정성을 가지는 구조를 3차 구조라 한다. 구성 아미노산 R군의 특성에 따라 친수성을 나타내는 아미노산은 단백질의 표면에, 중성이나 소수성 아미노산들은 단백질의 내부에 묻히게 되어 두 가지의 기본 모양 즉, 섬유형 단백질과 구형 단백질을 만든다. 섬유형 단백질은 세포와 조직의 기본 구조 단백질로 물에 잘 녹지 않으며, 근육 단백질인 마이오신, 결체 조직의 콜라겐, 머리카락 단백질인 케라틴 등이 있다. 구형 단백질은 비교적 체액에 잘 녹으며 각종 효소, 혈장 단백질인 알부민, 헤모글로빈 등이 이에 속한다. 3차 구조의 폴리펩타이드는 두 개 또는 그 이상의 많은 수가 생체 내 활성을 위해 연합하기도 하는데 이런 중합 구조를 4차 구조라 부른다[그림 7–3].

4 단백질의 변성

단백질의 입체적 구조는 주변 환경에 민감하여 안정성이 저해되는 요인이 있으면 구조가 깨어진다. 가열, 산 또는 기계적 작용으로 자연 상태의 형태가 변화되어 그 기능을 상실하게 되는 것을 변성(denaturation)이라 부른다[그림 7–4]. 그 예로는 달걀의 흰자위를 휘저어 거품을 내면 굳어지는 것이나, 달걀 알부민이 가열에 의해 경화되는 것, 그리고 우유에 산이 첨가되면 응결되는 것을 들 수 있다.

체내에서의 단백질 변성은 생리적 기능의 소실로 대단히 위험할 수 있지만 식품 단백질의 변성은 영양적 측면에서 소화효소의 작용을 잘 받을 수 있어 식품 단백질의 이용성을 높이게 된다.

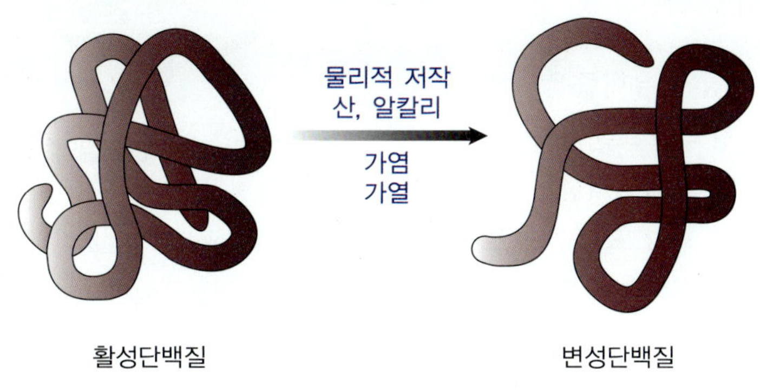

【그림 7–4】 단백질의 변성

02. 단백질의 소화와 흡수

식품 단백질은 위액, 췌장액의 소화효소에 의해 아미노산으로 분해되어 소장에서 주로 흡수된다. 소화기관도 단백질로 구성되어 있기에 다른 영양소에 비해 상당히 복잡한 소화과정을 거치게 된다. 단백질 분해효소들은 음식물이 소화기관 내에 없을 때는 저농도로 존재하거나 불활성인 자이모겐(zymogen)으로 존재하여 소화기관의 자기소화를 막아 준다.

1 위에서의 소화

구강에는 단백질 소화효소가 없고 단백질은 위에서 소화가 시작된다. 불활성형의 단백질 효소 펩시노겐(pepsinogen)은 호르몬 가스트린에 의해 위의 주세포(chief cell)에서 분비가 촉진되고 위산에 의해서 활성형 펩신으로 전환된다. 활성화된 펩신은 폴리펩타이드 사슬 중 페닐알라닌이나 티로신 부분을 가수분해하여 펩톤이라 불리는 작은 폴리펩타이드 단편이 되면서 부분적 소화가 이루어진다[그림 7-5].

2 소장에서의 소화

십이지장으로 유입된 유미즙은 강한 산성(pH 2~3)으로 장벽 호르몬 세크레틴(secretin)을 분비시켜 약 알칼리성인 췌장

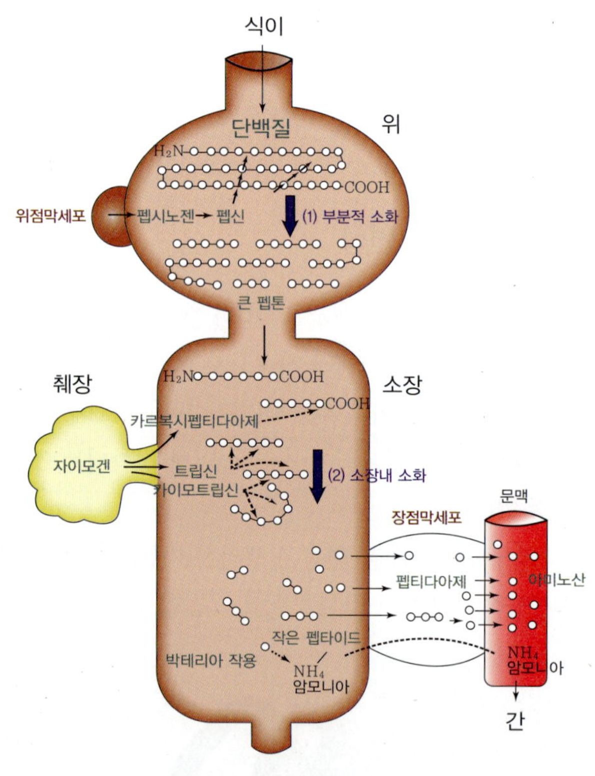

【그림 7-5】 단백질의 소화과정

액의 분비를 촉진하게 되고 또 다른 호르몬 콜레시스토키닌(cholecystokinin)의 자극으로 췌장에서는 불활성형의 단백질 분해효소 트립시노겐(trypsinogen)과 카이모트립시노겐(chymotrypsinogen)이 분비된다.

소장에서는 엔테로키나아제(enterokinase)가 트립시노겐을 트립신으로 활성화시키며, 트립신은 다시 다른 트립시노겐을 활성화시키며 동시에 카이모트립시노겐을 카이모트립신으로 활성화시켜 위에서 생성된 펩톤을 더욱 작은 펩타이드와 아미노산으로 분해한다[그림 7-5].

【표 7-3】 단백질 소화효소와 활성촉진물질

기관	효소			소화작용
	비활성전구체	활성촉진물질	활성효소	
위	펩시노젠	위산(HCl)	펩신 레닌(유아에서)	Protein → pepton Casein → coagulated curd
장 췌장	트립시노젠	엔테로키나아제	트립신	Pepton 내부의 Arg, Lys → polypeptide, dipeptides
	카이모트립시노젠	활성 트립신	카이모트립신	Pepton 내부의 Tyr, Phe, Trp → polypeptide, dipeptides
			카르복시펩티다아제	카르복시 말단 → simpler peptides, dipeptide, amino acids
			아미노펩티다아제	아미노 말단 → peptides, dipeptides, amino acids
장벽			다이펩티다아제	Dipeptides → amino acid

이 효소들의 작용부위는 각기 달라서 트립신은 아르기닌과 라이신 잔기의 카르복시기($-COO^-$) 펩타이드 결합을 자르고, 카이모트립신은 방향족 아미노산들인 티로신, 페닐알라닌, 트립토판 잔기의 카르복시기 펩타이드 결합을 자르는데 단백질의 내부에 있는 아미노산에 작용하기 때문에 이 효소들은 엔도펩티다아제(endopeptidase)라고 부른다. 또 다른 소화효소로는 카르복시펩티다아제(carboxypeptidase)와 아미노펩티다아제(aminopeptidase)가 있는데 이들은 각각 카르복시 말단과 아미노 말단의 아미노산을 분리하는 효소들로서 엑소펩티다아제(exopeptidase)라 부른다. 이렇게 하여 펩타이드 사슬은 최종의 아미노산으로 모두 분해되거나 일부 다이펩타이드 형태로 소장 세포막으로 흡수되며 소장벽세포 내의 다이펩티다아제(dipeptidase)에 의해 최종산물인 아미노산이 되면 소화가 완료된다[표 7-3].

③ 아미노산의 흡수 및 운반

위에서 분해된 아미노산은 위벽을 통해 직접 흡수될 수 있으나 대부분의 아미노산은 소장벽에서 흡수된다. 수용성의 아미노산은 단순 확산이나 특이한 운반계(specific carrier system)를 이용한 능동적 이동에 의해 소장의 내벽 세포막을 통과하여 문맥으로 흡수되어 간으로 이동한다. 간에서는 아미노산 풀(amino acid pool)을 형성하여 다양한 대사과정이 이루어지며 인체 각 부분에 필요한 아미노산을 혈중으로 내보낸다.

아미노산의 능동적 흡수는 아미노산의 구조와 성질이 유사한 경우 동일한 운반체를 이용하기 때문에 서로 경쟁적 흡수를 하게 된다. 즉, 분지 아미노산 중 하나인 류신이 과다한 식이를 섭취한다면 다른 분지 아미노산인 발린이나 이소류신의 흡수가 제한되어 혈액 중 이들 아미노산의 농도가 낮아진다. 따라서 특수한 아미노산의 효용성을 강조하여 그 아미노산만 과다 섭취하는 경우 체내 아미노산 간의 균형이 파괴되어 많은 문제점이 파생될 수 있다. 일상생활에서 다양한 식품의 선택을 통하여 단백질을 공급할 때는 각 아미노산의 균형은 자연스럽게 이루어진다. 일반적으로 단백질의 흡수율은 평균 90% 이상으로 동물성 단백질은 97%, 식물성 단백질은 78~85%로 본다.

■ 아미노산 상품

아미노산이나 다이펩타이드 가루가 단백질 보강식으로 또는 체중감소 목적으로 이용되기도 하는데 그 효용성은 아직 규명된 바 없으며 과용될 경우 케토시스(ketosis)를 유발하여 신체에 해를 미칠 수 있다.

또 최근 대체 감미료로 사용되는 아스파탐(aspartame)은 아미노산 페닐알라닌과 아스파르트산의 다이펩타이드로 설탕의 200배 정도의 감미를 주어 저칼로리 음료수나 껌 등에 사용되고 있다. 이 감미료의 안전성은 FDA가 인정하였으나 일부 페닐알라닌에 민감한 선천성 장애인, 페닐케톤뇨증(phenylketonuria, PKU)환자는 이 감미료가 첨가된 식품을 피해야 한다.

신생아를 제외하고는 인간은 단백질 자체를 흡수할 수 없다고 알려졌다. 생후 1개월까지는 모유에 함유되어 있는 항체(immunoglobulin A, IgA)를 그대로 흡수하여 병원균에 대한 저항력을 가질 수 있다.

정상적인 소화흡수 과정을 벗어나 큰 펩타이드가 흡수되면 인체는 이물질이 체내에 침입한 것으로 받아들여 펩타이드에 대한 항체가 생성된다. 이것을 흔히 알레르기(allergy) 반응이라 하고 피부발진, 천식, 설사 등의 반응으로 나타나며 이와 유사한 단백질을 그 이후에 다시 섭취하면 알레르기 반응이 재발된다. 이러한 특이체질의 사람은 문제의 단백질을 피하는 것이 바람직하다.

03. 단백질의 생리적 기능

1 체조직의 성장과 유지

체조직은 체액을 제외한 대부분이 단백질로 구성되어 있어 성장과 유지를 위해 단백질 공급은 중요하다. 단백질은 근육, 세포막의 구성성분이 되고 뼈, 피부, 결체조직 등의 기초조직을 형성한다. 영·유아기나 임신, 수유기에는 세포 증식이 활발하여 단백질 필요량이 높아지며 부족한 경우는 성장이 지연되거나 중단된다. 폐결핵과 같은 소모성 질환자, 고열환자, 수술환자 등은 단백질 필요량이 증가하여 섭취가 부족하면 체중감소가 일어난다.

정상 성인은 단백질 전환의 유지와 머리카락, 손톱 등으로 소실되는 조직의 재생성을 위하여 식품을 통한 단백질 공급이 필요하다.

2 효소와 호르몬의 합성

효소는 단백질 촉매제로 체내에서 물질의 분해, 합성 또는 전환하는 대사과정에서 중요한 조절작용을 한다. 효소 단백질의 합성은 끊임없이 조절되어 인체 생리활성의 최적화에 기여하고 아미노산 풀의 유리 아미노산 이용에 최대의 효율을 부여한다.

인체 기능조절에 중요한 호르몬 중 일부는 단백질로서 인슐린, 글루카곤, 옥시토신 등이 있고 부신 호르몬인 에피네프린, 노르에피네프린과 갑상선 호르몬은 아미노산의 유도체로 구성되어 있다.

3 혈액 단백질 생성

알부민, 글로불린, 피브리노겐, 지단백질 등이 대표적인 혈중 단백질이며 이들은 대부분 간에서
합성되어 혈액으로 방출되어 중요한 생리적 기능을 수행한다.

(1) 체액의 평형 유지

세포와 혈액, 세포조직 사이의 체액의 균형은 다양한 요인에 의해 평형을 유지하고 있으며 그
중 가장 중요한 역할을 혈중 단백질인 알부민과 글로불린이 담당한다. 혈압에 의해 혈장은 세포층
에 영양성분을 공급하도록 세포간질로 끊임없이 이동하지만 혈중 단백질이 삼투압을 유지하여 체
액을 다시 혈관 내로 재이동하게 만들어 수분의 평형을 유지시킨다. 만약 혈액 중 단백질 농도가
적절하지 못하면 삼투압이 떨어지면서 수분이 혈관 내로 원활히 회수되지 못하기 때문에 세포조
직 사이에 수분이 잔류되어 부종이 생기게 되며, 이를 영양성 부종(nutritional edema)이라 한다.

(2) 체액의 산·염기 조정

혈중 단백질은 체액의 정상 산도(pH 7.4)를 유지시키는 완충제로 작용하는데 이는 단백질을 구
성하는 아미노산들이 수소이온을 받아들일 수 있거나 내어놓을 수 있는 양면성을 가지기 때문이
다. 즉, 체액이 염기성으로 치우치면 수소이온을 내놓고, 산성이 되면 수소이온을 받아들여 신체
기능에 적합한 일정한 혈액 pH를 유지시켜 준다.

(3) 운반 단백질

알부민이나 글로불린은 다양한 영양소의 운반 단백질로 지질, 레티놀, 철, 구리 등을 필요한 조
직으로 운반하여 활용토록 한다. 단백질 영양이 불량한 경우, 이들 영양성분은 간이나 골수 등에
축적되어 있어도 이동이 제한되어 결핍증이 유발될 수 있다.

비타민 A의 결핍증으로 발생된 야맹증을 치유하기 위해 간유를 공급하더라도 단백질 영양이 불량
한 경우에는 오히려 야맹증이 악화될 수 있다. 또 에너지 영양소의 과잉으로 간에서 생성된 지질은
단백질이 부족한 경우 간 외부로 이동을 위한 지단백질의 형성이 원활하지 못하여 지방간이 된다.

4 항체와 면역세포 형성

단백질은 면역체계를 형성하는데 중요한 역할을 한다. 조혈조직에서 형성되는 임파구나 여러 항
원에 대응하여 항체를 합성할 때 단백질이 필요하나 단백질 섭취가 제한될 경우 면역체계의 약화
로 질병에 걸리게 된다.

5 포도당신생과 에너지 공급원

　포도당은 신경조직, 적혈구, 신장 수질세포 등의 주 에너지원으로 혈당 유지에 중요하다. 탄수화물이 제한된 식사를 지속하게 되면 간이나 신장에서 아미노산은 이화되어 포도당을 합성하게 된다. 이 포도당신생은 인슐린 저항성 당뇨병과 같이 탄수화물 섭취에 관계없이 세포 안으로 포도당의 유입이 잘 되지 않는 경우에도 활성화된다. 따라서 당뇨병 환자는 체조직의 소모를 경험하게 된다.

　단백질도 탄수화물이나 지방과 같이 에너지원으로 활용되는데 보통 총 에너지소비량의 15% 정도를 단백질 급원에서 충당하는 것이 바람직하다. 포도당이나 지방산은 주 에너지원으로 세포조직에서 효율적으로 활용되고 산화 노폐물로 이산화탄소만을 생성시키지만 아미노산의 산화과정에서는 질소 노폐물을 발생시키기 때문에 에너지 효율이 낮아 생리적 측면에서 비효율적이다.

■ 인체 면역체계

　면역계는 1차적으로 피부나 점막에서 단순한 방어기전인 비특이적 방어로 외부물질에 대응한다. 피부나 소화기, 호흡기의 점막을 침투한 미생물들은 중성구, 단핵구, 대식 세포들에 의해 처리된다. 특이적 면역 반응은 반응을 담당하는 체계의 구성성분에 따라 두 가지로 분류한다. 즉 체액성 면역반응(humoral immunity)에는 골수의 간세포(stem cell)에서 분화한 임파구가 성숙하여 B세포가 되고 이 B세포에서 생성되는 항체가 작용하며 세포외액에 존재하는 미생물을 제거한다. 또 다른 세포 매개성 면역 반응(cell-mediated immunity)은 골수의 미성숙 임파구가 흉선(thymus)으로 이동하여 그

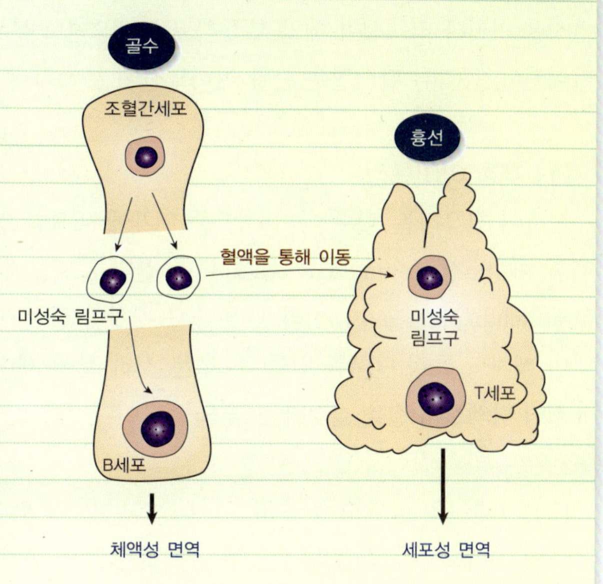

곳에서 성숙한 T세포에 의해 이루어진다. 세포매개성 면역반응은 T임파구가 대식세포(macrophage)를 활성화시켜 세포 내 미생물을 죽이거나 바이러스에 감염된 세포나 종양들을 파괴시킨다.

　단백질 에너지불량(protein energy malnutrition, PEM) 환자들은 세포 매개성 면역이 저하되는데 이는 림프절, 편도선, 비장, 흉선 등의 임파조직의 위축으로 T세포 수와 기능이 저하되어 초래된 현상이다. 그러나 체액성 면역은 거의 영향을 받지 않아 마라스무스(marasmus)환자의 경우 면역글로불린 함량은 크게 영향을 받지 않는다. 한편 콰시오커(kwashiorkor)와 같은 단백질 결핍은 면역기능 중 체액성 면역이 크게 손상되어 저알부민혈증과 더불어 면역글로불린의 감소로 인해 질병에 대한 저항성이 크게 훼손된다.

04. 식품 단백질의 종류와 질 평가

1 식품 단백질의 종류

식품 단백질은 급원에 따라 동물성 단백질과 식물성 단백질로, 필수 아미노산의 조성에 따라 완전단백질, 불완전단백질, 부분적 불완전단백질로 분류할 수 있다.

대체로 동물성 단백질은 인체단백질 합성에 필요한 아미노산의 조성이 우수하여 성장과 유지에 효용성이 높다. 특히 유즙은 사람이나 동물의 최초의 성장에 필요한 모든 영양분을 가지며 그 함유 단백질의 아미노산 조성은 가장 효용성이 높아 완전단백질에 속한다. 동물성 단백질 중 젤라틴과 옥수수 단백질 제인은 한 개 이상의 필수 아미노산이 크게 부족하여 이 단백질만으로는 동물의 성장이 저해되고 체중이 감소되는 불완전단백질이다. 식물성 단백질은 1~2개의 필수 아미노산이 적어 부분적 불완전단백질로 불린다. 쌀은 식물성 단백질로는 상당히 좋은 필수 아미노산 구성을 가지나 라이신이 제일 부족하고 트레오닌도 부족한 편이다. 대부분의 곡류 단백질 급원은 라이신이, 콩과류 단백질은 함황 아미노산이 부족하다.

(1) 제한 아미노산

식품이 함유하는 필수 아미노산 중 인체에 필요한 양에 비해 적게 들어 있는 필수 아미노산을 제한 아미노산(limiting amino acid)이라 한다. 그 중에서도 제일 부족한 것을 제1 제한 아미노산(first limiting amino acid)이라 부른다. 1~2개의 필수 아미노산 함량이 낮아도 마치 알파벳 중 하나만 빠져도 특정 단어를 만들 수 없는 것과 같이 체내 단백질 합성이 제한되기에 필수 아미노산 조성이 단백질의 질을 결정하는 중요 인자이다.

(2) 단백질의 상호보완 효과

필수 아미노산의 조성이 다른 두 단백질을 함께 섭취하면 서로의 제한점을 보충할 수 있는데 이것을 상호보완 효과(complementary effect)라 한다. 콩밥의 경우 쌀은 콩에 부족한 메티오닌을 보강해 줄 수 있으며 콩은 쌀에 부족한 라이신을 공급하여 두 식품의 단백질을 모두 효율적으로 활용할 수 있게 된다. 일상 식사에서는 다양한 식품을 섭취하여 단백질의 상호보완 효과를 높일 수 있다[표 7-4].

【표 7-4】 단백질의 상호보완 효과를 위한 식품의 조합

식품 조합	음식 예
곡류와 콩류	콩밥, 밥과 두부, 식빵과 완두콩 수프, 땅콩버터와 식빵
곡류와 유제품	밥과 요구르트, 치즈 샌드위치, 파스타와 치즈, 시리얼과 우유
콩류, 채소, 종실류	강낭콩, 해바라기씨앗, 견과류를 넣은 샐러드

2 질 평가

질이 좋은 식이단백질은 체내 단백질 합성 효율이 높은 단백질로 필수 아미노산을 충분히 함유하고 있으며 소화흡수율이 높아야 한다. 단백질의 질을 평가하는 방법은 필수 아미노산의 조성을 화학적으로 분석하는 방법과 성장기 동물을 이용하여 성장속도나 질소축적을 측정하는 생물학적 방법이 있다. 생물학적 방법을 식품 단백질 평가에 적용할 경우에는 에너지 공급이 제한되어서는 안 되며 평가대상이 되는 단백질의 공급량은 필요량을 충족시키는 정도(9~10% 수준)이어야 한다.

(1) 화학가 또는 아미노산가

평가 단백질의 필수 아미노산 조성을 분석하여 인체단백질 합성에 이상적인 단백질의 필수 아미노산 조성과 비교한다. 달걀이나 우유 단백질은 완전 단백질로 이들의 아미노산 패턴을 참고기준으로 삼아 다음과 같이 화학가(chemical score)를 산출한다.

$$\text{화학가} = \frac{\text{식품 단백질 g당 제1 제한 아미노산의 mg}}{\text{표준단백질 g당 위와 같은 아미노산의 mg}} \times 100$$

평가하고자 하는 단백질의 제1 제한 아미노산 함량이 70 mg/g이고 표준 단백질(reference protein)의 이 아미노산 함량이 140 mg/g이라면 화학가는 50이 된다. 이 화학가는 표준 단백질의 선택에 따라 그 값이 달라진다. 우유, 모유, 달걀의 필수 아미노산 조성은 인체가 필요로 하는 이상으로 농축되었다는 실험적 근거에 따라 국제기구인 FAO를 중심으로 완전단백질의 아미노산 조성 패턴을 제시하고 이를 기준으로 구한 화학가를 아미노산가라 한다. 화학가나 아미노산가는 소화흡수율이 고려되지 않았고, 평가 단백질의 구성 아미노산 간의 균형이 평가되지 않는 단점이 있다.

■ 필수 아미노산 패턴의 기준치 설정 배경

완전단백질의 필수 아미노산 패턴의 기준치는 여러 연구자나 국제기구인 FAO에 의해 다양하게 제시되어 왔으나 최근까지 활용되는 것은 아래 표에 제시된 제안 패턴값이다. 이 값들은 FAO(1965)가 표준 단백질로 제시한 인유(human milk), 달걀의 아미노산 함량과 Orr과 Watt(1968)가 제시한 우유의 아미노산 함량 중 최소치를 취한 다음 이 값을 1.3으로 나누어 얻은 것이다. 그 배경은 성장하는 아기들에게 모유나 우유를 30% 희석하여 먹였을 경우에도 성장에 문제점이 나타나지 않았기 때문에 우유, 모유, 달걀에 함유된 필수 아미노산은 필요 이상으로 농축되어 있다고 보아 이보다 낮은 함량을 제시한 것이다.

단백질의 질 평가를 위한 필수 아미노산 패턴의 기준치(mg/g protein)

아미노산	인유	달걀	우유	최소치	제안 패턴
히스티딘	22	24	27	22	17
이소류신	55	66	65	55	40
류신	91	91	100	91	70
라이신	66	66	80	66	55
함황 아미노산	41	55	34	34	35
방향족 아미노산	95	101	100	95	60
트레오닌	45	50	47	45	45
트립토판	16	18	14	14	10
발린	62	74	70	62	50

(2) 생물가

생물가(biological value, BV)는 미국의 미첼(H. H. Mitchell)이 쥐를 이용하여 식품 단백질의 질을 평가하는 방법으로 제안하였다. 식품 단백질의 아미노산 조성이 체단백질의 아미노산 조성에 유사할수록 단백질 합성에 효율적으로 이용되며 흡수된 아미노산의 대부분이 체내에 보유되어 체외로 배설되는 질소량은 줄어들게 된다. 따라서 사람이나 흰쥐의 변과 뇨의 질소량과 섭취 질소량을 측정한 후 다음 식에 의해 생물가를 구할 수 있다.

$$BV = \frac{\text{보유된 질소}}{\text{흡수된 질소}} \times 100 = \frac{(\text{식품질소}-\text{변 중 질소})-\text{뇨 중 질소}}{\text{식품질소}-\text{변 중 질소}} \times 100$$

　실제 실험을 위해서는 무단백식 및 필요량 수준의 실험 단백질을 급여하는 두 차례의 실험을 하여 아래의 식에 의해 구한다. 내인성 질소(endogenous nitrogen)는 무단백식을 섭취하더라도 변이나 소변 중에 배설되는 질소다. 따라서 식품 단백질 섭취로 인한 변 또는 뇨 중 질소는 이 내인성 질소를 제외한 양이 되겠다.

$$BV = \frac{식품질소-(변\ 중\ 질소-내인성\ 질소)-(뇨\ 중\ 질소-내인성\ 질소)}{식품질소-(변\ 중\ 질소-내인성\ 질소)} \times 100$$

　질소를 측정치로 사용하는 이유는 단백질이 일정량의 질소를 가지고 있으며 실험실에서 정량하기가 더 용이하기 때문이다. 생물가는 흡수된 질소를 기준으로 단백질의 질을 판정하기 때문에 소화흡수율에 차이가 있는 식품 단백질의 평가로는 적절하지 못하다. 식품 중에서 생물가가 가장 높은 것은 달걀(94)이며 우유, 육류 등도 높다. 반면 식물성 단백질은 생물가가 낮으나 쌀은 75로 높은 편이다.

(3) 단백질 효율비

　성장하는 동물의 체중 증가에 기여하는 단백질의 이용을 기준으로 단백질의 질을 평가하는 방법이다. 단백질 효율비(protein efficiency ratio, PER)는 주로 이유기의 성장 속도가 빠른 흰쥐를 대상으로 실험한다. 즉, 실험요건은 에너지 섭취량이 적정 수준이어야 하며 단백질을 과잉되지 않은 필요량 수준(10% 정도)으로 공급하여 4주간 사육한 후 동물의 체중 증가를 그 동물의 단백질 섭취량으로 나누어서 구하게 된다.

$$PER = \frac{실험기간\ 동안의\ 체중\ 증가량(g)}{실험기간\ 동안의\ 총\ 단백질\ 섭취량(g)}$$

　단백질 효율비는 생물가(BV)에서 식품 단백질의 소화 흡수율이 고려되지 않은 것과는 달리 식품 단백질의 흡수율까지 배려된 평가방법이라 볼 수 있다. 그러나 체중 증가가 반드시 단백질 보유량과 비례하지 않을 수 있는 단점이 있으나 영아식품의 단백질 평가에 단백질 효율비(PER)가 사용되어 왔다.

(4) 단백질 실이용률

　섭취단백질의 체내 보유량을 성장하는 동물에서 측정하는 방법이다. 생물가는 소화 흡수율이 고려되지 않은데 비하여 단백질 실이용률(net protein utilization, NPU)은 총 섭취 질소에서 체내 축적된 질소 비율로 소화 흡수율을 고려한 값이다. 단백질 실이용률은 생물가에 비해 대체로 낮으며 그 차이는 식물성 단백질에서 더 크다.

$$NPU = \frac{\text{체내 축적 질소량}}{\text{섭취 질소량}} = \text{생물가} \times \text{소화 흡수율}$$

【표 7-5】식품 단백질의 질 평가방법에 따른 지수의 비교

단백질 급원식품	화학가*	BV	NPU	PER
달걀	100	94	94	3.92
육류, 어류, 가금류	66~70	74~76	57~80	2.30~3.55
우유	60	85	82	3.09
밀가루	28~44	52~65	40	0.6~1.53
옥수수	41	60	51	1.12
대두	47	71	61	2.32
두류(대두 이외의)	28~43	55	48	1.65

* 화학가는 표준 단백질로 달걀, 우유, 인유 등을 선택하는데 따라 그 값이 달라진다.

단백질의 질을 평가하는 다양한 방법은 모두 제한된 실험 조건하에서 한 식품 또는 단일 단백질의 질을 평가 하도록 고안되었다[표 7-5]. 실제 식사를 통해 여러 단백질 식품을 함께 섭취할 때의 생물적 유용성은 측정하지 못한다. 따라서 상호보완효과를 위해서는 다양한 식품의 선택이 필요하다.

05. 단백질 섭취기준과 급원

1 단백질 필요량과 질소 평형

단백질 필요량은 적당한 신체활동을 하면서 에너지 평형이 유지되고 단백질의 분해와 합성이 일정하여 질소 평형을 유지하는데 필요한 식이 단백질량이다. 질소 평형(nitrogen equilibrium)이란 질소배설량이 섭취량과 같아 식이단백질의 질소만큼만 배설되어 체내 단백질의 평형이 유지되는 것을 말한다. 성인의 단백질 필요량은 질소 평형을 유지하는 양이다. 성장, 임신, 수유기에는 질소 평형을 유지하는 양에 새로운 조직의 축적에 필요한 질소량을 추가하여 필요량을 설정하는데 이는 양(+)의 질소균형이다. 음(-)의 질소균형은 단백질의 섭취부족이나 에너지부족으로 체조직의 단백질이 분해되어 질소 배설량이 섭취량을 초과하는 경우로 부상, 질병, 발열 상태, 심리적 스트레스로 인한 체중감소의 경우이다[표 7-6].

【표 7-6】 질소균형의 양상

양(+)의 질소균형 질소섭취량 > 질소배설량	질소 평형 질소 섭취량 = 질소 배설량	음(-)의 질소균형 질소 섭취량 < 질소 배설량
성장 임신 질병의 회복기 신체훈련 인슐린, 성장호르몬 분비 증가 남성호르몬 분비나 투여	정상 성인	단백질, 필수 아미노산 부족 에너지 섭취 부족 굶거나 소화기 질병 발열, 화상, 감염 오랜 와병 신장질환(체단백질의 손실) 갑상선 호르몬 분비 증가

전통적으로 단백질의 필요량을 정하는 방법은 요인 가산법(factorial method)과 질소균형 실험법(nitorgen balance study)의 두 가지 방법이 있다. 모두 질소 필요량을 측정하며 추정된 질소필요량에 6.25를 곱하여 단백질 필요량을 정한다.

(1) 요인 가산법

성인에게 무단백식을 10~15일간 주면 질소배설이 평형을 이루므로 이 때의 소변, 대변, 피부, 머리카락, 손발톱, 땀 등 신체로부터 배설되는 모든 질소화합물을 불가피 질소손실량(obligatory nitrogen loss)으로 보아 그 총합에 6.25를 곱하여 단백질 필요량을 산출한다.

성장기와 임신기는 체조직 형성으로 인한 질소 축적량, 수유시는 젖의 분비로 인한 질소량을 포함시켜 질소필요량을 산출할 수 있다. 이 방법은 불가피 질소량을 보충해 주면 일반성인은 질소평형에 도달한다는 가정 하에서 이용되었으나 실제로 질소평형에 이르지 못해 최근에는 더 직접적인 방법인 질소균형 실험법을 많이 활용한다.

(2) 질소균형 실험법

요인 가산법 등에서 산정된 질소 필요량을 기준으로 예상되는 적정량의 수준에서 몇 단계의 단백질을 실험 대상자에게 섭취시키고, 각 수준에서 질소균형을 조사하여 질소평형점(0 balance)의 질소 섭취량을 찾아낸다.

실제 실험에서는 여러 수준의 단백질을 투여하기 위하여 적응기간이 각각 필요하고, 섭취하는 질소량은 과대평가하는 반면 손실되는 질소량은 피부, 땀 등으로 배설되는 질소를 다 포함하지 못하여 과소평가하게 되는 문제점이 있다.

2 한국인 단백질 영양섭취기준

단백질의 영양섭취기준은 6개월 이상 연령층에서는 평균필요량과 권장섭취량을 설정하였고 영아 전반기는 충분섭취량을 설정하였으며 상한섭취량은 설정하지 않았다.

2015 한국인의 영양섭취기준[표 7-7]은 단백질 필요량을 성별에 상관없이 질소균형 실험결과로부터 얻은 0.66 g/kg/일에 단백질의 소화율을 보정한 0.73 g/kg/일을 질소평형 유지를 위한 체중당 일일 필요량으로 제시하였다. 권장섭취량은 평균필요량에 2배의 변이계수(12.5%)를 적용하여 산출한 단백질량이다. 19~29세 성인 남자와 여자의 1일 평균필요량은 각각 50 g, 45 g이고, 권장섭취량은 각각 65 g, 55 g 이다.

$$평균필요량 = 평균체중 \times 0.73\ g/kg/일$$
$$권장섭취량 = 평균체중 \times 0.73\ g/kg/일 \times 1.25 = 평균체중 \times 0.91\ g/kg/일$$

0~5개월 영아의 단백질 섭취기준은 평균 모유섭취량과 모유 내 평균 단백질 함량을 바탕으로 충분섭취량으로 제시하였다. 영아 후기부터 18세까지의 평균필요량은 요인가산법을 이용한 질소평형유지와 성장에 필요한 체단백질 축적을 고려하여 산정하였고, 권장섭취량은 평균필요량에 변이계수(12.5%)를 추가하여 정하였다. 임신부의 단백질 부가량은 모체의 체중 증가와 태아와 모체의 체단백질 축적을 위해 필요한 양으로 산정하였고, 추가량이 요구되지 않는 초기를 제외하고 임신중기와 후기로 나누어 제시하였다. 수유부의 단백질 부가량은 모유 분비량과 모유 내 단백질 함량을 이용하여 산정하였다.

단백질 평균필요량과 권장섭취량은 체중 kg당 기준 값을 적용하는 것이 실생활에서는 더 적절하다. 인구 연령에 따른 구간별 체중은 평균 체중이나 이상적 체중을 제시하는 만큼 이에 따른 평균필요량은 많은 사람들에게 부족한 양이 될 수 있어 식사계획에서 주의가 요구된다.

【표 7-7】 한국인의 단백질 영양섭취기준

연령		체중(kg)	단백질(g/일)		
			평균필요량	권장섭취량	충분섭취량
영아(개월)	0~5	6.2			10
	6~11	8.9	10	15	
유아(세)	1~2	12.5	12	15	
	3~5	17.4	15	20	
남자(세)	6~8	26.5	25	30	
	9~11	38.2	35	40	
	12~14	52.9	45	55	
	15~18	63.1	50	65	
	19~29	68.7	50	65	
	30~49	66.6	50	60	
	50~64	63.8	50	60	
	65~74	51.2	45	55	
	75 이상	60.0	45	55	
여자(세)	6~8	25.0	20	25	
	9~11	35.7	30	40	
	12~14	48.5	40	50	
	15~18	53.1	40	50	
	19~29	56.1	45	55	
	30~49	54.4	40	50	
	50~64	51.9	40	50	
	65~74	49.7	40	45	
	75 이상	46.5	40	45	
임신부	(중기)		+12	+15	
	(후기)		+25	+30	
수유부			+20	+25	

*자료: 한국영양학회, 한국인 영양소 섭취기준, 2015

단백질의 대표적 급원은 동물성 육류로 쇠고기, 돼지고기, 닭고기와 생선, 우유, 치즈, 달걀 등이다[표 7-8]. 탈수 건조된 건어물은 수분의 함량이 줄어들어 단위 무게당 함유량이 높아진다. 콩과류 특히 대두는 단백질이 35~40%로 많이 들어 있을 뿐만 아니라 질이 우수하고 가격도 저렴하여 우리나라뿐만 아니라 세계적으로 단백질의 중요 급원으로 꼽힌다. 특히 채식주의자들을 위한 인조고기나 인조치즈 등도 대두 단백질에서 만들어진다. 곡류는 주식으로 섭취량이 많기 때문에 단백질 급원으로 중요하다. 쌀은 7~8%, 옥수수는 9~10%, 밀은 12~16%의 단백질을 함유한다.

【표 7-8】 단백질 급원식품의 1인 1회 분량당 단백질 함량

식품명	단백질 함량		1인 1회 분량(g)
	g/100g	g/1인 1회 분량	
어육류			
쇠고기(한우, 등심)	21.0	12.6	60
돼지고기(갈비)	18.5	11.1	60
닭고기	18.5	11.9	60
고등어	19.4	9.7	50
갈치	18.0	9.0	50
대구	18.5	9.3	50
잔멸치	44.6	6.7	15
콩류			
노란 콩(말린 것)	36.2	7.2	20
검은 콩(말린 것)	34.7	7.0	20
두부	8.4	6.7	80
된장	12.0	1.8	15
땅콩	24.8	2.5	10
우유 · 유가공품			
우유	2.9	5.8	200
치즈	18.3	3.7	20
요구르트(액상)	1.5	2.3	150
요구르트(호상)	3.5	3.5	100
아이스크림(바닐라)	3.0	3.0	100
곡류			
쌀밥	2.7	5.7	210
식빵	9.0	9.0	100
감자	2.5	3.3	130
고구마	1.4	1.3	90

*자료: 농촌진흥청 국립농업과학원, 2011

채식주의자(vegan)는 각종 식물성 단백질 식품을 적절한 비율로 혼합하여 섭취하는 것이 어렵고 특히 어린이들은 에너지 섭취량에 비해 단백질 필요량이 높아 단백질 부족증 위험이 크다. 엄격한 채식주의자에 비해, 우유, 치즈, 요구르트와 달걀의 섭취를 허용하는 lacto-ovo vegetarian은 단백질 영양에서 보다 유리하다.

4 섭취실태

2013년 국민건강영양조사 보고서에 의하면, 우리나라 국민의 1인 하루 평균 단백질 섭취량은 73.7 g이며 총 에너지의 14.7%로 1970년대의 12.6%로부터 계속 증가하여 1985년에 15.4% 수준에 달한 후 유지되어 온 수준이다. 동물성 단백질의 섭취비율도 전체 단백질 섭취량의 40.8%로 총 단백질 섭취량의 1/3 수준을 훨씬 능가하고 있다. 동물성 단백질 섭취 증가는 성장기 아동의 성장속도를 촉진시켰다고 볼 수 있다. 그러나 1~11세 아동의 평균섭취량이 권장량의 200% 이상으로 나타나 동물성 식품의 과량 섭취에 의한 포화지방산의 과잉섭취가 우려된다.

단백질의 양적 공급원은 곡류, 육류, 어패류 순이고 주요 급원식품은 백미, 돼지고기, 닭고기, 쇠고기 등으로 나타났다. 중년층에서는 두부, 고등어가 노년층에는 된장이 주요급원에 포함되었다. 식물성 단백질 공급원 특히 콩류는 여러 가지 이점으로 영양학자들의 주목을 받고 있다.

알아두기 7-6

■ 대두단백질과 혈중 콜레스테롤

대두단백질을 육류 대신 먹으면 혈중 LDL 콜레스테롤 농도가 낮아지면서, HDL 콜레스테롤 농도는 유지되어 동맥경화증의 위험이 감소된다고 알려져 있으며, 그 기전은 아래와 같다.
- 콩단백이 장내 담즙이나 콜레스테롤 흡수를 낮추거나 간의 콜레스테롤 생합성을 저해할 수 있다.
- LDL 수용체 생성을 위한 mRNA 생성을 증가시킬 수 있다.
- 내분비체계에 영향을 미쳐 갑상선 호르몬의 농도를 높이며 그 결과로 혈중 콜레스테롤 농도를 낮출 수 있다.
- 대두는 천연 에스트로겐인 아이소플라본을 함유하여 에스트로겐 활성으로 인해 콜레스테롤 농도를 낮출 수 있다.

06. 단백질과 건강문제

단백질 결핍증은 저개발국가나 저소득층 아동에서 흔히 나타나며 발육부진, 질병 감염률 증가 등의 문제점을 발생시킨다. 미국을 비롯한 선진국들에서는 단백질 식품의 과잉섭취로 인한 문제점에 관심을 두고 있다. 최근 우리나라도 단백질 섭취가 증대하고 있기에 이로 인한 부정적 영향에 일반인들의 주의가 요구된다.

1 결핍증

성장기에 있는 아이들이 장기적으로 단백질 섭취가 부족하면 콰시오커(kwashiorkor)라고 하는 결핍증세가 나타난다. 아프리카·인도 등 저개발국가에서 흔히 볼 수 있으며 슈거 베이비, 영양성 부종 등의 명칭으로 그 증상을 나타내고 있다. 어머니의 임신으로 인해 유아(乳兒)가 이유기에 적절한 단백질 공급 없이 곡류, 죽 등 향토식만을 많이 섭취하면 열량 섭취량은 충분하지만 필수 아미노산의 부족과 불균형으로 체조직의 성장이 지연될 뿐 아니라 감염이나 소화기 장애로 영양분의 흡수 장애를 초래하게 된다. 영양의 악순환이 심화되어 피부와 머리카락 색소의 변화, 근육소모와 복부팽만, 부종 등이 나타난다. 양질의 단백질이 공급되지 않으면 사망에까지 이르러 지역적으로 유아 사망률이 높아지게 된다.

마라스무스(marasmus)는 절대적 식량 부족으로 에너지와 단백질이 동시에 결핍되어 성장이 부진하며 심하게 마른 증상을 말하는데 콰시오커에 비교하여 부종이 없고 면역계 손상이 적다. 그러나 적절한 영양공급이 이루어지지 않으면 소화기관의 질환과 감염으로 사망하는 수가 많다.

성인의 경우 단백질 결핍증은 주로 술의 과다섭취로 인해 식사를 소홀히 하는 경우에 나타난다. 간의 지방 축적이 높아져서 지방간이나 간경변증을 유발할 수 있다. 술의 섭취량을 줄이고 균형잡힌 식사, 특히 단백질 식품의 섭취로 성인의 단백질 부족증은 예방될 수 있다.

병원 입원환자, 장기 질환자, 노년층에서 단백질 부족증이 나타나기도 하여 단백질 영양진단이 필요하다. 평가지표로는 소변 중 크레아티닌, 혈장 단백질이 활용되며 만성 결핍에는 알부민, 트랜스페린이, 최근의 섭취상태는 반감기가 짧은(12h) 레티놀결합단백질이 적합한 평가 지표이다.

2 과잉증

단백질을 전통적으로 많이 섭취하는 에스키모인도 특별한 장애 증세는 나타나지 않는다. 단백질 과잉섭취는 체내에서 여분의 아미노산을 산화시켜 에너지원이 되며 이는 궁극적으로 체지방의 축적을 가져온다. 또 이화과정에서 발생된 질소산물을 몸 밖으로 배출시키기 위하여 요소 생성회로가 활발하게 되고 신장을 통한 배설도 활성화된다. 결국 간이나 신장의 기능이 좋지 못한 사람에게는 과도한 부담을 주게 된다. 상한섭취량(tolerable upper intake level, UL)을 정할 수는 없지만 총 에너지의 30% 이상을 단백질로 섭취하지 않도록 주의를 요한다.

고단백질 섭취는 함황 아미노산의 대사로 산성 대사산물이 많아지고 이를 중화시키기 위해 뼈의 칼슘을 끌어내어 소변을 통한 칼슘 배설량이 증가된다. 이는 칼슘영양에 부정적인 영향을 미쳐 고령층에 발생하는 골다공증의 위험을 가중시킬 수 있다.

---

focus

단백질 영양과 뼈 건강

단백질 섭취량이 뼈의 강도나 골밀도와 관련이 있다는 수많은 연구들이 보고되었다. 사람의 수명이 길어짐에 따라 골다공증을 포함하는 만성질환도 증가하고 있다. 이 때문에 뼈의 건강을 유지하는 식생활에 관심이 모아지고 있다. 뼈는 나이를 먹어감에 따라 변화하는 역동적인 조직이다. 뼈가 칼슘 등 미네랄로 구성되어 있다는 사실은 많이 알려져 있으나, 실은 70% 정도의 미네랄과 20% 이상의 단백질로 구성되어있다. 이 때문에 식사를 통해 적절한 단백질을 섭취하는 것은 건강한 뼈의 발달과 유지에 매우 중요하다.

과학자들은 고단백질 식이가 뼈로부터 칼슘을 용해시켜 소변 내 칼슘의 배출을 늘려 뼈의 손실을 초래한다는 학설을 제기하고 있다. 이들은 정제된 단백질을 사용하여 이 같은 결론을 유도하게 되었으나, 정제된 단백질과는 달리 동물성 단백질인 육류에는 소변을 통한 칼슘 손실을 감소시키는 칼륨과 인이 상당량 함유되어 있고, 단백질량을 늘렸을 때 소변에서 늘어난 칼슘양은 뼈에서 용출된 것이 아니라 고단백질 식이를 했을 때 칼슘의 흡수율이 높아져 총 칼슘 흡수량이 늘어난 것이다. 고단백질 식이는 여성들의 체내 칼슘 보유에 있어 부정적인 영향을 미치지 않는다. 또한, 식물성 단백질보다는 동물성 단백질이 뼈 건강에 더 효과가 있는 것으로 보인다. 식물성 단백질 중에서도 콩과 같이 뼈 건강에 유익한 식품이 있다. 콩 단백질은 조골세포에서 인슐린 신호 정상화를 통하여 조골세포의 활성 및 분화를 감소시키는 고지방 식이로부터 뼈 손실을 예방하고, 뼈의 회분 및 칼슘 함량에 긍정적 영향을 미친다.

영국의 다링박사 연구팀은 단백질의 섭취량과 뼈에 관한 연구를 통계분석(meta analysis)한 결과를 '미국 임상영양학저널(The American Journal of Clinical Nutrition)'에 발표했고 위의 논문에 대한 해설에서, 미국 코네티컷 대학교의 커스테타 박사는 육류를 포함한 단백질의 섭취가 뼈의 건강에 해롭기보다는 오히려 유용하다고 강조하고 있다. 칼슘과 단백질의 섭취량이 적은 고령자는 골절과 골다공증의 위험이 높기 때문에 식사 때 단백질 양을 좀 더 증가시키는 것은 현명하고 안전한 선택이 될 것이라고 지적했다. 따라서 소변으로 배출되는 칼슘의 양을 증가시키는 염분과 정제된 단백질의 식사는 제한하는 것이 좋으며, 뼈 형성에 중요한 역할을 하는 마그네슘, 칼륨, 비타민 K, 비타민 C, 그 외 기능성 성분을 많이 함유한 식품 단백질을 식사를 통해 섭취하는 것을 권장한다.

---

1) Chen JR, Zhang J, Lazarenko OP, Cao JJ, Blackburn ML, Badger TM, Ronis MJ. Soy protein isolates prevent loss of bone quantity associated with obesity in rats through regulation of insulin signaling in osteoblasts. FASEB J 2013;27(9):3514–23

2) Darling AL, Millward DJ, Torgerson DJ, Hewitt CE, Lanham–New SA. Dietary protein and bone health: a systematic review and meta–analysis. Am J Clin Nutr 2009; 90(6): 1674~92.

3) Nebot E, Erben RG, Porres JM, Femia P, Camiletti–Moirón D, Aranda P, López–Jurado M, Aparicio VA. Effects of the amount and source of dietary protein on bone status in rats. Food Funct 2014; 5(4): 716~23

1. 단백질의 화학적 구조는 탄수화물, 지질과 비교하여 어떤 점에서 크게 차이가 있는가?

2. 단백질의 질과 제한 아미노산과의 관계를 설명하고, 곡류의 제한 아미노산은 무엇인가?

3. 인체의 단백질 필요량을 측정하는 두 가지 방법에 대하여 설명해 보시오.

4. 채식주의자가 보다 나은 단백질 영양 상태를 확보하기 위한 식생활의 실천 사항은 무엇인가?

5. 단백질 섭취의 과잉, 특히 동물성 급원의 과다 섭취가 인체의 건강에 미칠 수 있는 영향에 대하여 논의해 보시오.

6. 각자의 단백질 권장섭취량을 산출하고 이를 충족시킬 수 있는 식품의 구성을 일상식을 중심으로 제안해 보시오.

08 아미노산 및 단백질 대사

　단백질을 효율적으로 이용하기 위해서는 충분한 에너지 영양소의 섭취가 필요하다. 에너지 섭취량이 부족하면 섭취한 단백질이나 체단백질이 에너지원으로 우선적으로 사용되어 단백질 고유의 기능이 제한되기 때문이다.

　체내로 흡수된 아미노산과 체단백질의 분해로 생성된 아미노산은 세포 내 아미노산 풀(pool)에 합류되면서 동화대사인 단백질과 생리활성물질의 합성에 관여하거나 이화대사의 길로 가게 되어 아미노기가 제거된 후 탄소 골격이 산화되면 에너지원으로 이용된다.

01. 아미노산 대사

1 아미노산 풀

체액에 존재하는 아미노산은 간이나 조직에서 대사성 아미노산 풀을 형성하여 환경이 변해도 적응할 수 있는 완충역할을 수행한다. 식품 단백질의 소화 흡수 과정에서 생긴 아미노산이나 체내 합성과 체단백질 분해로 생성된 아미노산들은 모두 공동의 풀에 들어와 체구성 단백질이나 효소, 호르몬 등의 단백질 합성의 소재로 쓰인다. 일부 아미노산은 신경전달 물질, 카르니틴, 글루타티온 등 생리적 활성물질로 전환된다. 또한 필요 이상으로 과잉 공급된 아미노산은 지방으로 전환되어 축적된다. 또, 에너지 공급이 충족되지 못할 경우 에너지의 급원으로 산화되고 아미노 잔기는 질소화합물로 배설된다. 에너지 급원으로 탄수화물이 제한되면 포도당신생에 아미노산이 이용된다[그림 8-1].

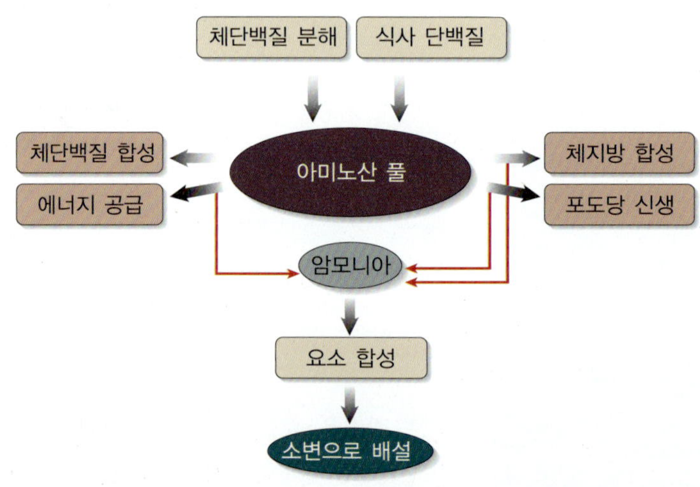

【그림 8-1】 체내 단백질과 아미노산 풀의 균형

2 아미노산의 이화대사와 포도당신생

아미노산 이화대사의 첫 단계는 탈아미노 반응으로 아미노기(NH_3^+)가 떨어져 나오고 아미노산은 α-탄소골격으로 변화되어 포도당 또는 지방산의 산화 회로에 합류하여 완전 연소되어 ATP를 합성하는 에너지원으로 사용된다. 고유의 R기의 특성에 따라 이화작용으로 진입하는 장소가 각

156

각 다른데 알라닌의 경우는 피루브산으로 전환되어 포도당의 대사회로에 합류하여 산화의 길로 가거나 역으로 포도당신생에 참여한다.

라이신이나 류신의 경우 탄소 골격은 아세틸 CoA로 전환되어 TCA회로를 통하여 산화되거나 지방산 합성의 경로로 진입하게 된다. 아미노산 중에서 이화되어 궁극적으로 포도당 생성이 가능한 아미노산은 당생성 아미노산(glucogenic amino acid)이라 하며 지방산 합성이나 케톤체 생성이 가능한 아미노산들은 케톤생성 아미노산(ketogenic amino acid)이라 한다. 다수의 아미노산 즉 이소류신, 페닐알라닌, 티로신, 트립토판은 이 두 회로에 모두 진입이 가능하다[그림 8-2].

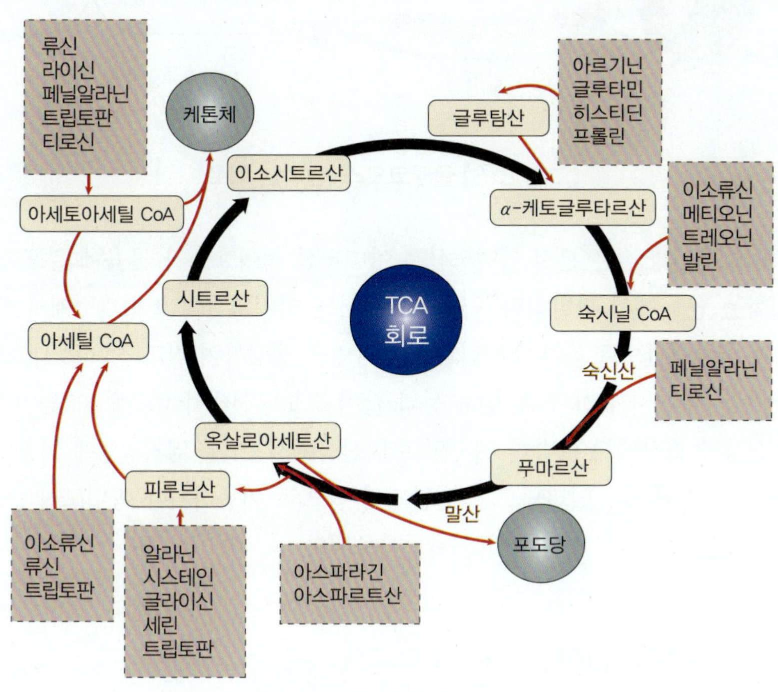

【그림 8-2】 아미노산 탄소골격의 산화와 이용

아미노산으로부터 포도당신생은 주로 간에서 이루어지며 주요 급원 아미노산은 알라닌과 글루타민이다. 이들은 근육 아미노산의 이화에서 얻은 아미노기를 간으로 이동시키는 동시에 포도당신생에 이용되어 극심한 운동을 하는 경우는 근육에, 기아 시에는 간 외의 뇌조직이나 적혈구에 포도당을 공급하게 된다[그림 8-3].

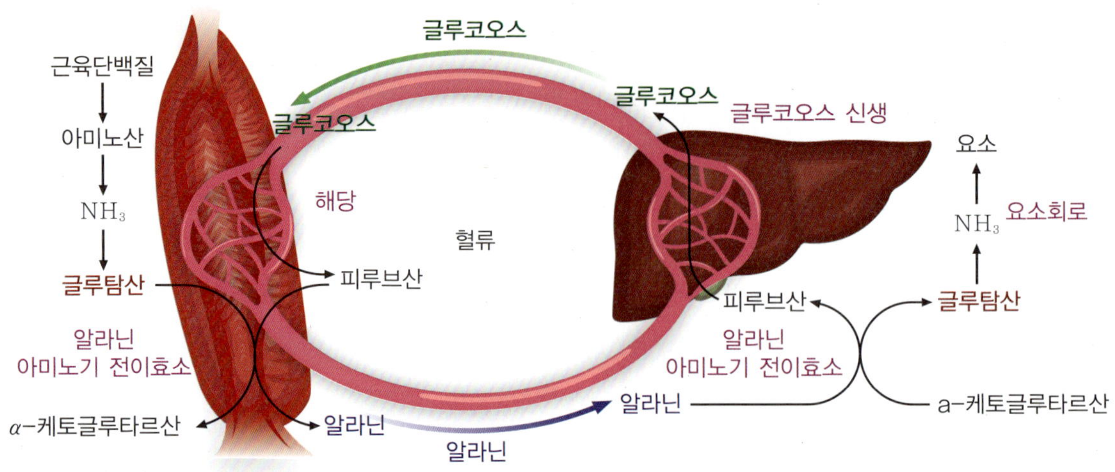

【그림 8-3】 글루코오스-알라닌 회로

발린, 류신, 이소류신과 같은 분지 아미노산은 아미노산 전이효소가 근육에 분포하고 있어 이들 아미노산의 이화는 근육에서 활발하다. 근육조직에서는 아미노산의 이화과정에서 생성된 아미노기를 피루브산과 글루탐산으로 옮겨 알라닌과 글루타민을 생성하여 간과 장으로 내보낸다. 그 생성 속도는 격심한 운동, 에너지 섭취 부족, 당뇨 등과 같이 포도당신생이 요구될 때 높아진다.

글루타민은 신장과 소장에서 활발히 대사되는데 신장에서는 산-염기평형에 이용되거나 포도당 신생에 참여한다. 소장에서는 알라닌으로 전환되어 간으로 이동하거나 아미노산 프롤린, 아르기 닌과 생리활성물질인 글루타티온을 합성하는데 이용된다.

3 불필수 아미노산의 합성

간에서는 포도당이나 아미노산 대사의 중간 산물로부터 불필수 아미노산을 합성한다. 불필수 아미노산의 합성은 탄소골격인 케토산에 다른 아미노산의 아미노기를 전이시키거나 탈아미노 반 응으로 생성된 아미노기를 붙여 합성한다.

아미노기 전이과정에서는 아미노기 전이효소(transaminase)가 필요하며 비타민 B_6의 활성형 인 피리독살 인산(pyridoxal phosphate, PLP)이 조효소로 작용한다. 대표적 아미노기 전이효소인 GPT(glutamate pyruvate transaminase)와 GOT(glutamate oxaloacetate transaminase)는 체내에 충 분한 글루탐산의 아미노기를 피루브산 또는 옥살로아세트산으로 전이하여 불필수 아미노산인 알 라닌과 아스파르트산으로 합성하고 글루탐산에서는 탄소골격인 α-케토글루타르산을 남긴다[**그림 8-4**].

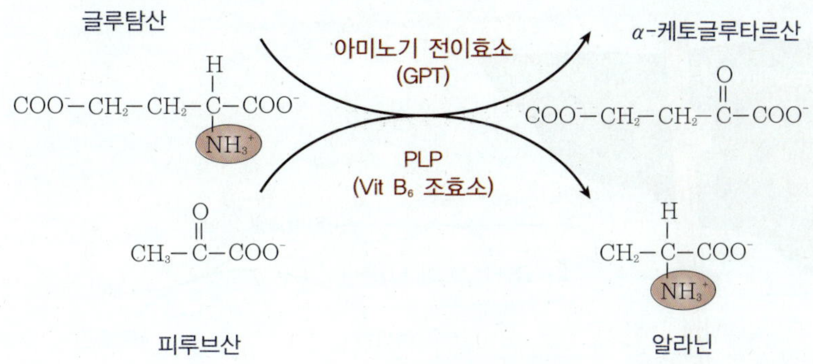

【그림 8-4】 **아미노기의 전이와 불필수 아미노산 생성**

4 질소배설

아미노산의 탈아미노 반응으로 분리된 아미노기는 암모니아(NH_3)를 생성하여 체액의 산도를 변화시키거나, 뇌 조직의 α-케토글루타르산을 고갈시켜 TCA회로가 원활하지 않게 되어 신체에 매우 유독하다. 체내 간조직에서는 요소 회로(urea cycle)를 통해 암모니아와 탄산가스를 결합하여 용해성이 높고 인체에 무해한 요소로 전환시킨 다음 신장에서 소변으로 배설한다[**그림 8-5**].

간세포의 미토콘드리아 기질에서 NH_3와 CO_2가 결합하여 카바모일인산(carbamoyl phosphate)을 형성하고, 오르니틴과 반응하여 시트룰린을 합성한다. 뒤이은 3단계는 세포질에서 일어난다. 간에서 아미노기 전이반응에 의해 시트르산회로의 옥살로아세트산으로부터 형성된 아스파르트산의 NH_3를 제공받아 아르기니노숙신산 합성효소(argininosuccinate synthase)에 의해 아르기니노숙신산이 합성된다. 아르기니노숙신산 분해효소(argininosuccinate lyase)는 아르기니노숙신산을 분해하여 푸마르산과 아르기닌으로 분해한다. 아르기나아제(arginase)가 아르기닌을 분해하여 오르니틴과 요소를 생성한다. 마지막으로 생성된 오르니틴은 다시 요소회로에 사용되고 요소는 신장을 통해 소변으로 제거된다.

유전적으로 요소회로에 관련된 효소에 결함이 있거나 간 대사기능이 손상된 사람은 요소 합성이 순조롭지 못하며 질소 노폐물이 혈액 중에 쌓이게 된다. 이러한 사람을 위해서는 필수 아미노산 함량이 높은 양질의 단백질을 꼭 필요한 양만 섭취하도록 하여 암모니아의 생성을 억제하여야 한다. 과잉의 암모니아는 중추신경계에 작용하여 간성 혼수를 유발하기도 한다.

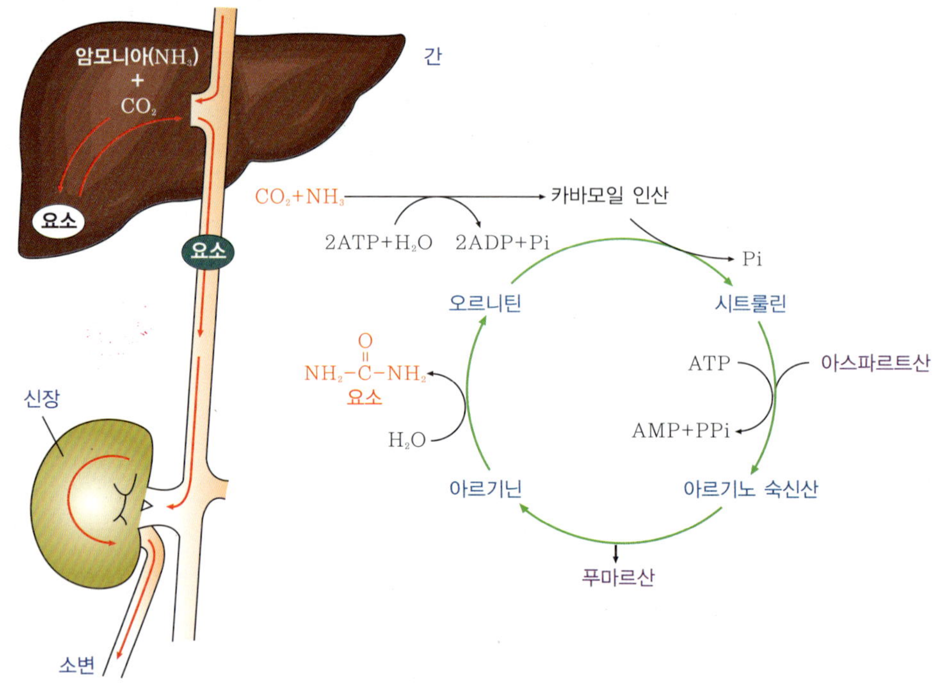

【그림 8-5】 요소 생성과 배설

5 아미노산의 비단백질 생리활성물질 생성

아미노산의 주 활용은 단백질 합성과 에너지 대사에 이용되는 것이지만 생리활성을 가지는 몇 몇 질소화합물을 합성하는데도 사용된다[표 8-1]. 이러한 아미노산의 이용이 일부 아미노산에는 상당히 다양하여 아미노산의 요구량에도 많은 영향을 미칠 수 있다고 본다. 특히 글라이신(Gly)의 경우 근육기능에 필요한 크레아틴(creatin), 헴, 글루타티온 등에 이용되어 육류를 통한 크레아틴의 공급이 없다면 상당한 양의 글라이신이 크레아틴 생성을 위해 소모되어 그 요구량이 증가할 수 있다. 미숙한 유아의 경우 글라이신은 정상 성장에 필요한 아미노산으로 조건적 필수 아미노산으로 분류되기도 한다.

【표 8-1】 아미노산의 비단백질 생리활성물질 합성

관련 전구체 아미노산	생리활성물질
트립토판	세로토닌, 니코틴산
티로신	멜라닌, 카테콜라민, 갑상선 호르몬(티로신)
라이신	카르니틴

글라이신	헴기
글라이신, 타우린	담즙산
글라이신, 시스테인, 글루탐산	글루타티온
글라이신, 아스파르트산, 글루탐산	핵산
시스테인	타우린

6 아미노산 대사의 유전적 이상

아미노산 대사에서 유전적인 결함은 희귀한 질환으로 각 아미노산 대사의 중간물질이 축적되거나 비정상적인 산물이 생성되어 신경조직 발달의 장애와 육체적, 정신적 발육을 지연시킨다. 조기에 발견하여 적극적인 식이요법을 병행하면 증상완화와 수명 연장의 효과를 볼 수 있다. 대표적인 대사이상 질환의 발생 빈도, 결함효소, 증상을 [표 8-2]에 나타내었다.

【표 8-2】 아미노산 대사 이상의 유전 질환

병명	발생빈도 (10만 명당)	이상경로	결함효소	증상
페닐케톤뇨증 (phenylketonuria, PKU)	8	페닐알라닌 → 티로신으로 전환	페닐알라닌 수산화 효소	색소결손, 정신발달지체
단풍당뇨증 (maple syrup urine disease)	0.4	분지 아미노산 분해	분지 아미노산 산화적 탈탄산소화 효소	구토, 경련
호모시스틴뇨증 (homocystinuria)	0.5	메티오닌 → 시스테인 합성	시스타티온 생성효소	조기 동맥경화
알비니즘 (albinism)	3	티로신 → 멜라닌 생성	티로신 분해효소	흰머리, 분홍피부
알캅톤뇨증 (alcaptonuria)	0.4	티로신 대사	호모젠티신산 산화효소	흑색뇨, 관절염

02. 뉴클레오타이드와 핵산

핵산(nucleic acid, NA)은 뉴클레오타이드(nucleotide)라고 하는 핵산의 기본 단위가 일정한 순서로 배열되어 정보를 암호화한 중합체이다. 기본적인 핵산으로 디옥시라이보핵산(deoxyribonucleic acid, DNA)과 라이보핵산(ribonucleic acid, RNA)은 유전인자 및 유전정보의 전달물질로 작용한다.

1 핵산의 기본 구성

핵산의 기본단위인 뉴클레오타이드는 고리형의 염기, 당, 인산으로 구성되어 있다. 질소를 함유하는 염기는 퓨린(purine)과 피리미딘(pyrimidine)으로 구분된다. 퓨린은 2개의 고리화합물로 피리미딘 고리화합물을 닮은 육각형과 이미다졸(imidazol) 구조의 오각형 고리화합물이 서로 붙어 있고, 피리미딘은 2개의 질소를 포함한 육각형 탄소고리 모양을 이루는 방향족 화합물이다. 퓨린 염기로는 아데닌(adenine, A)과 구아닌(guanine, G)이 있고, 피리미딘 염기는 사이토신(cytosine, C), 우라실(uracil, U), 티민(thymine, T)이 있다. 핵산을 구성하는 당으로는 디옥시리보오스(deoxyribose)와 리보오스(ribose)가 있다[그림 8-6]. DNA와 RNA는 염기와 당이 결합된 뉴클레오사이드에 인산기(Pi)가 결합된 뉴클레오타이드들이 포스포다이에스터결합(phosphodiester bridge)에 의해 3'-5'으로 연결된 폴리뉴클레오타이드를 말한다. 이 중 RNA을 구성하는 염기는 티민 대신 우라실, 당은 리보오스이다 [그림 8-6].

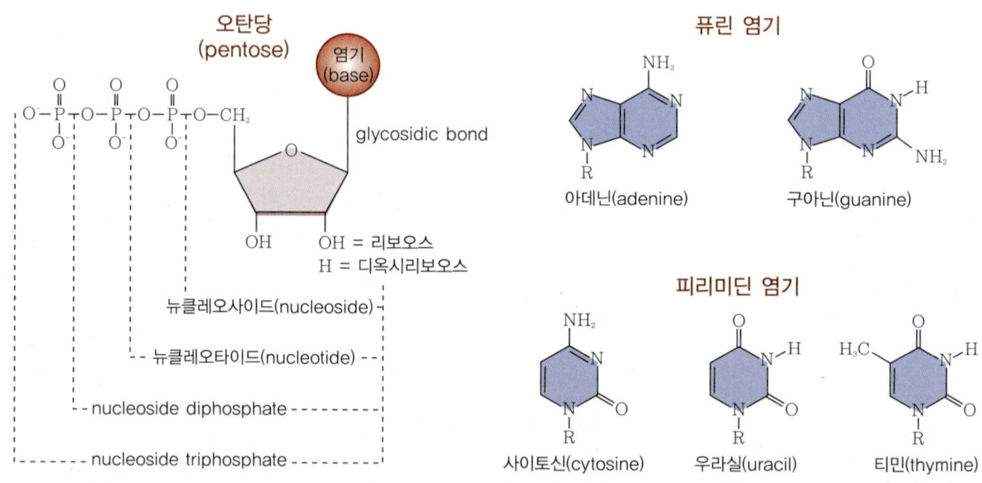

【그림 8-6】 핵산의 구성

2 뉴클레오타이드와 핵산의 기능

뉴클레오타이드는 DNA, RNA의 구성단위 외에도 모든 세포에서 여러 가지 중요한 역할을 하고 있다. 특히 화학에너지의 중요한 운반체로 주로 ATP는 에너지 대사과정에 쓰이며, GTP는 단백질 합성과정에서 이용되는 화학적 에너지원이다. 조효소 A(CoA), NAD$^+$, FAD 등은 여러 화학적 기능을 담당하는 효소들의 조효소로서 그들의 구조에 아데노신 뉴클레오타이드를 갖는다. 또한 UDP-글루코오스와 CDP-다이아실글리세롤과 같은 활성형 중합체의 구성성분으로 유당과 지방산 생합성에 관여하기도 한다. 또한 cAMP(adenosine 3′, 5′-cyclic monophosphate), cGMP(guanosine 3′, 5′-cyclic monophosphate) 등은 세포의 이차전령(secondary messenger)으로 작용한다. cAMP는 호르몬 등의 신호에 의해 활성화된 아데닐 사이클라아제(adenyl cyclase)에 의해 ATP로부터 합성되며 모든 세포에서 조절자 역할을 한다[그림 8-7].

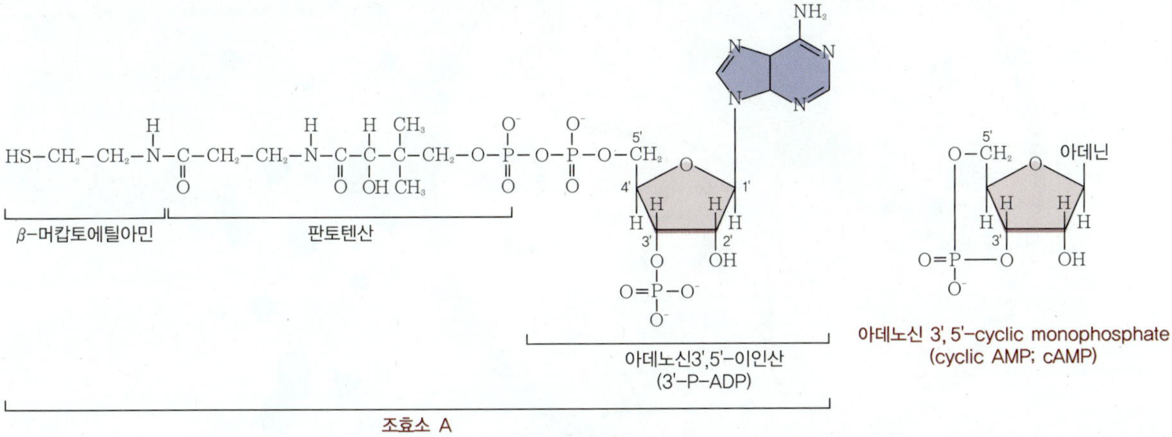

【그림 8-7】 아데노신을 함유한 조효소 A와 cAMP 뉴클레오타이드 구조

03. 유전 정보와 단백질 합성

1 유전정보의 보존과 전달

DNA는 유전정보를 안정적으로 저장하고 있는 기구로서, 이 유전적 암호는 세포의 한 세대에서 다음 세대로 변함없이 전달되어야 한다. 수많은 단백질, 효소 등이 참여하여 동일한 DNA 복사본을 만들어내는 과정을 복제(replication)라 한다. DNA 복제는 정교하게 이루어지지만 외부환경인 자외선, 방사선, 산화제, 알킬화제 등에 의해 끝없이 손상을 받는다. 생체는 이 손상을 제거하기 위해 다양한 DNA 수복(repair) 시스템을 보유하고 있다. 전사(transcription)는 단일가닥의 DNA를 주형으로 mRNA를 합성하는 과정으로 RNA의 합성과 변형을 포함한다. 핵에 존재하는 DNA의 염기에 나타난 유전암호는 전령 RNA인 mRNA에 전사되어 세포질로 운반된다. 세포질 내에서 mRNA는 단백질 합성의 주형(template)으로 작용한다. 번역(translation)은 아미노산들이 tRNA와 결합하여 mRNA의 유전암호에 따라 rRNA 분자를 이용하여 폴리펩타이드 사슬인 단백질을 합성하는 과정이다[그림 8-8].

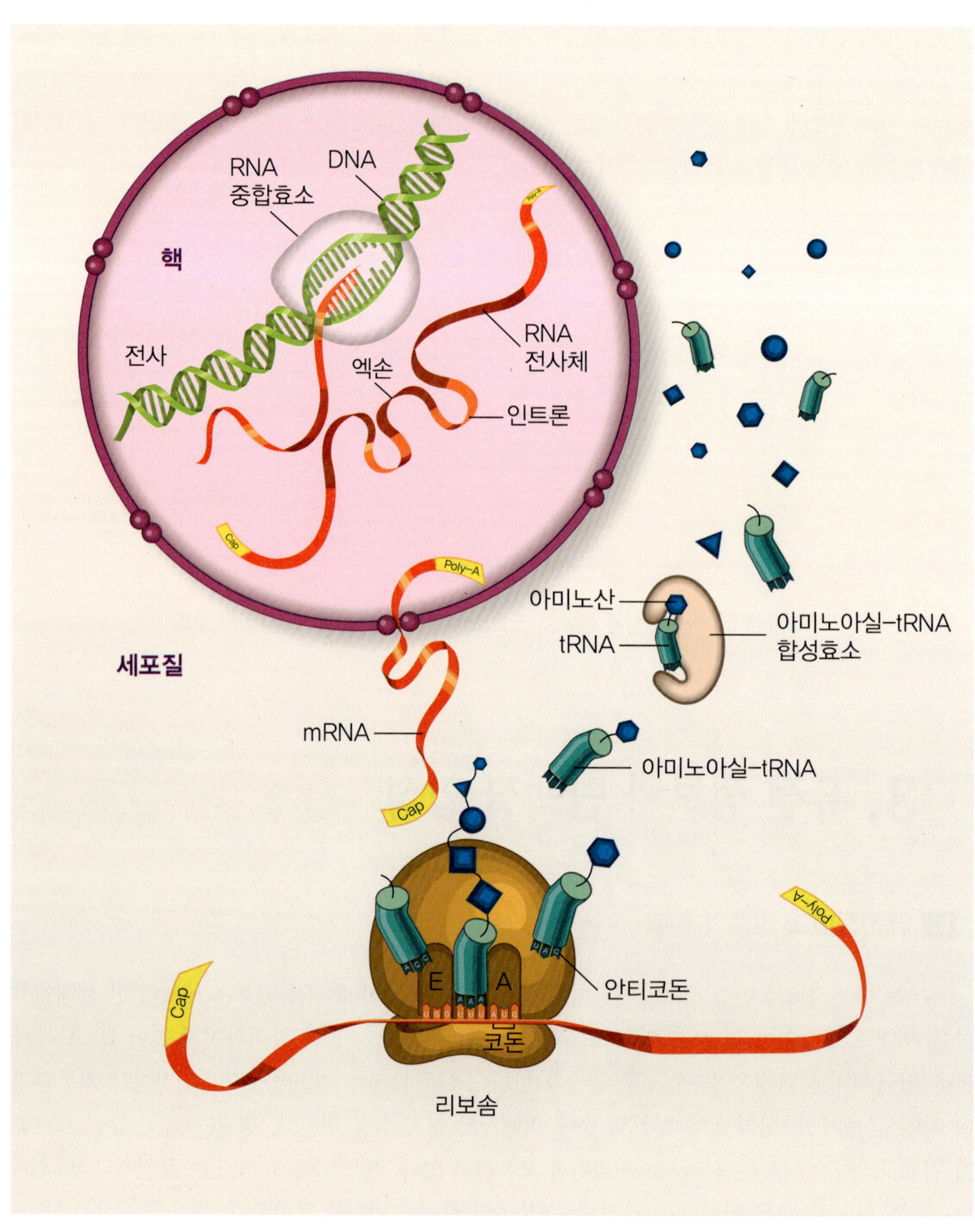

【그림 8–8】 유전 정보 흐름에 따른 단백질 생성 과정

2 단백질 합성

　단백질의 합성은 리보솜, mRNA, tRNA 및 여러 단백질 인자들을 필요로 하는 복잡한 과정으로 단백질 합성을 위해 먼저 아미노산이 tRNA에 결합되어 활성화되면 사슬 개시(chain initiation) 단계로 아미노아실-tRNA가 리보솜 및 mRNA와 복합체를 형성한다. 이 복합체에 두 번째 아미노아실-tRNA가 결합되어 아미노산들 사이에 펩타이드 결합이 형성되는데 이를 사슬 신장(chain elongation)이라고 한다. 폴리펩타이드 사슬이 완성될 때까지 사슬 신장이 반복되고 마지막 단계에 사슬 종결(chain termination)이 일어난다[그림 8-8]. 각각의 단백질은 고유의 변형 과정을 거친 후 독특한 접힘(folding) 과정을 통해 단백질의 안정된 3차 구조를 형성한다.

　건강한 성인의 경우 체중의 약 15%가 단백질이다. 체단백질의 거의 절반은 근육 단백질이고 피부와 혈액 단백질이 약 15%, 대사적으로 활발한 간, 신장이 약 10% 정도, 그 나머지를 뇌, 폐, 심장, 뼈 등이 차지한다. 이러한 단백질은 정상적인 영양 상태에서는 분해와 재합성이 동적 평형 상태(dynamic equilibrium)에 있으나 영양 상태, 감염여부, 스트레스에 따라 생합성과 분해의 속도가 조정된다. 즉 심한 영양불량이나 굶주림은 mRNA의 절대량과 활성을 감소시켜 단백질 합성, 특히 혈장 단백질, 소장점막 단백질 등 반감기가 짧은 단백질은 그 합성이 2/3로 감소되고 근육 단백질은 거의 합성되지 않는다. 이는 더 필수적인 단백질의 합성을 위한 아미노산의 공급과 아미노산의 이화를 통한 에너지원으로의 활용을 위해서이다.

04. 유전자 발현과 조절

　세포의 단백질 농도를 조절하는 유전자의 발현은 DNA 안정성에서부터 유전자의 활성화, 전사 및 가공, 단백질 합성 및 변형에 이르는 모든 단계에서 조절이 가능하다. 영양소의 유전자 발현과 조절기전은 영양소가 유전자의 안정성에 영향을 주거나, 직접적인 영양소의 작용 또는 대사산물을 통해 유전자 전사인자(transcription factor)를 활성화 또는 신호전달체계에 영향을 주어 전사를 조절하고, 단백질 합성과 분해 그리고 표적화 등의 과정에 참여하여 유전자 발현을 조절한다[그림 8-9].

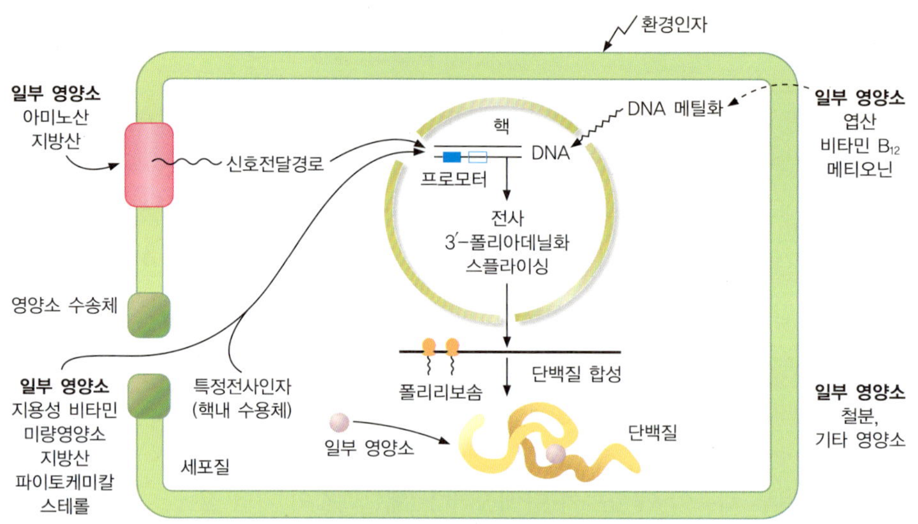

【그림 8-9】 영양소에 의한 유전자 발현 조절

유전자 조절 영양소로는 지방산, 콜레스테롤, 포도당, 지용성 비타민 등이 대표적이며, 특정 전사인자(transcription factor)에 결합하는 리간드로 작용한다. 전사인자는 핵으로 이동한 후 특정유전자의 조절 부위 내에 있는 DNA 반응배열(response element)에 결합함으로써 유전자 발현 속도를 조절한다. 이로서 인체 내에 존재하는 영양소의 변화와 고갈에 따라 각 영양소의 대사에 관여하는 효소 단백질의 생성은 적정하게 변화하고 유지된다. 단백질 합성에는 많은 에너지가 필요하다. 따라서, 생체의 사용가능한 에너지의 효율적인 이용면에서도 유전자 발현의 조절은 중요하다.

05. 효소

모든 생명체는 수많은 화학반응으로 대사활동이 활발하다. 이러한 변환 반응은 대개 효소(enzyme)에 의해 매개된다. 효소는 대사반응을 촉매하는 특별한 단백질(가끔은 RNA)로 화학반응을 촉진시킨다. 대사경로는 효소들이 순서대로 작용하여 형성된다. 이들 경로에 의해 영양물질들이 분해되고 에너지의 유용한 형태인 ATP가 생성된다. 또한 수많은 생체 합성의 과정이 활성화되어 생체 유지에 필요한 생성물들이 만들어진다.

1 효소의 특성

효소는 촉매력(catalytic power), 특이성(specificity), 조절(regulation)이라는 공통된 특성을 가진다. 촉매력은 반응의 속도를 증가시키는 것으로 효소는 반응이 일어나기 위해 필요한 활성화 에너지를 낮춤으로써 반응의 표준 자유에너지(ΔG°)를 변화시키지 않고 반응속도를 높일 수 있다[그림 8-10].

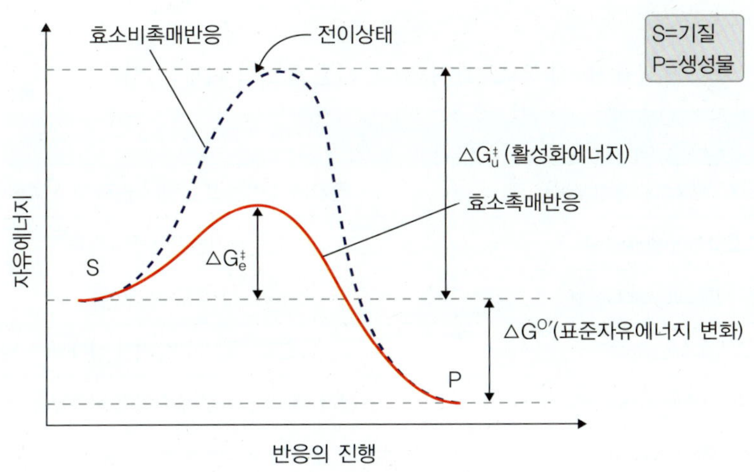

【그림 8-10】 활성화 에너지의 효소반응

효소는 자신이 작용하는 대상물질(기질, substrate)과 자신이 촉매하는 반응 모두에 대해 선택적인 특성을 가지며 이를 효소의 특이성(specificity)이라고 한다. 효소 단백질 표면에 활성 부위(active site)를 가지고 있어 한 종류의 화학 반응, 한 개 또는 소수의 기질과 반응한다.

조절(regulation)은 대사의 통합과 조절을 위하여 필수적이다. 조절방법은 생성되는 효소 단백질의 양을 조절하거나 대사과정의 저해제, 활성제와 신속히 결합하거나 해체되는 가역적 상호작용에 의해 가능하게 된다. 대부분의 효소는 단백질이므로 효소의 조절기능은 단백질의 구조적 특성에서 유래한다. 그 대표적인 예로 다른자리입체성 효소(allosteric enzymes)가 있다. 다른자리입체성 효소는 기질과 반응하는 활성 부위 외에 조절인자와 결합할 수 있는 조절(다른자리입체성)부위를 가지고 있으며 조절인자에 의해 활성이 저해되기도 하고 촉진되기도 한다.

되먹임저해(feedback inhibition)는 연속반응의 최종 산물이 반응경로의 첫 번째 반응을 저해하기 때문에 최종산물 저해작용(end-product inhibition)이라고도 한다. 최종산물이 과다하게 존재할 때는 일련의 반응 전체가 정지되어 중간산물의 축적을 막을 수 있기 때문에, 되먹임저해는 효율적인 또 다른 조절기전이다

2   효소의 명명법

효소는 전통적으로 그 효소의 기질 이름에 어미 '~아제(~ase)'를 첨가하여 명명하며, 예를 들어 인산기 가수분해효소를 포스파타아제(phosphatase, 탈인산효소)라고 부른다. 그러나 단백질분해효소(protease, 프로테아제)인 트립신, 펩신 등과 같이 활성과 관계가 적은 이름도 있다. 따라서 국제효소위원회에서 촉매반응의 유형에 따라 모든 효소들을 6종류로 분류하고 정식으로 명명하게 되었다[표 8-3].

【표 8-3】 국제효소위원회에 따른 효소의 체계적 분류

분류명	촉매 하는 반응의 유형
산화환원효소(oxidoreductases)	전자(수소이온 또는 수소원자)의 산화환원반응
전이효소(transferases)	기능기의 전달반응
가수분해효소(hydrolases)	가수분해반응
분해효소(lyases)	이중결합으로의 기능기의 첨가 또는 역반응
이성질화효소(isomerases)	분자 내 기능기 전이에 의해 이성질체 생성 반응
연결효소(ligases)	ATP 분해와 짝지어진 축합반응으로 두 기질의 결합

3   보조인자와 보조효소

많은 효소들은 그들의 촉매활성이 단백질의 특이적인 구조만으로도 가능하지만, 또 다른 많은 효소들은 보조인자(cofactor)라 불리는 비단백질 성분을 필요로 한다. 보조인자는 금속이온 Fe^{2+}, Mg^{2+}, Mn^{2+}, Zn^{2+} 등일 수도 있고 보조효소(coenzyme)라 불리는 유기분자일 수도 있다. 이들은 아미노산 곁사슬의 반응보다 더 다양한 화학적 기능을 효소에 부여한다. 많은 보조효소들은 그 자체가 비타민이거나 그 구조에 비타민을 포함하고 있다. 보통 보조효소는 효소의 촉매작용에 활발히 참여하며, 기질이 생성물로 전환되는 과정에서 종종 특정 기능기(functional group)의 중간 운반체로 작용한다. 대부분의 보조효소는 효소와 공유결합 등으로 단단히 결합되어 분리가 어렵고 이렇게 결합된 보조효소는 효소의 보결분자단(prosthetic group)이라고 한다. 보조효소나 보조인자(금속이온)와 결합되어 완전한 촉매작용을 가지고 있는 효소를 완전효소(holoenzyme)라고 하고, 그 효소의 단백질 부분만을 아포효소(apoenzyme) 또는 아포단백질(apoprotein)이라고 한다.

확인해봅시다

1. 탈아미노화 된 아미노산의 탄소골격인 α–케토산은 인체에서 어떻게 이용되는가?

2. 불필수 아미노산의 합성과정을 설명하고 관련된 효소와 조효소에 대해 설명하시오.

3. 요소 생성을 위한 대사는 탄수화물의 어떤 대사와 밀접한 관련이 있는지 설명하시오.

4. 아미노산에서 유래한 생리활성물질은 어떤 것이 있는지 나열하시오.

5. 유전정보로부터 단백질 생합성이 이루어지는 과정을 설명하시오.

6. 효소의 공통적 특성은 무엇이며 보조인자 및 보조효소로 작용하는 영양성분은 무엇이 있는지
   나열하시오.

09

에너지 대사

영양섭취의 최우선 목표는 신체의 에너지 필요를 충족시키는 것이다. 에너지 공급의 불균형은 일부 국가에서는 식량부족으로 유아 조기사망, 성장지체 등 건강장애가 나타나고 한편 미국을 비롯한 선진국 및 우리나라에서는 과잉된 에너지 섭취로 인한 비만이 많은 사람의 관심사가 되고 있다. 이러한 에너지 영양의 양극화는 학문적 과제일 뿐 아니라 정치 사회적 이슈이기도 하다.

인체 에너지에 관한 학문적 발전은 18세기에 시작되었으며 유럽, 미국의 학자들이 에너지 대사에서 산소의 중요성을 입증하였다. 그 후 식품의 산화로 발생되는 에너지를 열량으로 측정하는 방법이나 도구들이 개발되었다. 20세기 초에는 미량영양소에 대한 연구가 집중적으로 이루어지면서 에너지 대사에 관한 학문적 관심이 약화되었으나 최근에는 비만 등의 문제로 에너지 대사에 관한 연구들이 매우 활발하다.

01. 인체의 에너지 체계

  인체는 생명유지, 성장, 신체활동 등에 에너지가 필요하다. 에너지의 원천은 태양에너지로서 식물은 광합성을 통해 탄수화물을 생성하며 이를 바탕으로 사람은 동식물성의 식품을 얻게 된다. 동식물성 식품의 탄수화물, 지질, 단백질은 그 구성단위인 포도당, 지방산 및 아미노산으로 소화흡수되어 각 산화 과정을 거쳐 세포 내 호흡(cellular respiration)으로 알려진 공통의 대사과정을 거친다. 이 과정에서 식품 에너지는 ATP로 보존되어 인체에너지로 활용된다[그림 9-1].

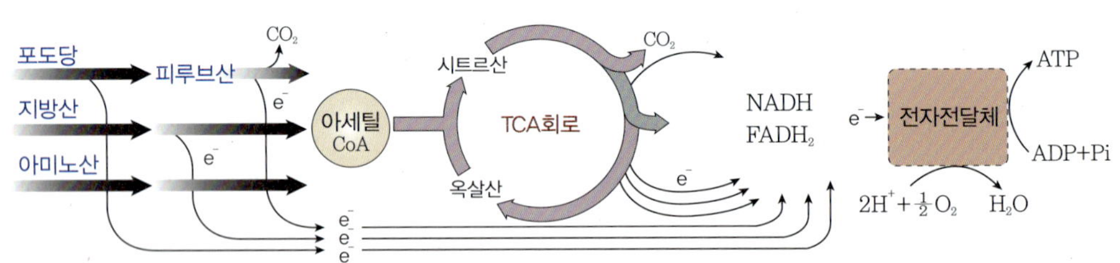

【그림 9-1】 에너지 영양소의 대사 개요

1 에너지 영양소와 ATP생성

  포도당, 지방산, 아미노산에 내재한 에너지는 급작한 연소로 모든 에너지를 열로 발산하는 것과는 달리 이화과정의 여러 단계를 거치면서 미토콘드리아에서 이루어지는 전자전달에 의해 화학적 에너지인 ATP로 전환된다. 식품에너지의 약 25~40%는 ATP로 전환되고 그 나머지는 열로 발산되어 체온을 유지한다.

  ATP는 아데노신에 3개의 인산기가 결합한 화합물로 마지막 인산 결합은 인체가 에너지를 필요로 할 때 쉽게 분해된다[그림 9-2]. ATP는 ADP와 무기인산염(Pi)으로 나누어지고 이 과정에서 7.3 kcal/mol가 방출되어 신체의 근육활동, 신경전달, 대사 작용 등을 수행하는 기본 에너지로 사용되어 생체에너지의 유통화폐로 통한다. 또 기계적, 전기적, 열에너지 등의 다목적으로 전환될 수 있어 에너지의 금화라고 불리기도 한다.

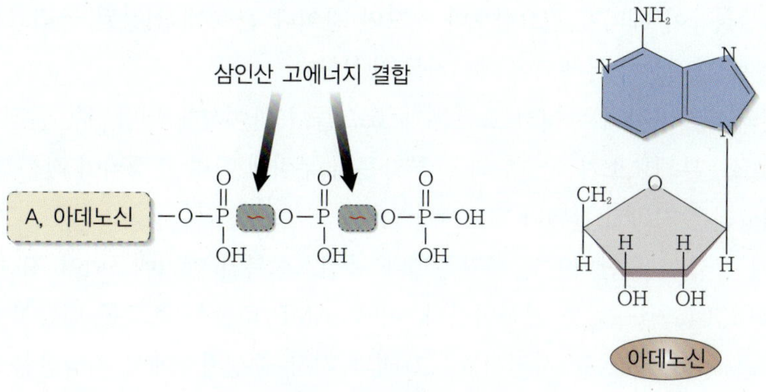

【그림 9-2】 ATP의 구조

에너지 소모란 ATP가 ADP와 Pi로 분해되는 것으로 볼 수 있다. 휴식 상태에 비교하여 격렬한 운동을 할 때는 ATP가 많이 요구되어 ATP의 생성도 여기에 맞추어 빠르게 조절된다. 즉 휴식 상태에서는 ATP/ADP의 비가 높고, 활동 시에는 이 비율이 저하되면서 ATP 합성은 가속화된다. 에너지 대사를 조정하는 호르몬인 인슐린, 글루카곤, 글루코코르티코이드, 부신호르몬 등의 작용으로 ATP 생성은 비교적 일정하게 유지된다.

2 인체 저장 에너지와 그 이용

인체가 필요 이상의 에너지를 섭취할 경우 포도당은 글리코겐으로 여분의 포도당, 아미노산, 지방산은 모두 지방으로 전환되어 저장된다[그림 9-3]. 알코올도 에너지원(7 kcal/g)으로 사용되거나 체지방으로 전환되어 저장된다.

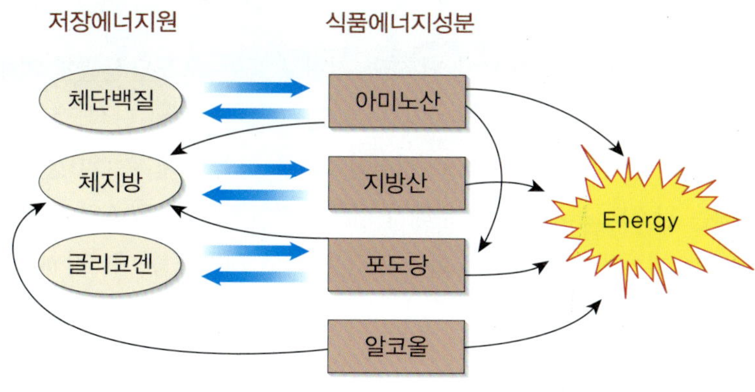

【그림 9-3】 체내 저장에너지의 생성과 이용

반면 에너지 섭취량이 에너지 필요량보다 적으면 간이나 근육에 저장된 글리코겐, 지방조직의 중성지방이나 체내 단백질이 분해되어 에너지를 생성한다.

저장에너지원의 대사과정에는 여러 호르몬과 효소들이 관여하게 된다. 즉, 글리코겐 대사에는 글리코겐 합성효소, 분해효소가 인슐린과 글루카곤의 분비에 따라 조정되며 하루 밤 정도의 단식으로 저장 글리코겐은 거의 고갈된다.

장기간 에너지 공급이 중단되면 글루카곤이나 부신호르몬인 에피네프린이 지방조직의 아데닐 사이클라아제(adenylate cyclase)를 활성화한다. 이어 cAMP 의존성 호르몬 민감성 지방 가수분해 효소(hormone-sensitive lipase)를 자극하고, 그 결과 저장 중성지방에서 지방산을 유리하여 혈액 중으로 방출한다[그림 9-4]. 이때 반응하는 지방조직은 백색지방조직이 중심이 된다. 이에 반하여 갓 태어난 포유류나 추위에 노출된 동물들은 갈색지방조직이 발달되어 있다. 갈색지방조직은 추위에 대응하여 분비되는 호르몬인 노르에피네프린에 민감하여 지방분해가 촉진된다. 이 경우 짝풀림단백질(uncoupling protein)혹은 열생성제(thermogenin)라 불리는 단백질에 의해 ATP 생성효율은 감소되고 열생산이 증가되어 추운 환경에 적응할 수 있게 된다[그림 9-5].

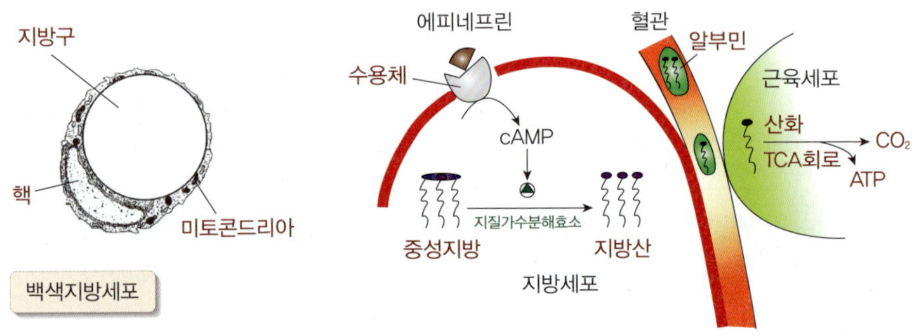

【그림 9-4】 백색지방세포와 저장지방 이용

포도당을 주 에너지원으로 하는 세포인 뇌조직, 적혈구 등은 포도당신생에 의해 포도당을 공급받는다. 포도당신생은 주로 간에서 이루어지고 그 전구체는 지속된 단식으로 필요성이 적어진 소화 관련 단백질, 근육단백질 등의 분해로 얻어진 아미노산들이다. 수 일 동안의 단식 후에는 근육단백질의 분해는 감소되고 체지방의 분해가 가속화되어 아세틸 CoA의 생성이 과잉된다. 이때 에너지 대사체계는 케톤체 생성이 활성화되고 각 조직도 케톤체를 에너지원으로 활용하게 적응한다.

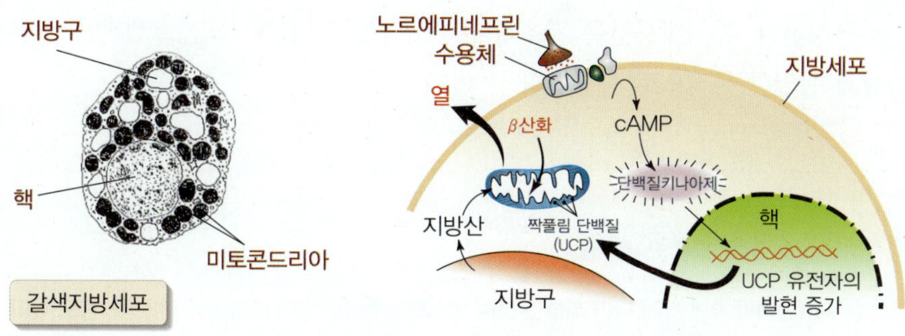

【그림 9-5】 갈색지방세포와 저장지방 이용

02. 인체 에너지 대사량

인체가 소모하는 에너지는 기초대사량(또는 휴식대사량), 활동대사량, 식이성 발열효과 및 적응대사량이 있다. 이들이 인체 에너지 소모에서 차지하는 비율은 일반적으로 휴식대사량이 60~75%, 활동대사량이 15~30%, 식이성 발열효과가 10% 수준에 달한다[그림 9-6].

1 기초대사량 또는 휴식대사량

기초대사량(basal energy expenditure, BEE)이란 인체가 생명을 유지하기 위한 최소한의 에너지로 의식적 근육활동은 전혀 없는 완전한 휴식상태에서 체내 항상성 유지에 필요한 에너지량이다.

기초대사량 측정은 식후 10~12시간이 경과하여 음식의 흡수가 끝나고 정신적, 육체적으로 완전한 휴식상태에서 측정하는 것으로 보통 이른 아침 18~20℃의 실내에서 신체적 활동을 시작하기 전 누운 상태로 측정한다. 개개인의 기초대사는 일정하여 1일 대사량의 변동은 적다.

휴식대사량(resting energy expenditure, REE)은 식사 몇 시간 뒤 아무런 육체적 활동 없이 편안한 자세로 앉았거나 누워 있는 상태에서 정상적인 신체기능과 체내 항상성 유지에 필요한 에너지량이다. 식사 또는 심한 운동 후 4~5시간

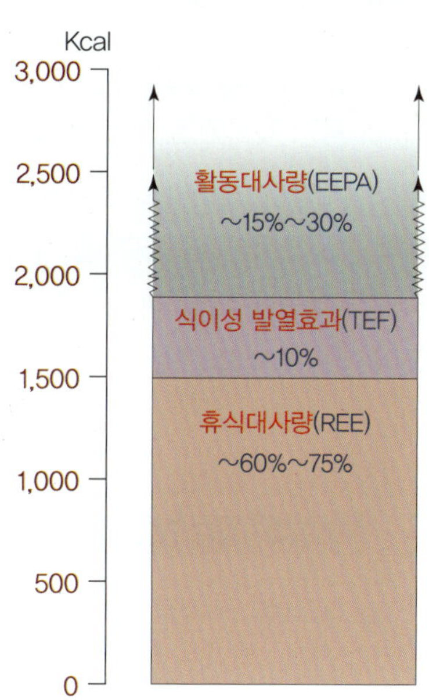

【그림 9-6】 에너지 소모의 요인들

이상 경과 후 측정한다. 휴식대사량은 기초대사량 보다는 그 값이 조금 크겠지만 측정이 용이하여 기초대사량과 동일한 목적으로 사용된다.

기초대사량에 영향을 주는 요인들

① 체표면적: 체표면적이 크면 그에 따라 피부를 통해 발산되는 에너지량이 증가하여 기초대사량도 높다.
② 연령: 신생아기부터 점차 증가하여 2~3세 경에 가장 높고 이후 줄어들어 20세를 전후하여 중년까지는 일정하게 유지된 후 노년기에는 상당히 감소하는 경향을 보인다. 이는 근육조직과 지방조직의 구성비가 변하기 때문으로 본다. 또한 체중에서 장기가 차지하는 비중은 나이가 어릴수록 크기 때문이다.
③ 성별: 여자는 남자에 비하여 근육량이 적어 5~10% 낮은 기초대사량을 보인다.
④ 체온: 체온이 1℃ 상승할 때 에너지 대사량은 7~8%가 증가한다.
⑤ 호르몬: 갑상선 기능 항진증은 기초대사율이 최대 75%까지 증가하고 성장 호르몬, 부신 호르몬 등은 기초대사량을 증가시킨다.
⑥ 임신·수유기, 월경 직전에는 기초대사량이 높아진다.
⑦ 에너지 영양소 공급의 부족은 기초대사를 감소시키며 과잉의 경우는 항진된다.
⑧ 수면 시에는 기초대사량이 10% 정도 감소한다.
⑨ 카페인·니코틴·스트레스 등도 기초대사량을 증가시킨다.

2 활동대사량

사람은 어떤 종류의 활동을 하더라도 근육의 수축 운동이 필요하며 이 때 기초대사량 이상의 에너지를 소모하게 되어 이를 활동대사량(energy expenditure in physical activity, EEPA)이라 한다. 활동대사량은 개인의 활동패턴에 따라 크게 차이가 나서 환자의 경우는 총 에너지 소모의 10%, 직업 운동가들에서는 50%를 차지한다. 중등도의 활동을 하는 사람에서는 총 에너지 소모량의 약 30%가 활동에 의한 것으로 본다. 강도 높은 활동이나 의도적 운동은 기초대사율의 10~12배 정도의 에너지 소모를 할 수 있다.

활동대사량에 영향을 주는 요인들

- 활동강도: 뛰어 오르기, 수영 등은 활동대사량이 아주 높다.
- 시간: 낮은 강도 활동도 지속 시간이 길면 에너지 소모량은 증가한다.
- 체중과 체구성분: 체중과 근육량에 따라 활동대사량에 차이가 난다.

3 식이성 발열효과

섭취한 식품이 소화흡수 되는 과정과 각 영양소가 체내에서 운반, 대사되는 과정에서 기초대사량 이상으로 소모되는 에너지를 식이성 발열효과(thermic effect of food, TEF)라 한다. 혼합식을 했을 경우 총 에너지 소모의 10% 정도로 에너지 영양소의 구성비에 따라 달라진다. 단백질 섭취가 가장 높은 발열효과(20~30%)를, 지질 섭취는 낮은 발열효과(0~5%)를 보인다. 고추, 칠리 등의 향신료, 카페인 등도 발열효과를 증가시킨다.

4 적응대사량

적응대사량은 인체가 환경의 변화에 적응하기 위해 소모하는 에너지로 추위에 노출되거나, 과식, 부상 등의 상황에서 열이 발생하여 소모되는 에너지이다. ATP를 생성하는 산화적 인산화 과정의 효율이 감소하며 열생성이 활성화된 것으로 자율신경계의 활성화, 갑상선 호르몬의 분비 증가 등이 관련된 것으로 알려져 있다. 또한 장기간의 기아상태에서는 기초대사율(basal metabolic rate, BMR)이 현저히 떨어진다. 적응대사량은 총 에너지 소모량의 ±10% 정도로 일반적인 인체 에너지 필요량 계산에서는 제외한다.

03. 에너지 측정법

사람이 소모하는 에너지는 에너지원 이용에서 발생하는 열량을 직접 측정하거나 에너지 생성에 소모된 산소량을 계량하여 간접적으로 결정할 수 있다. 식품 에너지는 식품이 연소할 때 발생하는 열량으로 측정한다.

1 측정 단위

에너지를 양적으로 표시하는 단위로는 칼로리(calorie, cal)와 줄(joule, J)이 있다. 1칼로리는 물 1 mL를 섭씨 14.5℃에서 15.5℃로 상승시키는 열량으로 정의한다. 식품영양학에서 사용하는 에너지는 1000 칼로리를 단위로 하여 kcal를 사용한다. 미국에서는 Cal로 영양정보 등에서 식품에너지가를 표시한다.

줄은 미터법에 의한 에너지의 측정단위로 최근 과학영역에서 사용되는 국제단위다. 1줄은 1 kg

이 물체를 1 m 이동시키는데 필요한 힘인 1뉴톤으로 물체를 1미터 이동시키는데 필요한 에너지로 정의된다. 칼로리는 열량의 의미가 강한 반면 줄은 역학적 에너지의 표현이다. 이 두 단위의 상호 전환은 1 kcal=4.184 kJ로 환산될 수 있다. 우리나라 식품 분석표를 비롯한 영양섭취기준 등에는 에너지가를 칼로리로만 나타내고 있으나 미국, 일본 등의 등 영양관련 문헌에는 줄 단위도 함께 표시하고 있다.

2 식품에너지 측정법

식품 에너지는 봄 칼로리미터(bomb caloriemeter, 폭발 열량계)로 측정하는데, 식품 시료가 연소할 때 발생하는 열이 물의 온도를 상승시키는 것을 측정하여 칼로리로 환산한다[그림 9-7]. 봄 칼로리미터는 내부 연소장치가 폭탄과 같은 장방형의 형태이며 완전절연체로 중심부에 시료를 담고 순수한 산소를 채운 후 전류를 통하면 연소로 얻어진 열이 주위에 있는 물의 온도를 상승시킨다. 상승된 수온은 특수 온도계로 1/1000℃까지 읽을 수 있어 발생된 열을 칼로리로 환산할 수 있다.

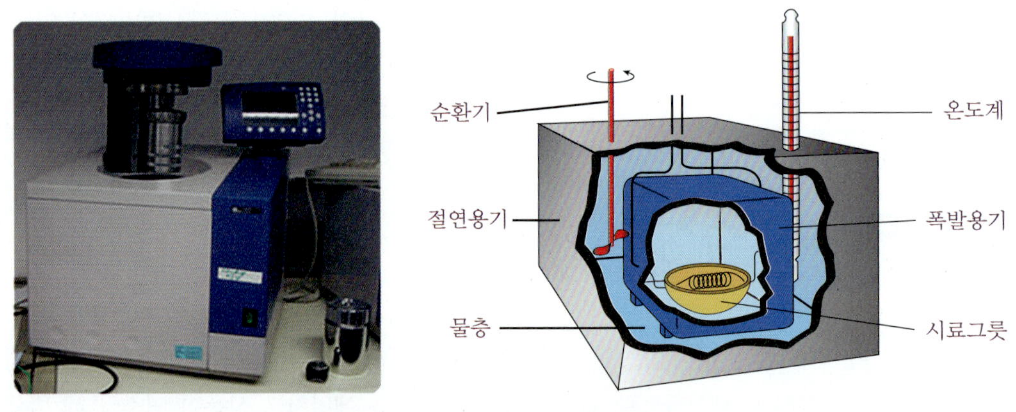

【그림 9-7】 봄 칼로리미터의 단면도

봄 칼로리미터로 측정한 탄수화물, 단백질, 지질, 알코올 1 g의 발생열량은 4.1, 5.65, 9.45, 7.1 kcal이다[표 9-1]. 칼로리미터 안에서는 모든 에너지 영양소가 완전 연소하나 체내에서는 아미노산의 질소는 연소하지 못하고 소변으로 배설된다. 또 섭취한 식품 중 탄수화물은 98%, 지방은 95%, 단백질은 92%가 평균적으로 소화흡수 되기 때문에 체내에서 사용할 수 있는 에너지는 소화율과 배설되는 요소 등의 질소화합물을 고려하여 계산하고 생리적 에너지가(physiological energy value)라 부른다. 결과적으로 각 영양소 1 g당 탄수화물 4 kcal, 지질 9 kcal, 단백질 4 kcal, 알코올 7 kcal가 되고 이 값을 애트워트계수(atwater factor)라고도 한다.

【표 9-1】각 에너지 영양소의 생리적 에너지가

에너지 급원	총에너지(a) kcal/g	소화흡수율(b) %	에너지 손실(c) kcal/g	생리적 에너지가	
				(a×b)-c kcal/g	상용가 kcal/g
탄수화물	4.1	98	0	4.01	4.0
지질	9.45	95	0	8.98	9.0
단백질	5.65	92	1.25(소변으로)	4.05	4.0
알코올	7.1	100	0.1(호흡으로)	7.0	7.0

3 인체 에너지 대사량 측정법

인체 에너지 소모량을 측정하는 방법으로는 직접 열량측정법과 간접 열량측정법이 있다.

(1) 직접 열량측정법

실험대상자의 신체에서 발생하는 열량을 직접적으로 측정하는 방법으로 칼로리메터 방(calorimetery chamber)을 이용한다. 이 장치는 내외의 열이 완전히 차단될 수 있는 특별히 제조된 방에서 실험대상자가 활동하는 동안 생성, 발산되는 열손실량을 측정한다. 열손실은 비증발성 열손실(전도, 대류, 복사)과 수증기형태의 증발성 열손실을 포함한다. 비증발성 열손실은 방 주위를 흐르는 일정량의 물에 전달되어 그 온도를 상승시키면 변화된 물의 온도를 측정하여 계량할 수 있고, 증발성 열은 방 내부 수분의 변화를 측정하여 계량한다. 이 방법은 정확성은 높으나 특수설비에 비용이 많이 들고 운영에 고도의 기술이 요구되며 실험대상자가 제한된 환경에 오래 있어야 하므로 연구의 목적 이외에는 자주 활용되지 않는다.

(2) 간접 열량측정법

인체가 소비하는 산소량과 배출하는 이산화탄소량을 측정하여 소모되는 에너지를 산출하는 방법으로 호흡계를 사용하여 산소와 이산화탄소의 양을 측정한다. 활용되는 기구들은 실험대상자의 머리에 덮개를 씌어 가스교환 비율을 측정(ventilated hood system)하는 방법과 각 활동 시의 에너지 소모를 측정하는 더글라스 가방(douglas bag) 등이 있다[그림 9-8]. 인체가 소모하는 에너지는 근본적으로 산소의 존재 하에 일어나는 에너지 영양소의 산화로부터 얻을 수 있기 때문에 소모된 산소량과 생성된 이산화탄소의 양으로부터 추정할 수 있다.

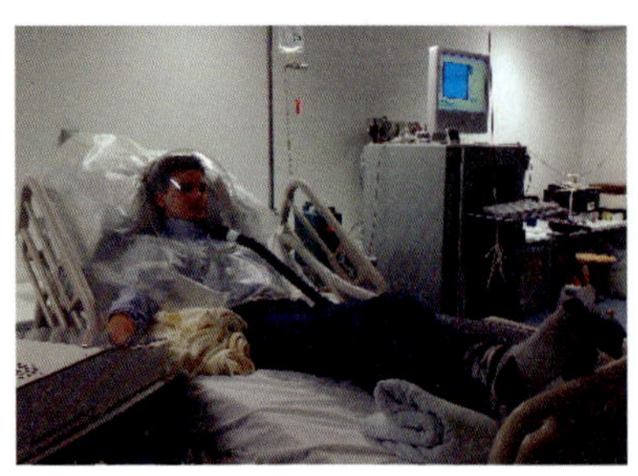
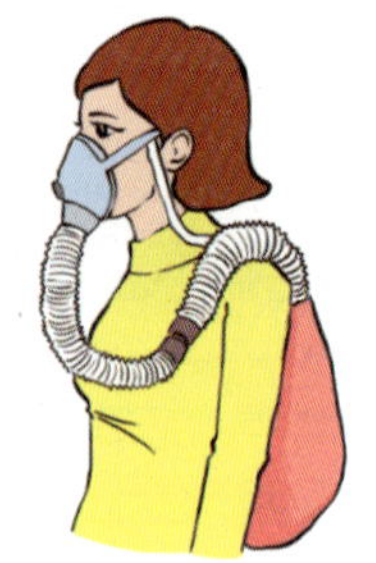

(a) Ventilated hood system   (b) Douglas bag 착용 모습

【그림 9-8】 간접 열량측정법

1) 호흡계수

호흡계수(respiratory quotient, RQ)는 호흡 시 생성된 탄산가스와 소모된 산소 양의 비를 말한다. RQ를 알면 에너지 소모량과 에너지 생성에 기여한 영양소의 조성비를 짐작할 수 있다. 이는 동일한 양의 에너지 영양소가 연소될 때 필요한 산소의 양과 탄산가스 배출량이 다르기 때문이다. 포도당은 1분자가 산화할 때 6분자의 산소가 소모되고 6분자의 이산화탄소가 생성되어 호흡계수가 1이 된다. 지질은 포도당에 비해 산소 함유량이 적어 연소될 때 더 많은 산소가 필요하여 호흡계수는 0.7이다. 단백질은 원소조성이 일정하지 않고 질소는 요소 등의 질소화합물로 소변 중으로 배설되므로 RQ가 일정하지 않으나 생성된 이산화탄소와 소모된 산소의 양 비율은 약 1:1.2가 되므로 RQ는 0.8로 간주하고 있다.

탄수화물, 단백질, 지질이 혼합된 균형식을 섭취할 경우 RQ는 0.85로 추산되며 RQ가 0.9 이상이면 탄수화물 위주의 식사, RQ가 0.7에 가까우면 고지질식을 했다고 볼 수 있다.

알아두기 9-1

■ **호흡계수와 에너지 영양소의 RQ 산출**

$$\text{호흡계수(RQ)} = \frac{\text{생성된 이산화탄소의 용적}}{\text{소모된 산소의 용적}}$$

- 포도당 $C_6H_{12}O_6 + 6O_2 \rightarrow 6CO_2 + 6H_2O$

$$RQ = \frac{6CO_2}{6O_2} = 1$$

- 지질, 중성지방(스테아르산) $2C_{57}H_{110}O_6 + 163O_2 \rightarrow 114CO_2 + 110H_2O$

$$RQ = \frac{114CO_2}{163O_2} = 0.70$$

2) 비단백호흡계수

비단백호흡계수는 실험대상자의 호흡 중 산소 소모량과 탄산가스 생성량을 일정시간 측정하고, 동일 시간에 소변으로 배설되는 질소의 양을 분석한다면 단백질의 섭취량(Ng×6.25)을 알 수 있어 단백질 산화로 소모된 산소와 생성된 탄산가스의 양을 계산할 수 있으며, 이 양을 제외한 탄수화물과 지질의 산화에 이용된 산소와 이산화탄소의 양을 산출할 수 있다. 이 때 계산된 RQ를 비단백호흡계수(non-protein respiratory quotient, NPRQ)라 한다. NPRQ를 알게 되면 지질과 탄수화물의 산화비율과 소모된 산소량을 알 수 있어 인체가 소모한 에너지를 계산할 수 있다[표 9-2]. 배출된 이산화탄소량으로도 소모열량을 추정할 수 있지만 오차가 크기 때문에 산소 소모량으로 산출한다. 운동의 종류나 경과시간에 따라 소모되는 에너지원의 변화를 연구하는데 주로 이용된다.

【표 9-2】비단백호흡계수(NPRQ)와 에너지 영양소 산화 비율

NPRQ	산소소모 비율		O_2 1L에 대한 열량(kcal)
	탄수화물(%)	지질(%)	
0.70	0	100	4.686
0.72	4.76	95.2	4.702
0.74	12.0	88.0	4.727
0.76	19.2	80.8	4.751
0.78	26.3	73.7	4.776
0.80	33.4	66.6	4.801
0.82	40.3	69.7	4.825
0.84	47.2	52.8	4.850
0.86	54.1	45.9	4.875
0.88	60.5	39.2	4.889
0.90	67.5	32.5	4.924
0.92	74.1	25.9	4.948
0.94	80.7	19.3	4.973
0.96	87.2	12.8	4.998
0.98	93.6	6.37	5.022
1.00	100	0	5.047

(3) 이중표식수법

이중표식수법(doubly labeled water technigque, DLW technique)은 총 에너지 소모량을 측정하는 간접 열량측정법의 새로운 기법으로 1982년 처음 사용된 후 많은 연구자에 의해 자료가 축적되었으며 2002년 미국, 캐나다가 설정한 에너지필요추정량은 이 방법에 의한 자료에 근거하였다.

1) 원리

이중표식수법(DLW technique)은 인체의 이산화탄소 생성량을 측정하여 에너지소모량을 산출하는 방법으로 경구로 소량의 안정된 동위원소로 표지된 ^2H_2O와 $H_2{}^{18}O$를 함유한 물을 섭취한 후 2개의 동위원소의 농도변화를 측정하는 것이다. 즉 ^2H 제거는 ^2H_2O로, ^{18}O제거는 $H_2{}^{18}O$와 $C^{18}O_2$로 제거되는 것에 바탕을 두었다. 10~14일 동안 체내 수분(소변, 침, 혈청)을 수시로 채취하여 두 동위원소의 제거율을 측정하면 그 차이를 알 수 있고 그 차이가 CO_2 생성을 반영한다. 이산화탄소의 생성량으로 간접에너지 측정과 같이 총에너지 소모량을 산출하게 된다.

2) 이중표식수법(DLW technique)의 장·단점
① 에너지 소모의 여러 요소들, 휴식대사, 식품섭취에 의한 에너지 소모, 활동에 의한 에너지소모를 포괄하는 총에너지 소모량을 측정할 수 있다.
② 시행방법이 간단하고 측정기간 동안 일상적인 생활이 가능하다
③ 무엇보다 정확한 방법이라 알려졌고, 보다 주관적인 식이 섭취기록이나 활동기록의 정확성을 검증할 수 있다.
④ 단점은 안정된 동위원소 사용경비가 비싸고 시료를 분석할 기기와 기술적으로 능숙한 전문가가 필요하다는 점이다.

04. 에너지 필요량 추정법

1 에너지 섭취량 측정법

건강한 사람이 정상적인 체중을 유지하는 식생활을 한다면 그 섭취 에너지량이 에너지 필요량이다. 즉, 섭취한 에너지영양소가 흡수 대사되어 생성된 에너지는 모두 소모된 것으로 볼 수 있다. 일반적으로 수일간의 섭취한 식품을 기록하여 1일 평균 에너지 섭취량을 산출하면 에너지 필요량이 된다.

그러나 식이섭취는 기록자에 따라 차이가 클 뿐만 아니라 섭취량을 저평가하는 경우가 대부분이다. 특히 비만자나 여자의 경우 그 정도가 크다. 실험목적으로 실험대상자가 실제 섭취하는 식품량과 동일한 양을 수집하여 봄 칼로리미터에서 에너지가를 측정하여 에너지 필요량을 추정해낼 수 있다.

2 요인 가산법

요인 가산법은 에너지 소모의 주요인들인 기초(휴식)대사량, 활동대사량, 식이성 발열효과를 모두 더하는 방법이다. 성장, 임신·수유기에는 이에 따른 에너지를 추가한다.

[1] 기초(휴식) 대사량 산출

1) 체표면적 이용법

기초대사량은 체중보다는 체표면적에 비례한다. 개인의 신장과 체중으로 체표면적을 구하고, 단위 체표면적(m^2)에 대한 에너지 소모량(kcal/시간)으로부터 기초대사량을 산출할 수 있다[그림 9-9].

> 기초대사량 = 단위 체표면적당 에너지소모량($kcal/m^2/$시간)×24시간×체표면적(m^2)

2) 산출등식 이용법

기초대사량을 성별, 연령, 체중, 신장에 따라 계산할 수 있는 등식들이 있다. 가장 간단한 방법은 아래와 같다.

> 성인 남자 기초(휴식) 대사량 = 1 kcal/시간(h)×체중 kg×24시간
>
> 성인 여자 기초(휴식) 대사량 = 0.9 kcal/시간(h)×체중 kg×24시간

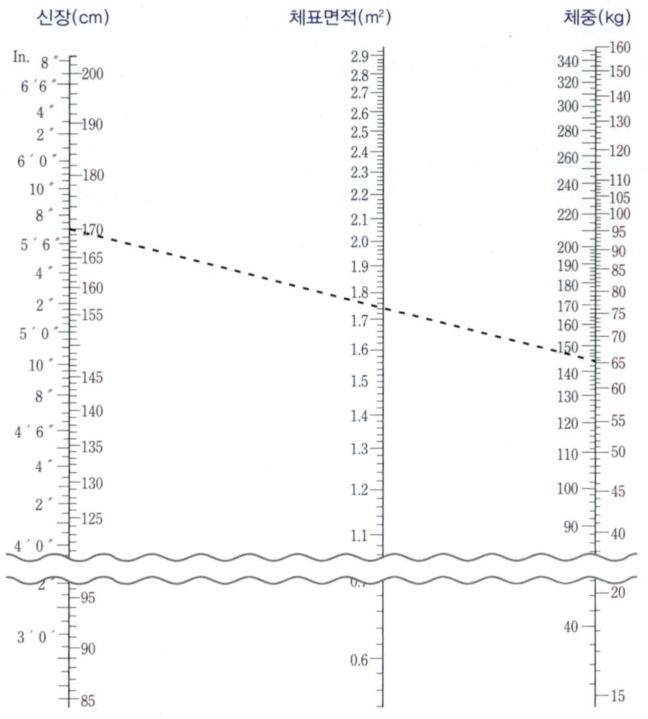

【그림 9-9】 체표면적 산출을 위한 노모그램

해리스-베네딕트 공식(Harris-Benedict Equation)은 병원에서 사용된다.

> 성인 남자 기초(휴식)대사량 = 66.5 + (13.75 × 체중 kg) + (5 × 신장 cm) − (6.75 × 연령)
>
> 성인 여자 기초(휴식)대사량 = 655.1 + (9.46 × 체중 kg) + (1.85 × 신장 cm) − (4.68 × 연령)

(2) 활동대사량 산출—활동 기록표 이용

체중이 유지되는 성인을 대상으로 각 개인의 하루 생활 활동을 분단위로 기록한다[부록 2-2]. 활동강도에 따른 단위시간(분) 당 소모된 표준 에너지량[부록 2-3]을 참고하여 활동을 위한 에너지량을 산출한다. 좀 더 간편하게 일상생활의 활동 강도를 몇 등급으로 분류한 자료[부록 2-4]를 이용하여 보다 쉽게 산출할 수 있다.

(3) 1일 총 에너지 필요량 산출

> ■ 사례 1 : 20세 여자로 체중 51 kg, 신장 160 cm이며 수면 시간은 7시간 30분이다. 기록할 활동상태[부록 2-2]는 활동군별로 2군이 595분, 3군 35분, 4군 80분, 5군 120분, 6군 100분, 9군이 50분이었다.

- 기초대사량

  ① 체표면적 산출에 의한 기초대사량

  $1.52 \text{ m}^2 \times 34.3 \text{ kcal/m}^2/\text{hr} \times 24$시간 $= 1{,}251$ kcal

  ② 수면시간에 의한 대사량 공제(수면시는 기초대사량의 90% 정도를 소모함)

  $0.1 \text{ kcal/kg/hr} \times 51 \text{ kg} \times 7.5$시간 $= 38$ kcal

  기초대사량 = ① − ② = (1,251 − 38) kcal = 1,213 kcal(A)

- 활동대사량

  15.35 kcal/kg체중 $\times 51 \text{ kg} = 783$ kcal(B)

열량소모 활동군	kcal/kg/분		소모시간 (분)		소모에너지 (kcal/kg)
1. 깨어서 누워 있는 정도의 활동	0.002	×	0	=	0
2. 앉아 있는 활동	0.007	×	595	=	4.165
3. 서 있는 활동	0.008	×	35	=	0.28
4. 일상생활 작업 활동	0.012	×	80	=	0.96
5. 아주 가벼운 활동	0.017	×	120	=	2.04
6. 가벼운 활동	0.025	×	100	=	2.5
7. 중정도의 활동	0.042				
8. 약간 심한 활동	0.067				
9. 심한 활동	0.108	×	50	=	5.4
10. 극심한 활동	0.142				

15.345 kcal/kg체중

- 식이성 발열효과

  총 에너지 필요량의 10%(C)

- 1일 총 에너지 필요량

  A+B+C=(A+B)/0.9=2,217 kcal/일

> ■ 사례 2 : 22세의 여자로 체중 51 kg, 신장 165 cm이며 1일 16시간 30분 활동하며 평균활동 등급은 C급(가벼운 노동)인 경우 에너지 필요량을 산출해 보자.

- 1일 휴식대사량: 해리스-베네딕트 공식으로 구한다.

  $655.1+(9.5×51\ kg)+(1.85×165\ cm)-(4.68×22)=1,342\ kcal/일(A)$

- 활동 대사량

  $0.79\ kcal/kg/hr×51\ kg×16.5\ hr=665\ kcal/일(B)$

- 식이성 발열효과

  총에너지의 요구량의 10%(C)

- 1일 총 에너지 필요량

  A+B+C=(A+B)/0.9=2,230 kcal/일

3 에너지 필요추정량 산출 공식 이용

이중표식수법으로 측정한 총 에너지 소모량에 기초하여 에너지 필요량 추정공식이 제시되었다
(미국·캐나다 영양섭취기준, 2002). 이 공식에 개인의 연령, 체중, 신장과 신체활동단계별 계수를 대입
하여 자신의 총 에너지 필요량을 추정할 수 있다.

05. 에너지 섭취기준과 섭취실태

1 에너지 섭취기준

에너지는 필요량 이상을 섭취하면 여분의 에너지가 체지방으로 축적되어 각종 만성질환의 간
접원인이 되기 때문에 인구집단의 평균필요량에 해당하는 에너지 필요추정량(estimated energy
requirement)만 제시한다. 다른 영양소들은 평균필요량에 개인차와 안전율을 고려하여 변이계수의
2배를 추가하여 여유 있는 권장섭취기준을 정한다.

(1) 에너지 필요추정량 산정의 근거

2015년에 설정된 한국인 영양섭취기준의 에너지 필요추정량은 미국, 캐나다 및 일본 등에서 현
재까지 가장 정확한 에너지 소비량 측정방법으로 알려져 있는 이중표식수법(DLW technique)을 근
거로 산출한 에너지필요추정량 추정공식을 이용하여 한국인의 에너지 필요추정량을 산출하였다.

이중표식수법은 고가의 이중표식수($^{2}H_{2}^{18}O$), 측정기술의 숙련, 고가의 장비 등의 단점으로 연구
자료가 제한되나 일상생활을 그대로 유지하는 상태에서 에너지소모량을 측정하여 보다 정확한 결
과를 얻을 수 있다. 이를 바탕으로 제시된 새로운 등식은 과거보다 개인적 요소들이 더 많이 추가
되어 에너지 필요량을 동일 인구 집단 내에서도 연령·체중·신장·성별·신체 활동 수준(4단계)에 따
라 다양화하였다. 일반적 등식은 아래와 같다.

총에너지 필요추정량 = α−β×연령(세)+PA[γ×체중(kg)+δ×신장(m)]

PA=신체활동단계(비활동적, 저활동적, 활동적, 매우활동적)별 계수

● 정상체중(BMI 18.5~25)의 19세 이상의 성인 남자

  에너지 필요추정량 = 662−9.53×연령(세)+활동계수*×(15.91×체중 kg+539.6×신장 m)

● 정상체중(BMI 18.5~25)의 19세 이상의 성인 여성

  에너지 필요추정량 = 354−6.91×연령(세)+활동계수*×(9.36×체중 kg+726×신장 m)

*PA(신체활동단계별계수)는 1.0(비활동적), 1.12(저활동적), 1.27(활동적), 1.45(매우 활동적)로 나뉜다. 남녀 성인의 평균 활동을 저활동적 계수인 1.11과 1.12를 각각 적용하였고 이는 시간당 5~6 km 속도로 하루에 3.5 km 정도 걷는 활동에 해당한다.

(2) 연령별 에너지 필요추정량

각 연령별 에너지 필요추정량은 [표 9-3]에 제시하였으며 19~29세 성인 남자는 2,600 kcal/일이고, 성인 여자는 2,100 kcal/일이다. 전 연령층의 성인과 노인은 앞서 제시한 동일한 공식을 적용하여 에너지 필요추정량을 산출하였다. 임신여성은 임신으로 인한 에너지 소모량의 증가와 모체조직의 축적에 필요한 에너지를 가산하여 필요추정량을 정하였고 수유부는 수유기간 중 에너지 소모량의 변화, 모유분비로 인한 에너지 및 모체의 저장 지방조직에서 사용되는 에너지를 감안하여 320 kcal/일 추가하였다.

아동 및 청소년의 에너지 필요추정량은 에너지 소비량에 성장에 따른 추가필요량으로 3~8세 아동은 20 kcal/일, 9~11세 청소년은 25 kcal/일을 더하여 산정하였다. 영아는 정상적으로 성장하는 영아들의 실제 에너지 섭취량에 근거하여 필요량을 추정하였다. 즉, 영아 전기는 모유섭취량으로 영아 후기는 모유섭취량과 이유식 섭취에너지에 근거하였다.

【표 9-3】 각 연령별 1일 에너지 필요추정량

구분	연령	신장(cm)	체중(kg)	에너지 필요추정량(kcal/일)
영아(개월)	0~5	60.3	6.2	550
	6~11	72.2	8.9	700
유아(세)	1~2	86.4	12.5	1,000
	3~5	105.4	17.4	1,400
남자(세)	6~8	126.4	26.5	1,700
	9~11	142.9	38.2	2,100
	12~14	163.5	52.9	2,500
	15~18	173.3	63.1	2,700
	19~29	174.8	68.7	2,600
	30~49	172.0	66.6	2,400
	50~64	168.4	63.8	2,200
	65~74	164.9	61.2	2,000
	75 이상	163.3	60.0	2,000
여자(세)	6~8	125.0	25.0	1,500
	9~11	142.9	35.7	1,800
	12~14	158.1	48.5	2,000
	15~18	160.9	53.1	2,000
	19~29	161.5	56.1	2,100
	30~49	159.0	54.4	1,900
	50~64	155.4	51.9	1,800
	65~74	152.1	49.7	1,600
	75 이상	147.1	46.5	1,600
임신부				+0*/340*/450*
수유부				+320

*임신 분기별 부가량   *자료: 한국영양학회, 한국인 영양소 섭취기준, 2015

연령별 에너지 평균추정량은 인구집단의 대푯값으로 단체급식의 에너지 제공량 산정이나 집단의 에너지 섭취의 적정성 평가에 활용하기 위함이다. 개개인의 활동이나 체격에 따라 에너지 필요량은 상당히 차이가 있어 개인 상담이나 개인의 섭취평가에서는 개개인의 조건에 맞는 에너지필요량을 산출하여 활용하는 것이 바람직하다.

2 한국인의 에너지 섭취실태

2013년 국민건강영양조사 보고서에 의하면 국민 1인 1일 에너지평균섭취량은 2,074 kcal로 대부분의 연령층에서 충족되고 있다. 에너지 필요추정량 대비 섭취비율은 79~98% 수준이나 비만으로 판정되는 인구 비율은 계속 상승하고 있다. 6~11세 에너지 섭취비율은 필요추정량 대비

111.9%로 가장 높았고, 65세 이상의 에너지 섭취비율은 필요추정량 대비 95.3%로 가장 낮았다. 에너지 영양소별 섭취비율은 탄수화물 65.0%, 지질 20.4%, 단백질 14.7%로 지질에너지 비율이 증가되고 있으나 현재로는 좋은 균형을 이룬다. 에너지의 주공급원은 백미, 돼지고기, 라면 순이며 성인 남자의 경우 소주가 3위로 나타나 주의가 요구된다.

06. 에너지 균형과 체중관리

사람의 체중은 에너지의 소모량과 섭취량간의 평형으로 장기간에 걸쳐 일정하게 유지된다. 성인의 경우, 에너지 섭취량과 소모량간의 단 3%(75 kcal)만 차이가 생겨도 10년 당 체중 변화는 거의 45 kg에 달한다. 에너지의 항상성 유지는 주로 섭취의 생리적 조절에 의해 이루어진다. 그러나 환경적, 인지적 인자들이 섭취 조절에 영향을 미치며, 육체적 활동의 현저한 감소로 인하여 에너지 평형에 관한 문제는 오늘날 세계적 영양문제로 대두되고 있다. 에너지 대사의 불균형은 체중의 변화와 함께 건강장애의 원인이기도 하다.

1 에너지의 섭취부족

에너지 섭취가 제한되면 먼저 체중이 감소하거나 기초대사율이 낮아지면서 에너지 결핍에 적응하려 한다. 체질량지수(body mass index, BMI)가 18 이하 또는 비체중이 80% 미만이면 심리적 불안정, 활동력과 감염에 대한 저항력 감소현상이 나타난다. 특히 폐결핵 등 각종 감염성 질환에 걸리기 쉽고 병후 회복 또한 어렵다. 가장 심각한 경우는 나이 어린 임산부로 조산을 하거나 저체중아를 분만한다. 가임기 저체중 여성들은 흔히 무월경, 월경불순을 경험하게 된다.

에너지 부족은 종교의식이나 질병치료 목적인 의도적 금식이나 빈곤, 전쟁으로 인한 식품부족에서 온다. 우리나라나 선진국에서 경험하는 에너지 섭취부족은 흔히 신경성 식사거부증에서 기인한다.

(1) 신경성 거식증

신경성 거식증(anorexia nervosa)에 대한 정의는 '체중과다에 대한 심각한 공포로 기아현상을 스스로 유도함으로써 발생한 저체중현상'으로 되어 있다. 젊은 여성들, 특히 미숙한 10대 소녀들이 본인의 신체 이미지에 대한 그릇된 인식으로 인해 극도로 식사를 거부함으로써 극단적인 체중감소와 월경불순, 심장박동의 저하, 저체온, 저혈당, 장운동 저하와 변비, 모발·피부의 광택 상실 등의 증세가 난다. 이들은 전문의사나 정신과 의사의 치료를 받아야 정상생활로 복귀할 수 있다.

(2) 신경성 폭식증

벌리미아(bulimia)로 불리기도 하는 신경성 폭식증은 폭식 후에 구토·설사증 등으로 먹은 음식을 제거하는 식사 거부증이다. 체중에 대한 불만족이나 스트레스로 음식을 상당기간 먹지 않다가 갑자기 과식을 한 후 스스로 구토증을 유발하여 음식을 토하거나, 하제를 복용하여 설사를 유도하는 이상 식욕과다증이다. 반복되는 절식과 폭식, 강제배설로 인하여 탈수, 소화기관의 손상 등이 초래된다.

2 비만

에너지의 섭취가 소모보다 지속적으로 많을 때 과잉 에너지는 지질로 전환되어 체중이 늘어나며 점차 비만하게 된다. 비만은 고혈압, 성인형 당뇨병, 고지혈증을 비롯한 만성퇴행성 질환과 상관관계가 높아 다양한 건강문제를 유발한다[표 9-4].

【표 9-4】 비만 관련 건강문제

건강문제	증세
수술 위험도	마취약 필요 증가, 환부 감염의 위험도 증가
성인형 당뇨병	인슐린의 민감도 약화, 인슐린 비의존성 당뇨 이환율 증가
고혈압	지방조직으로 혈류의 진로가 연장되어 심장에 부담
심혈관 질환	혈청 콜레스테롤, 중성지방이 증가, 신체 활동량이 감소
골격과 관절질환	과중한 체중으로 골격 관절에 무리
담석증	콜레스테롤량이 증가하므로 담석 형성 우려
피부장애	피부 세포에 수분과 지방 축적
각종 암 형성	지방세포에서 에스트로겐이 형성되어 난소암, 유방암, 자궁암, 직장암, 대장암과 전립선암 발생 우려 증가
임신의 위험성	해산의 어려움, 마취의 어려움, 고혈압으로 인한 임신중독의 위험
단명	상기 각종 질병으로 인하여 정상인보다 단명 가능

대사성 증후군은 복부비만, 인슐린 저항성, 이상지혈증 및 고혈압이 복합적으로 나타나는 것을 지칭하며 체중조정을 통해 개선될 수 있는 임상증세이다.

알아두기 9-2

■ 대사증후군

대사증후군(metabolic syndrome)은 인슐린 저항성을 가진 syndrome X로 처음 명명된 후 여러 대사적 이상이 함께 나타나기 때문에 죽음의 4중주, 인슐린 저항성증후군, DROP증후군(Dyslipidemia, insulin Resistance, Obesity, high blood Pressure) 등의 다양한 이름으로 불렸던 증후군이다. 최근 WHO와 미국의 콜레스테롤 교육프로그램에서는 이들 증후의 기준을 제시하고 동일한 사람에서 2~3개가 동시에 이상일 때를 대사증후군으로 진단한다. 병인은 유전, 환경적 요인들이 복합적으로 관련되지만 에너지 과잉으로 인한 비만과 인슐린 저항성이 주요인으로 지목된다. 치료의 목표는 내당능을 개선하고 심혈관질환의 발생 위험을 줄이는 것이다.

(1) 비만의 판정

비만증은 체내 총 지방함량이 과다하게 증가된 상태로 일반적으로 남자는 25%, 여자는 30% 이상의 체지방을 함유한다면 비만으로 평가된다. 근육이 발달한 운동선수의 과체중과는 구별된다. 판정 방법은 체중과 신장의 함수 관계를 이용하는 법과 체지방량을 측정하는 방법이 있다[표 9-5]. 판정의 경계선은 개인이나 민족의 특성에 따라 차이가 있어 국제적으로 통용되는 엄격한 기준치는 없다.

【표 9-5】 비만 판정법

방법	판정 기준치
신체 지수 　이상체중의 % 또는 Broca 지수 **이상체중 산정법** 　신장 160 cm 이상: [신장(cm)−100] × 0.9 　신장 150~160 cm: [(신장(cm)−150]/2+50 　신장 150 cm 이하: 신장(cm)−100	경증 >120% 중증 >140% 극심 >200%
체질량 지수(BMI)=체중(kg)/[신장(m)]^2	경증 >25~30 중증 >30~35 극심 >35
총 체지방량 측정 　피부두겹집기 두께(skinfold thickness) 　생체전기저항분석법(bio-electrical impedance analysis) 　수중체중측정법(underwater hydrostatic weighing)	남자 >체중의 25% 여자 >체중의 30%
지방조직의 상체 분포(WHR) 　허리둘레/엉덩이 둘레(waist–hip ratio)	남자 >0.95 여자 >0.8
허리둘레	남자 >90 cm(35.4인치) 여자 >85 cm(33.4인치)

일상생활에서는 체질량지수(BMI)가 많이 사용되는데 이는 체중(kg)/[신장(m)]^{2}로 구할 수 있고 동양인의 경우 비만은 BMI>25를 적용하는 경향인데 이는 서구에서 적용하는 BMI>30보다 상당히 낮다. 최근 연구에 의하면 남자는 허리둘레, 여자는 삼두박의 피부두겹두께가 BMI보다 비만도와 상관관계가 높아 BMI와 함께 비만판정에 활용할 수 있다.

체지방 함량은 사체를 분석하는 직접 측정법 외에 여러 간접 방법이 활용되고 최근에는 CT (computed tomography, 컴퓨터 단층촬영)법, MRI(magnetic resonance imaging, 자기공명영상장치)법, DEXA(dual energy X-ray absorptiometry, 이중에너지 X선 흡수)법 등 새로운 기법이 도입되고 있다. 쉽게 사용할 수 있는 방법으로는 캘리퍼로 견갑골 아래, 대퇴, 장골위와 삼두근의 피부두겹두께를 측정한다. 측정 시에 오차가 크고 내장지방을 측정 할 수 없다는 단점이 있다. 전기저항법은 지방은 전류의 흐름에 저항하므로 지방함량이 많은 사람은 단위 신체 당 전류의 흐름에 저항을 더 많이 한다는 원리에 근거하여 체지방량을 추정하는 방법으로 현재 가장 많이 이용되는 방법이다. 수중체중 측정법은 지방은 근육에 비해 비중이 낮아 물 속에서 체중을 측정한 것과 물 밖에서 측정한 것의 비로 체지방을 산출할 수 있다.

(2) 비만의 분류와 지방세포

비만으로 인한 건강위험도에 있어서 지방조직의 체내 분포가 지방 총 함량보다 더 중요한 요소로 간주된다.

1) 남성형과 여성형

복부에 지방조직이 많이 축적된 상체 비만을 남성형 비만 또는 복부, 내장형 비만이라 하고 중년 이후 남성에 많이 나타나며 대사성 증후군의 위험이 증가한다. 여성형 비만은 하체 비만으로 여성에게서 흔히 볼 수 있으며 지방 조직이 주로 엉덩이와 허벅지에 많이 축적되는데 여성 호르몬이나 부신호르몬이 관련된 것으로 알려져 있다.

허리둘레/엉덩이둘레 비율로 남자는 0.95 이상, 여자는 0.85 이상이면 복부비만으로 판정하고 성인성 질환의 위험이 증가한다.

2) 지방세포 수와 크기

유전성 비만의 경우 정상인보다 지방 세포수가 월등히 많다. 또한 위험시기로 불리는 소아기, 사춘기, 임신 후반기, 수유기 등에는 지방세포의 수가 증가할 수 있다. 따라서 이 시기에 에너지 섭취가 과잉되면 지방세포 수가 증가하여 쉽게 비만해질 수 있어 체중조절이 더욱 어렵게 된다. 일반적으로 과잉섭취된 에너지는 지방세포의 크기를 증대시키기는 하나 세포 수를 증가시키지는 않는다.

3 에너지 섭취의 생리적 조절

식품섭취는 공복감과 식욕에 응답하는 것으로 볼 수 있다. 공복감은 내적 요인인 생리적 요인이 지배하나 식욕은 외적 요인인 환경적 요인과 인지적 요인들에 의해 유발되기도 한다. 즉, 맛있는 음식, 새로운 음식은 공복감이 없는 상태에서도 섭취하게 되고 만복한 상태에서도 좋아하는 음식을 먹지 못했다면 그것을 섭취할 때까지 포만감을 느끼지 못할 수도 있다. 그럼에도 불구하고 에너지 섭취는 장단기의 생리적 조절에 의해 평형을 유지하게 된다. 식이섭취 조절은 뇌의 시상하부를 중심으로 에너지 관련 호르몬, 신경전달 물질, 장이나 지방 조직에서 발견되는 여러 펩타이드들의 상호작용으로 이루어진다.

동물 실험에서 시상하부의 포만중추를 제거하거나 파괴시키면 음식을 충분히 먹었음에도 포만감을 느끼지 못하고 과잉섭취를 하게 되며 결국 비만하게 된다. 반대로 섭식중추가 파괴되면 식욕을 느끼지 못하여 음식을 먹지 않게 된다. 세로토닌, 렙틴은 포만중추와 작용하여 식이섭취를 감소시키는 작용을 한다.

식이섭취 조절을 위해서는 에너지 영양소인 포도당과 저장 지방량이 일정하게 유지되어야 한다는 가설이 있다. 포도당 농도가 떨어지면 섭식중추가 자극을 받고 위가 수축되어 식욕을 느끼게 되며 음식을 섭취하게 된다. 또 지방세포의 저장 에너지를 사용했다면 공복감을 느끼면서 에너지 섭취를 계속하게 된다는 것이다. 혈당 농도와 지방의 저장에는 인슐린과 글루카곤, 카테콜라민 등의 호르몬이 관여한다. 최근에는 과잉으로 저장된 지방조직에서 렙틴이 생산되어 중추신경계의 여러 신경펩타이드의 활성에 영향을 미치는 것으로 밝혀졌다.

알아두기 9-3

■ 렙틴

렙틴(leptin)은 저장지방의 증가에 따라 생성 분비되어 포만중추를 자극하는 호르몬 활성을 가진 작은 단백질이다. 렙틴은 시상하부에 영향을 미쳐 식욕을 감퇴시키며 지방조직에서 열생성을 높이고 ATP 전환율을 낮추어 식이성 칼로리나 저장 지방의 소모를 촉진한다.

유전자 돌연변이에 의해 렙틴 생성이 조정되지 못하면 동물들은 비만하게 된다. 이 경우 실험동물에 렙틴을 투여하면 식욕이 억제되고 에너지 소모가 증가하면서 체중이 감소한다. 인체는 비만할수록 렙틴 농도가 높은 것으로 나타나 동물과 다른 렙틴의 생리적 역할도 밝혀져야 할 과제이다.

비만증은 체지방을 감소시키고 요요현상 없이 감량된 체중을 유지하는 것이 관리의 목표이다. 일반적으로 실천할 수 방법은 식사요법, 운동요법, 행동수정요법 등이 있다. 그 외 외국에서 시행되는 수술요법이나 약물요법은 의사의 진단과 처방에 의하여 행해져야 한다.

[1] 식사 요법

금식, 초저열량식, 저당질·고지방·고단백질로 된 케톤생성식 등 다양한 유형의 식사요법이 체중 감소를 위해 적용된다[표 9-6]. 특정식품 식이(one-food diet)나 특정 에너지 영양소 식이는 영양의 불균형을 초래할 뿐 아니라 현실적으로 오래 적용할 수도 없다. 가장 확실한 방법은 섭취 음식량을 줄여 일주일에 0.5 kg 정도를 감량하도록 총 섭취에너지량을 매일 500 kcal 정도 감소시킨 균형 있는 식사를 유지하는 것이다.

【표 9-6】체중 감량 식사의 종류와 유행 다이어트 식

식사요법		식이 구성의 특성	유행 식이 명
금식		단기, 중장기, 완전 금식	
에너지 제한식	초 저열량식	600 kcal 정도의 조제식 또는 다양한 식품구성	
	균형식	당질, 지질, 단백질 구성비 유지	시판 균질 유동식
	불균형식	고지질, 고단백식	닥터 에트킨스 다이어트
	저열량식	1,200 kcal 정도	
특정 식품식		달걀, 고기류, 과일류 등 특정 식품으로 제한	사과, 포도, 바나나 다이어트, 달걀 다이어트
균형 혼합식		총 식사량을 제한하며 고섬유식, 저지방식 위주	
불균형 혼합식		달걀, 고기류, 과일류 등 특정 식품군 위주로 제한	덴마크 다이어트, 황제 다이어트

[2] 운동요법

운동에 의해 소모되는 에너지는 기대와는 달리 적다. 예를 들면 50 kg 여자 성인이 200 kcal의 에너지를 소모하는데 걷기는 1시간, 자전거 타기 30분, 조깅 30분, 수영은 20분 등의 운동량이 필요하다. 그럼에도 불구하고 규칙적인 운동습관과 활발한 신체 움직임은 체중조절에 중요하다.

체중조절을 위한 운동의 지침은 FIT로 즉 빈도(frequency), 강도(intensity), 시간(time)을 알맞게 하여 지속적으로 즐길 수 있어야 한다. 일반적으로 일주일에 3회 이상, 최대 심박수(220-나이)의 70% 수준의 강도로 30분~1시간 정도의 운동을 추천한다. 지구력을 요구하는 유산소 운동뿐만 아니라 저항성 운동이 근육량을 증가시켜 에너지소모를 높이는데 효과가 있다.

(3) 행동수정요법

비만인의 행동양식을 고칠 수 있도록 문제가 되는 습관을 파악하고 과식을 유발하는 요인을 조절하여 행동목표를 설정하여 실천한다. 실천의 결과에 따라 보상을 해줌으로써 변화된 행동이 강화될 수 있어 감량된 체중을 유지할 수 있는 방법이다.

(4) 약물요법

체질량지수(BMI)가 30 이상이거나 27 이상이지만 다른 위험요인이 있을 때는 약물요법을 추가한다. 약의 종류는 시상하부에 작용하여 식욕억제에 작용하는 것(reductil, 리덕틸)과 지방의 흡수를 저해하여 배설을 촉진하는 것(xenical, 제니칼)이 있다.

(5) 수술요법

극도의 비만으로 건강상 위험이 있는 경우 위의 용량을 줄이는 성형술, 절제술, 풍선삽입술이 행해지고 흡수가 이루어지는 장의 일부를 절제하거나 우회하도록 하는 수술이 행해지기도 한다.

알아두기 9-4

■ 최상의 기능적 체중

객관적 기준에 의한 이상적 체중보다는 개개인의 생리적 차이를 인정하여 자신이 육체적, 정신적으로 가장 좋은 상태에 있을 때의 몸무게를 최상의 기능적 체중(best functional body weight)으로 본다. 즉, 의도적으로 몸무게를 증가 또는 감소시켜도 곧 원상태로 돌아오며, 적절한 영양필요량을 만족시키고 적당한 운동을 하는 상태라면 이 몸무게를 개인의 이상체중으로 보는 것이다. 기능성이 있다는 것은 생동감을 가지고 일상생활을 할 수 있으며, 하고 있는 일에 열중할 수 있으면서 다음 식사 전까지는 배고프지 않아 음식에 대한 생각 없이 지낼 수 있는 상태를 말한다.

07. 알코올과 영양

알코올은 하이드록시기(–OH)를 가진 유기화합물을 총칭하나, 일반인에게는 맥주, 포도주, 증류주 등에 포함된 취하게 하는 성분이다. 이러한 성분은 에탄올(에틸알코올)이며, 주류의 종류에 따라 함유량이 다르다.

1 알코올의 흡수

알코올은 소화과정이 필요하지 않으므로 공복 시 순식간에 위장으로 20% 가량이 직접 흡수되어 1분 내에 뇌에 도달하며, 음식이 위장 내에 있을 경우는 흡수가 지연된다. 위는 알코올 탈수소효소(alcohol dehydrogenase, ADH)에 의해 알코올을 분해한다. 여성은 남성보다 위의 ADH가 적기 때문에 적은 양의 음주로도 더 취하기 쉽다. 알코올은 소장에서 신속히 흡수되며, 흡수된 알코올은 폐, 소변, 땀으로 10% 정도가 배설되고 90%는 간에서 대사되고 산화된다. 간은 시간당 약 5~7g(소주 1/2잔)의 에탄올을 대사하는데, 개인의 신체크기, 과거의 음주 경력, 음식 섭취, 건강 상태 등에 의해 영향을 받는다. 술의 종류에 관계없이 15g에 해당하는 순수 에탄올을 함유하는 알코올성 음료의 양을 '한잔(one drink)'이라 한다.

2 알코올의 대사

혈액을 통해 간으로 이동한 알코올은 간에서 생성되는 알코올 탈수소효소에 의해 아세트알데히드로 대사되며 생성된 아세트알데히드는 아세트알데히드 탈수소효소(acetaldehyde dehydrogenase)에 의해 아세틸 CoA로 대사된다. 알코올의 대사산물인 아세트알데히드에 의해 음주 후 숙취가 유발되며 심한 경우 심혈관계에 영향을 미쳐 사망에 이르게 되는 경우도 있다.

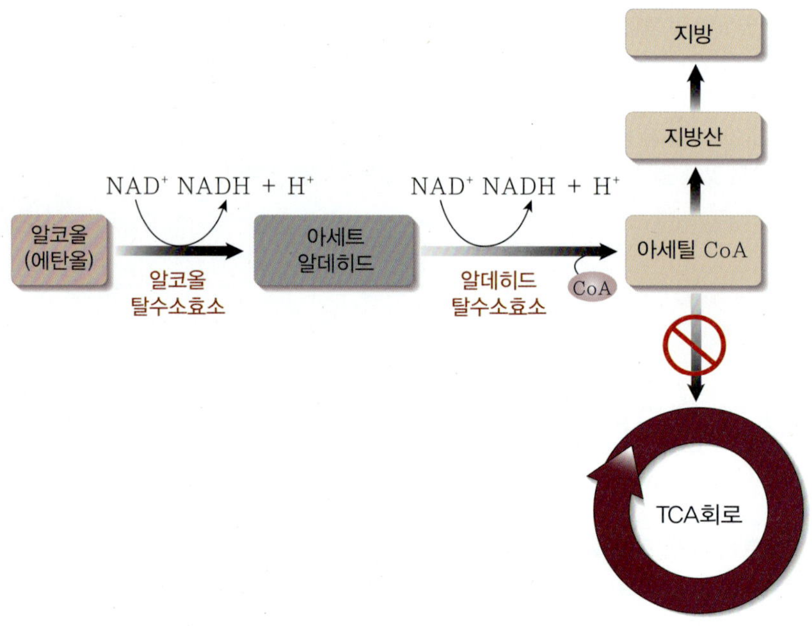

【그림 9-10】 알코올의 대사과정

알코올대사가 원활하게 진행되려면 [그림 9-10]에서 보는 바와 같이 산화된 형태의 NAD^+가 필수적이나 알코올대사가 진행될수록 NADH가 축적되고 이는 아세틸 CoA를 경유하는 TCA회로를 억제한다. 축적된 아세틸 CoA에 의해 지방산 합성과 지방 축적이 초래되고, 이는 지방간, 이어 간 섬유증, 간경화로 진행되기도 한다. 다른 한편 NADH의 축적은 피루브산을 젖산으로 전환케하고 젖산 과잉은 체액의 산도를 증가시켜 요산의 배설을 방해함으로써 통풍을 야기한다. 탈수소효소계 외에 알코올을 대사시키는 또 하나의 효소시스템이 존재하는데 이를 마이크로좀 에탄올 산화체계(microsomal ethanol oxidizing system, MEOS)라 하며 MEOS는 알코올 대사의 1/5을 감당한다. 음주량이 늘어나면 MEOS가 증가함으로써 음주에 대한 적응력도 증가한다.

3 알코올과 영양불량

1 g의 알코올은 7 kcal의 에너지를 공급하며 빈 칼로리(empty calorie)를 공급하므로 해당하는 에너지만큼의 식품 섭취가 감소하여 영양소 섭취가 감소할 뿐만 아니라, 영양소 흡수나 대사를 방해하여 영양불량의 원인이 될 수 있다. 알코올은 간의 엽산 저장을 억제하고 신장의 엽산 배설을 증가시키며, 소장에서의 엽산 흡수도 방해함으로써 엽산 결핍증을 가져올 수 있다. 티아민과 비타민 B_6 결핍증도 만성알코올 중독자에서 빈번히 발생한다.

확인해봅시다

1. 에너지 공급이 중단된 경우 저장 에너지를 활용하는 생리적 단계를 설명하시오.

2. 에너지 소모량을 구성하는 중요 요인 3가지를 들고, 1일 소모량에서 차지하는 대략적인 비율은?

3. 기초(휴식)대사량에 영향을 미치는 인자를 나열하고, 측정방법에 관하여 설명하시오.

4. 에너지 필요추정량 산출방법인 이중표식수법(DLW technique)에 대해서 설명하시오.

5. 비만 판정의 척도가 되는 BMI와 WHR에 대해 설명하시오.

6. 신경성 거식증과 신경성 폭식증에 대해서 비교 설명하시오.

10

지용성 비타민

비타민(vitamin)은 인체의 생명과 건강을 유지하고 성장과 생식을 돕기 위해 특수한 생리기능을 수행하는 물질이다. 비타민은 신체에 의해 미량으로 요구되는 유기화합물이며 체내에서 전혀 합성되지 않거나 또는 필요한 양만큼 합성되지 않아 식품 급원에 의해 반드시 공급되어야 하는 필수영양소이다. 비타민은 에너지를 생성하지 않으며 기름에 녹는 지용성과 물에 녹는 수용성 두 가지 부류가 있다.

지용성 비타민들은 식품의 지방이나 기름부위에서 발견되며, 소화를 위해 담즙을 필요로 한다. 흡수 시 그들은 먼저 림프계로 들어간 후 혈류로 들어가며 혈중에 운반되기 위해서는 단백질 운반체를 필요로 한다. 지용성 비타민들은 일단 체내에 들어오면 쉽게 배설되지 않고 필요량 이상으로 섭취하면 간과 지방조직에 축적되는 경향이 있고 체내에 다량 축적되면 독성의 위험이 있다.

01. 비타민의 소개

1 비타민의 발견

탄수화물, 지방, 단백질과 어떤 무기질들이 우리의 식사에 필요하다는 사실은 이미 100여 년 전에 알려져 있었으며 연구자들은 동물의 생존에 필요한 모든 영양소들이 다 발견되었다고 믿었다. 그러나 실험쥐들에게 탄수화물, 지방, 단백질, 무기질을 포함하는 인공 혼합식이를 급여했을 때 쥐들은 성장이 정지되고 병들거나 죽었다. 그 결과 인공 조제식이 중에는 아직까지 발견되지 않은 미지의 영양소가 빠져있을 가능성이 제시되었으며 이로부터 영양결핍증(nutrient deficiency disease)의 개념이 생겨나게 되었다.

1912년 폴란드의 화학자 C. Funk가 생명에 필수적인 미지의 식품인자 하나를 확인하였으며 이 물질이 질소를 함유하는 작은 분자량의 유기화합물이라는 뜻에서 이 물질을 "vitamine"이라 명명(라틴어로 vita는 생명, amine은 질소를 포함한 유기화합물을 의미)하였다. 이후 연구자들이 생명에 필수적인 다른 식품인자들을 발견하기 시작함에 따라 이 물질들이 모두 아민은 아님이 밝혀졌으므로 1920년 영국의 생화학자 J.C Drummond가 "vitamin"이란 용어를 도입하여 오늘날까지 사용하기에 이르렀으며 현재 알려져 있는 비타민의 대부분이 1900년대 전반기에 발견되었다.

2 비타민의 특성

신체는 많은 일을 수행하기 위해 유기화합물들을 이용한다. 이들 중 비타민은 신체 전반의 생화학적 반응에서 필수적인 역할을 하며 강력한 효력을 나타내는 물질이다. 비타민 A 결핍은 야맹증과 실명을 일으킬 수 있고, 니아신의 결핍은 치매 증세를 일으킬 수 있으며, 비타민 D의 결핍은 뼈의 성장을 지연시킬 수 있다. 비타민 결핍의 결과는 생명까지 위협하지만 필요한 비타민을 보충하였을 때의 효과도 매우 극적이다. 그 결과 사람들은 수많은 질병을 치료하기 위해 비타민 알약을 사는데 매년 막대한 돈을 소비한다. 그러나 사실은 한 가지 비타민은 그 비타민의 결핍에 의해 일어나는 질병만을 치유할 수 있다.

비타민은 생명에 필수적인 유기화합물이고 식품으로부터 얻을 수 있다는 점에서는 에너지 영양소들과 같으나 비타민은 스스로 에너지를 생성하지 않고 에너지를 생산하는 효소들을 돕고 세포의 증식을 돕는다. 비타민들의 구조는 에너지 영양소들처럼 긴사슬로 연결된 중합체가 아니고 분자 단독으로서 작용한다. 이들의 식품 중 함량은 밀리그램(mg) 또는 마이크로그램(㎍) 단위로 측정된다.

비타민은 유기화합물이므로 파괴될 수 있으며, 산화, 분해되면 그들의 역할을 수행할 수 없게 된다. 그러므로 비타민들은 저장과 조리 시에 주의하여 다루어져야 한다. 수용성 비타민 중 티아민, 리보플라빈, 비타민 C는 특히 파괴되기 쉽다.

신체는 비타민의 흡수를 위한 특별한 기전을 가지며 대부분의 비타민들은 특수한 단백질 운반체와 함께 혈중에서 이동한다. 비타민은 형태에 따라 다른 역할을 하므로 인체의 특별한 효소에 의해 활성형으로 전환된다.

비타민의 중요성과 특수한 기능들은 비타민의 결핍증에 의해 밝혀졌다. 영국인 의사 J. Lind에 의한 선원들의 괴혈병 치유 시도로부터 시작하여 비타민에 관한 많은 지식들이 결핍증의 연구로부터 나왔다. 비타민 결핍증은 제일 처음에는 조직 중의 저장량 저하로 나타나고 다음에는 혈청 중 농도에 영향을 미치며, 마지막으로 관련되는 생화학적 기능의 저하와 임상적 증세로 나타난다. 1차 결핍증(primary deficiency)은 부적절한 섭취로부터 일어나며, 2차 결핍증(secondary deficiency)은 섭취량은 적절하나 흡수가 저해되거나 배설이 촉진되거나 또는 기능이 손상됨으로서 일어날 수 있다. 어떤 비타민의 경우 과잉섭취도 또한 신체의 정상 기능에 역효과를 나타낼 수 있다.

3 비타민의 분류와 명명

비타민은 물과 기름에 대한 용해도에 따라 수용성 비타민(water–soluble vitamin)과 지용성 비타민(fat–soluble vitamin)으로 나누어진다. 용해성은 비타민의 체내 흡수, 운반, 저장, 배설에 영향을 미친다. 인체에서 수용성 비타민들은 혈액으로 직접 흡수되나 지용성은 먼저 림프로 들어간 후 혈액으로 들어간다. 수용성 비타민들은 혈액 중에서 자유로이 돌아다닐 수 있으나 지용성 비타민들은 운반을 위해 단백질 운반체가 필요하다. 체세포에 도달하고 나면 수용성 비타민들은 체액 내에서 자유로이 순환한다. 그러나 지용성 비타민들은 지방과 관련된 세포 중에 머물게 된다.

신장은 혈액 중 과잉의 수용성 비타민들을 제거하기 때문에 수용성 비타민들은 과잉분이 소변 중으로 쉽사리 배설되므로 일반적으로 독성을 나타내는 수준까지 축적되는 일은 드물다. 그러나 지용성 비타민들은 신체의 지방조직에 남아있는 경향이 있어 쉽게 배설되지 않으며 과잉섭취 시 중독수준에 달할 가능성이 크다.

지용성 비타민은 체내에 저장되므로 가끔 한 번씩 다량을 섭취하여도 장기간에 걸쳐 신체의 요구량을 충족시킬 수 있으므로 매일 섭취할 필요는 없다. 그러나 수용성 비타민들은 각각 체내에 보유되는 기간이 다양하다. 단 하루 식사에서 빠졌다하여 결핍증이 일어나지는 않으나 지용성 비타민보다는 더 규칙적으로 섭취해야 한다. 수용성과 지용성 비타민의 차이점을 요약하면 [표 10–1]과 같다.

【표 10-1】 지용성 비타민과 수용성 비타민의 비교

특징	지용성 비타민들 (비타민 A, D, E, K)	수용성 비타민들 (비타민 B군과 비타민 C)
흡 수 운 반 저 장 배 설 독 성 요구량	림프로 먼저 들어간 후 혈류로 흡수된다. 단백질 운반체를 필요로 한다. 지방관련 세포들에 저장된다. 쉽게 배설되지 않고 지방조직에 축적된다. 과잉 섭취 시 독성수준에 도달할 가능성이 있다. 주기적인 섭취가 필요하다.	혈류로 직접 흡수된다. 자유로이 떠다닌다. 체액 속에 자유로이 순환한다. 과잉분은 소변으로 배설된다. 과잉섭취해도 독성수준에 도달하기 어렵다. 소량씩 자주 섭취할 필요가 있다.

　[표 10-2]는 지금까지 발견된 13가지 비타민의 종류와 이름이다. 1948년 비타민 B_{12}가 마지막으로 발견된 이후 새로운 비타민은 발견되지 않았다. 수용성 비타민 중 많은 것은 1개 이상의 이름을 가진다.

【표 10-2】 비타민의 종류와 이름

	표준명	다른 이름
지용성 비타민	비타민 A	레티놀(retinol)
	비타민 D	콜레칼시페롤(cholecalciferol)
	비타민 E	토코페롤(tocopherol)
	비타민 K	필로퀴논(philloquinone)
수용성 비타민	비타민 C	아스코르브산(ascorbic acid)
	티아민(thiamin)	비타민 B_1
	리보플라빈(riboflavin)	비타민 B_2
	니아신(niacin)	니코틴산(nicotinic acid)
	비타민 B_6	피리독신(pyridoxine)
	엽산(folate)	폴라신(folacin)
	비타민 B_{12}	코발라민(cobalamin)
	판토텐산(pantothenic acid)	
	비오틴(biotin)	

02. 비타민 A Retinol

비타민 A는 발견되기 오래 전 이미 그 결핍증의 치료법이 알려져 있었다. 야맹증은 비타민 A의 체내 저장량이 낮을 때 나타나는 첫 증상이며, 그 치료법으로서 고대 이집트인들은 구운 소간의 섭취를 권장했다. 1915년이 되어서야 McCollum과 Davis가 '지용성 A'를 필수적인 성장촉진 인자로서 발견하였고, 그로부터 30년 후 화학자들은 순수한 비타민 A를 합성하였다.

1 구조와 성질

비타민 A는 활성형 또는 활성형으로 전환될 수 있는 불활성의 전구체 형태로 존재한다. 활성형 비타민 A는 생물적 활성을 가지는 3가지 형태, 즉 레티놀(retinol), 레티날(retinal), 레티노산(retinoic acid)으로 존재한다[그림 10–1].

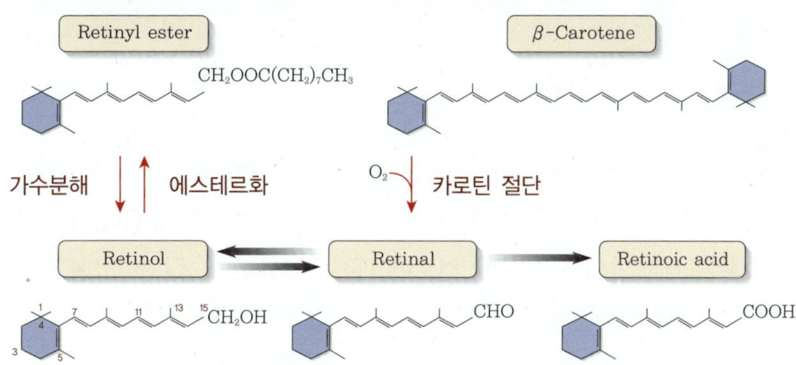

【그림 10–1】 비타민 A 및 β–카로틴의 구조와 상호전환

이 3가지 화합물들을 집합적으로 레티노이드(retinoids)라고 한다. 체내에서 레티놀의 레티날로의 산화는 가역적이다. 그러나 레티날의 레티노산으로의 산화는 비가역적이다.

활성형 비타민 A는 레티놀에 지방산이 결합한 레티닐에스테르(retinyl ester) 형태로 동물성 식품에 존재한다. 비타민 A는 무색의 지용성 물질로서 열에 비교적 안정하고 산소와 자외선에 의해 부분적으로 파괴된다.

식물성 식품 중 카로티노이드(carotenoids) 계열의 색소 중 일부는 비타민 A의 전구체로 작용하므로 프로비타민(provitamin) A라고 하며 카로티노이드 중 가장 중요한 것은 β–카로틴이다[표 10–3]. 세 가지 형태의 비타민 A 모두 카로티노이드 식물색소로부터 생성될 수 있다.

주황색 색소 카로틴은 당근의 색깔, 녹색식물의 잎 등에서 발견되며 녹색 잎에서는 녹색소 클로로필에 의해 가려져 있다.

【표 10-3】 카로티노이드들의 상대적 비타민 A 활성도

화합물	상대적 활성 강도
β-카로틴(β-carotene*)	100
α-카로틴(α-carotene)	53
γ-카로틴(γ-carotene)	43
크립토잔틴(cryptoxanthin)	57
라이코펜(lycopene)	0
제아잔틴(zeaxanthin)	0
잔토필(xanthophyll)	0

*다른 카로티노이드 화합물에 대한 표준 화합물
β-carotene의 all trans-retinol에 대한 활성도는 1/2

2 흡수와 대사

식품 중의 활성형 비타민 A는 주로 레티닐에스테르로서 존재하며 소장에서 췌장효소에 의해 레티놀과 지방산으로 가수분해된다. 레티놀은 소장 점막 세포에 흡수되고 점막 세포에서 곧 다시 레티닐에스테르로 재에스테르화되어 지단백 킬로미크론에 합류된다. 킬로미크론은 림프계로 들어와 결국은 일반 혈액 순환계를 통해 간으로 운반되고 저장된다[그림 10-2].

카로틴의 경우 점막세포에서 절단효소(cleavage enzyme)에 의해 레티날로 전환되며 레티놀로의 환원은 다른 소장효소에 의해 촉매 된다. 이론적으로는 β-카로틴 한 분자당 2분자의 레티날이 생성되어야 하나 그 전환 메카니즘은 완전하게 효율적이지는 않다. 가수분해되지 않은 카로틴 분자는 킬로미크론에 의해 간으로 운반되어 간에서 레티날로 전환되고 다시 지방산과 결합하여 레티닐에스테르가 된 후 저장된다.

비타민 A의 흡수는 지방 흡수에 영향을 미치는 요인들에 의해 영향을 받는다. 담즙의 부족이나 지방흡수 기능의 저하는 비타민 A의 흡수를 방해한다. 광물유(mineral oil)의 섭취나 혈중 콜레스테롤 저하제인 담즙염 결합약물의 복용도 비타민 A의 흡수를 방해한다.

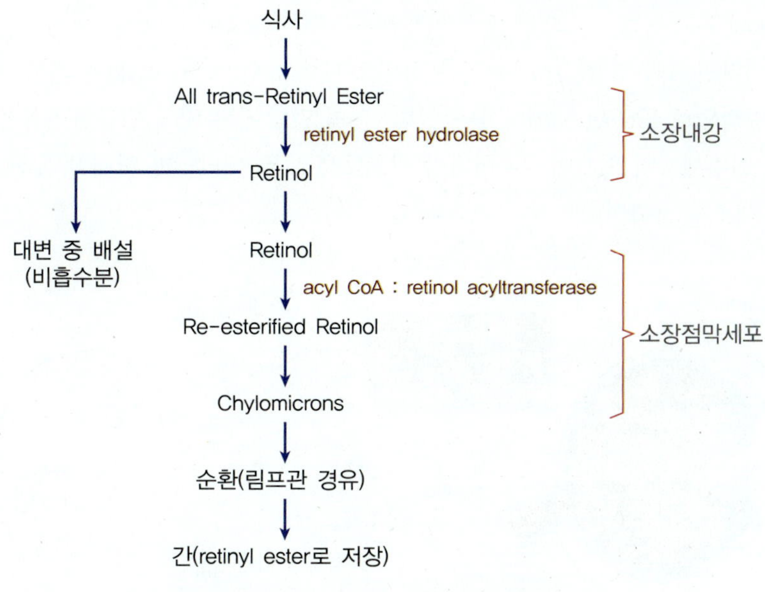

【그림 10-2】식사 중 비타민 A 흡수과정

비타민 A의 주요 저장소는 간이며 이외에 신장, 지방조직, 부신선에도 저장되며 저장형태는 레티닐에스테르이다. 신체가 비타민 A를 필요로 할 때 에스테르는 먼저 레티날로 가수분해된 후 레티놀로 환원되며, 혈중의 특수한 운반 단백질인, 레티놀 결합단백질(retinol binding protein, RBP)에 실려 혈액 중에 운반된다. 레티놀로서 RBP와 결합된 비타민 A는 매우 안정하고 체조직에 의해 쉽게 이용될 수 있다. 세포 내에는 비타민 A의 각 형태들과 결합하는 특수한 단백질 수용체가 존재한다. 단백질의 결핍은 비타민 A 영양 상태에 좋지 않은 영향을 미친다. 그 이유는 RBP의 합성이 느려지거나 멈추어져 혈청 비타민 A의 수준이 감소되기 때문이다. 간염과 같은 간질환은 혈청 중 비타민 A와 RBP의 수준 모두를 저하시킨다.

3 생리적 기능

비타민 A는 신체의 거의 모든 조직에 영향을 미치고 많은 종류의 신체 기능에 중요한 역할을 한다고 알려져 있지만 현재 완전히 이해되어 있는 기능은 시각 사이클(visual cycle)에서의 역할이다. 이외에도 세포분화의 증진과 상피조직의 건강유지, 면역계의 지원, 성장과 뼈 형성 증진 등의 기능이 알려져 있다. 비타민 A는 형태에 따라 각각의 특수한 역할을 수행한다. 즉, 레티놀은 비타민 A의 주요 운반, 저장 형태이고 레티날은 시각에 관여하며 레티노산은 세포분화에 활성을 가진다. 레티노산을 비타민 A의 유일한 급원으로 주면 동물은 정상적인 성장을 하나 눈이 어두워진다.

(1) 시각(Vision)

시각에서의 비타민 A의 영향[그림 10-3]은 하버드 대학의 George Wald에 의해 처음으로 밝혀졌고 그는 이 업적으로 1967년 노벨상을 받았다. 눈의 망막에는 빛에 민감한 2가지 형태의 세포인 간상세포와 원추세포가 있으며, 두 형태의 세포들은 모두 레티날과 단백질 옵신(opsin)으로 이루어진 특별한 색소를 포함한다.

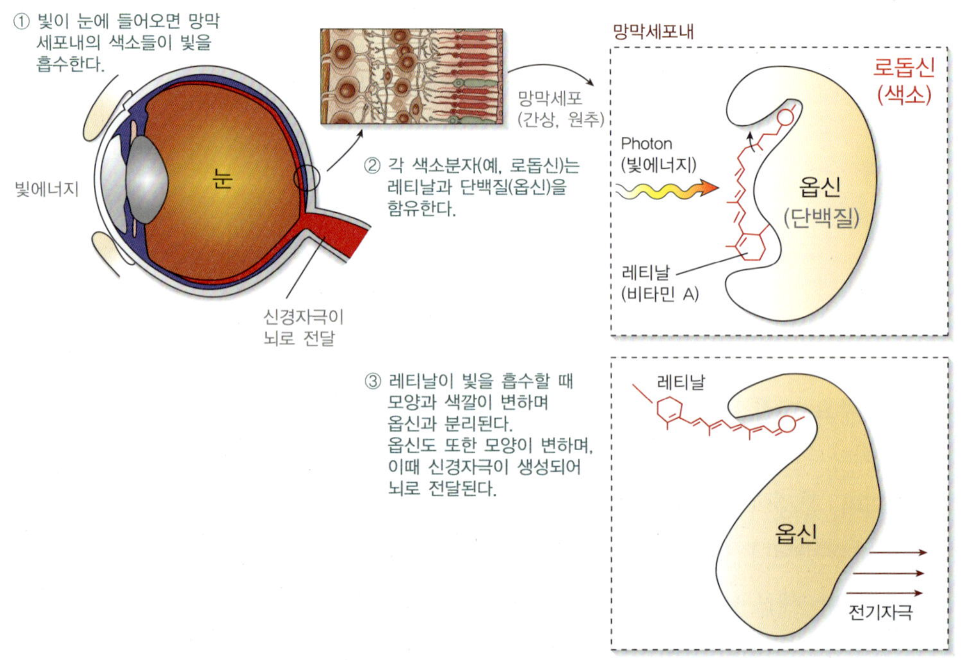

【그림 10-3】 시각에서의 비타민 A의 역할

희미한 빛에 민감한 간상세포는 시홍색소(rhodopsin)를 함유하고, 색깔이나 밝은 빛에 민감한 원추세포는 시자홍색소(iodopsin)를 포함한다. 시각의 과정은 다음과 같다.

① 빛이 눈의 망막에 들어오면 망막세포내의 시각색소(예: rhodopsin)들이 빛을 흡수한다.

② 빛 에너지를 흡수한 색소분자 로돕신은 옵신(opsin)과 레티날(retinal)로 분리되고 표백된다.

③ 이 과정에서 레티날의 형태는 시스형에서 트랜스형으로 변하고 색깔이 변하며 단백질 옵신도 또한 형태가 변화한다. 이 때 신경자극(nerve impulse)이 발생되어 시신경을 통해 뇌로 보내진다. 즉, 빛 에너지는 신경자극이라는 신호로 전환되고 시각 이미지가 뇌로 전달된다.

로돕신이 분리 표백될 때 방출되는 레티날의 일부는 분해되므로 시각과정이 계속 되기 위해서는 로돕신이 재생되어야 한다. 간으로부터 방출된 레티놀은 RBP에 의해 망막세포로 운반되어 레티날로 산화된 후 옵신과 결합하여 다시 로돕신을 형성한다. 이처럼 시각활동은 소량의 레티날의 반복적인 손실을 초래하며 혈액중의 레티놀로부터 끊임없이 보충될 필요가 있다. 체내 저장 비타민 A가 충분하지 않으면 로돕신의 형성이 느려지거나 방해되고 희미한 빛에 대한 인지가 손상되어 비타민 A 결핍의 초기증세인 야맹증(night blindness)이 일어날 수 있다.

(2) 세포분화, 상피조직의 유지

체내 비타민 A의 단지 1/1000만이 망막에 있고 대부분이 피부와 신체 기관의 내막에 존재하며 단백질 합성과 세포분화에 참여한다.

신체 내·외부의 모든 표면들은 상피세포(epithelial cell)라 알려진 세포층으로 덮여있다. 신체 외부의 상피조직이 피부이고, 내부 상피조직이 점막(mucous membrane)이다. 즉, 입, 위, 장의 내막, 폐와 기관지 내막, 방광과 요도의 내막, 자궁과 질의 내막, 눈꺼풀 내막 등이 점막이다.

비타민 A는 상피세포의 완전성을 유지하는데 도움이 되며 점액을 합성, 분비하는 술잔세포(goblet cell)의 분화를 증진한다. 점액은 미생물이나 해로운 물질의 침입으로부터 상피세포를 보호한다.

(3) 생식과 성장 기능

레티놀은 남성의 정자의 발달에 관여하고, 여성에서는 임신동안 정상적인 태아의 발달을 지원함으로써 생식기능을 돕는다.

비타민 A는 또한 뼈와 치아의 정상 성장과 발육에 필요하다. 따라서 성장 부진은 비타민 A 결핍 어린이에서 흔히 볼 수 있다. 이들에게 비타민 A 보충제를 주면 체중이 늘고 키가 자란다. 비타민 A는 이들 조직의 형성에 관여하는 특정 세포들의 대사활동에 필수적인 인자이다. 뼈의 형성과 성장과정은 조골세포(osteoblast)라는 특수세포의 기능이며 비타민 A는 뼈의 연골 성장판을 석회질화할 수 있는 건강한 조골세포의 발달에 필요한 것으로 알려져 있다. 비타민 A는 치아 에나멜모세포(ameloblast)의 정상적인 발달과 기능에도 필요하다. 비타민 A 결핍 시에는 치아가 불완전하게 발달하고 치아 에나멜이 얇고 부서지기 쉽게 된다.

(4) β-카로틴의 항산화 작용

체내에서 β-카로틴은 주로 비타민 A의 전구체로 기여하나 식사 중의 모든 β-카로틴이 모두 다 활성 비타민 A로 전환되지는 않는다. 일부 β-카로틴은 활성 산소종의 하나인 singlet oxygen을 제거하는 항산화제로 작용하여 질병으로부터 신체를 보호할 수 있다.

비타민 A 영양 상태는 체내 비타민 A의 90%가 저장되는 간의 저장량이 적절한가에 주로 달려 있다. 그러나 개인의 단백질 영양 상태도 비타민 A 영양 상태에 영향을 미치는데 그 이유는 단백질이 비타민 A의 운반체로 작용하기 때문이다. 건강한 성인은 비타민 A 함유 식품의 섭취를 중지하더라도 저장분이 고갈되어 결핍증이 발생될 때까지 1~2년이 걸리지만 성장기 어린이는 더 짧은 시간이 걸리며 그 결과도 심각하다. 비타민 A 결핍은 개발도상국들의 주요 영양문제 중 하나이며 우리나라에서도 노인 등 일부 계층에서 섭취량이 충분치 못해 전임상 결핍상태(preclinical deficiency)가 우려되고 있다.

(1) 감염성 질환

전 세계를 통해 1억 이상의 어린이들이 어느 정도의 비타민 A 결핍증을 가지며 이는 감염성 질환에 걸리기 쉽게 만든다. 개발도상국들에서 홍역은 어린이들을 위협하는 감염성 질환으로서 매년 약 200만 명의 어린이들을 사망에 이르게 한다. 비타민 A 결핍은 홍역, 폐렴, 설사증 등의 감염질환으로 인한 어린이 사망의 원인이다.

세계보건기구(WHO)와 유엔국제어린이긴급기금(UNICEF)은 모든 개발도상국 어린이의 감염질환 사망률을 감소시키기 위해 비타민 A 결핍의 방지를 주요 사업으로 채택하고 비타민 A 결핍이 문제가 되는 지역이나 홍역 사망률이 높은 지역의 모든 어린이에게 일상적인 비타민 A 보충을 권장하고 있다. 비타민 A의 보충은 말라리아와 폐질환과 같은 생명을 위협하는 또 다른 합병증으로부터도 보호한다. 현재 미국 소아과 협회에서도 홍역 감염 영아와 어린이들에게 비타민 A 보충을 권장하고 있다.

(2) 야맹증(night blindness)

야맹증은 비타민 A 결핍 시 감지되는 첫 증세이다. 야맹증에서는 망막 세포의 소모된 시각색소를 빨리 재생시킬 수 있을 정도로 충분한 비타민 A가 공급되지 못한다. 이러한 사람은 밤에 밝은 불빛을 본 후 일어나는 일시적인 시력상실(blinding)로부터 즉시 회복할 수 있는 능력이나 또는 어두운 곳에서 볼 수 있는 암적응 능력을 상실한다. 비타민 A 결핍 어린이들은 밤눈이 어두워져 해가 진 후 신발이나 장난감을 찾을 수 없게 되어 어른들에게 붙어 있게 된다.

(3) 시력상실(blindness)

비타민 A 결핍은 세계 어린이들이 실명하는 주요 원인이며, 개발도상국에서는 매년 50만 명 이상의 취학 전 어린이들이 시력을 잃는다. 비타민 A 결핍에 의한 시력상실은 단계적으로 진전된다.

즉 처음에는 야맹증이 나타나고, 치료하지 않고 두면 눈동자의 앞부분, 즉 각막이 건조하고 딱딱해지는데 이 상태를 각막건조(corneal xerosis)라 하며 이후 각막연화(keratomalacia)로 진행되어 회복될 수 없는 시력상실을 초래한다.

고단위 비타민 A의 간헐적인 보충, 상용 식품들의 비타민 A 강화, 비타민 A가 풍부한 식품의 생산 증가와 영양 교육은 이 질병이 만연한 지역에서 사용되는 비타민 A 결핍의 예방책들이다.

(4) 상피세포의 각질화

체내 비타민 A가 부족하면 상피조직은 특히 침해받기 쉽다. 상피조직은 피부의 표피, 점막과 위, 장, 방광, 입, 코, 목, 폐 등의 여러 기관들의 내막을 형성한다. 장기간에 걸쳐 비타민 A의 섭취가 낮으면 정상적인 상피조직 대신 케라틴(keratin)이라는 거친 단백 물질이 생성된다. 모낭 주변 케라틴의 축적은 피부와 점막을 건조하고 각질화되게 한다. 그 결과 박테리아와 바이러스가 상피조직으로 쉽게 들어가 호흡기관, 소화관, 생식 비뇨기관, 귀 내막 등에 감염질환과 합병증이 자주 일어난다. 또한 비타민 A가 부족하면 위장 점막의 술잔세포(goblet cell)의 점액 분비가 감소되고 영양소의 정상적인 소화 흡수가 방해되어 결핍증이 더욱 악화된다.

5 비타민 A 독성

영양적으로 균형을 이룬 식사에서는 비타민 A 독성이 일어나지 않으나 동물성 식품이나 보충제로부터 농축된 양(권장량의 10~15배)의 레티놀을 섭취할 때 독성의 가능성이 있다. 어린이들은 요구량이 적고 과복용에 보다 더 민감하므로 중독증을 일으키기 쉽다.

과일과 채소류 등의 식물성 식품으로부터 얻어지는 전구체 β-카로틴은 체내에서 독성을 일으킬 정도로 효율적으로 비타민 A로 전환되지는 않는다. 과량의 카로틴은 피하에 축적되어 피부가 황색으로 착색되나 유해하지는 않다. 그러나 보충제로서 과다 섭취한 β-카로틴은 상당히 해로울 수 있다. 과량 섭취 시 β-카로틴은 세포의 분화를 증진하고 비타민 A를 파괴하는 산화촉진 물질로 작용할 수 있다. 이와 같은 β-카로틴 보충제의 역효과는 음주자와 흡연자에서 가장 뚜렷하다.

과잉의 비타민 A 복용으로 인한 중독증세로는 식욕상실, 건조한 피부, 탈모, 뼈 통증, 간과 비장의 비대, 월경중지, 메스꺼움, 비정상적인 피부착색, 두통, 신경과민 등이 보고되어 있다. 이외에도 임신동안 과량의 비타민 A 섭취는 태아의 기형 유발 위험이 있으며 임신 7주 이전의 과잉섭취가 가장 위험하다.

인체의 비타민 A 영양 상태를 평가하기 위한 방법으로는 식이 평가, 임상적 평가, 생화학적 평가 및 레티날 기능검사 등이 있다. 혈청 레티놀은 비타민 A 영양 상태를 판정하는데 가장 흔히 사용되는 생화학적 지표로서 농도가 10 μg/dL 이하이면 결핍으로 판정한다. 혈청에는 신체 총 비타민 A 보유량의 단지 1% 정도만 존재하고 간 조직 중 저장량이 심각하게 고갈되거나($\leq$20μg/g) 지나치게 높을 때(>300 μg/g)만 그 값이 변화한다. 따라서 혈청 레티놀은 비타민 A의 신체 저장량을 정확히 반영하지는 못하나 임상검사나 식이조사 결과와의 연관성을 추정하는 데는 유용하게 사용된다.

기능적 검사법 중 하나로 상대적 투여반응(relative dose response, RDR)이 있다. 이 방법은 레티닐에스테르를 경구 투여하기 전(A_0)과 투여 5시간 후의 혈청농도(A_5)를 측정하고, 상승분(A_5-A_0)을 경구투여 후 혈청 농도(A_5)의 퍼센트 값으로 나타낸 것이다 (20~50%: 한계수준, > 50%: 급성결핍). 이 방법은 체내에 레티닐 저장량이 낮을 때 비타민 A를 경구투여하면 혈청의 레티놀 농도가 증가하여 5시간 후에는 최고치에 달한다는 원리에 근거한다. 이 방법은 혈청 레티놀에 비해 비타민 A 한계결핍의 진단에 더 민감한 지표이다.

$$RDR = \frac{A_5 - A_0}{A_5} \times 100$$

또 다른 기능검사법인 암적응 검사(dark adaptation test)는 비타민 A 결핍 초기의 야맹증이라 불리는 시력의 민감성에서의 기능적 변화를 측정하는 방법이며 단시간에 비교적 적은 비용으로 측정이 가능하므로 현장조사에 유용하나 어린이에게는 보통 부적합한 방법이다. 이외에도 간편 신속하고 비용이 적게 들며 현장조사에 이용되는 방법으로서 결막상피세포의 형태적 변화를 검사하는 방법(conjunctival impression cytology)이 있다.

7　비타민 A의 섭취기준과 급원식품

비타민 A는 다양한 레티노이드와 카로티노이드로부터 얻어지므로 식품 중 함량과 권장량의 단위는 국제적 추세에 맞추어 μg 레티놀 활성당량(μg retinol activity equivalent, μg RAE)을 사용한다. 이는 기름 형태로 정제된 β-카로틴의 비타민 A 활성을 레티놀의 1/2, 식이 중의 β-카로틴은 정제된 β-카로틴이 가진 비타민 A 활성의 1/6로 적용하고, 이에 따라 식품 중의 β-카로틴과 레티놀활성당량의 비율은 12:1로 적용하며, 또한 β-카로틴 이외의 카로티노이드인 α-카로틴, β-크립토잔틴의 활성은 1/24의 레티놀활성당량 값을 적용한 것이다. 이는 이전의 단위인 RE(retinol equivalent)와 비교했을 때 카로티노이드의 생체전환율을 1/2배로 측정하게 된다. 주로 식물성 식품으로 이루어진 식생활을 하는 우리나라의 경우 대부분의 비타민 A를 비타민 A 전구체로 섭취할 것으로 보여 레티놀 활성당량의 단위를 사용한 비타민 A의 섭취상태 평가가 필요하다.

우리나라 성인의 비타민 A 권장섭취량은 남자 64세까지는 800~750 μg RAE, 65세 이후 700 μg RAE이며 여자는 64세까지는 650~600 μg RAE, 65세 이후 550 μg RAE이다. 임신부와 수유부는 각각 70 μg RAE, 490 μg RAE의 부가량을 섭취하도록 권장하고 있다. 유아, 아동 및 청소년은 성별과 연령별로 300~850 μg RAE의 범위에서 권장섭취량을 설정하고 있다. 영아기는 전반기에 350 μg RAE, 후반기에 450 μg RAE의 충분섭취량을 정하고 있다. 비타민 A의 하루 상한섭취량은 성인의 경우 3,000 μg RAE로 책정되어 있다.

알아두기 10-1

■ 비타민 A의 단위

레티놀과 전구체 카로틴의 μg 레티놀 활성당량(μg retinol activity equivalent: 1 μg RAE)에 해당되는 양은 다음과 같다.

1 μg RAE = 1 μg(트랜스)레티놀(all-trans-retinol)
= 2 μg(트랜스)베타-카로틴 보충제(supplemental all-trans-β-carotene)
= 12 μg 식이(트랜스)베타-카로틴(dietary all-trans-β-carotene)
= 24 μg 기타 식이 비타민 A 전구체 카로티노이드(other dietary provitamin A carotenoids)

레티노이드의 가장 풍부한 급원은 간, 생선간유, 우유와 유제품, 버터, 달걀 등의 동물성 식품들이다. 식물은 레티노이드를 포함하지 않으나 많은 채소와 과일들은 비타민 A의 전구체인 카로티노이드(식물의 적색, 황색색소)를 포함한다. 식물은 많은 종류의 카로티노이드를 포함하나 이중 단지 소수만이 비타민 A 활성을 가지며 비타민 A 활성이 가장 큰 카로티노이드는 β-카로틴이다.

채소, 과일들은 비타민 A 활성이 가장 풍부한 식품류이다. 비타민 A 활성을 상당량 가진 식품들로는 진한 황색 또는 오렌지색을 가진 늙은 호박, 칸탈로푸(주황메론), 당근, 고구마 등이 있다. 시금치, 브로콜리와 같은 진한 녹색 잎채소들은 풍부한 엽록소를 포함하며 녹색 중에 카로틴을 함유하고 있다. 붉은 무, 옥수수 등의 황색, 적색 색소는 크산토필(xanthrophyll)로서 비타민 A와는 무관하며 영양가치도 없다. 감자, 콜리플라워, 국수, 쌀 등의 흰색 또는 무색의 식물성 식품들도 비타민 A 활성을 거의 가지지 않는다.

【표 10-4】 한국인의 상용 식품 1인 1회 분량 중의 비타민 A 함량

식품명	1인 1회 분량(g)	비타민 A 함량(μg RAE)	식품명	1인 1회 분량(g)	비타민 A 함량(μg RAE)
소간(생 것)	60	5,677	당근	70	444
뱀장어	60	630	쑥	70	232
황태포	15	110	무청	70	187
우유	200	104	시금치	70	88
마가린	5	83	살구	70	149
치즈	20	73	귤(금귤)	100	119
달걀(전란)	60	52	감말랭이	15	36
깻잎	70	534	김(마른 것)	2	19

*성인 19~29세 1일 비타민 A 권장섭취량: 남 800 μg RAE, 여 650 μg RAE
**자료: 보건복지부, 한국영양학회. 2015 한국인 영양소 섭취기준, 2015

03. 비타민 D Cholecalciferol

비타민 D 결핍증인 구루병(rickets)의 치료방법은 이 비타민이 발견되기 이전에 이미 알려져 있었다. 즉, 대구의 간유가 어린이의 구루병에 의한 뼈의 비정상을 치유하는 것으로 알려져 있었으며 이후 1900년대 초의 연구는 골격 구조가 식사중의 지용성 물질에 의해 영향을 받는 것으로 밝혔다. 1918년 런던 대학의 Edward Mellanby는 대구 간유와 버터 지방이 이 병을 예방함을 발견하였다. 1922년에 McCollum이 뼈 대사에 필수적인 새로운 비타민의 존재를 증명하였으며 이는 그 때까지 발견된 것 중 네 번째였기 때문에 비타민 D라 명명하였다. 그 당시 여전히 남아있는 수수께끼는 자외선을 포함하는 햇빛이 쥐나 인간에서 구루병을 예방하거나 치유할 수 있다는 사실이었으나, McCollum의 비타민 D 발견 직후 다른 연구자들에 의해 자외선의 조사가 우유, 이스트, 또 어떤 식품들에서 비타민 D를 생성한다는 사실이 밝혀졌다. 이후 영양결핍증으로서의 구루병과 햇빛 결핍과의 관계가 분명해졌으며 1930년 결정형태의 순수한 비타민 D가 분리되었다.

1 구조와 성질

비타민 D는 신체에서 콜레스테롤로부터 만들어진 전구체 7-디하이드로콜레스테롤(7-dehydrocholesterol)로부터 햇빛의 도움을 받아 합성될 수 있다는 점에서 모든 다른 영양소와는 다르다. 그러므로 어떤 의미에서 비타민 D는 필수 영양소가 아니다. 즉, 신체가 햇볕을 충분히 쪼이면 식품을 통해 비타민 D를 섭취할 필요가 전혀 없기 때문이다.

비타민 D는 탄소, 수소, 산소로 이루어진 유기분자로서 몇 개의 고리로 이루어진 구조를 가지며 [그림 10-4] D_2, D_3의 2종류가 있다. 식물류, 이스트에는 에르고스테롤(ergosterol)이 포함되어 있으며 햇빛 중 자외선에 의해 D_2로 전환된다. 동물의 피부에 포함된 7-디하이드로콜레스테롤은 자외선에 의해 D_3로 전환된다. 인체 내에서 D_2와 D_3는 모두 유효하다. 이들의 결정체는 무색이며 열, 빛, 산소에 매우 안정하다.

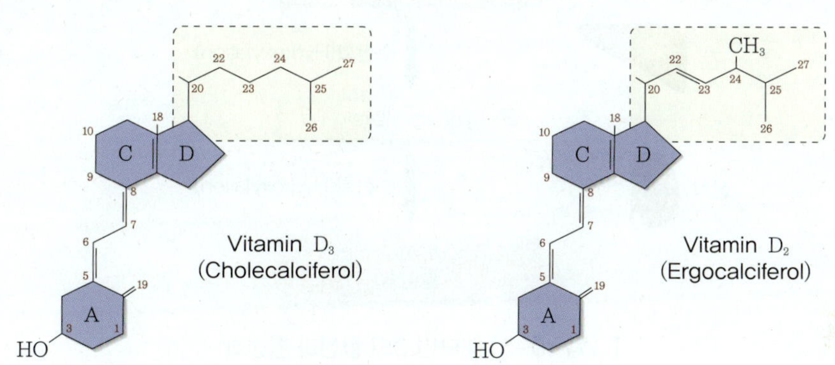

【그림 10-4】 비타민 D의 구조

2 흡수와 대사

비타민 D의 흡수는 비타민 A와 유사하다. 즉, 담즙의 존재 하에 소장으로부터 흡수되어 킬로미크론에 실려 림프를 경유하여 일반 순환계로 들어간다. 순환계로부터 제거되어 간에 저장되나 저장량은 매우 적어 비타민 D의 대사에서 중요한 역할을 하지는 않는다. 지방흡수에 영향을 미치는 요인들이 비타민 D의 흡수에도 영향을 미친다. 즉 지방흡수 불량증, 광물유(mineral oil), 담즙산 결합 약물 등은 비타민 D의 흡수를 저해한다.

비타민 D 저장은 간뿐 아니라 뼈, 뇌, 피부에서도 발견된다. 비타민 D 대사물의 일부는 담즙의 배설과 함께 제거되며 이외는 소변으로 제거된다. 비타민 D는 체내에서 합성될 수 있고 보다 큰 활성을 가진 형태인 1,25-$(OH)_2D_3$로 수산화(hydroxylation)된 후에 혈액을 통해 다른 조직으로 운반되어 대사효과를 나타낸다는 점에서 호르몬의 정의를 충족한다. 따라서 비타민 D는 프로호르몬(prohormone)으로 분류되기도 한다.

[그림 10-5]는 체내에서 콜레스테롤 관련물질인 전구체로부터 비타민 D가 합성되고 활성형이 되는 과정을 보여준다. 비타민 D_3의 합성은 피부에서 일어난다.

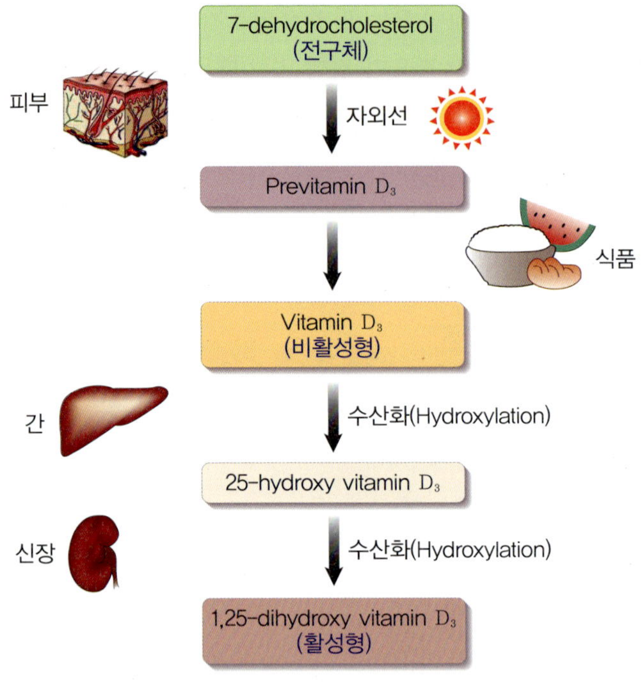

【그림 10-5】 비타민 D의 합성과 활성화

　태양의 자외선이 피부에 있는 전구물질(7-dehydrocholesterol)을 프리비타민(previtamin) D_3로 전환시키고, 프리비타민 D_3는 체내로 흡수되어 체열의 도움을 받아 D_3로 전환된다. 신체에서 만들어진 것이든, 식품으로부터 온 것이든 관계없이 비타민이 활성화되기 위해서는 두 단계의 수산화가 필요하다. 즉 첫 번째 수산화는 간에서 일어나 D_3는 25-하이드록시 비타민 D_3로 전환된다. 그리고 나서 혈액을 따라 신장으로 운반되고 신장에서 한번 더 수산화되어 활성형 1,25-디하이드록시 D_3가 생성된다. 활성형 비타민 D의 생물적 활성은 전구체의 활성에 비해 500~1000배나 더 높다.

　1,25-디하이드록시 D_3의 형태로 비타민 D는 칼슘과 인의 대사에 중요한 영향을 미치며 결과적으로는 뼈의 발달에 영향을 미친다. 부갑상선 호르몬(parathormone, PTH)이 이 과정을 조절하는 데 역할을 한다.

3 　생리적 기능

　비타민 D의 작용방식은 스테로이드 호르몬과 같다. 즉, 활성형 비타민 D는 세포 내로 들어간 후 핵막을 통해 DNA의 특수 수용체에 부착하여 세포의 분화를 증진한다. 비타민 D가 작용하는 표적기관들은 신장, 뼈, 소장이다[그림 10-6]. 이 기관들은 비타민 D에 반응하여 뼈의 성장을 위해 칼슘이 이용될 수 있도록 해준다.

214

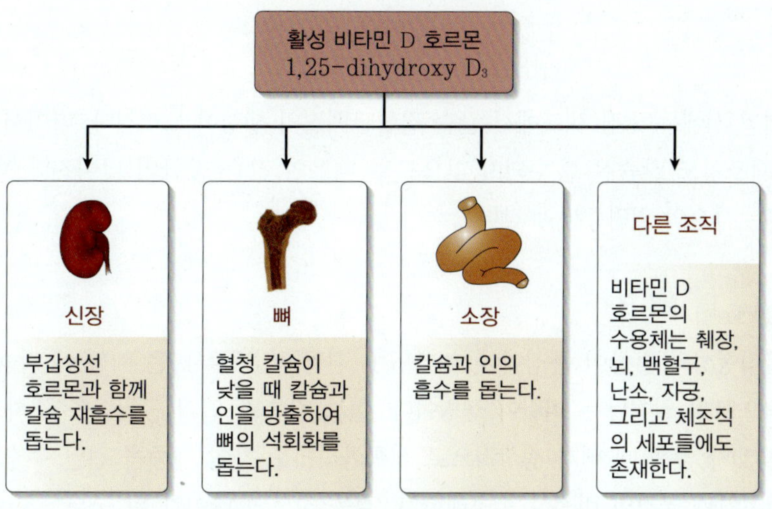

【그림 10-6】 비타민 D의 생리적 작용

(1) 뼈 성장에서의 역할

비타민 D는 뼈의 형성과 유지에 관여하는 많은 물질 중의 하나이다. 뼈 성장에서 비타민 D의 역할은 뼈가 담겨져 있는 혈액 중의 칼슘과 인의 농도를 유지하는 일이다. 뼈는 이 무기질들을 흡수하고 침전시켜 더 단단하게 자란다. 즉, 뼈의 석회화(bone mineralization)를 증진시킨다. 비타민 D는 칼슘과 인의 혈중농도를 다음 3가지 방법으로 올린다.

① 위장관으로부터 칼슘과 인의 흡수를 높인다.
② 뼈에서 혈액으로 칼슘의 이동을 돕는다.
③ 신장에 의한 칼슘과 인의 재흡수를 높인다.

비타민 D는 소장에서처럼 단독으로 작용할 수도 있고 뼈와 신장에서처럼 부갑상선 호르몬과 함께 작용할 수도 있다.

(2) 비타민 D의 다른 역할

신장, 뼈, 소장 이외에도 비타민 D가 작용하는 많은 다른 표적기관들이 최근 발견되었는데 뇌, 신경계, 췌장, 피부, 근육, 연골, 생식기관, 그리고 암세포 등이 해당된다. 이와 같은 발견은 비타민 D가 면역계의 조절을 포함해 많은 다른 기능들을 가지며 암과 여러 가지 질병의 치료에 유용할 수 있음을 제시한다.

4 결핍증

비타민 D 결핍 시에는 소장 세포에서 칼슘 결합단백질의 생성이 느려진다. 따라서 식사 중의 칼슘이 적절할 때조차도 칼슘은 흡수되지 않으므로 뼈로의 칼슘 공급이 낮아진다. 따라서 비타민 D의 결핍증세는 칼슘의 결핍증세와 같다.

(1) 구루병(rickets)

구루병은 골격형성의 손상이 특징이다. 비타민 D 결핍증인 구루병은 뼈 중에 칼슘과 인이 부적절하게 침전됨으로써 일어나는 어린이 질병이다. 혈중 칼슘과 인의 공급을 조절하고 유지하기에 충분한 비타민 D가 없을 때 뼈가 정상적으로 석회화하지 못하여 체중을 견딜 수 없는 무른 뼈가 형성되어 성장지연과 골격의 비정상을 초래한다. 걸을 정도의 나이가 된 구루병 어린이는 안짱다리가 되며 이는 구루병의 가장 분명한 표시이다. 구루병의 진전은 이외에도 무릎관절 확대, 두개골 형태변화, 근육 무력감, 신경성 과민, 치아의 형태 변화 등의 증세를 나타낸다. 북쪽 기후나, 매연이 심한 도시에 살거나, 또 검은 피부를 가진 어린이들은 비타민 D 결핍에 보다 민감하다. 도시의 높은 빌딩의 그늘은 햇빛을 차단할 수 있으므로 충분한 햇빛을 쪼일 수 없는 어린이는 식사를 통해 비타민 D를 섭취해야 한다.

(2) 골연화증(osteomalacia)

성인 구루병이라고도 불리는 골연화증은 칼슘의 섭취가 낮으며 햇빛에 노출이 적고 출산경험이 많은 여성들에게서 가장 자주 발병한다. 비타민 D와 칼슘의 흡수 저하를 수반하는 지방 흡수 불량증도 골연화증을 일으킬 수 있다. 일반적인 증세는 골다공증의 증가와 골밀도의 저하로 인해 뼈가 약화되므로 다리뼈에 통증이 있고 전반적인 신체의 약화로 걷기가 힘들게 되며 골절이 일어나기 쉽다. 다리뼈의 연화로 뼈가 굽어지고 안짱다리가 되며 30세 이전에 등이 굽을 정도까지 된다. 소량의 비타민 D 활성형의 보충이 골연화를 수정하는데 도움이 된다.

(3) 골다공증(osteoporosis)

신체의 비타민 D 합성이 적절히 되지 않거나 식품으로부터 D를 충분히 섭취하지 못하면 뼈로부터 칼슘 손실이 일어나고 뼈의 밀도가 감소되어 골절을 초래하게 된다. 엉덩이 골절로 입원한 여성의 반이 드러나지 않은 비타민 D 결핍증을 가지는 것으로 알려져 있다. 비타민 D 결핍증은 특히 노인들에게 일어날 가능성이 크며 그 원인으로는 신체의 비타민 D 합성과 활성화 능력의 감소, D의 주요 급원 식품인 우유 섭취의 감소 그리고 옥외 생활 부족으로 인한 햇빛 노출의 부족 등을 들 수 있다.

5 과잉증

섭취량이 신체의 실제 필요량을 훨씬 초과할 때 과잉의 비타민 D는 고칼슘혈증(hypercalcemia)과 연조직의 석회화(calcification)를 일으킨다. 심장, 혈관, 기관지, 신장의 세뇨관에 칼슘의 침착이 일어날 수 있다. 연조직의 칼슘 침전은 칼슘이 배설되기 위해 모여 있는 신장에서 특히 일어나기 쉽다. 혈관의 칼슘 침착과 경화가 심장과 폐의 주요 동맥에 일어나면 죽음을 초래할 수 있다. 고칼슘혈증에 수반되는 증세로는 식욕부진, 메스꺼움, 체중 감소, 과다한 소변, 혈중 요소의 증가 등이 있으며 어린이들에서는 성장 지연이 일어날 수 있다.

비타민 D의 중독은 정상적인 비타민 D 섭취 경로에 의해서는 일어나지 않으며 비타민 정제에 의한 보충이나 생선 간유의 다량 섭취에 의해 일어날 수 있다.

6 영양 상태 평가

비타민 D 영양 상태는 혈청 중 순환하는 25-하이드록시-D_3의 수준으로 평가한다. 혈청 중 25-하이드록시-D_3는 비타민 D의 주요 대사물로써 일반적으로 총 함량은 식사와 합성으로부터 온 비타민 D의 공급량 뿐 아니라 간 조직 중의 저장량을 반영한다. 세계보건기구 기준에 의하면 적정 혈중 25-하이드록시-D_3의 농도는 20 ng/mL 이상이며 이 범위 안에 있을 경우 부갑상선 호르몬을 최대한 억제시키고, 칼슘의 장내 흡수를 최대로 유지하게 된다. 비타민 D 결핍증은 10 ng/mL 이하이고, 불충분은 11~19 ng/mL 이다.

7 비타민 D 섭취기준

자연적으로 비타민 D를 함유한 식품은 소수에 불과하나 인체는 적은 양의 햇빛의 도움으로 필요한 양의 D를 모두 만들 수 있다. 비타민 D는 최저필요량 설정을 위한 확실한 근거가 부족하고 햇빛을 쪼이면 피부에서 생합성되는 특수성으로 인해 식사를 통한 권장량 설정이 쉽지 않으므로 충분섭취량을 정하고 있다.

한국인의 1일 비타민 D 충분섭취량은 영아에서 11세까지는 5 ㎍이며, 12세에서 64세까지는 남녀 모두 10 ㎍이다. 65세 이상의 노인에서는 비타민 D 합성능력의 감소와 골다공증의 예방 등을 고려하여 15 ㎍을 충분섭취량으로 설정하고 있으며 임신부와 수유부에 대해서는 부가 섭취량을 설정하고 있지 않다. 비타민 D는 충분섭취량 이상 섭취 시 지방 조직에 다량이 축적되어 잠재적 위험성을 가지므로 하루 상한섭취량은 12세 이상 남녀 모든 연령에서 100 ㎍으로 책정하고 있고 1~11세 사이는 30~60 ㎍ 범위에서 차등하여 책정하고 있다.

 비타민 D의 급원

비타민 D의 주요 공급원은 식품과 태양광선에 의한 피부에서의 생합성이다.

(1) 식품의 비타민 D

햇빛이 풍부한 지역에 사는 대부분의 성인들은 식품으로부터 비타민 D를 섭취하려고 노력할 필요는 없다. 옥외 생활이 적은 사람이나 북쪽 또는 구름과 스모그가 많은 지역에 사는 사람들은 식품을 통한 비타민 D 섭취가 권장된다. 높은 수준의 비타민 D는 식품 중에 자연적으로 존재하지 않으며 특히 식물성 식품 중에는 거의 발견되지 않는다. 적절한 햇빛, 식품강화, 보충제가 없는 엄격한 채식식사는 비타민 D 요구량을 충족할 수 없다. 비타민 D가 풍부한 식품은 연어, 고등어, 청어, 참치, 정어리 같은 기름진 생선, 달걀노른자, 그리고 버터나 마가린 같은 유제품으로 이들은 D_3인 콜레칼시페롤(cholecalciferol)을 함유하고 있다.

【표 10-5】한국인의 상용 식품 1인 1회 분량 중의 비타민 D 함량

식품명	1인 1회 분량(g)	비타민 D 함량(μg)	식품명	1인 1회 분량(g)	비타민 D 함량(μg)
연어	60	19.2	오리고기(생 것)	60	19.5
청어	60	13.2	달걀	60	1.08
꽁치	60	11.4	메추라기알	60	1.5
뱀장어	60	10.8	우유	200	0.6
광어(넙치, 양식)	60	10.8	목이버섯(데친 것)	30	11.8
갈치	60	8.4	송이버섯	30	1.08
고등어	60	6.6	표고버섯	30	0.63
송어	60	6.0	팽이버섯	30	0.27
멸치(마른 것)	15	2.7	느타리버섯	30	0.33

*성인 19~29세 1일 비타민 D 충분섭취량: 남 녀 모두 10 μg
**자료: 보건복지부, 한국영양학회, 2015 한국인 영양소 섭취기준, 2015

(2) 햇빛에 의한 자가 합성

햇빛에 자연스럽게 노출되는 것은 적절한 비타민 D 영양을 유지시켜 준다. 태양에 노출되는 시간과 강도, 피부색깔에 따라 체내에서 형성될 수 있는 비타민 D의 양은 다르다. 햇빛에 의한 비타민 D 합성은 독성의 위험이 없지만 햇빛에 지속적으로 노출된 피부는 일찍 주름지고 피부암의 위험이 높아진다. 차광제는 이러한 위험을 줄이는데 도움이 되나 차광역가(sun protection factors)가

8 이상인 차광제는 비타민 D의 자가 합성을 막는다. 이러한 문제를 피하기 위한 방법은 비타민 D 합성을 충분히 할 정도의 햇빛 노출 시간이 경과한 후 차광제를 이용하는 것이다.

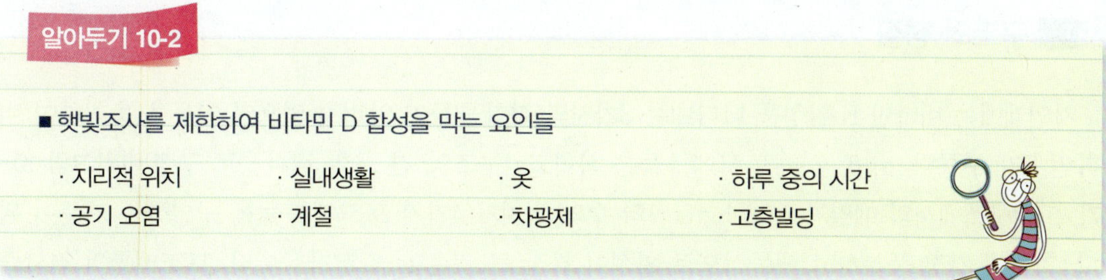

알아두기 10-2

■ 햇빛조사를 제한하여 비타민 D 합성을 막는 요인들

· 지리적 위치　　· 실내생활　　· 옷　　· 하루 중의 시간
· 공기 오염　　· 계절　　· 차광제　　· 고층빌딩

알아두기 10-3

■ 고도와 비타민 D 합성

북위 40도 이상과 남반구의 남위 40도 이하에서는 겨울철 4달 동안에는 비타민 D의 합성이 중지된다.
비타민 D 합성은 봄이 되면서 증가되어 여름에 최고조에 달하고 가을에는 다시 감소한다.
북극과 남극에 사는 사람들은 1년 중 6개월 정도 체내 비타민 D 합성이 되지 않는다.

대부분의 사람들은 맑은 여름날 1주일에 수회 10~15분간씩 손, 얼굴, 팔을 햇빛에 노출시키면 비타민 D 영양을 유지하기에 충분하다. 검은 피부의 색소는 비타민 D의 합성을 방해하므로 검은 피부의 사람들은 흰 피부의 사람보다 태양 노출시간을 더 길게 할 필요가 있다. 즉, 흑인은 백인이 30분에 얻을 수 있는 D 합성량을 3시간이 걸려 얻을 수 있다. 구름, 안개, 연기, 먼지, 스모그, 그늘, 유리창, 옷, 검은 피부색소 등은 자외선을 차단하므로 비타민 D의 합성을 방해한다.

04. 비타민 E Tocopherol

1922년 Evans와 Bishop은 쥐의 생식에 필요한 채소 기름의 한 성분을 발견하였다. 이 항불임인자(antisterility factor)는 토코페롤(tocopherol)이라 명명되었으며 희랍어로 "자손을 낳는다(to bear offspring)"는 것을 의미한다. 이후 이 화합물은 비타민 E라 명명되었다. 그 이래로 토코페롤은 성과 관련된 비타민으로서 생식계와 순환계 및 신경계의 수많은 비결핍성 질병의 치료제로서 또 노화와 대기오염에 대한 보호인자로서 인식되었다. 그러나 이들은 주로 실험동물을 대상으로 한 연구 결과들이며 인체에서의 비타민 E의 역할에 대해서는 여전히 연구가 계속되고 있다.

1 구조와 성질

자연계에는 비타민 E 활성을 나타내는 8가지의 화합물들이 알려져 있으며 이들을 총칭하여 비타민 E라 부른다. α, β, γ, δ-토코페롤들은 복합고리구조와 긴 포화 곁사슬로 구성된다[그림 10-7]. 고리구조에서의 메틸기(methyl group)의 수와 위치가 4가지 토코페롤들을 구별하는 기준이 된다. 자연에 가장 풍부하고 생물적으로 활성이 가장 큰 것은 α-토코페롤이다. 토코페롤의 곁사슬이 불포화되어 있는 화합물을 토코트리에놀(tocotrienol)이라고 한다. 토코트리에놀은 토코페롤보다 생물적으로 활성이 낮으며 영양적으로도 덜 중요하다. 비타민 E는 연황색의 점성 있는 기름이며 지용성이다. 열에 안정하나 산화와 자외선에 의해 쉽게 파괴된다. 식품 중의 비타민 A나 카로틴, 불포화 지방산 등 다른 화합물들을 산화로부터 보호하기도 한다.

Compound	R_1	R_2	R_3
α-Tocopherol	CH_3	CH_3	CH_3
β-Tocopherol	CH_3	H	CH_3
γ-Tocopherol	H	CH_3	CH_3
δ-Tocopherol	H	H	CH_3

【그림 10-7】 비타민 E의 구조

2 흡수와 대사

비타민 E의 흡수과정은 다른 지방이나 지용성 물질들의 흡수과정과 같다. 즉, 담즙을 필요로 하고 킬로미크론에 실려 림프관을 경유하여 일반 순환계로 들어간다. 비타민 E의 흡수율은 섭취량의 50~80%이며 지방흡수에 영향을 미치는 다른 조건에 의해 흡수가 감소된다. 섭취량이 증가할수록 흡수효율은 더욱 낮아진다.

비타민 E는 혈중에서 지단백에 의해 운반되며 주로 지방조직에 저장되고 소량이 간장과 근육조직에서 발견된다. 부신선(adrenal gland)과 뇌하수체(pituitary gland)도 상당량의 비타민 E를 포함한다. 비타민 E는 퀴논(quinone)형으로 산화되어 주로 담즙을 통해 대변으로 배설되고 소량의 대사물은 소변으로 배설된다.

3 생리적 기능

(1) 항산화제 역할

비타민 E는 지용성 항산화제이며 그 자신이 산화됨으로서 다른 물질을 산화로부터 보호한다. 산화제에 노출된 세포막에서 비타민 E는 세포막의 지질이 파괴되지 않도록 보호한다. 또한 세포 내의 미토콘드리아에서는 에너지 연료를 ATP로 전환하는 대사 장치의 일부를 보호한다. 비타민 E는 다가불포화지방산(polyunsaturated fatty acid, PUFA)의 산화를 막는데 특히 유효하나 다른 지질들과 비타민 A 등의 화합물들도 보호한다. 비타민 E는 저밀도지단백 LDL을 산화로부터 보호함으로서 심장병의 위험을 감소시키는 것으로 알려져 있다.

모든 체세포들은 에너지를 생성하기 위해 산소를 사용한다. 이와 같은 정상적인 대사과정동안 산소는 때로 자유라디칼(free radicals)이라고 알려진 강한 파괴력을 가진 중간 대사물로 환원이 된다. 자유라디칼들은 지질과산화(lipid peroxidation)라는 과정에 의해 세포막에 있는 불포화지방산을 공격한다. 지질과산화는 연쇄반응이며 만일 조절하지 않고 그대로 두면 세포의 구조를 손상시키고 세포의 기능을 변화시킨다. 비타민 E는 지질과산화의 연쇄반응을 효과적으로 단절함으로서 신체의 산화에 대한 첫 방어계로서 기여한다.

세포내에서의 자유라디칼의 생성과 지질과산화 반응 및 비타민 E의 항산화작용을 도식으로 나타내면 다음과 같다.

① 자유라디칼의 형성

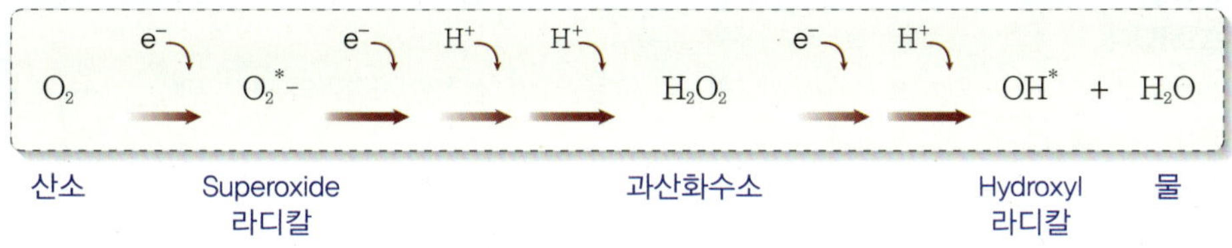

② 자유라디칼 연쇄 반응과 지질 손상

③ 비타민 E의 항산화 작용

(2) 비타민 E의 보호를 받는 조직과 세포들

비타민 E가 항산화 효과를 나타내는 중요한 장소는 산소에 대한 세포의 노출이 최대가 되는 폐이다. 폐 조직 자체의 세포들뿐만 아니라 폐를 통과하는 적혈구, 백혈구들도 비타민 E의 보호를 받는다. 폐는 이산화질소(nitrogen dioxide)나 오존(ozone)과 같은 대기 오염물에 노출되어 이들 오염물에 의해 자유라디칼 반응을 유발하여 조직의 손상을 초래할 수 있으나 비타민 E의 보호를 받게 된다.

■ 만성질환에 대한 비타민 E의 보호효과

만성질환에 대한 비타민 E의 보호효과에 대한 최근 연구 보고들을 소개하면 다음과 같다.

- 알츠하이머 질환의 예방효과: 알츠하이머 환자에서 과산화 지질과 산화적으로 손상된 DNA가 증가되어 있음이 관찰되었으며 비타민 E의 항산화 작용은 산화적 손상을 억제함으로서 알츠하이머 질환에 대한 예방효과를 나타낸다.
- 노인의 면역기능 증강: 미국 Tufts 대학 연구진은 건강한 노인들에게 비타민 E를 고용량 복용시킨 결과 면역기능이 개선됨을 증명하였다. 또 다른 연구는 비타민 E 복용이 세포매개성 면역반응을 증강시킴을 보고하였다.
- 관상동맥질환의 억제: 많은 연구들은 비타민 E가 관상동맥 심장질환에 대해 1차적 예방효과가 있을 뿐 아니라, 이미 이 질환의 증상이 있는 사람에서도 더 이상의 진행을 지연시키는 2차 예방 효과가 있음을 보고하였다.
- 암 예방 효과: 대규모 역학 조사에서 비타민 E를 고용량으로 섭취한 사람들의 구강암과 폐암의 발생률이 낮은 것을 보고하였다.

비타민 E는 백혈구는 물론 적혈구를 보호함으로써 신체의 면역 방어계에도 참여한다. 건강한 노인에게 한 달간 권장량의 100배량으로 비타민 E를 보충했을 때 면역반응이 유의적으로 증가되었다는 연구 결과가 보고된 바 있다. 이와 같이 비타민 E가 면역계를 지원하는 것은 세포지질의 과산화 반응에 대한 비타민 E의 보호 효과에서 기인할 수 있다고 추정되고 있다.

4 결핍증

사람에서의 식이 비타민 E 결핍은 드물며 특이한 결핍증상을 나타내지 않지만 지방흡수가 불량한 성인이나 임신 중 비타민 E의 섭취 부족에 의해 조산아에게서 결핍 사례가 나타나기도 한다.

비타민 E가 결핍된 사람들은 적혈구의 파괴가 증가되는 현상이 나타난다. 이와 같은 적혈구 용혈(erythrocyte hemolysis)은 비타민 E 결핍의 징후로서 혈중 비타민 E의 농도가 어떤 수준 이하로 떨어지면 적혈구가 파열되어 그 내용물이 흘러나오는 증상이다. 이 증세는 적혈구 세포막에 있는 다가불포화지방산(PUFA)의 산화로 인한 세포막의 손상이 원인인 것으로 알려져 있으며, 임신 마지막 수 주 동안에 모체로부터 영아로의 비타민 E의 전달이 일어나기 전에 태어난 미숙아에서 발견된다.

최근에 또 다른 비타민 E 결핍증으로서 신경계 증세가 알려졌다. 장기간의 비타민 E 결핍은 척추와 망막을 포함하는 신경 근육계의 기능저하를 초래하며 증세로서 근육조정과 반사의 상실, 시력과 언어구사력 손상이 나타난다. 비타민 E 치료는 이들 신경계 증세들을 교정한다. 비타민 E 결핍으로 인한 신경근육의 약화와 위축은 식사에 비타민 E를 보충함으로써 치유될 수 있다. 비타민 E 요법에 반응하는 또 다른 질환들로는 양성 섬유낭성 유방질환(fibrocystic breast disease)과 다리에 쥐가 나게 하는 혈액 흐름의 간헐성 파행(intermittent claudication)이 있다.

5 과잉증

비타민 E의 과다 복용에 따른 독성은 비타민 A나 D와 같이 흔하거나 유해하지는 않지만 비타민 E도 체내에 축적되면 몇 가지 부정적인 상태를 유발한다. 즉, 혈중 중성지방의 증가, 갑상선 호르몬의 저하, 심한 설사와 구토감, 두통, 피로감, 흐린 시력, 근육 약화, 발한과 맥박의 증가, 혈액응고의 손상 등의 부작용을 나타낸다.

비타민 E의 다량 복용은 비타민 K의 혈액응고 작용을 방해할 수 있고 혈액응고 방지약물의 항응고효과를 높여 출혈을 초래한다. 그러므로 항응고요법을 받는 사람들은 다량의 비타민 E를 섭취하기 전 의사와 상의해야 한다.

6 영양 상태 평가

혈장 α-토코페롤 농도의 측정은 체내 비타민 E 상태를 측정하는 가장 간단하고도 직접적인 방법이다. 적합한 농도는 12세 이상 어린이와 성인에서 5~20 µg/mL, 12세 이하 어린이에서는 3~15 µg/mL 수준이다. 혈청 중 비타민 E 수준이 1.0 µg/mL 미만이면 결핍으로 판정한다. 만일 혈청

지질 농도와 관련시킬 경우 적합한 혈장 토코페롤 수준은 12세 이상에서는 0.8 mg/g 지질 이상이고 12세 이하에서는 0.6 mg/g 지질 이상이다.

비타민 E의 영양 상태를 나타내는 또 다른 지표는 과산화수소의 존재 하에서의 적혈구의 용혈 정도이며, 비타민 E가 결핍될수록 적혈구 세포막의 약화로 인해 용혈정도가 크게 나타난다. 이 기능적 검사법은 절차에 세심한 주의가 요구되며 특이성이 낮다. 이외에도 비타민 E 영양 상태를 측정하는데 유용한 2가지 방법이 있는데 하나는 *in vivo* 검사법으로서 체내의 다가불포화지방산(PUFA)의 과산화 산물로서 생성된 탄화수소가스 펜탄(pentane)의 호기 배출량을 측정하는 방법이며 다른 하나는 *in vitro* 검사법으로서 과산화수소에 노출된 적혈구의 PUFA의 과산화 생성물인 말론다이알데히드(malondialdehyde)를 측정하는 방법이다.

7 비타민 E 섭취기준과 급원식품

비타민 E의 섭취기준 단위는 1 mg의 D-α-토코페롤에 해당하는 α-토코페롤 당량(α-tocopherol equivalent, α-TE)으로 표현된다. 1 α-TE에 해당하는 각 형태의 토코페롤량은 다음과 같다.

$$1 \ \alpha\text{-TE} = 1 \ mg \ \alpha\text{-tocopherol}$$
$$= 2 \ mg \ \beta\text{-tocopherol}$$
$$= 10 \ mg \ \gamma\text{-tocopherol}$$

우리나라 성인과 노인 모두에 대해 하루 12 mg α-TE의 충분섭취량이 설정되어 있다. 임신부는 일반 성인 여성과 차이가 없고 수유부는 모유로 분비되는 양을 가산하여 3 mg α-TE의 부가 섭취가 설정되어 있다. 영아기는 전반기에 3 mg α-TE, 후반기 4 mg α-TE를 설정하고, 유아, 아동 및 청소년은 성인의 충분섭취량으로부터 체중과 성장률을 고려하여 5~11 mg α-TE의 범위에서 설정하고 있다. 유아와 청소년의 상한섭취량은 200~500 mg α-TE, 성인은 540 mg α-TE로 책정되어 있다. 식물유나 생선유가 풍부한 식사로 다량의 다가불포화지방산(PUFA)을 섭취하는 사람들은 지질과산화를 방지하기 위해 보다 많은 비타민 E를 필요로 한다. 다행히도 비타민 E와 불포화지방산은 같은 식품 중에 함께 존재하는 경향이 있다.

비타민 E는 식품에 널리 분포하며 주요 식품급원은 식물유, 마가린, 전곡, 견과류, 종실류, 콩류, 진한 녹색 잎채소이며 육류, 가금육, 생선, 달걀 등에도 적은 양이 함유되어 있다. 식물유중 밀배아유와 대두유는 특히 비타민 E가 풍부하다. 그 다음이 옥수수유, 면실유, 잇꽃 기름이다. 우유나 버터와 같은 동물성 지방은 무시해도 좋은 정도의 미량을 포함한다.

비타민 E는 튀김조리 동안 열 가공과 산화에 쉽게 파괴되므로 신선 식품 또는 가볍게 가공된 식품들이 비타민 E의 급원으로서 더 좋다. 대부분의 가공 식품과 편의식품들은 적절한 섭취를 보장할 정도로 충분한 비타민 E를 제공하지는 않는다. 곡류의 도정, 밀가루의 표백, 동결, 끓임, 튀김 등의 조리 가공은 식품 중 비타민 E 함량을 감소시킨다.

05. 비타민 K Phylloquinone

1929년 덴마크의 과학자 Henrik Dam은 지용성 비타민 중 마지막으로 비타민 K(Phylloquinone)를 발견하였다. 그는 갓 태어난 병아리에서 출혈병을 발견하였으며 혈액 분석결과 혈액응고 인자 프로트롬빈(prothrombin)의 수준이 낮은 것을 발견했다. 알팔파(alfalfa)라는 목초가 출혈병의 예방에 효과가 있음을 발견하고 이 혈액응고(koagulation=blood clotting)인자를 비타민 K로 명명하였다. 1943년 Dam은 비타민 K의 발견으로 생리의학 분야의 노벨상을 받았다.

1 구조와 성질

비타민 K는 퀴논(quinone)류에 속하는 황색의 결정체 화합물군이다[그림 10-8]. 자연에서 발견되는 2가지 주요형태는 K_1(phylloquinone)과 K_2(menaquinone)이다. K_1은 자연식물에서 합성되고 K_2는 미생물의 대사산물로서 장내 박테리아에 의해 합성되므로 동물에서 발견되며 K_1에 비해 75%의 활성을 가진다. K_3(menadione)는 자연에 존재하지 않고 화학적으로 합성된 형태이다. 동물들은 K_3에 긴 곁사슬을 더하여 K_2로 전환시키며 곁사슬은 K의 활성에 필요하다. 모든 형태의 K들은 열, 공기, 습기에 안정하나 강한 산, 알칼리, 빛에 의해 쉽게 파괴된다.

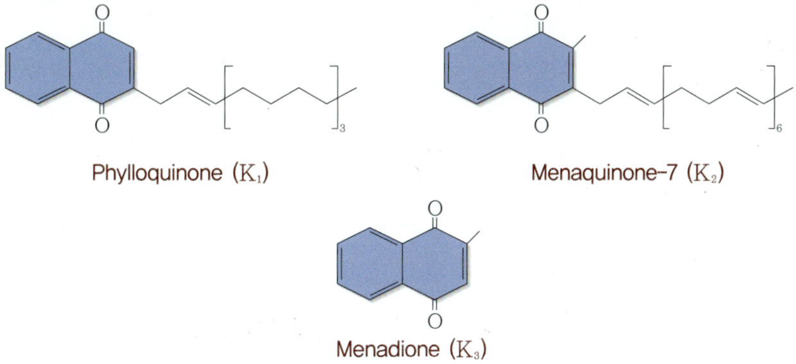

【그림 10-8】 비타민 K의 구조

　비타민 K의 흡수와 초기대사는 다른 지용성 비타민들의 그것과 아주 유사하다. 지질흡수를 방해하는 어떤 요인도 비타민 K의 흡수를 방해한다. 지단백 킬로미크론이 비타민 K를 간장으로 운반하고 간장에서 초저밀도지단백질(VLDL)과 결합하여 일반 순환계로 들어간다.

　비타민 K는 간장에 짧은 시간동안 저장되기는 하나 체내 저장량은 최소량이다. 소량이 피부, 근육, 신장, 심장 등에 존재하며 대사산물은 담즙과 소변으로 배설된다. 다른 지용성 비타민과 다른 점은 K_2가 장내 박테리아에 의해 합성되어 사람에서 K의 급원으로 이용된다는 것이다. 장내에서 합성된 K_2는 소장과 대장에서 수동적 확산에 의해 흡수된다.

3　생리적 기능

(1) 혈액응고에 관여하는 단백질의 합성에 참여

　비타민 K는 혈액응고에 주로 작용하며 K의 존재여부에 따라 생사가 달라질 수 있다. 혈액응고에는 적어도 13가지의 단백질과 무기질, 칼슘이 관계한다. 비타민 K는 이 응고에 관여하는 단백질 중 적어도 4가지의 합성에 필수적이며 이 중 하나인 프로트롬빈(prothrombin)은 트롬빈(thrombin) 단백질의 전구체이며 간에서 만들어진다. 비타민 K의 기능은 프로트롬빈 분자내의 글루타민산 잔기(Glu)를 γ-카르복시글루타민산(γ-carboxy glutamyl residue, Gla)으로 만드는 카르복실화 반응을 증진시키는 것이다[그림 10-9]. 프로트롬빈은 활성형인 트롬빈으로 전환되고 트롬빈은 혈액응고의 기초가 되는 피브린(fibrin)의 형성에 필요하다. 혈액의 응고과정은 [그림 10-10]과 같다.

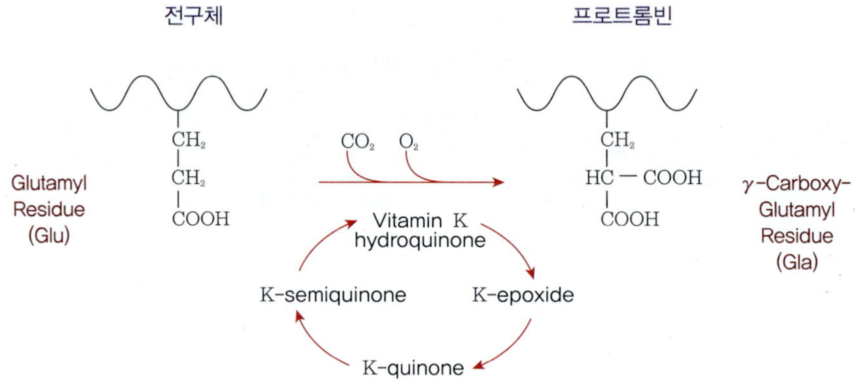

【그림 10-9】 비타민 K의존성 카르복실화 반응

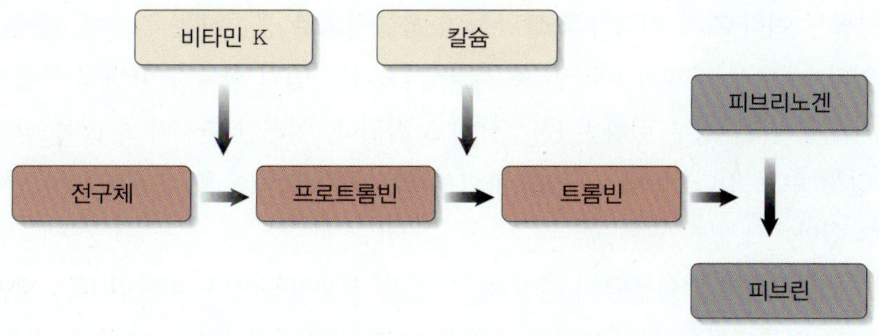

【그림 10-10】 혈액응고 과정에서의 비타민 K의 역할

병원 수술환자는 혈액응고 시간이 미리 측정된다. 만일 혈액응고가 느리면 비타민 K를 포함하는 처치가 수술 전에 이루어져야한다. 이와 같은 예비 검사는 출혈로 인한 사망을 방지하는데 중요하다.

(2) 뼈 단백질의 합성에 참여

비타민 K에 관한 최근 연구는 뼈의 대사에서 비타민 K의 역할을 제시하였다. 오스테오칼신(osteocalcin)은 Gla를 함유한 단백질로서 뼈 조직에 많이 존재하고 있으며, 오스테오칼신은 성숙한 뼈 중 Gla 총량의 80% 정도를 함유한다. 인체에서 카르복실화된 오스테오칼신은 수산화인회석(hydroxyapatite)의 칼슘 이온에 특별한 결합력을 갖는 3개의 Gla 잔기를 포함한다. 오스테오칼신의 감마(γ)-카르복실화 외에도 비타민 K는 소변의 칼슘 배설, 프로스타글란딘(prostaglandin) E_2와 인터루킨(interleukin)-6의 생산 등 뼈 대사에 관련되는 다른 요소에도 영향을 미친다. 뼈 단백질의 합성 속도는 비타민 D에 의해 조절되나 비타민 K가 없이는 뼈는 무기질에 결합할 수 없는 비정상적인 단백질을 생성한다.

4 결핍증

정상인에서 비타민 K는 장내 박테리아에 의해 생성되고 또 식품 중에 널리 분포하므로 1차 결핍은 드물다. 그러나 다른 지용성 비타민처럼 2차 결핍은 담즙생산 불능, 설사증 등으로 지방 흡수가 손상되는 상황이나, 약물에 의한 장내 K의 합성과 작용이 방해될 때 일어날 수 있다. 간질환이 있는 경우에도 비타민 K의 이용이 방해될 수 있다. 혈액응고에 필요한 인자 중 어느 것이라도 결여될 때 출혈성 질병이 일어나며, 이러한 상황에서 동맥이나 정맥이 파손되면 출혈은 억제되지 않는다. 때로 수술 시 출혈을 줄이기 위해 수술 전 비타민 K가 투여되나 이런 경우에는 비타민 K 결핍이 있을 때만 유용하다.

비타민 K 결핍은 여러 가지 비정상적 상황들이 복합적으로 공존하는 경우에 일어날 수 있으며 치명적일 수 있다. 예로서 한계적 비타민 K 저장량을 가진 입원 환자가 항생제 복용과 K가 보충되지 않은 조제식을 받을 경우 비타민 K 저장이 고갈된다. 이러한 환자가 수술을 받게 되면 환자는 출혈로 사망할 수도 있다. 장내 세균을 파괴시키는 설파제 약물을 복용하는 사람들도 비타민 K가 결핍될 수 있다.

그러나 비타민 K 결핍의 위험부담이 가장 큰 그룹은 신생아들이다. 비타민 K는 태반을 통해 쉽게 운반되지 않고 신생아들은 무균상태의 소화관을 가지고 태어난다. 비타민 K 생성 박테리아가 신생아의 장내에 서식하기까지는 수 주가 걸리며 동시에 혈장 프로트롬빈의 농도도 낮다. 신생아의 출혈성 질병을 막기 위해 출생 시 단 1회 비타민 K 투여(phylloquinone형)가 경구적으로 또는 근육주사로 주어진다.

5 과잉증

비타민 K 독성은 흔하지 않으나 특히 영아나 임부에게 비타민 K 보충제가 처방될 때 일어날 수 있다. 중독 증세로는 적혈구 용혈, 황달, 뇌손상 등이 보고되어 있다.

혈류 중에 혈액응고물이 순환하여 관상심장병이나 뇌졸중을 일으킬 수 있는 위험에 있는 사람들이 있다. 이와 같은 일이 일어나는 것을 방지하기 위해 항응고제가 자주 처방된다. 디쿠마롤(dicumarol)과 쿠마딘(coumadin)과 같은 항응고제들은 응고과정을 느리게 하므로 비타민 K의 길항작용을 갖는다. 높은 수준의 비타민 K의 복용은 혈액 항응고제의 효과를 감소시키므로 항응고제 복용자는 비타민 K가 풍부한 식품을 적절한 수준으로 섭취해야 하고 섭취량은 매일 일정하게 유지해야 한다.

6 비타민 K 섭취기준과 급원식품

비타민 K는 광범한 식품 중에 존재할 뿐 아니라 인간의 장관, 특히 공장과 회장 부분에서 장내 박테리아에 의해 합성되어 1일 요구량의 약 50%가 공급되므로 정상적인 상태에서는 결핍의 위험은 거의 없다.

비타민 K의 섭취기준은 모든 연령층에 대해 충분섭취량이 설정되어 있다. 성인과 노인의 경우 남자는 하루 75 μg, 여자는 65 μg으로 설정되어 있고 임신부와 수유부에 대해서는 부가 섭취량이 설정되지 않고 성인 여성과 동일하다. 유아, 아동 및 청소년은 연령에 따라 25~80 μg의 범위에서 차등하여 설정되어 있으며 영아기는 전반기 4 μg, 후반기 7 μg으로 충분섭취량이 정해져 있다. 비타민 K의 상한섭취량은 설정되어 있지 않다.

비타민 K의 특징은 비식품 급원으로부터 얻을 수 있다는 점이다. 위장관의 박테리아는 K를 합성할 수 있으나 박테리아에 의한 합성만으로는 신체의 요구량을 모두 충족시키기에는 불충분하다.

녹색 채소류는 필로퀴논형의 비타민 K의 주요 급원식품이다. 녹색 채소류 중 취나물, 케일, 무청, 시금치, 브로콜리 등의 녹색 잎채소와 캐비지과(십자화과)에 속하는 채소류들이 가장 좋은 급원이다. 과일로는 아보카도와 키위 등이 높으며, 대두, 카놀라유, 콩기름에도 많이 함유되어 있다.

【표 10-6】 지용성 비타민 요약

비타민	주요 기능	권장 섭취량	결핍증	과잉증	풍부한 식품
비타민 A	• 시력유지 • 각막, 상피세포, 점막, 피부의 유지 • 골격과 치아 성장 • 생식 • 면역	성인 남 750 여 650 μg RAE/일	• 감염성 질환 • 야맹증 • 실명(각막건조증) • 케라틴화 • 성장 부진 • 면역 기능 약화 • 성기능 장애	• 골격 이상 • 피부 발진 • 탈모증 • 두통, 구토 • 간, 췌장 비대	• 레티놀 (우유와 유제품) • β-카로틴 (녹황색 채소)
비타민 D 에르고칼시페롤: D_2 콜레칼시페롤: D_3	• 골격의 석회화 (소화관의 칼슘 흡수 촉진, 뼈로부터 칼슘을 끌어내고 신장에 의한 보유를 자극함으로써 혈중 칼슘과 인을 증가시킴)	성인 10 μg/일	• 구루병(어린이) • 골연화증(성인) • 골다공증(성인)	• 칼슘의 불균형 (연조직의 석회화와 결석 형성) • 성장 지연 • 구토, 설사 • 신장 손상 • 체중 감소	• 햇빛에 의해 체내 합성 • 생선 간유, 달걀, 비타민 D 강화우유
비타민 E 토코페롤 토코트리에놀	• 항산화제 (세포막 안정화, 산화반응 조절, 다가불포화지방산과 비타민 A보호) • 동물에서 생식에 관여	성인 12 mg α-TE/일	• 적혈구 용혈, 빈혈, • 신경파괴	• 흔하지 않음 (근육허약, 두통, 피로, 오심, 비타민 K 대사방해)	• 식물성 기름 • 녹황색 채소 • 마가린, 쇼트닝 • 씨앗류
비타민 K 필로퀴논: K_1 메나퀴논: K_2 메나디온: K_3	• 혈중 칼슘을 조절하는 골격 단백질과 혈액응고 단백질의 합성	성인 남 75 여 65 μg/일	• 출혈(내출혈)	• 흔하지 않음 (빈혈, 황달)	• 위장관 박테리아에 의해 체내 합성 • 녹황색 채소

1. 비타민의 정의를 설명하고 열량 영양소와의 차이를 비교하시오.

2. 비타민들을 용해도에 따라 분류하고 차이점들을 비교하시오.

3. 지용성 비타민의 종류를 들고 생리기능, 결핍증을 요약하시오.

4. 인체에서 일부 생성되는 지용성 비타민은 무엇이며 그 생성방법을 설명하시오.

5. 비타민 A 전구체의 이름을 말하고, 어떤 종류의 식품에 풍부하게 존재하는지 알아보시오.

6. 명암과 색깔을 구분하는데 있어서 레티날의 역할에 대해 설명하시오.

7. 비타민 E의 항산화제로서의 기능에 대해서 서술하시오.

8. 환자에게 수술을 하기 전에 환자의 비타민 K 상태가 외과 의사들에게 중요한 이유는 무엇인지 서술하시오.

11

수용성 비타민

수용성 비타민에는 비타민 C와 B군(티아민, 리보플라빈, 니아신, 비타민 B_6, 엽산, 비타민 B_{12}, 판토텐산, 비오틴)이 포함된다. 인체에서 수용성 비타민들은 혈액으로 직접 흡수되어 혈액 중에서 운반체 없이 자유로이 떠다닐 수 있다. 혈중 과잉의 수용성 비타민들은 소변으로 쉽게 배설되므로 일반적으로 인체 내에 독성을 나타내는 수준까지 축적되는 일은 드물다. 수용성 비타민들은 각각 체내에 보유되는 기간이 다양하며 하루 정도 식사로 섭취하지 않아도 결핍증이 오지는 않으나 소량씩 자주 섭취할 필요가 있다.

　수용성 비타민들은 물에 녹는 성질로 인해 체내의 흡수, 저장, 배설되는 속도와 건강을 위해 필요한 섭취빈도, 식품의 가공조리에 의해 영향 받는 정도와 독성의 가능성들이 지용성 비타민과 다르다. 화학구조에서 지용성 비타민들은 거의 전적으로 탄소, 수소, 산소로 구성되나 대부분의 수용성 비타민들은 이외에 질소, 황, 코발트 등의 원소를 포함한다. 식품 급원에서도 지용성 비타민들은 비교적 좁은 범위의 식품에서만 얻을 수 있지만 수용성 비타민들은 보다 다양한 종류의 식품들 즉, 채소, 과일, 곡물, 우유와 유제품, 육류 등에 널리 분포되어 있다. 그러나 예외로 비타민 B_{12}는 주로 동물성 식품에 존재하며 비타민 C는 주로 과일과 채소에 존재한다.

　비타민 C는 파괴적인 산화로부터 신체를 보호하는 항산화제로 작용한다. 그러나, 비타민 B군의 수용성 비타민들은 대사활성에서 특수한 조효소(coenzyme)의 구성분으로서의 기능을 가진다[**표 11-1**]. 비타민 B군은 에너지를 생성하지 않으며, 열량영양소들이 체내에서 연료로 사용되는 것을 돕는다. 비타민 B군이 없이는 신체는 에너지를 생성할 수 없다.

【표 11-1】 비타민 B군의 조효소형

비타민 B군	조효소형
티아민(thiamin)	Thiamin pyrophosphate(TPP)
리보플라빈(riboflavin)	Flavin mononucleotide(FMN) Flavin-adenine dinucleotide(FAD)
니아신(niacin)	Nicotinamide adenine dinucleotide(NAD) Nicotinamide adenine dinucleotide phosphate(NADP)
비타민 B_6(pyridoxine)	Pyridoxal phosphate(PLP) Pyridoxamine phosphate(PMP)
엽산(folic acid)	Tetrahydrofolic acid(THF)
비타민 B_{12}(cobalamin)	5'-Deoxyadenosylcobalamin
판토텐산(pantothenic acid)	Coenzyme A(CoA)
비오틴(biotin)	Biotinyl enzyme 3종류 Carboxybiotinyl carboxylases, transcarboxylases, decarboxylases

　비타민 B군 중, 티아민, 리보플라빈, 니아신, 판토텐산, 비오틴은 탄수화물, 지방, 단백질로부터 에너지를 생성하는 효소들의 조효소로 작용한다. 비타민 B_6는 아미노산의 대사에 관여하는 효소들을 돕는다. 엽산과 비타민 B_{12}는 세포의 증식을 도우며 이들의 기능은 세포 수명이 짧아 빨리 교체되어야 하는 적혈구 세포와 소화관 내막세포들에서 특히 중요하다.

비타민 B군들의 각종 효소의 조효소로서의 역할은 [그림 11-1]과 같다. 조효소의 비타민 부분은 화학 반응이 일어나게 하며 조효소의 나머지 부분은 그의 아포효소(apoenzyme)에 결합되어 있다. 조효소의 도움이 없이는 그 효소는 기능을 할 수 없다. 비타민 B군의 결핍증세들은 조효소의 결여에 의해 일어나는 대사 혼란을 반영한다. 조효소들은 자주 한 물질에서 다른 물질로 전자나 원자 또는 원자단을 운반한다.

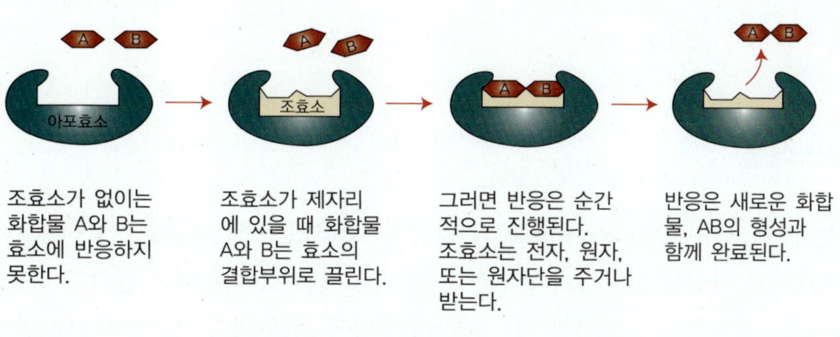

조효소가 없이는 화합물 A와 B는 효소에 반응하지 못한다.

조효소가 제자리에 있을 때 화합물 A와 B는 효소의 결합부위로 끌린다.

그러면 반응은 순간적으로 진행된다. 조효소는 전자, 원자, 또는 원자단을 주거나 받는다.

반응은 새로운 화합물, AB의 형성과 함께 완료된다.

【그림 11-1】 **조효소(coenzyme)의 작용**

■ 수용성 비타민의 손실을 줄이는 방법들

· 식품 중의 비타민의 분해를 느리게 하기 위해 과일과 채소는 냉장고에 보관한다.
· 비타민의 산화를 최소화하기 위해 썬 과일과 채소, 뚜껑을 딴 주스들은 밀폐된 용기에 담아 냉장고에 보관한다.
· 씻는 동안의 비타민 손실을 막기 위해 과일과 채소는 자르기 전에 씻는다.
· 조리과정 동안 비타민의 손실을 최소화하기 위해 소량의 물을 넣고 채소를 마이크로웨이브 오븐이나 찜기에서 익힌다. 물이 끓은 다음에 채소를 넣는다. 채소 삶은 물을 국이나 찌개에 이용한다. 고온에서 장시간 조리를 피한다.

02. 비타민 C Ascorbic acid

250여 년 전 오랜 항해에서 선원들이 살아서 돌아올 확률은 반밖에 되지 않았다. 바로 죽음의 질병인 괴혈병(scurvy) 때문이었다. 1747년 영국인 의사 James Lind는 괴혈병의 치료방법을 알아

내기 위한 시도를 하였는데 이것이 인간에 있어서의 첫 영양실험이었다. 그는 괴혈병에 걸린 선원들에게 사과즙, 식초, 묽은 황산액, 바닷물, 오렌지 또는 레몬이 첨가된 급식을 제공하였는데 이 중 오렌지, 레몬 등의 감귤류 과일을 급여 받은 환자들은 빨리 회복되었다. 그로부터 약 200년 후 괴혈병을 치료하는 '항괴혈병 인자(antiscorbutic factor)'가 레몬 주스로부터 분리되었다. 이 물질은 포도당과 유사한 여섯 탄소 화합물로 밝혀졌으며 아스코르브산(ascorbic acid)이라 명명되었다. 그 직후 이 물질이 합성되었고 오늘날 매년 수억 개의 비타민 C 알약이 제약회사에서 합성 생산되어 비교적 싼값에 팔리고 있다.

1 구조와 성질

비타민 C는 아스코르브산(ascorbic acid)의 활성을 나타내는 모든 화합물에 사용되는 일반명이다. 아스코르브산은 단당류 포도당과 관련된 여섯 개의 탄소로 이루어진 간단한 화합물이다[**그림 11-2**]. 이 물질은 산에 안정하나 산화, 빛, 알칼리와 열에 의해 쉽게 파괴되며 특히 철이나 구리의 존재하에 쉽게 파괴된다. 아스코르브산의 산화형인 디하이드로아스코르브산(dehydroascorbic acid, DHAA)도 또한 비타민 C 활성을 가진다.

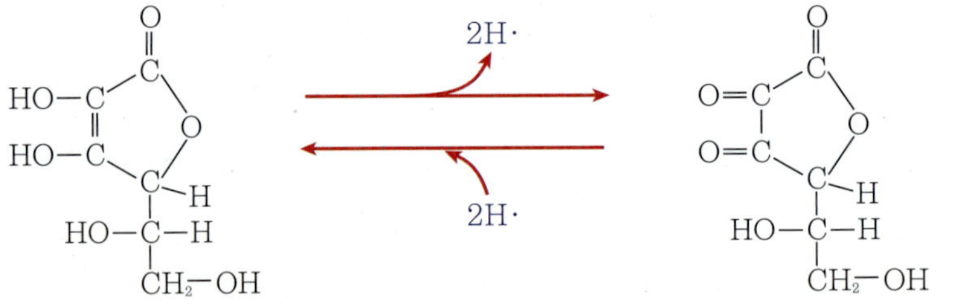

【그림 11-2】 비타민 C의 구조

식품 중의 총 비타민 C의 활성은 이 두 가지 형의 총량이다. 이들은 모두 체내에서 항산화제로서 작용하는 환원제이기 때문에 산화에 민감하다. 아스코르브산의 산화에서 첫 단계는 DHAA의 형성이며 이것은 더 산화될 수 있다. 아스코르브산과 DHAA사이의 상호전환은 가역적이지만 DHAA의 산화는 비가역적이며 DHAA의 산화산물은 비타민 C 활성이 없다.

2 흡수와 대사

사람에서 아스코르브산은 주로 소디움 의존성 능동수송(sodium-dependent acitive transport)

메커니즘에 의해 소장의 공장부위에서 흡수된다. 그러나 이 비타민은 단순 확산에 의해서도 낮은 속도로 흡수된다. 아스코르브산은 Fe^{3+}의 존재 하에 빠르게 산화되므로 장내에는 상당한 양이 산화형인 디하이드로아스코르브산이다.

비타민 C는 100 mg 정도까지 소량으로 섭취될 때는 섭취량의 80~90%가 흡수되나 섭취량이 증가될수록 흡수율은 떨어진다. 장내에 흡수되지 않은 비타민 C의 양이 많을 때는 삼투효과를 나타내므로 설사와 복통을 일으킨다.

혈중 비타민 C의 함량은 하루 100 mg 정도를 섭취할 때는 1.2~1.5 mg/100mL의 최대 안전수준까지 올라가고, 하루 섭취량이 10 mg으로 낮을 때는 0.2~0.3 mg/100mL로 낮아진다. 만일 하루 100 mg 이상을 섭취할 때는 혈청 중 C의 농도는 매우 높게 올라가나 과잉분은 조직세포에 의해 취해지거나 소변으로 배설된다. 조직 중 비타민 C의 농도[표 11-2]가 가장 높은 곳은 뇌하수체와 부신선이며 혈청농도의 약 50배이다.

【표 11-2】 성인의 혈장과 조직 중 비타민 C의 분포

조직	비타민 C (mg/100g wet tissue)	조직	비타민 C (mg/100g wet tissue)
뇌하수체	40~50	신장	5~15
부신선	30~40	심장 근육	5~15
백혈구	35	폐	7
눈 수정체	25~31	골격 근육	3
뇌	13~15	고환	3
간	10~16	갑상선	2
지라	10~15	혈장	0.4~1.0

체내 비타민 C의 총량은 하루 100 mg 섭취 시 1.2~2.0 g까지 올라갈 수 있다. 비타민 C가 결핍된 식사에서는 괴혈병의 첫 증세가 나타나게 되는 300mg 저장수준에 달할 때까지 하루 3~4%씩 체내 저장량이 감소한다.

비타민 C는 디케토굴론산(diketo-L-gulonic acid)으로 대사된 후 다시 옥살산(oxalic acid)과 트레온산(L-threonic acid)으로 대사되어 소변으로 배설된다. 그러나 만일 다량의 비타민 C가 섭취될 때는 상당량이 대사되지 않고 그대로 배설된다.

3 생리적 기능

대부분의 수용성 비타민들과는 달리 비타민 C는 체내 대사반응에서 조효소로서 분명한 역할을 수행하는 것이 아니라 오히려 기질로서 작용한다. 비타민 C는 특히 하이드록시화(hydroxylation)반응에서 생물적 환원제로서 작용하거나, 또는 파괴적인 산화제로부터 신체를 보호하는 항산화제로서 작용한다. 비타민 C의 구체적인 생리기능들은 다음과 같다.

(1) 항산화제 작용

항산화제란 자신은 산화되고 다른 물질의 산화를 방지하거나 방해하는 물질이다. 비타민 C는 신체에 중요한 많은 성분들을 산화에 의해 변하거나 파괴되지 않도록 보호할 수 있다. 비타민 C의 항산화성 때문에 식품제조업자들은 식품 중의 중요한 성분을 보호하기 위해 식품에 비타민 C를 첨가하기도 한다. 세포와 체액 중에서도 비타민 C는 다른 분자들을 산화로부터 보호하는 항산화제로서 작용한다. 장내에서 비타민 C는 철을 환원상태로 유지함으로써 철을 보호하고 흡수를 높이기도 한다.

(2) 콜라겐(collagen)의 형성

콜라겐은 섬유상의 구조 단백질로서 결합조직의 가장 중요한 단백질이다. 콜라겐은 상처가 나면 갈라진 조직을 맞붙여 흉터를 형성한다. 세포들은 주로 콜라겐에 의해 고정되어 있으므로 콜라겐은 특히 심장이 박동할 때마다 확장과 수축을 해야 하는 동맥벽과 또 매순간 맥박을 견디어내야 하는 모세혈관벽에서 매우 중요하다. 콜라겐은 또한 뼈와 치아가 형성되는 기질(matrix)로서도 기여한다. 따라서 콜라겐은 혈관과 치아 및 결합조직을 건강하게 유지하는데 필수적인 물질이다.

콜라겐 단백질에는 프롤린(proline)과 라이신(lysine)이란 아미노산이 풍부하다. 콜라겐이 합성될 때 프롤린과 라이신은 하이드록시화(hydroxylation)되어 각각 하이드록시프롤린, 하이드록시라이신이 된다. 이 반응에 관여하는 하이드록시화효소(hydroxylase)는 비타민 C와 철을 필요로 한다. 철은 하이드록시화 반응을 촉매하며 비타민 C는 철을 환원상태로 유지해 준다. 비타민 C가 부족하면 하이드록시화가 일어나지 않으므로 콜라겐의 합성이 저해된다.

프롤린   Hydroxylase   하이드록시프롤린

→ (비타민 C, 철)

라이신   하이드록시라이신

(3) 약물과 독성물질의 해독반응

비타민 C는 체내의 여러 가지 약물의 해독대사에 필요하다. 해독과정은 약물들과 환경 오염물 중의 독성물질들이 소변으로 배설될 수 있는 형태로 전환시킨다. 이와 같은 전환은 하이드록시화를 수반하는데 이 반응에 비타민 C가 참여한다.

(4) 카르니틴(carnitine)의 생합성

카르니틴은 질소를 함유한 작은 유기화합물로서 세포에 의해 지방산이 산화될 때 지방산을 세포질로부터 미토콘드리아 내로 운반하는 역할을 하는 물질이다. 카르니틴의 생합성은 아미노산 라이신과 메티오닌으로부터 두 단계의 하이드록시화 반응에 의해 이루어지는데 이 반응들에서 비타민 C와 철이 보조인자로서 작용한다.

(5) 질병 예방 작용

암과 같은 만성질환의 예방이나 치료에 있어서의 비타민 C의 역할이 대두되고 있다. 역학연구들에서 많은 질병 사망의 원인과 비타민 C 섭취량 사이에 역의 상관관계가 보고되었으며 비타민 C가 심장관련 질환과 몇 가지 암(구강암, 식도암, 위암 등)에 대해 예방효과를 가지고 있음이 보고되었다. 이러한 관련성은 과일과 채소가 풍부하고 지방이 낮은 식사의 이점을 반영한다. 그러나 비타민 C 보충제 섭취가 반드시 모든 암의 치료와 예방을 뒷받침해 주지는 않는다.

4 결핍증

체내의 비타민 C가 고갈될 때 초기에 나타나는 결핍 증세들은 비타민 C의 콜라겐 단백질 형성에서의 역할과 관계있다. 콜라겐은 결체 조직의 기초를 형성하는 단백질로서 골격, 치아, 연골, 힘줄, 인대, 피부, 혈관을 위한 구성 물질이 된다. 비타민 C가 없으면 콜라겐이 합성될 수 없고 그 결과 많은 신체 조직에서 퇴행적 현상이 나타난다.

비타민 C의 저장량이 적정 수준의 약 20%로 떨어지면(비타민 C 결핍식이로 수 주일이 소요) 괴혈병 증세들이 나타나기 시작한다. 치아 주변의 잇몸에서 쉽사리 출혈이 발생하고 모세혈관이 저절로 터져 피하출혈을 일으킨다. 동맥에는 동맥경화성 플라크가 빨리 자란다. 즉, 정상적인 콜라겐 합성의 실패는 더 심한 피하출혈을 일으키고 심장근육을 포함한 근육이 퇴화되며, 피부가 거칠어지고 건조해지며 갈색의 비늘이 일어나고 상처가 치유되지 않는다. 또한 뼈의 재형성이 느려져 장골들이 연화되고 형태가 변하며 통증과 골절이 일어난다. 치아 주위의 연골이 약화되므로 치아가 빠지기 쉽고 빈혈과 감염증이 흔히 있다. 히스테리, 우울증과 같은 심리적 증세도 나타난다. 심한 동맥경화나 관절과 체내강으로의 다량 출혈에 의해 갑자기 사망할 수 있다.

괴혈병은 비타민 C 보충에 의해 쉽게 호전되며 1일 약 100 mg이면 5일 이내에 치유된다. 이 정도의 양은 식사로 비타민 C가 풍부한 식품을 섭취함으로써 쉽게 달성된다. 오늘날 매우 드물기는 하나 영아, 알코올중독자, 노인들에서 가끔 괴혈병의 발생이 보고된다.

장기간에 걸쳐 다량의 비타민 C를 취하는 사람(수 주일 동안 1일 권장섭취량의 10배 이상)은 흡수율이 낮아지고 분해와 배설을 증가시킴으로써 다량 섭취에 적응한다. 비타민 C는 크게 독성은 없으나 매우 높은 복용량은 문제를 야기할 수 있다. 다량 복용을 갑자기 중지한 사람에서 반사성 괴혈병(rebound scurvy) 증세가 일어날 수 있다. 즉 신체는 높은 섭취량에 적응되어 있다가 섭취량이 정상 수준으로 되돌아갈 때 괴혈병 증세가 나타날 수 있다. 반사성 괴혈병을 피하기 위해서는 고단위의 비타민 C를 복용하고 있는 사람들은 섭취량을 서서히 줄여야 한다.

과다복용으로 인한 부작용은 메스꺼움, 복부경련, 설사, 두통, 불안감, 철과다증과 같은 증상들이 보고되었으며, 소변 중 다량의 비타민 C 배설은 당뇨병이나 혈뇨를 찾아내기 위한 임상실험 결과의 해석을 어렵게 함으로서 의학적 진단을 방해하기도 한다.

혈액응고 방지제(warfarin, dicumarol, heparin)를 섭취하는 사람들이 다량의 비타민 C를 섭취하면 약물 효과가 없어진다. 통풍(gout)을 가진 사람들이나 비타민 C의 분해를 변화시키는 유전적 이상을 가진 사람들은 다량의 비타민 C를 섭취하면 신장결석을 형성하기 쉽다.

6 영양 상태 평가

혈청 비타민 C 농도 측정은 체내 비타민 C의 저장량을 평가하는데 가장 흔히 사용되며 혈청 비타민 C 수준이 0.2 mg/dL 이하일 때 결핍으로 판정한다[표 11-3]. 그러나 혈청 비타민 C 수준은 직전의 섭취상태를 반영하며 조직 중의 저장량이 적절할 때도 섭취량이 낮으면 영향을 받는다. 백혈구는 혈장이나 적혈구에 비해 더 높은 비타민 C를 함유한다. 백혈구 비타민 C 농도는 조직 중의 저장량 평가를 위해 더 적합한 지표로 사용되며 $10\ \mu g/10^8 cells$ 이하일 때 결핍으로 판정된다. 그러나 백혈구 비타민 C 분석은 절차가 까다롭고 더 많은 양의 혈액이 필요하다는 단점이 있다. 소변의 비타민 C 배설량은 체내 포화량을 평가하는데 자주 이용되며 1일 15 mg 이하 배설시 결핍으로 평가된다.

【표 11-3】 비타민 C 영양 상태 평가기준

영양상태	혈청 비타민 C (mg/dL)	백혈구 비타민 C ($\mu g/10^8 cells$)
양호함	> 0.3	> 20
경계 수준	0.2~0.3	10~20
결핍	< 0.2	< 10

7 ■ 비타민 C 섭취기준

대부분의 동물들은 체내에서 포도당으로부터 비타민 C를 합성할 수 있다. 그러나 인간, 원숭이, 기니피그 등 몇몇 종의 동물들은 포도당으로부터 비타민 C를 합성하는 대사경로[그림 11-3]의 마지막 단계에서 주요 효소인 1-gulonolactone oxidase를 결여하고 있으므로 반드시 식사 급원을 통해 섭취해야 한다.

권장섭취량은 각국마다 다르나 괴혈병 증세의 방지를 위한 최소 요구량은 1일 10 mg이며 조직 포화(tissue saturation)에 필요한 양은 하루 100 mg 정도로 알려져 있다. 조직 중 비타민 C가 포화된 후 추가되는 비타민 C는 모두 배설된다. 우리나라 19세 이상 성인과 노인의 하루 비타민 C 평균필요량은 75 mg이며 권장섭취량은 100 mg으로 설정되어 있다. 임신부와 수유부는 각각 10 mg, 40 mg씩을 추가 권장한다. 유아, 아동 및 청소년들의 권장섭취량은 연령에 따라 35~105 mg의 범위에서 설정되어 있으며 영아기에는 충분섭취량으로서 전반기 35 mg, 후반기 45 mg이 설정되어 있다. 우리나라 성인의 비타민 C 상한섭취량은 2,000 mg으로 책정되어 있다.

비타민 C의 요구량을 증가시키는 스트레스들로는 흡연, 화상, 극히 높거나 낮은 기온, 납, 수은, 카드뮴 등 독성 중금속의 섭취, 아스피린과 경구피임약 등의 만성적 이용 등이 있다. 이외에도 구강수술이나 유방절제술 등 큰 수술 후나 심한 화상 시에는 막대한 양의 흉터조직이 형성되어야 하므로 치유를 빠르게 하기 위해 비타민 C 보충제가 처방된다.

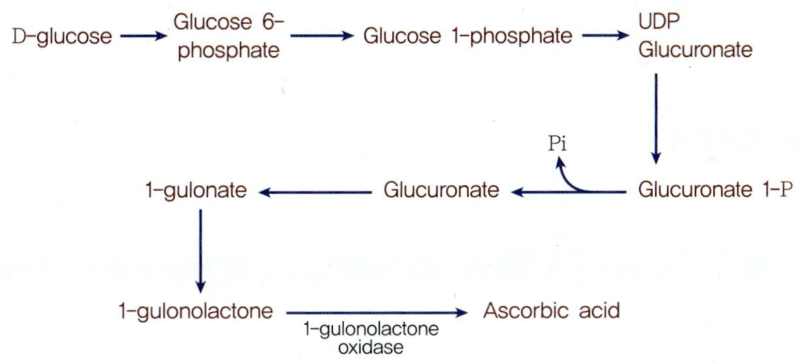

【그림 11-3】 비타민 C의 생합성경로

8 ■ 급원 식품

비타민 C는 과일, 채소류에 풍부하며 특히 오렌지, 레몬, 밀감 등의 감귤류에 풍부하다. 감귤류와 그 과즙, 브로콜리, 딸기, 멜론, 콜리플라워, 피망, 고추, 파슬리, 토마토, 감자들은 모두 풍부한 급원이다. 곡류와 육류에는 비타민 C가 거의 없으며 내장육 즉, 간, 콩팥 등은 어느 정도의 비타민 C를 포함하나 다량으로 소비되는 식품이 아니다. 인유 이외의 유즙은 비타민 C의 불량급원이다.

식품 중의 비타민 C를 보존하기 위해서는 조리 동안 주의를 해야 한다. 장시간 동안 자른 식품 표면의 공기 노출과 가열, 다량의 조리수, 중조(탄산수소나트륨)의 첨가 등은 비타민 C의 수준을 감소시킨다. 한국인 상용 식품 1인 1회 분량 중의 비타민 C 함량은 [표 11-4]와 같다.

【표 11-4】 한국인 상용 식품 1인 1회 분량 중의 비타민 C 함량

식품명	1인 1회 분량(g)	비타민 C 함량(mg)	식품명	1인 1회 분량(g)	비타민 C 함량(mg)
딸기	150	107	시금치	70	42
키위	100	72	감자	140	32
귤	100	44	양배추	70	25
과일음료	100	40	고구마	70	18
참외	150	27	파	70	14
수박	150	21	상추	70	13
감	100	13	열무김치	40	11
브로콜리	70	69	토마토	70	8
풋고추	70	50	배추김치	40	5
무청	70	43	양파	70	4

*성인 19~29세 1일 비타민 C 권장섭취량: 남녀 모두 100 mg
**자료: 보건복지부, 한국영양학회, 2015 한국인 영양소 섭취기준, 2015

03. 티아민 Thiamin

주식이 주로 정백미로 이루어진 사람들에게서 각기(beriberi)가 널리 발병한다는 사실이 알려져 있었으며 1912년 Funk가 쌀겨의 추출물로부터 항각기 인자를 처음으로 분리하고 이를 B_1이라 명명하였다. 1926년 Williams가 그 구조를 확인한 뒤 티아민(thiamin)이라는 이름이 주어졌고 그 뒤 10년 후 합성에 성공하였다. 이후 티아민의 조효소형 티아민 피로인산염(thiamin pyrophosphate, TPP)이 분리되고 이를 계기로 비타민들과 효소작용에 관한 연구가 시작되었다.

1 구조와 성질

티아민과 그 조효소형 티아민 피로인산염의 구조는 [그림 11-4]와 같다. 티아민은 질소를 함유한

6원자 고리(pyrimidine)와 황을 함유하는 5원자 고리(thiazole)가 메틸렌기에 의해 연결된 화학구조를 가진다. 연황색의 결정체로서 산화에 강하고 물에 매우 잘 녹으며 건조 상태에서는 100℃까지 열에 안정하나 용액 중에서는 덜 안정하다. 이러한 성질은 티아민 함유 식품의 조리와 관계있다. 즉, 이러한 식품은 압력 하에서 튀김을 하거나 끓일 때 티아민이 파괴되기 쉬우므로 수세는 가볍게 해야 하고 조리 시에는 소량의 물이 사용되어야 한다. 티아민은 산성용액에서는 열에 더 안정하나 알칼리성(pH>8.0)에서는 아주 약하다. 이와 같은 이유로 채소의 색깔유지를 위해 조리수에 흔히 첨가되는 중탄산소다는 티아민의 활성을 저하시키며 알칼리성으로 인해 이 비타민을 불성화 시킬 수 있다. 건조과일의 가공에 사용되는 이산화황은 티아민을 파괴한다.

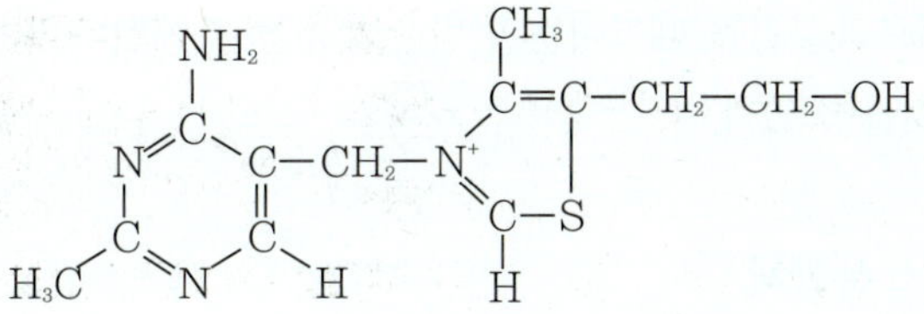

Thiamin

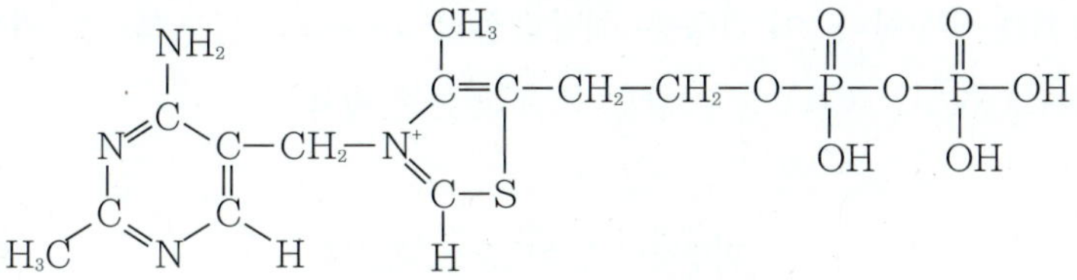

Thiamin pyrophosphate(TPP)

【그림 11-4】 티아민과 조효소(TPP)의 구조

2　흡수 및 대사

티아민의 흡수는 소장 상부에서 일어난다. 다량 섭취 시는 수동적 확산(passive diffusion)에 의해, 소량 섭취 시는 능동적 수송(active transport)에 의해 흡수되며 이 과정에서 에너지와 나트륨(Na)을 필요로 한다.

장점막 세포에서 티아민은 인산기를 첨가하여 활성형 TPP로 전환된 후 문맥과 간장을 경유하여 일반 순환계로 들어간다. 알코올은 장에서 티아민의 흡수를 저하시킨다. 신체는 주로 TPP로서 소량의 티아민을 저장한다. 체내 티아민의 총 보유량은 30~70mg 정도이며 이 중 80%가 TPP의 형태이다. 보유량의 반이 근육조직에 분포하고 나머지가 심장, 간, 뇌, 신장에 저장되어 있다. 과잉분은 소변으로 배설되며 이뇨제의 이용은 티아민의 소변 중 배설을 증가시킨다.

티아민의 소변 중 주요 배설산물은 티아민 그 자체, 티아민 카르복시산, 4-메틸티아졸-5-아세트산 등이다. 다량 복용할 때는 복용 후 4~6시간 이내에 대사되지 않은 많은 양이 그대로 소변 중에 나타난다.

3 생리적 기능

(1) 조효소로서 에너지 대사를 돕는다.

티아민은 에너지 대사 과정 중에 조효소로 작용한다. 즉, 티아민은 탄수화물, 지방산, 아미노산이 관여하는 에너지 생성반응에 필수적이다. 이 반응들에서 티아민은 TPP조효소 형태로 참여하여 α-케토산으로부터 카르복실기를 떼어내는 탈탄산반응을 촉매한다. 티아민이 관여하는 효소반응들에는 다음과 같은 것들이 있다.

1) 피루브산 탈수소효소 복합체

TPP는 피루브산 탈수소효소 복합체(pyruvate dehydrogenase complex)의 조효소로서 3탄소 화합물인 피루브산으로부터 카르복실기를 떼어내는 탈탄산반응에 참여하여 2탄소 화합물인 아세틸 CoA와 이산화탄소를 생성한다. 이 반응은 해당과정(glycolysis)과 TCA회로를 연결하며, TPP뿐만 아니라 리포산, FAD, NAD$^+$, CoA 등 다양한 조효소들을 필요로 한다.

피루브산 탈수소효소 복합체

pyruvate + CoASH $\longrightarrow$ acetyl CoA + CO$_2$

TPP, 리포산, FAD

NAD$^+$ NADH+H$^+$

2) α-케토글루타르산 탈수소효소 복합체

또한 TPP는 TCA회로에서 α-케토글루타르산 탈수소효소 복합체(α-ketoglutarate dehydrogenase complex)의 조효소로서 위와 동일한 반응을 촉매한다. 즉, 5탄소 화합물인 α-케토글루타르산으로부터 카르복실기를 떼어내는 탈탄산반응에 참여하여 4탄소 화합물인 숙시닐 CoA(succinyl CoA)와 이산화탄소를 생성한다. 이 반응은 TCA회로에서의 에너지 방출 반응과정의 일부이다.

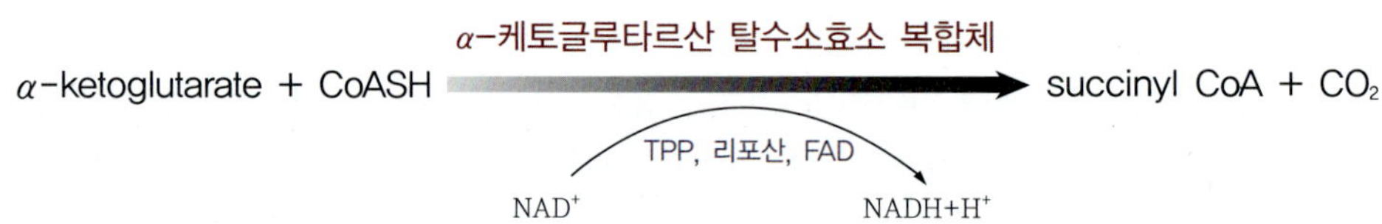

3) 케톨전이효소

적혈구 세포의 5탄당 인산회로에서 케톨전이효소(transketolase)의 조효소 TPP로서 작용한다. 즉, 포도당의 일부가 5탄당 인산회로를 통해 DNA와 RNA의 구성분인 5탄당 리보오스(ribose)와 지방산합성에 필수적인 NADPH를 생성하는 효소반응을 돕는다. 따라서 티아민의 체내 영양 상태를 파악하기 위해 적혈구의 케톨전이효소 활성(erythrocyte transketolase activity, ETKA)을 측정하는 방법이 사용되기도 한다.

4) 측쇄 α-케토산 탈카르복실효소

측쇄 α-케토산 탈카르복실효소(branched chain α-keto acid decarboxylase)는 류신, 이소류신, 발린과 같은 측쇄 아미노산이 풍부할 때 이들이 지방산 합성에 사용될 수 있도록 준비하거나 또는 탄수화물이 부족할 때 이들이 에너지로 사용될 수 있도록 준비하는 효소이며 TPP가 조효소로 작용한다. 이 효소계의 유전적 결함은 단풍시럽뇨증(maple syrup urine disease)을 나타내며 이 증세는 티아민 보충제를 투여하면 완화될 수 있다.

(2) 신경계 기능을 돕는다.

티아민은 모든 세포의 에너지 대사에 중추적인 역할을 하는 이외에 신경 세포막의 성분으로서, 또 신경자극의 전달물질인 아세틸콜린(acetylcholine)의 합성과정 중 탈카르복실반응에서 조효소로서 작용함으로써 신경계의 기능에 역할을 하는 것으로 알려져 있다. 결과적으로 신경의 작용과 조직이나 근육에 대한 신경의 반응은 티아민에 크게 의존한다. 이와 같은 기능은 티아민의 결핍증이 신경계를 침해하는 이유를 설명해준다.

4 결핍증

티아민의 결핍은 신경계, 심장혈관계, 위장관 기능에 영향을 미친다. 초기 결핍증세로는 피로감, 식욕상실, 메스꺼움, 짜증, 우울, 변비, 소화불량, 두통, 불면증 등을 나타낸다. 장기간의 결핍은 각기를 발생시키며 각기는 백미를 주식으로 하는 극동지역에서 처음 관찰되었다. 각기병의 증상은 다리가 무겁고 약해지며 장딴지의 근육경련이 일어나고 무감각해진다. 심한 체중 손실이 있으나 체액 저류현상인 부종에 의해 가려질 수 있다. 걸음걸이가 어둔해지고 심장박동이 불규칙해지며 치료가 시작되지 않으면 각기는 치명적이다. 개발도상국에서도 고도로 정제된 탄수화물 식사를 섭취하는 사람에서 일어날 수 있다. 티아민이 결핍된 수유부의 모유 영양아는 각기의 급성증세를 나타내며 수 시간 이내에 사망할 수 있다.

티아민의 결핍증인 각기에는 다음과 같은 종류가 있다.

- ■영아각기(infantial beriberi): 보통 수유 중의 영아에서 생후 6개월 이내에 일어난다. 원인은 모유 중의 불충분한 티아민이며 발병이 빠르고 급성으로 진전한다. 즉시 치료를 시작하지 않으면 호흡곤란, 청색증(cyanosis), 빠른 심장박동에 이어 심장병과 죽음이 초래된다.
- ■습식각기(wet beriberi): 울혈성 심부전의 증세와 유사하다. 즉, 다리, 몸통, 안면의 부종, 호흡곤란, 빠른 심장박동, 심장확대 등의 증세를 나타낸다. 발병은 점진적이나 환자는 빠른 퇴행과 치명적인 순환계 위축의 위험을 겪는다.
- ■건식각기(dry beriberi): 부종은 없다. 점차 진행되는 소모성 질환으로서 환자는 쉽게 피로하고 다리가 무거워 무력하며, 다리에 무감각한 부위와 통증감이 생긴다. 보행이 곤란해지고 앉은 자세에서 일어나기가 어려워지며 치료되지 않으면 침상에 누워 있어야 하는 단계까지 진전되어 만성감염증으로 흔히 사망한다.

백미를 주식으로 하고 표준 식품가공과정에 티아민의 강화가 되어 있지 않은 지역들에서 각기는 여전히 문제점으로 남아있다. 선진국에서는 거의 완전히 근절되었으나 의약과 흡수불량증 등에 의한 2차 결핍증은 때때로 일어난다. 세계에서 가장 흔한 2차적 각기는 만성 알코올 중독에 기인한다. 과도한 알코올의 섭취는 티아민의 요구량을 증가시키지만 알코올 중독자들은 흔히 정상인보다 식사량이 적으므로 티아민의 섭취가 감소한다. 심한 티아민 결핍증은 안구의 불수의적 움직임, 근육조정의 불량, 기억상실, 혼란, 주의 집중력의 부족 등으로 특징지어지는 베르니케–코르사코프(Wernicke–Korsakoff)증세를 일으킬 수 있다.

티아민의 단독 결핍이 신경손상을 일으키는지 여부에 대해서는 의견의 차이가 있다. 어떤 연구자들은 다른 비타민 B군들의 결핍도 관여한다고 믿는다. 이러한 이유로 각기병의 최선의 치료법은 모든 비타민 B 복합체들을 다 보충 급여하는 것이다.

■비타민 결핍증의 발달단계
- · 식사 중 낮은 섭취(1차 결핍) 또는 흡수불량(2차 결핍)
- · 조직 중의 수준과 체내 저장량의 고갈
- · 혈장 수준의 감소
- · 대사적 손상
- · 임상적 결핍증상의 발현

5 영양 상태 평가

인체 내 티아민의 영양 상태를 측정하는 생화학적 방법으로는 소변 중 티아민 배설량, 혈중 피루브산이나 젖산 함량의 측정, 적혈구 케톨전이효소 활성도 측정방법들이 있다. 소변 중 티아민의 수준은 최근 식사 중의 티아민 섭취량의 적합여부를 나타내나 한계적 결핍 상태를 정확하게 평가하지는 못한다. 혈중 피루브산이나 젖산 수준은 티아민이 불충분하다는 증거는 제공하나 티아민의 초기 결핍을 확인하기엔 민감도가 떨어진다.

티아민 영양 상태의 적합성을 가장 정확하게 측정하기 위해서는 적혈구 케톨전이효소 활성도를 측정하는 기능적 검사법이 사용된다. 이 방법은 적혈구의 케톨전이효소 활성에 대한 TPP의 자극효과(TPP effect)를 측정하는 것이다. 즉, 이 효소의 활성도를 원래의 상태에서 측정하고, 또한 동일한 조건하에서 TPP를 첨가한 후에 활성도의 증가를 측정하여 다음 식과 같이 활성도 계수를 계산하는 방법이다. 활성도 계수에 따른 티아민 영양 상태의 평가는 계수가 1.25 이상이면 일반적으로 결핍상태로 평가한다[표 11-5].

$$\text{활성도 계수} = \frac{\text{TPP 첨가 후 효소활성도}}{\text{TPP 첨가 전 효소활성도}}$$

【표 11-5】 케톨전이효소 활성에 대한 TPP 효과와 티아민 영양 상태

티아민 영양상태	TPP 효과(%)	효소활성도계수
양호	0~15	1.00~1.15
경계	16~24	1.16~1.24
결핍	> 25	> 1.25

6 티아민 섭취기준

탄수화물, 단백질, 지방의 대사는 티아민을 필요로 하므로 실제 티아민의 요구량은 식사의 에너지 함량에 달려있으며 또한 에너지 영양소들 사이의 에너지 배분과도 관계있다. 탄수화물의 높은 섭취는 티아민의 요구를 증가시키고 단백질과 지방은 티아민의 요구가 낮으므로 이 비타민을 어느 정도 절약해준다.

티아민의 평균 필요량은 적절한 적혈구 케톨전이효소 활성과 적절한 티아민 소변 배설량을 유지할 수 있는 양으로서 성인에서 남자는 1일 1.0 mg, 여자는 0.9 mg이다. 성인의 권장섭취량은 남자는 1.2 mg, 여자는 1.1 mg이다. 노인의 경우 권장섭취량은 성인과 같다. 임신기와 수유기 동안은 0.4 mg의 부가량이 권장된다. 유아와 아동 및 청소년의 티아민 권장섭취량은 0.5~1.3 mg의 범위에서 설정되어 있으며 영아기는 충분섭취량으로 전반기 0.2 mg, 후반기 0.3 mg이 설정되어 있다.

티아민은 매일 섭취할 필요가 있는데 그 이유는 과잉분은 쉽게 소변으로 배설되고 신체는 소량의 보유량을 빠르게 소모하기 때문이다. 티아민의 경우 상한섭취량은 설정되어 있지 않다.

일반적으로 에너지 요구량을 충족시킬 정도의 충분한 식품을 먹고 티아민 함유식품으로부터 그 에너지를 섭취한다면 티아민의 요구량은 충족될 것이다. 에너지의 대부분을 설탕이나 술과 같은 빈 칼로리 식품(empty calorie foods)으로부터 섭취하는 사람들은 티아민 결핍의 위험이 크며, 굶거나 초저칼로리 식사요법(very-low-calorie diet)을 하는 사람도 자유로이 먹을 때와 같은 양의 티아민을 필요로 한다.

7 급원 식품

티아민은 동식물성 식품 중에 광범위하게 존재한다. 식품 100 g 중의 티아민 함량은 돼지고기와 햄 등의 육류, 콩류, 밀 배아, 건조 효모, 해바라기 씨, 통밀 빵 등에서 높다. 그러나 밀 배아와 건조 효모는 일상식사의 주요 식품이 아니다. 따라서 소비량이 일반적으로 많은 곡류와 그 제품이 아마도 가장 실용적인 급원들이 될 수 있다. 그러나 곡립의 티아민 함량의 대부분이 겨층에 농축되어 있고 도정과정에서 제거되므로 우리가 주식으로 하는 백미는 티아민의 함량이 낮다. 그러나 통보리, 현미, 잡곡류는 티아민의 좋은 급원이다. 한국인 상용 식품 1인 1회 분량 중의 티아민 함량은 [표 11-6]과 같다.

【표 11-6】 한국인의 상용 식품 1인 1회 분량 중의 티아민 함량

식품명	1인 1회 분량(g)	티아민 함량(mg)	식품명	1인 1회 분량(g)	티아민 함량(mg)
돼지고기(등심)	60	0.60	백미	90	0.20
오리고기	60	0.13	귤	100	0.17
닭고기	60	0.12	라면(사리)	120	0.14
쇠고기	60	0.02	찹쌀	90	0.13
우유	200	0.12	달걀	60	0.12
요구르트(액상)	150	0.02	대두	20	0.07
현미	90	0.48	빵(식빵)	35	0.05
보리(쌀보리)	90	0.37	배추김치	40	0.04
감자	140	0.36	양파	70	0.03
시리얼	30	0.33	김	2	0.01

*성인 19~29세 1일 티아민 권장섭취량: 남 1.2 mg, 여 1.1 mg
**자료: 보건복지부, 한국영양학회. 2015 한국인 영양소 섭취기준, 2015

04. 리보플라빈 Riboflavin

1933년 R. Kuhn과 공동 연구자들은 우유로부터 황색의 결정물질을 추출하는데 성공하였다. 그러나 더 일찍이 19세기에 황색의 형광물질이 우유, 달걀, 효모, 간 등에서 발견된 바 있으며 여기에 라틴어로 황색을 뜻하는 플라빈(flavin)이라는 이름을 붙였다. Kuhn에 의해 발견된 색깔 있는 결정이 Warburgs에 의해 발견된 황색 효소와 동일한 물질임이 곧 밝혀졌다. 색소와 플라빈으로 구성되고 오탄당 리보오스와 유사한 화학구조에 부착된 그 비타민은 1935년에 합성되었으며 리보플라빈(riboflavin)이라 명명되었다.

1 구조와 성질

리보플라빈과 이의 조효소형 플라빈 모노뉴클레오타이드(flavin mononucleotide, FMN)와 플라빈 아데닌 디뉴클레오타이드(flavin adenine dinucleotide, FAD)의 구조는 [그림 11-5]와 같다. 리보플라빈은 주황색 결정 화합물로서 물에 약간 용해되며 용액 상태에서는 형광을 띠는 황록색을 나타낸다. 열에 안정하고 산에 저항력이 있으며 서서히 산화된다. 물에 낮은 용해도와 큰 열안정성 때문에 리보플라빈은 정상적인 조리과정에서 티아민보다는 영향을 적게 받는다. 그러나 다량의 물에 장시간 조리하면 어느 정도 손실이 일어난다. 리보플라빈은 중탄산나트륨과 같은 알칼리 용액에서는 불안정하며 용액 중에서는 빛에 의해 파괴된다. 이 때문에 뚜껑을 덮지 않은 용기에서 빛에 노출되어 조리된 식품은 어느 정도의 리보플라빈을 잃는다. 우유는 빛에 의한 파괴에서 리보플라빈을 보호하기 위해 종이팩과 같은 불투명 용기가 사용된다.

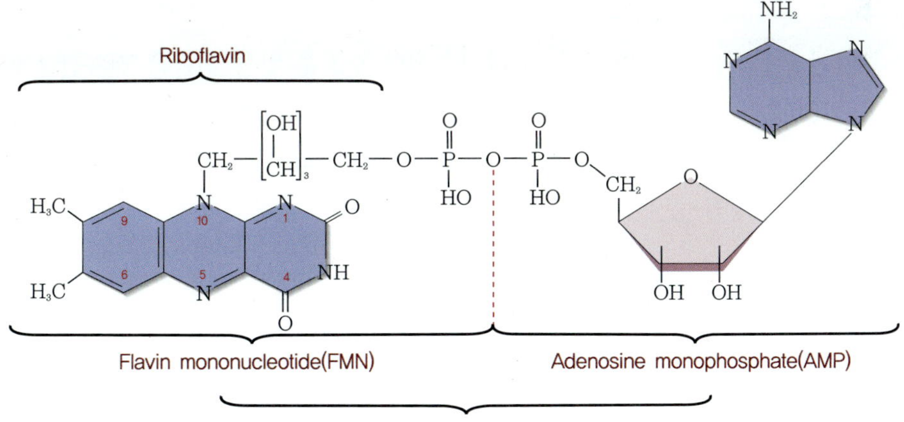

【그림 11-5】 리보플라빈과 FMN, FAD의 구조

2 흡수와 대사

리보플라빈은 식품 중에 리보플라빈 그 자체로 또는 그의 조효소형인 FMN이나 FAD의 형태로 존재한다. 이 3가지 형태는 모두 신체의 요구를 충족시킬 수 있다. 장내에서 FMN과 FAD는 흡수되기 전에 유리 리보플라빈으로 전환된다. 리보플라빈은 소장의 상부에서 주로 능동수송기전에 의해 흡수된다.

리보플라빈은 단독으로 섭취할 때(약 15%)보다 식사와 함께 섭취할 때(약 70%) 더 많은 양이 흡수된다. 흡수된 후 장세포 내에서 리보플라빈은 인산화되어 FMN이 된다. FMN과 인산화되지 않은 리보플라빈은 함께 순환계로 들어가 주로 면역글로불린이나 알부민에 결합되어 체세포로 운반된다. 대부분의 FMN은 간으로 들어가 ADP(adenosine diphosphate)가 첨가되어 FAD로 전환된다. 과잉의 리보플라빈은 유리형보다는 FMN이나 FAD형태로 조직 중에 저장된다. 그러나 일반적으로 비교적 소량의 리보플라빈이 체내에 저장된다. 비록 풍부한 추가 섭취량이 있더라도 간 중의 저장량은 일정한 수준 이상으로 증가하지는 않는다. 리보플라빈 섭취가 낮을 때조차도 간은 적어도 최대 보유수준의 50% 정도를 유지한다. 갑상선 호르몬이 리보플라빈의 흡수와 저장, FMN과 FAD의 합성을 자극하는 것으로 알려져 있다.

리보플라빈은 조직 중 포화량을 유지할 정도로 충분한 양이 재 흡수된 후 주로 소변으로 배설된다. 건강인의 소변 중 배설량은 하루 200 μg 정도이나 결핍 시에는 40~70 μg으로 떨어진다.

3 생리적 기능

리보플라빈은 모든 체세포에서 열량 영양소로부터 에너지의 방출을 촉진하는 효소들을 돕는 조효소 FMN과 FAD의 구성분이다. FMN과 FAD는 2개의 수소를 받아들이거나 내놓음으로써 산화환원작용을 촉매한다[그림 11-6].

에너지 대사과정에서 FAD는 TCA회로로부터 2개의 수소를 받아 이들을 전자전달계(electron transport chain)로 옮겨준다. 체조직의 보수, 세포호흡, 지방산의 산화, 아미노산의 분해 등에 관여하는 탈수소효소(dehydrogenase), 산화효소(oxidase), 환원효소(reductase)들의 조효소로 작용함으로써 리보플라빈은 정상적 성장과 눈의 건강을 유지해 준다.

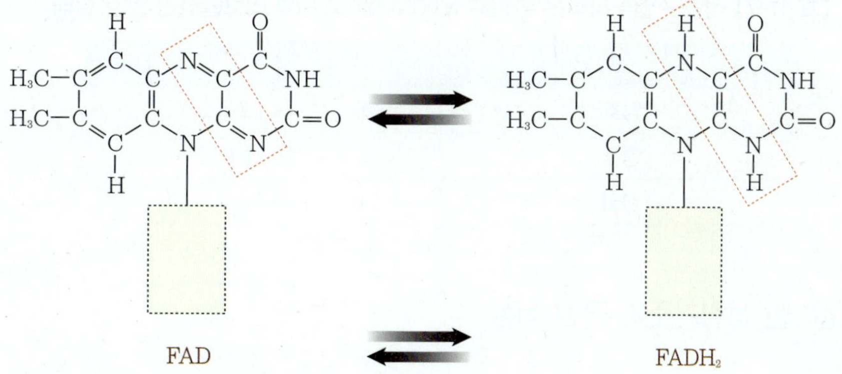

TCA회로동안 화합물들은 수소들을 방출하며 리보플라빈 조효소 FAD가 이들 수소 중 2개를 받아들여 $FADH_2$가 된다.

$FADH_2$는 수소들을 전자전달계로 운반한다. 전자전달계의 마지막 단계에서 이 수소들은 산소에 의해 받아들여져 물이 생성되고 $FADH_2$는 다시 FAD가 된다. 전자전달계를 지나는 $FADH_2$ 하나마다 1.5개의 ATP가 생성된다.

【그림 11–6】 리보플라빈 조효소(FAD)의 작용

4 결핍증

리보플라빈이 결핍되면 조직손상, 성장정지, 눈의 문제 등이 일어난다. 결핍증세로는 코와 눈 주변의 피부염, 입술과 입 가장자리의 균열(구각염), 혀부풀림(설염), 두통 등이 나타난다. 이외에도 신경계와 눈의 증세로 각막의 충혈, 빛에 대한 과민증(photophobia)을 나타낸다. 리보플라빈의 결핍은 자주 다른 비타민 B군의 결핍을 동반한다. 식사가 부실한 알코올 중독자, 경구피임약 사용자, 노인, 빈곤자, 광선요법(photo therapy)을 받는 황달 신생아 등이 리보플라빈 결핍의 위험이 큰 집단이다.

5 영양 상태 평가

리보플라빈의 영양 상태를 평가하는데 사용되는 방법은 소변 중 리보플라빈 배설량 측정, 적혈구 글루타티온 환원효소(erythrocyte glutathione reductase, EGR) 활성도 측정법 등이 있다. 소변의 리보플라빈 측정은 최근의 리보플라빈 섭취상태를 반영할 뿐이며 저장량을 평가하는 데는 부적절하다. FAD를 조효소로 하는 EGR 효소의 활성도 측정법은 재현성이 높고 모든 연령층에서 가장 정확도가 높은 방법이다. EGR 활성에 대한 FAD 효과를 EGR 활성계수라고 하며 이 값에 따른 리보플라빈 영양 상태 판정기준은 [표 11–7]과 같다.

【표 11-7】 적혈구 글루타티온 환원효소(EGR) 활성계수와 리보플라빈 영양 상태

리보플라빈 영양 상태	EGR활성계수
양호	<1.2
경계	1.2~1.4
결핍	>1.4

6 리보플라빈 섭취기준과 급원 식품

우리나라 성인의 리보플라빈 1일 평균 필요량은 남자 1.3 mg, 여자 1.0 mg이며, 권장섭취량은 남자 1.5 mg, 여자 1.2 mg이다. 노인의 권장섭취량은 성인과 같다. 임신부는 0.4 mg, 수유부는 0.5 mg의 부가적인 섭취가 권장된다. 성장기의 유아와 아동 및 청소년의 권장섭취량은 연령별로 0.5~1.7 mg의 범위에서 책정되어 있고 영아에 대해서는 충분섭취량으로서 전반기 0.3 mg, 후반기 0.4 mg이 설정되어 있다. 신체활동이 많은 사람들의 권장량은 같은 성, 연령의 좌식생활자의 권장량과 다르지는 않으며, 리보플라빈의 상한섭취량은 설정되어 있지 않다.

리보플라빈이 풍부한 식품급원은 우유와 요구르트, 치즈 등의 유제품, 시금치, 무청, 브로콜리 등의 녹색 잎채소, 소간, 스테이크 등의 육류와 전곡 등이며 일반적으로 적색(육류, 생선, 가금류), 녹색(채소), 흰색(우유와 유제품) 식품에 풍부하다. 한국인 상용 식품 1인 1회 분량 중의 리보플라빈 함량은 [표 11-8]과 같다.

【표 11-8】 한국인 상용 식품 1인 1회 분량 중의 리보플라빈 함량

식품명	1인 1회 분량 (g)	리보플라빈 함량(mg)	식품명	1인 1회 분량 (g)	리보플라빈 함량(mg)
소간	60	2.06	딸기	150	0.25
돼지고기(삼겹살)	60	0.16	깻잎	70	0.31
닭고기	60	0.12	시금치	70	0.23
쇠고기	60	0.09	풋고추	70	0.14
달걀	60	0.41	김	2	0.05
우유	200	0.10	열무김치	40	0.05
요구르트(호상)	100	0.10	미역	30	0.04
고등어	60	0.28	두부	80	0.04
라면(사리)	120	0.85	마늘	10	0.03
백미	90	0.02	배추김치	40	0.02

*성인 19~29세 1일 리보플라빈 권장섭취량: 남 1.5 mg, 여 1.2 mg
**자료: 보건복지부, 한국영양학회. 2015 한국인 영양소 섭취기준, 2015

05. 니아신 Niacin

1867년 니코틴(nicotine)의 화학적 산화물질이 얻어져 니코틴산(nicotinic acid)이라 명명되었다. 이 물질의 중요성은 1937년 니코틴산이 개의 흑설병을 치유하는 것을 발견하고서야 알려졌다. 개의 흑설병 증세는 그 당시 유럽과 미국에서 만연하고 있던 인간의 펠라그라(pellagra)질병과 유사하였다. 펠라그라는 유럽과 미국남부의 빈곤지역에서 발생하였으며 이 지역들에서는 옥수수가 밀을 대신한 주식이어서 펠라그라는 정제된 옥수수 식사와 관계된 질병으로 보였다. 펠라그라는 이 태리어로 '거친 피부'를 의미하며 피부염(dermatitis)은 이 병의 특징인 4D증세(diarrhea, dermatitis, dimentia, death) 중의 하나이다.

펠라그라는 미국 역사 상 최악의 영양 질병이었으며 1914년 J. Goldberger는 그 원인을 찾기 위한 일련의 역학적 연구를 하기 시작하였고 이것은 영양질병에 대한 역학적, 임상적 조사의 훌륭한 고전적인 예가 되었다.

Goldberger는 죄수들을 대상으로 한 연구에서 옥수수 빵과 고구마, 양배추 등 주로 식물성 식품으로 구성된 식사를 급여한 결과 5개월 후에 펠라그라의 증세가 나타남을 발견하였다. 이로부터 비타민 B군과 관계되는 펠라그라 예방인자가 식사에서 빠져있다는 결론을 얻고 그는 펠라그라의 예방을 위해 보다 많은 육류와 우유를 권장하였다. 수년 뒤 동물연구에서 니코틴산이 개에서 펠라그라와 같은 증세를 치료할 수 있음이 발견되었고 결국 펠라그라의 예방에서의 니코틴산의 역할이 알려졌다. 이후 1937년 Elvehjem에 의해 항펠라그라 인자가 간에서 추출되었다.

1 구조와 성질

니아신(niacin)은 니코틴산(nicotinic acid)과 니코틴아미드(nicotinamide)를 포함하는 일반명이며 그 구조는 [그림 11-7]과 같다. 니코틴아미드는 니아신아미드(niacinamide)라고도 불린다.

니코틴산과 니코틴아미드의 생물적 활성은 동일하다. 니코틴산은 담배의 니코틴과의 혼동을 피하기 위해 니아신이라 불린다. 니아신이 니코틴의 산화산물로서 처음 확인되긴 했으나

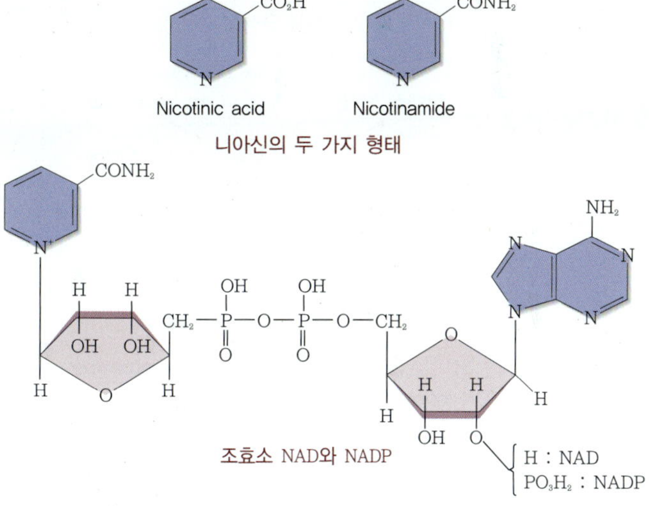

【그림 11-7】 니아신과 니아신 조효소(NAD, NADP)의 구조

담배의 성분인 니코틴은 비타민 활성이 없다.

니아신은 생리적으로 활성형인 니코틴아미드로 쉽게 전환되며 니코틴아미드로부터 합성되는 조효소들, 니코틴아미드 아데닌 디뉴클레오타이드(nicotinamide adenine dinucleotide, NAD) 또는 니코틴아미드 아데닌 디뉴클레오타이드 포스페이트(nicotinamide adenine dinucleotide phosphate, NADP)의 일부가 된다. NAD는 니코틴아미드, 아데닌, 두개의 리보오스 그리고 두 개의 인산기로 구성되어 있고 NAD의 리보오스에 또 하나의 인산기가 더 결합되면 NADP가 된다.

니아신은 수용성, 백색 결정 분말로서 신맛을 가진다. 여러 조건에서 안정하며 빛, 열, 산소, 알칼리에 의해 분해되지 않는다. 조리 시에 일어나는 손실들은 주로 수용성 때문이다.

2 흡수와 대사

니아신의 흡수는 소장상부에서 수동적 확산에 의해 일어난다. 흡수과정은 빠르고 효율적이다. 신체는 니코틴산을 니코틴아미드로 쉽게 전환하고 니코틴아미드는 혈액 중 니아신의 주요형태이다. 신체는 제한된 양을 저장하며 과잉분은 소변으로 배설된다.

니코틴아미드는 배설되기 전에 메틸화되어 N'-메틸니코틴아미드 형태로 배설된다. 또 다른 배설 형태는 이 물질이 산화된 N'-메틸-2-피리돈-5-카르복시아미드의 형태이다.

니아신은 식이 전구체로서 아미노산 트립토판(tryptophan)을 가진다는 점에서 다른 수용성 비타민과 구별된다. 트립토판의 니아신으로의 산화적 전환은 3가지 다른 비타민 B군들 즉, 티아민, 리보플라빈, 피리독신(B_6)을 필요로 한다. 약 60 mg의 식이 트립토판으로부터 1 mg의 니아신이 합성될 수 있다[그림 11-8].

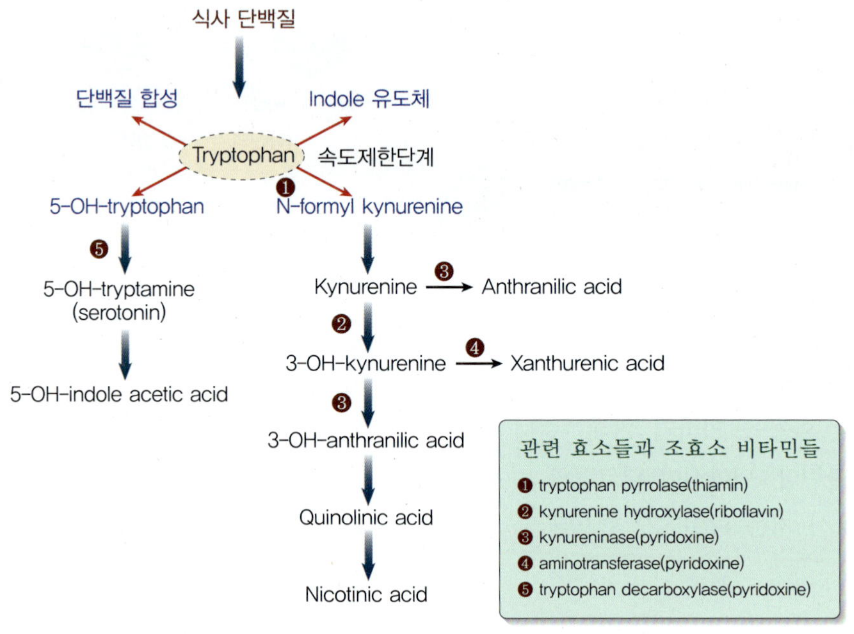

【그림 11-8】 **트립토판으로부터 니아신의 합성**

③ 생리적 기능

니아신은 주로 산화 환원반응에 관여하는 효소들의 조효소인 NAD와 NADP의 성분으로서 체내의 많은 대사 활동에 참여한다. NAD와 NADP는 TCA회로에서 전자전달계에 이르는 경로를 포함한 대사반응들에서 수소들(electron)을 운반한다는 점에서 리보플라빈 조효소들인 FMN과 FAD와 유사하다. 즉, NAD와 NADP는 산화형과 환원형으로 존재하며 수소의 운반체로서 작용한다.

$$NAD(P)^+ \xrightarrow{\text{2H}} NAD(P)H + H^+$$

NAD는 에너지 영양소들, 포도당, 아미노산, 지방, 알코올의 산화에 필요한 수소전달반응에 참여함으로써 에너지 전달반응(energy-transfer reaction)에서 중심적 역할을 한다. 즉, NAD는 해당과정에서 피루브산이 아세틸 CoA로 전환되는 반응에 참여하며 TCA회로와 전자전달계의 반응들에도 참여한다. 그러므로 니아신은 모든 체조직 세포에 에너지를 공급함으로써 정상적인 생명현상의 유지에 없어서는 안 되는 중요한 물질이다.

NADPH는 탄수화물 대사과정의 5탄당 인산 회로에서 리보오스와 함께 생성되며 지방산과 콜레스테롤의 합성과 같은 환원적 합성 반응에서 필수적인 역할을 한다. 또한 약물과 독성물질의 대사를 돕는 등 체내의 50개 이상의 생화학 반응에 관여한다.

④ 결핍증

니아신 결핍증의 초기 증상은 허약함, 피로, 식욕 상실, 소화불량을 포함한다. 니아신의 낮은 섭취가 수개월 지속되면 펠라그라 증세가 나타나기 시작한다. 혀와 입으로부터 염증이 위장관으로 확장되며 빈혈과 구토가 일어나고 잇따라 이 질병의 잘 알려진 4단계 증세가 따른다. 4D's로 알려진 증세에는 피부염(dermatitis), 설사증(diarrhea), 치매(dementia), 죽음(death)이 있으며 첫 단계에서 피부가 붉게 부어오르다가 거칠어지고 갈라진다. 두 번째 단계는 위장관의 염증으로 인한 심한 설사이다. 세 번째 단계는 치매로서 정신 혼돈, 어지러움, 기억상실, 환각, 환청 등이 온다. 적절히 치료되지 않으면 마지막 단계인 죽음이 불가피하다.

현대사회에서 펠라그라의 발생은 흔하지 않으나 만성 알코올 중독자, 트립토판 대사 장애를 가진 사람들은 니아신이 결핍되기 쉽다. 니아신과 단백질 섭취가 부족한 아프리카, 인도 일부지역에서는 아직도 펠라그라가 발생되고 있다.

많은 사람들은 수용성 비타민들은 중독현상을 나타내지 않으며 과잉분은 신장에 의해 소변으로 단순히 배설될 것이라 믿지만 니아신의 경우는 그렇지 않다. 니코틴산 형태는 다량 복용 시 신경계와 혈중지질과 혈당수준에 약물과 같은 효과를 나타냄으로서 독성효과를 가진다. 즉, 다량의 니코틴산의 복용은 모세혈관을 확장시키고 따끔거림 증세를 나타내며 이 효과는 '니아신 홍조(niacin flush)'로 알려져 있다. 이외에도 두통, 시력혼란, 피부 가려움, 소화기 장애, 불규칙한 심장박동, 간장 손상 등의 증세를 나타낸다. 그러나 니코틴아미드 형태는 이와 같은 효과를 가지지 않는다.

의사들은 때로 동맥경화증 치료를 위해 혈중 총콜레스테롤과 저밀도지단백(LDL)을 저하시키고 고밀도지단백(HDL)을 상승시키기 위한 약물과 식사요법 및 다량의 니아신을 처방한다. 니아신의 다량 복용은 간장을 손상시키고 소화성 궤양을 일으키며 당뇨병의 증세를 발생하므로 혈청 콜레스테롤을 낮추기 위해 니아신을 다량 복용하는 사람들은 이와 같은 부작용에 대해 주의해야 한다. 우리나라에서는 니아신의 상한섭취량(tolerable upper intake level)을 성인의 경우 1일 니코틴산 형태로는 35 mg, 니코틴아미드 형태로는 1,000 mg으로 설정하고 있다.

니아신의 독성효과에 특히 민감한 사람들은 간장 질환, 당뇨병, 소화성 궤양, 통풍, 부정맥, 염증성 장질환, 편두통을 가진 사람들과 알코올 중독자이다.

알아두기 11-3

■ 비타민의 상한섭취량(Tolerable upper intake levels)

비타민과 같은 미량 영양소들은 어떤 수준 이상으로 다량 복용할 경우 신체에 독성을 나타낼 가능성이 있다. 대부분의 건강인에게는 안전하나 그 수준 이상에서는 건강에 해를 미칠 위험성이 있는 최대섭취수준을 상한섭취량이라 한다.

이 상한선은 영양소의 과복용을 막는데 유용하다. 과복용은 영양보충제나 강화식품을 규칙적으로 사용할 때 일어날 가능성이 크다.

몇몇 비타민들의 성인을 위한 1일 상한섭취량은 다음과 같다. (참고: 2015 한국인 영양소 섭취기준)

* 비타민 A: 3000 μg RAE, 비타민 D: 100 μg, 비타민 E: 540 mg α-TE
  니코틴산: 35 mg, 비타민 B_6: 100 mg, 엽산: 1000 μg DFE, 비타민 C: 2000 mg

6 영양 상태 평가

니아신의 영양 상태를 평가하는 가장 편리한 방법은 소변으로 배설되는 니아신의 주요 대사물의 양을 측정하는 것이다. 니아신의 주요 대사물은 N'-메틸니코틴아미드와 N'-메틸-2-피리돈-5-카르복시아미드로 성인에서 각각 20~30%, 40~60%을 차지한다. 평가지표는 일정시간 동안의 소변 중 크레아티닌 배설량에 대한 N'-메틸니코틴아미드 배설량의 비율이나 N'-메틸니코틴아미드 배설량에 대한 N'-메틸-2-피리돈-5-카르복시아미드 배설량의 비율이 사용된다[표 11-9].

【표 11-9】 니아신 영양 상태의 생화학적 평가 기준

소변 중 대사물	부적절	적합
N'-메틸니코틴아미드 　mg/6 hr 　mg/g 크레아티닌	 < 0.2 < 0.5	 < 0.6 > 1.6
N'-메틸-2-피리돈-5-카르복시아미드/ 　N'-메틸니코틴아미드	< 1.0	> 1.0

7 니아신 섭취기준

니아신 섭취기준의 단위는 mg 니아신 당량(niacin equivalent, NE), 즉 mg NE로 표현된다.

$$1 \text{ mg NE} = 1 \text{ mg 니아신}$$
$$= 60 \text{ mg 트립토판}$$

이 단위는 식품이 실제로 함유하는 니아신의 mg 수와 체내에서 트립토판으로부터 만들어질 수 있는 니아신의 양을 모두 고려한다.

알아두기 11-4

■ 식사로부터 섭취되는 총 니아신 mg 당량(NE)의 계산방법

① 단백질의 총섭취량을 계산한다.

② 권장량만큼의 단백질은 체단백을 만드는 데 사용될 것이라 가정하고 단백질 총섭취량에서 단백질 권장량을 빼고 남은 단백질량을 니아신의 체내합성에 이용 가능한 양으로 간주한다.

③ 100 g의 단백질 중 약 1 g이 트립토판 아미노산이다. 따라서, ②÷100 = 트립토판 함량(g)

④ ③×1000 = 트립토판 mg

⑤ ④÷60 = mg NE

⑥ 식사 중의 총 mg NE = 식사 중 니아신(mg) + ⑤

니아신의 평균필요량은 성인의 경우 남자 12 mg NE, 여자 11 mg NE이며 권장섭취량은 남자 16 mg NE, 여자 14 mg NE이다. 임신, 수유기 동안은 에너지 필요량이 증가되므로 니아신의 생리적 요구량도 증가되어 1일 각각 4 mg NE, 3 mg NE를 추가하도록 권장하고 있다. 유아와 아동 및 청소년들에 대해서는 6~17 mg NE의 범위에서 연령별로 권장섭취량이 설정되어 있고 영아기에는 충분섭취량으로서 전반기 2 mg NE, 후반기 3 mg NE가 설정되어 있다.

8 급원 식품

신체는 2가지 급원에 의해 니아신을 얻을 수 있다. 즉, 니아신이 풍부한 식품이나 트립토판이 풍부한 식품으로부터 얻을 수 있다. 니아신과 트립토판이 풍부한 식품은 살코기, 닭고기, 생선, 전곡과 견과류, 우유와 달걀 등이다. 동물성 단백질은 식물성 단백질에 비해 트립토판의 함량이 높으므로 육류나 생선은 곡류보다 니아신 함량이 많다. 그 중 우유나 달걀은 니아신을 매우 적게 함유하나 다량의 트립토판을 통해 간접적으로 니아신을 제공한다. 1컵의 우유는 이미 형성된 니아신은 0.25 mg 포함하나 120 mg의 트립토판을 함유하여 간접적으로 2 mg의 니아신을 제공하게 되므로 우유는 니아신 함량만으로 나타낸 것보다는 총 니아신 당량이 크다. [표 11-10]은 한국인 상용 식품 1인 1회 분량 중의 니아신 함량을 나타낸다.

【표 11-10】 한국인 상용 식품 1인 1회 분량 중의 니아신 함량

식품명	1인 1회 분량(g)	니아신 함량(mg)	식품명	1인 1회 분량(g)	니아신 함량(mg)
다랑어	60	6.6	감자	140	1.5
고등어	60	4.9	국수	90	1.4
돼지고기	60	2.7	백미	90	1.1
오리고기	60	2.6	빵(식빵)	35	0.8
쇠고기	60	2.5	땅콩	10	1.5
닭고기	60	1.6	팽이버섯	30	1.2
멸치(마른 것)	15	1.6	고추	70	0.7
현미	90	2.8	귤	100	0.5
보리	90	1.7	달걀	60	0.4
찹쌀	90	1.4	배추김치	40	0.3

*성인 19~29세 1일 니아신 권장섭취량: 남 16 mg NE, 여 14 mg NE
**자료: 보건복지부, 한국영양학회. 2015 한국인 영양소 섭취기준, 2015

06. 비타민 B_6 Pyridoxine

비타민 B_6, 즉 피리독신은 1934년에 György에 의해 효모 중에서 생쥐의 피부염 치료 인자로 발견되었으며 60개 이상의 효소계가 이 비타민에 의존하는 것으로 알려져 있다. 1938년에 순수한 형태로 분리되었으며 그 이듬해에 구조가 밝혀지고 화학적으로 합성되었다. 비타민 B_6는 주로 단백질의 대사에 작용한다. 결핍 시 수 많은 증세를 나타내나 특별한 질병의 형태로 나타나지는 않는다.

1 구조와 성질

비타민 B_6는 동물의 체내에서 이 비타민의 기능을 가진 여러 관련 화합물들에 사용되는 일반명이다. 비타민 B_6족에 속하는 세 가지 형태는 피리독신(pyridoxine 또는 pyridoxol), 피리독살(pyridoxal), 피리독사민(pyridoxamin)이며 이들의 화학구조는 **[그림 11-9]**와 같다. 이 비타민은 인산기나 글루코오스와 결합되어 존재할 수 있으며 모든 형태들은 체내에서 피리독신산(pyridoxic acid)으로 분해될 수 있다.

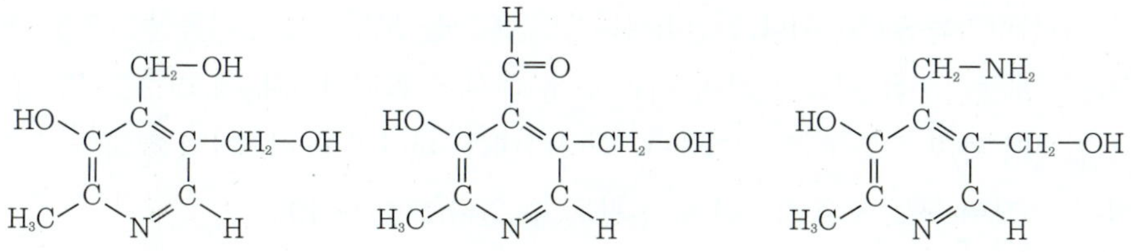

Pyridoxine　　Pyridoxal　　Pyridoxamine

Vitamin B_6의 세가지 형태

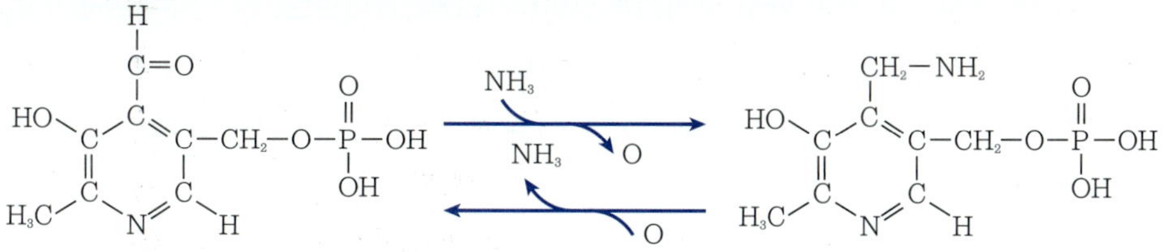

PLP　　PMP

Pyridoxal phosphate(PLP)와 Pyridoxamine phosphate(PMP)

[그림 11-9] 비타민 B_6와 조효소형 PLP 및 PMP의 구조

체조직 내에서 이 비타민은 주로 인산화된 형태인 인산피리독살(pyridoxal phosphate, PLP)이나 인산피리독사민(pyridoxamine phosphate, PMP)으로 존재하며 주요 조효소형은 인산피리독살이다. 식물성 식품들은 글루코오스 잔기를 가지는 글루코시드(glucoside)유도체로서 다양한 양을 함유한다. 글루코시드로 존재하는 양의 비율은 식물성 식품 중에 들어 있는 이 물질의 생물적 이용률에 영향을 미친다.

2 흡수와 대사

소장 내에서 비타민 B_6의 인산화(phosphorylation)형은 알칼린포스파타아제(alkaline phosphatase) 효소에 의해 탈인산화(dephosphorylation)된 후 식품 중의 탈인산화형과 함께 장세포에 의해 흡수된다. 흡수는 주로 소장의 중간 부위인 공장에서 수동적 확산(passive diffusion)에 의해 일어난다.

비타민 B_6는 혈장에서 주로 알부민 단백질에 결합되어 모든 세포에 운반되고 이용된다. 흡수된 비타민 B_6의 대부분은 간에 들어가서 다시 인산화된 형태로 전환된다. 세포막을 쉽게 통과하기 위해서 비타민 B_6는 탈인산화 되어야 한다. 이것은 비타민의 인산화가 이 물질을 세포 내에 효과적으로 잡아둘 수 있는 수단임을 의미한다. 인산화반응은 피리독신 키나아제(pyridoxine kinase)에 의해 촉매된다.

피리독신 키나아제 외에도 대부분의 세포들은 피리독신 옥시다아제(pyridoxine oxidase)를 가지며 이 효소는 인산피리독신(PNP)이나 인산피리독사민(PMP)을 모두 인산피리독살(PLP)로 전환시킨다. 이 효소는 리보플라빈을 필요로 하며 이와 같은 대사적 관련성 때문에 리보플라빈의 결핍은 비타민 B_6 결핍증의 특징적 증세 중 여러 가지를 나타낸다. 비타민 B_6의 3가지 형태는 체조직에서 상호 전환될 수 있으며 모두 조효소 PLP로 전환될 수 있다[그림 11-10].

신체의 총 비타민 B_6 함량은 약 250 mg으로 추정되며 근육 중에 있는 총량의 80~90%가 PLP 조효소의 형태로 글리코겐 가인산분해효소(glycogen phosphorylase)에 결합되어 있다. 과량의 비타민 B_6가 흡수되면 대사적으로 불활성인 피리독신산(pyridoxic acid)으로 산화되어 소변으로 배설된다. 피리독신, 피리독살, 피리독사민도 소변 중에 나타나므로 이들은 비타민 B_6 영양 상태의 지표로서 측정될 수 있다. 소량이 대변 중에 배설되나 이는 주로 장내 미생물에 의해 생산된 것이며 식이 피리독신의 손실을 의미하지는 않는다.

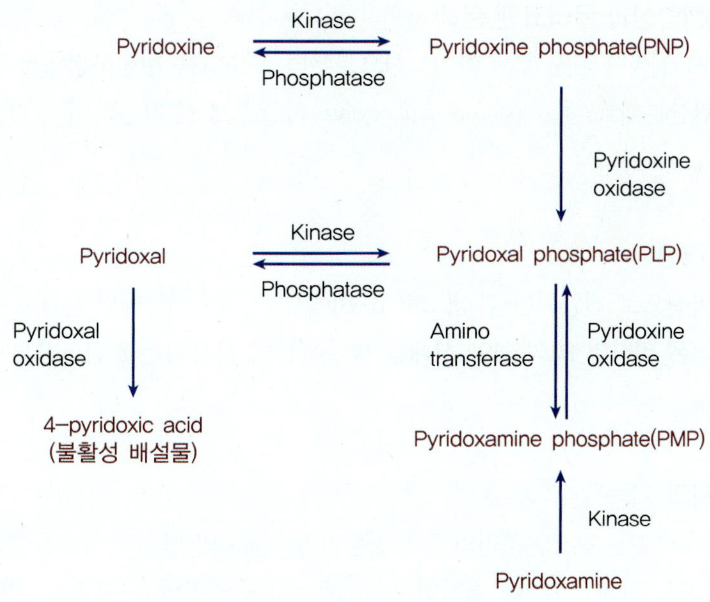

【그림 11-10】 비타민 B$_6$의 상호전환

3 생리적 기능

비타민 B$_6$는 조효소형 인산피리독살(PLP)로서 단백질, 탄수화물, 지방 대사에 필요한 여러 가지 효소의 활성화에 필요하며 주요 기능은 다음과 같다.

(1) 아미노산 대사

PLP는 아미노산의 아미노기(NH$_2$)를 한 화합물로부터 제거하여 다른 화합물에 첨가해 줄 수 있다. 이 반응을 아미노기 전이반응(transamination)이라 하며 이 반응은 아미노기들이 이용 가능할 때 신체가 비필수 아미노산을 합성할 수 있도록 해준다. PLP가 아미노기를 더하고 제거할 수 있는 능력은 바로 단백질대사와 요소(urea)대사에서 이 비타민이 중요한 이유이다.

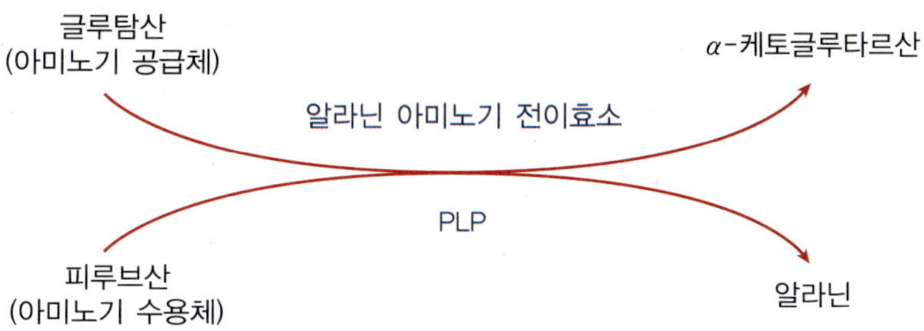

(2) 포도당 신생합성과 글리코겐 분해

PLP는 아미노기 전이반응을 통해 아미노산으로부터 포도당을 형성하는 당신생합성에 관여하며, 글리코겐 가인산분해효소(glycogen phosphorylase)의 조효소로 작용하여 글리코겐 분해반응에 참여한다.

(3) 니아신의 형성

트립토판이 니아신으로 전환되는 과정[그림 11-8]에서 PLP는 키뉴레닌 분해효소의 조효소로서 작용한다. 이 과정은 비타민 B_6의 영양 상태를 평가하는데 사용되는 트립토판 부하시험의 근거가 되고 있다.

(4) 적혈구대사와 기능

적혈구 세포에서 PLP는 헤모글로빈의 구성성분인 헴(heme)의 합성에 중요한 역할을 한다. PLP와 PL(pyridoxal) 모두 헤모글로빈에 결합한다. PL은 헤모글로빈의 α-사슬에 결합하여 산소결합 친화력을 증가시키고, 반면에 PLP는 β-사슬에 결합하여 산소결합 친화력을 감소시키는데 이 경우는 겸상세포빈혈에서 중요할 수 있다. 비타민 B_6의 심한 만성 결핍증은 저색소성 소혈구성 빈혈을 초래할 수 있다.

(5) 신경전달물질의 합성

PLP는 탈탄산효소의 조효소로서 세로토닌, 타우린, 도파민, 노르에피네프린, 히스타민 그리고 γ-아미노부티르산(GABA)을 포함한 신경전달물질들의 합성과정에 관여한다. 비타민 B_6가 결핍된 영아와 동물에서 신경계의 비정상성이 관찰되었으며 하루 100 mg의 비타민 B_6 투여로 교정이 되는 것으로 보고되었다.

(6) 기타 작용

이외에도 PLP는 핵산과 인지질 레시틴의 합성에도 관여한다. 최근의 연구들에서는 비타민 B_6가 인지발달과 면역기능, 스테로이드 호르몬의 활성에 영향을 미친다는 사실들이 발견되었다.

비타민 B_6는 알코올과 많은 약물들과도 작용하는 것으로 알려져 있다. 신체가 알코올을 분해할 때 생성되는 아세트알데히드는 효소로부터 PLP를 해리시키며 해리된 PLP는 분해되어 배설된다. 따라서 알코올은 신체로부터 비타민 B_6의 파괴와 손실을 촉진한다. 결핵 치료제 INH(isonicotinic acid hydrazide)는 비타민 B_6와 작용하는 길항약물(antagonist)이다. INH는 비타민 B_6와 결합하여 이 비타민을 불활성화 시키고 결핍증을 유발한다. 따라서 INH가 결핵치료제로 사용될 때는 언제나 비타민 B_6 보충제를 투여하여 결핍을 막아야 한다.

4 결핍증

이 비타민의 결핍증은 과열처리되어 비타민 B_6가 파괴된 조제유를 먹은 영아에서 처음으로 확인되었다. 이 우유를 먹은 수백 명의 아기들이 체중감소, 구토, 무기력증, 빈혈, 경련 증세를 나타냈다. 성인에서 비타민 B_6 결핍 증세는 피부염, 구각염, 설염, 근육경련, 신경과민, 비정상적 뇌파, 신결석 등으로 나타나며 빈혈 발생도 가능하다.

비타민 B_6 결핍의 위험이 높은 사람들은 경구피임약 복용자, 노인, 만성 알코올 중독자, 고단백식사를 취하는 사람들이다. 이외에도 비타민 B_6의 길항제인 결핵약 INH나 류머티스 관절염약(penicillamine)을 장기간 사용하는 사람들도 결핍의 위험이 높다. 이들 약품을 사용하는 사람들은 비타민 B_6 보충제가 권장된다. 최근에는 혈중의 낮은 비타민 B_6 수준이 심혈관계 질환과 암 발생의 위험요인이 되는 것으로 보고되고 있다.

5 과잉증

비타민 B_6의 독성 효과에 대해서는 미국에서 월경전 증후군(premenstrual syndrome, PMS)의 증세들을 치료하기 위해 2달 이상 매일 이 비타민을 2 g 이상 섭취해온 여성들에서 처음 보고되었다. 비타민 B_6의 다량 섭취는 무력감, 불면, 불안정, 손발의 무감각 등의 부작용을 나타내었다. 수개월 또는 수년간 다량의 비타민 B_6를 섭취할 때 되돌릴 수 없는 신경계 손상을 일으킬 수 있다. 즉, 발의 무감각으로 시작하여 손의 감각이 상실되고 결국에는 일을 할 수 없게 된다. 비타민 B_6가 필수영양소이면서도 독소라는 점은 놀라운 사실이다.

알아두기 11-5

■ 월경전 증후군(premenstrual syndrome, PMS)란?

PMS란 주기적으로 배란 후기인 다음 월경 시작 7일~10일 전에 시작되어 월경시작 직전이나 시작 후 수 시간 이내에 끝나는 신체적, 정서적, 심리적 복합장애이다. PMS를 가진 여성들 중 약 5%에서 적어도 한 가지의 신체적 또는 심리적 증세가 일상생활을 일시적으로 불가능하게 할 정도로 심각한 상태에 도달할 수 있다.

PMS의 원인에 대해서는 아직 구체적으로 밝혀지지 않았으나 여성 호르몬인 에스트로겐과 프로제스테론의 주기적 변동이나 뇌에서 분비되는 신경전달물질의 변화가 원인으로 제시되고 있다.

이 증후군의 치료는 식사의 변화, 운동, 정신적 지원 등의 방법들이 있으며, 월경 기간 전에 염분 섭취의 감소, 알코올과 담배의 제한이 증상 완화에 도움이 되는 것으로 알려져 있다. 마그네슘, 아연, 비타민 A, E, B_6 섭취의 증가 등 많은 영양요법들이 주장되어 왔으나 이 중 특히 많은 관심을 끌어온 방법이 다량의 비타민 B_6 복용(25~50 mg/일)이다.

비타민 B₆의 영양 상태를 평가하는 방법에는 혈장 PLP, 소변 중의 4-피리독신산(pyridoxic acid)
이나 비타민 B₆를 측정하는 직접적인 방법과 적혈구에 존재하는 아미노기 전이효소(transaminase)
의 활성도 측정이나 트립토판 부하검사 등의 기능적 검사법이 있다.

PLP는 혈장 비타민 B₆의 70~90%를 차지하므로 혈장 PLP의 측정은 비타민 B₆ 영양 상태를 평
가하는데 가장 많이 사용되는 방법이며 체내의 수준과 섭취수준을 잘 반영하는 지표이다.

소변 중 비타민 B₆의 주요 대사 배설물인 4-피리독신산은 최근의 섭취상태를 반영하는 지표이
다. 이 방법은 24시간 소변 수집이 필요하므로 대규모 대상자를 평가하는 데는 부적합하다. 적혈
구의 아미노기 전이효소 활성도 측정법은 장기적 영양 상태를 나타낸다. 트립토판 부하검사는 트
립토판이 니아신으로 전환되는 대사과정[그림 11-8]에 PLP를 필요로 한다는 점에 근거하며 체내
비타민 B₆의 부족 시 이 대사 경로의 중간대사물인 잔투렌산(xanthurenic acid) 등의 축적이 일어
나므로 이를 측정한다. 그러나 이 방법은 최근에는 비타민 B₆ 영양 상태 평가방법으로 사용빈도
가 줄어들고 있다. 비타민 B₆ 영양 상태 평가기준은 [표 11-11]과 같다.

【표 11-11】 비타민 B₆ 영양 상태 평가기준

지표	적정수준
혈장 PLP(nmol/L)	> 30
소변 배설량	
비타민 B₆(μmol/일)	≥ 0.5
4-pyridoxic acid(μmol/일)	≥ 3.0
트립토판 부하(2g)검사	
xanthurenic acid(μmol/L)	< 65
적혈구 transaminase 활성도	
alanine aminotransferase(ALT)	≤ 1.25
aspartate aminotransferase(AST)	≤ 1.6

비타민 B₆의 평균필요량은 성인의 경우 1일 남자 1.3 mg, 여자 1.2 mg이며 권장섭취량은 남녀
각각 1.5 mg, 1.4 mg이다. 임신부와 수유부의 권장섭취량은 하루 0.8 mg이 추가 권장된다. 아동
및 청소년의 권장섭취량은 연령에 비례하여 0.6~1.5 mg 범위이며 영아의 충분 섭취량은 전후기
각각 0.1 mg, 0.3 mg이다. 성인의 1일 상한섭취량은 100 mg이다.

비타민 B$_6$는 광범위한 종류의 식품 중에 있으나, 단백질이 풍부한 육류, 생선류, 가금류 식품들이 좋은 급원이다. 이외에도 전곡, 콩류, 말린 과일, 종실류와 견과류, 바나나, 그리고 많은 채소들도 비타민 B$_6$의 좋은 급원이다. 식물성 식품의 비타민 B$_6$는 동물성 식품의 비타민 B$_6$보다 생체 이용률(bioavailability)이 낮다. 우리나라 사람들의 비타민 B$_6$ 주요 급원 식품은 돼지고기, 백미, 감자, 양파, 마늘, 고등어, 달걀로 조사되었다. [**표 11-12**]은 한국인 상용 식품 1인 1회 분량 중의 비타민 B$_6$ 함량을 나타낸다.

【표 11-12】 한국인 상용 식품 1인 1회 분량 중의 비타민 B$_6$ 함량

식품명	1인 1회 분량(g)	비타민 B$_6$ 함량(mg)	식품명	1인 1회 분량(g)	비타민 B$_6$ 함량(mg)
닭고기	60	0.25	바나나	100	0.30
돼지고기	60	0.13	양파	70	0.07
고등어	60	0.29	마늘	10	0.05
연어	60	0.16	대두	20	0.10
현미	90	0.40	땅콩	10	0.04
감자	140	0.18	달걀	60	0.04
백미	90	0.11	우유	200	0.04

*성인 19~29세 1일 비타민 B$_6$ 권장섭취량: 남 1.5 mg, 여 1.4 mg
**자료: 보건복지부, 한국영양학회. 2015 한국인 영양소 섭취기준, 2015

07. 엽산 Folic acid

엽산 즉, 폴라신(folacin)은 라틴어로 '잎'을 뜻하는 'folium'에서 유래하며 시금치 잎에서 처음 분리되었고 녹색 잎채소에 널리 분포한다. 폴라신은 거대적아구성 빈혈(megaloblastic anemia)의 치료법을 찾다가 효모제재로부터 항빈혈인자로 발견되었다. 폴레이트(folate)라는 용어는 엽산과 관련되는 모든 화합물들에 사용된다.

1 구조와 성질

엽산은 프테리딘(pteridine), 파라아미노벤조산(p−aminobenzoic acid), 글루타민산(glutamic acid)의 세 가지 물질이 결합되어 이루어진 수용성의 황색 결정체이다. 인간을 비롯한 동물의 세포는 엽산의 구조 중 파라아미노벤조산 부분을 합성하지 못하므로 엽산은 반드시 식품을 통해 얻어야 하는 필수 영양소이다. 엽산에는 글루타민산이 11개까지 결합될 수 있으며 글루타민산이 1개인 것을 모노글루타메이트형(monoglutamate form), 2개 이상인 것을 폴리글루타메이트형(polyglutamate form)이라 한다. 생체 내에서 활성을 나타내는 엽산의 조효소형은 프테리딘핵의 5, 6, 7, 8번 탄소에 4개의 수소원자가 결합된 환원형 테트라하이드로폴레이트(tetrahydrofolate, THF)이다. 엽산의 구조와 그의 조효소형 THF로의 전환과정은 [그림 11-11]과 같다.

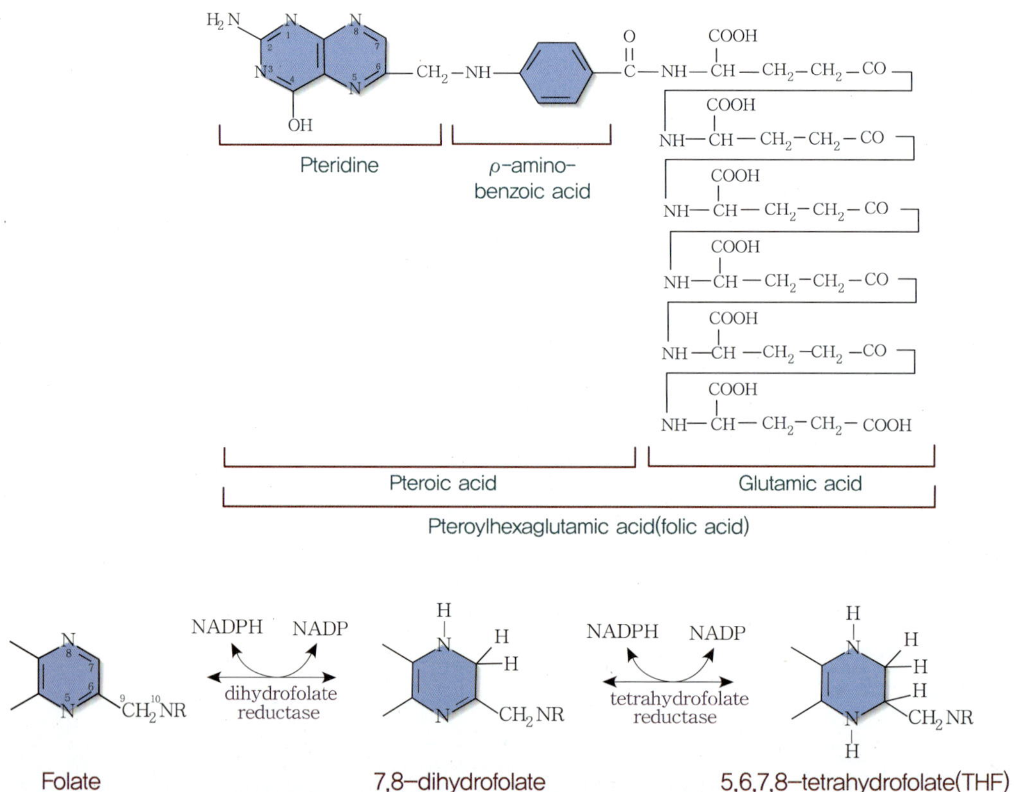

【그림 11-11】 엽산의 구조와 조효소 THF로의 전환과정

2 흡수와 대사

식품 중의 엽산은 폴리글루타메이트형이지만 소장에 흡수되는 엽산은 모노글루타메이트형이다. 장 내강에서 폴리글루타메이트형은 conjugase 효소에 의해 모노글루타메이트형으로 가수분해된 후 환원형 THF로 바뀐 다음 흡수되어 메틸(methyl)기를 붙인다. 혈액 중에 운반 형태는 메틸-THF형이며 알부민 또는 특수 운반단백질에 결합되어 간과 다른 체세포들로 운반된다. 세포들

은 모노글루타메이트형에 글루타민산을 첨가하여 다시 폴리글루타메이트형으로 전환하여 저장하며 간은 체내 엽산의 반 이상을 저장하는 주요 저장소이다. 저장된 엽산을 방출하기 위해서는 모노글루타메이트형으로 다시 가수분해한다. 과잉의 엽산은 간에서 담즙 중으로 분비한다. 분비된 엽산은 담즙과 같이 장간순환(enterohepatic circulation)경로에 의해 소장에서 재흡수 되나 일부는 대변으로 배설된다.

[그림 11-12]는 엽산의 흡수와 운반 과정을 보여준다.

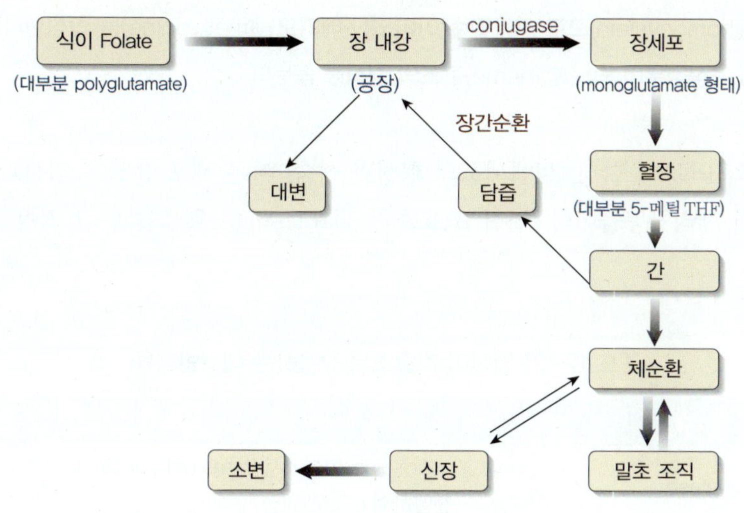

【그림 11-12】 엽산의 흡수와 운반

3 생리적 기능

엽산의 주요 조효소형 THF는 대사 동안 생성되는 일탄소단위(one-carbon units)를 한 화합물에서 다른 화합물로 운반하는 효소 복합체의 일부분으로서 작용한다. THF에 의해 운반되는 일탄소단위의 예로는 메틸($-CH_3$), 메틸렌($-CH_2-$), 포밀($-CHO$)기들이 있다. 엽산 조효소 THF가 기능을 하기 위해서는 메틸-THF로부터 메틸기가 제거될 필요가 있다. 이 메틸기를 제거하는 효소는 비타민 B_{12}의 도움이 필요하다. 흡수 후 엽산은 비타민 B_{12}와 밀접하게 관련하여 작용한다. 비타민 B_{12}의 도움이 없이는 엽산은 세포 내에 메틸-THF 형태로 갇히게 되고 DNA의 합성과 세포 성장을 위해 이용될 수 없다.

이와 같이 비타민 B_{12}는 THF의 재활성화를 돕고, 또 THF는 비타민 B_{12}의 조효소 형태로의 전환을 도와 이 두 비타민들은 함께 빠르게 성장하는 모든 세포들에서 요구되는 DNA합성을 돕는다.

엽산의 조효소 THF는 일탄소 운반(one-carbon transfer) 반응에 참여함으로써 구체적으로 다음과 같은 생리기능을 가진다.

- DNA, RNA 합성에 필요한 퓨린(purines)과 피리미딘(pyrimidines) 염기 합성에 관여함으로써 세포의 증식을 돕는다.
- 세 탄소 아미노산 세린(serine)과 두 탄소 아미노산인 글라이신(glycine)의 상호 전환에 관여한다.
- 아미노산 페닐알라닌(phenylalanine)의 티로신(tyrosine)으로의 전환에 관여한다.
- 호모시스테인(homocystein)으로부터 필수 아미노산 메티오닌(methionine)을 합성한다.
- 헤모글로빈의 구성성분이 되는 헴(heme)구조의 형성을 돕는다.

따라서 DNA와 RNA의 합성, 혈액세포의 형성과 성숙, 빠른 세포 분열은 엽산과 비타민 B_{12}에 의존하는 중요한 생리기능들이다. 엽산 조효소를 필요로 하는 효소들과 그 작용은 [표 11-13]과 같다.

【표 11-13】 엽산이 조효소로 작용하는 대사반응들

효소	작용
Thymidylate synthetase	pyrimidine 합성에서 formaldehyde를 dUMP의 C-5에 전달하여 dTMP 형성
Glycinamide ribonucleotide transformylase	purine 합성에서 formate를 공여
5-amino-4-imidazolecarboxamide transformylase	purine 합성에서 formate를 공여
Serine hydroxymethyl transferase	serine 분해반응에서 formaldehyde를 받아들임
10-Formyl-FH$_4$ synthetase	tryptophan 분해반응에서 formaldehyde를 받아들임
10-Formyl-FH$_4$ dehydrogenase	histidine 분해반응에서 CO_2로의 산화를 위해 formate 전달
Methionine synthetase	homocysteine에 methyl기를 주어 methionine 형성
Formiminotransferase	histidine으로부터 formimino기를 받아들임

최근의 연구 결과 엽산이 임신초기 태아의 신경관 결함(neural tube defect)의 예방에 효과적이라는 사실이 보고되었다.

신경관은 태아의 중추신경계가 발달하는 배아기 조직으로 임신 첫 수 주 이내에 결함이 일어날 수 있으며, 결함이 일어날 경우 태아의 불구나 영아사망을 초래한다. 따라서 임신 전 1개월과 임신 후 3개월간 엽산의 보충 섭취는 신경관 결함을 예방할 수 있으므로 가임기 여성(15세~45세)에게는 충분한 엽산 섭취가 권장된다.

■ 신경관 결함(neural tube defect)이란?

신경관 결함이란 임신 초기 배아기 동안의 뇌, 척수, 또는 양자 모두의 비정상적 형성을 말한다. 미국에서는 신생아 1,000명당 약 1명, 매년 2,500명 내지 3,000명의 영아가 신경관 결함을 가지고 태어난다. 이외에도 신경관 결함이 있는 많은 태아들이 유산 또는 사산되고 있다.

가장 흔한 2가지 형태의 신경관 결함은 무뇌증(anencephaly)과 이분척추(spina bifida)이다. 무뇌증은 신경관의 상단부가 닫히지 못하여 그 결과 뇌가 없거나 발달하지 못한다. 무뇌증 태아는 유산이 되거나 태어나더라도 출생 직후 사망한다. 이분척추는 척수와 이를 둘러싼 뼈조직의 불완전한 봉합으로 특징지어진다. 척수를 덮고 있는 막이 주머니처럼 돌출하여 터져 수막염을 일으키며 생명을 위협하게 된다. 척수 손상의 정도에 따라 다양한 정도의 마비가 일어나며 심한 경우에는 사망하게 된다.

신경관 결함의 위험이 특히 큰 경우는 이전에 신경관 결함아를 임신한 여성, 당뇨병이 있는 여성, 항경련제 약물 복용자, 비만 임부, 임신 초기 고온에 노출된 여성, 백인종 여성, 사회경제적으로 낮은 계층의 여성 등이다.

4 결핍증

엽산결핍은 엽산의 섭취가 부적절하거나 흡수가 손상될 때, 또는 대사적으로 이 비타민에 대한 요구량이 비정상적으로 높거나 세포증식이 빨라지는 경우에 일어날 수 있다. 즉, 쌍둥이를 가진 임신부, 암, 수두, 홍역과 같은 피부가 파괴되는 질병들, 화상, 혈액 손실, 위장관 내막의 손상이 있을 경우 등에서 결핍이 일어날 수 있다. 엽산이 결핍되면 성장하는 조직에서 중요한 과정인 세포분열과 단백질 합성이 손상된다. 특히 세포의 수명이 짧은 적혈구 세포와 위장관 세포의 교체가 손상된다. 따라서 엽산결핍의 첫 두 가지 증세는 빈혈과 위장관의 퇴행현상이다.

엽산의 결핍은 퓨린과 피리미딘 염기의 생합성을 저해함으로써 DNA의 합성을 저해하고 그 결과 크고 미성숙한 적혈구가 형성된다. 즉, 거대적아구성 빈혈을 발생하며 즉시 치료되지 않으면 피로, 설사, 쓰린 혀, 짜증, 망각, 호흡 단축 등의 증세를 나타낸다. 이러한 증세는 엽산보충제를 투여하면 즉시 사라진다. 그러나 이 형태의 빈혈은 비타민 B_{12}의 결핍에 의해서도 일어날 수 있다. 비타민 B_{12}의 결핍이 원인인 경우 엽산의 보충은 빈혈증세만을 치유하며 비타민 B_{12}의 또 다른 결핍 증세인 신경계 혼란은 악화된다. 이와 같은 이유로 거대적아구성 빈혈은 치료를 시작하기 전에 정확한 원인이 먼저 밝혀져야 한다.

엽산은 약물과의 상호작용에 의해 가장 침해받기 쉬운 비타민이다. 많은 항암제들의 약리작용의 기전은 엽산의 조효소형 THF로의 전환을 막아 암세포의 증식을 억제하는 것이다. 항암제 약물들은 화학구조가 엽산과 비슷하여 효소에서 엽산이 차지할 위치를 대신해서 대사경로를 막아

버린다. 암세포들도 성장하기 위해서는 정상 세포들처럼 엽산을 필요로 하며, 엽산이 없으면 암세포의 증식이 억제된다. 체내의 다른 세포들도 엽산이 필요하므로 항암제들은 엽산 결핍증을 일으킨다. 또한 아스피린과 제산제의 만성적 사용도 신체의 엽산 이용을 방해할 수 있다. 경구피임약 사용자들이나 흡연자들은 각각 경부세포나 폐 세포의 비정상을 나타내며 이것은 국부적인 엽산 결핍의 결과인 것으로 보고되어 있다.

■ 엽산, 호모시스테인(homocysteine)과 심장병

미국 FDA는 모든 곡물제품에 대해 엽산을 강화하도록 하였는데 이것은 엽산이 심장병의 예방에 중요한 역할을 할 수 있다는 연구 결과들에 의한다. 연구들은 혈중 아미노산 호모시스테인의 높은 수준과 엽산의 낮은 수준이 치명적인 심장병의 위험을 높이는 것으로 보고하고 있다. 엽산의 중요한 역할 중 하나는 호모시스테인의 분해이다. 엽산이 부족하면 호모시스테인이 메티오닌으로 전환되지 않으므로 호모시스테인이 축적되고 이것이 혈전 형성과 동맥벽의 퇴행을 높이는 것으로 알려져 있다. 엽산 강화 곡물이 혈중 엽산 농도를 높이고 호모시스테인을 낮춰서 심장질환의 예방에 도움을 줄 수 있는 것으로 추정된다.

5 영양 상태 평가

엽산 영양 상태를 평가하는 방법에는 혈청과 적혈구의 엽산 농도를 직접 측정하는 방법과 히스티딘 부하검사(histidine load test), 디옥시우리딘 억제검사(deoxyuridine supression test) 등의 기능적 검사법이 있다.

혈청과 적혈구의 엽산 측정은 가장 많이 사용되는 방법이다. 혈청 엽산 농도는 비교적 최근의 섭취상태를 반영하고, 적혈구 엽산 농도는 적혈구가 형성되는 시기의 체내 엽산 저장량을 반영하므로 체내 엽산 저장의 고갈을 나타내는 유용한 척도이다. 따라서 혈청과 적혈구의 엽산 농도를 함께 측정하는 것이 바람직하다.

히스티딘 부하검사는 히스티딘 부하 시 포름이미노글루타메이트(formiminoglutamate, FIGLU)의 생성량이 증가하고 특히 엽산이 결핍되었을 때 그 물질의 배설량이 현저하게 증가한다는 원리를 이용하여 엽산의 결핍여부를 알아내는 방법이다.

디옥시우리딘 억제검사는 DNA 합성이 잘 일어나는 세포를 이용하여 배양액에 디옥시우리딘을 첨가했을 때 세포들의 DNA 합성을 조사하는 방법이다. 그러나 대규모 대상자에 사용하기에는 부적당한 방법이다.

[표 11-14]는 엽산 영양 상태의 판정기준을 나타낸다.

【표 11-14】 엽산 영양 상태의 판정기준

지표	결핍	한계수준	양호
혈청 엽산(ng/mL)	<3	3.0~6.0	>6
적혈구 엽산(ng/mL)	<140	140~160	>160
히스티딘 부하(5g) 후 소변 중 FIGLU 배설량(μmol/24h)	>200	–	<200

6 엽산 섭취기준과 급원식품

엽산은 식사에서 다양한 형태로 섭취되는데 형태에 따라 생체 이용률에 큰 차이가 있다. 식품 중에 자연적으로 들어있는 엽산은 약 50% 정도 흡수된다. 그러나 강화식품 또는 식품과 함께 섭취한 보충제 중의 엽산은 흡수율이 85% 정도로 이용률이 1.7배 정도 높고, 공복에 섭취한 보충제 엽산은 거의 100% 흡수되어 이용률이 2배가 된다. 따라서 엽산 섭취기준은 식이엽산당량(dietary folate equivalents, DFEs)으로 설정하고 있다.

> 식품 중 엽산 1 μg = 1.0 μg DFE
>
> 강화식품 또는 식품과 함께 섭취한 보충제 중의 엽산 1 μg = 1.7 μg DFE
>
> 공복에 섭취한 보충제 중의 엽산 1 μg = 2.0 μg DFE

따라서 섭취한 식이엽산당량은 다음과 같이 계산될 수 있다.

> μgDFEs = (식품 중 엽산 μg) + (1.7×강화식품 또는 식품과 함께 섭취한 보충제 중의 엽산 μg)
> + (2.0×공복 시 섭취한 보충제 엽산 μg)

현재 우리나라에서는 아침 식사용 시리얼, 일부 우유와 두유에 엽산이 강화되어 있다.

한국인 15세 이상 모든 연령층에 대해 엽산의 하루 평균필요량을 320 μg DFE, 권장섭취량을 400 μg DFE로 설정하고 있다. 임신부의 권장섭취량은 220 μg DFE를 추가하여 620 μg DFE로 설정하고 있으며 수유부의 권장섭취량은 150 ㎍ DFE를 추가하여 550 ㎍ DFE로 설정하고 있다. 성인의 엽산 상한섭취량은 1일 1,000 ㎍ DFE로 책정되어 있다. 유아, 아동 및 청소년의 권장섭취량을 연령에 따라 150~400 ㎍ DFE의 범위에서 설정하고 있다. 영아에 대해서는 충분섭취량을 정하고 있으며 전반기 65 ㎍ DFE, 후반기 80 ㎍ DFE이다.

푸른 잎채소와 콩류는 엽산의 풍부한 급원이다. 과일 주스, 채소 주스, 신선하고 조리하지 않은 과일과 채소들은 특히 우수한 급원이며 이러한 식품 중의 비타민 C의 존재는 엽산이 파괴되는 것을 방지한다. 육류와 우유 및 유제품은 엽산의 불량한 급원이다. 이외에도 엽산은 견과류 등 많은 식품 중에 존재하나 25%만이 즉시 흡수될 수 있고 나머지 75%는 소화관 내에서 효소에 의해 흡수될 수 있는 형태로 전환되어야 한다. 조리 중 가열과 산화는 식품 중 엽산의 반 정도를 파괴할 수 있다. [표 11-15]는 한국인 상용 식품 1인 1회 분량 중의 엽산 함량을 나타낸다.

【표 11-15】 한국인의 상용 식품 1인 1회 분량 중의 엽산 함량

식품명	1인 1회 분량(g)	엽산 함량 (㎍)	식품명	1인 1회 분량(g)	엽산 함량 (㎍)
시금치	70	148	귤	100	77
쑥갓	70	133	오렌지주스	100	35
깻잎	70	82	달걀	60	59
상추	70	66	검정콩	20	57
딸기	150	190	배추김치	40	20
참외	150	96	김	2	16

*성인 19~29세 1일 엽산 권장섭취량: 남녀 모두 400 ㎍ DFE
**자료: 보건복지부, 한국영양학회. 2015 한국인 영양소 섭취기준, 2015

08. 비타민 B₁₂ Cobalamin

1926년까지 악성빈혈은 그 원인과 치료법이 알려지지 않은 치명적인 병이었다. 1926년 Minot와 Murphy는 악성빈혈 환자에게 매일 300g 이상의 생간을 먹임으로써 이 병이 치유될 수 있음을 발견하였고, 이에 대한 공로로 노벨 의학상을 수상하였다. 1948년간의 추출물로부터 악성빈혈에 유효한 적색 결정체가 분리되었으며 1955년 Hodgkins는 이 물질의 구조 결정으로 노벨상을 받았다. 비타민 B₁₂와 엽산의 구별은 1950년대까지는 분명하지 않았는데 그 이유는 이 두 비타민의 역할은 활성화를 위해 상호 의존하기 때문이었다. 비타민 B₁₂는 1972년에 처음으로 합성이 되었다.

1 구조와 성질

비타민 B$_{12}$는 매우 크고 복잡한 분자로서 구조[그림 11–13] 중에 금속 코발트(Co)를 포함하고 있어 코발라민(cobalamin)이란 화학명으로 불린다. 분자는 헤모글로빈의 구조인 폴피린과 유사한 고리구조로 이루어져 있으며 중앙에 금속원소 코발트가 위치하고 있다. 코발트 원자에는 시안기(–CN), 하이드록실기(–OH), 니트로기(–NO$_2$), 메틸기(–CH$_3$), 5'–디옥시아데노실기(5'–deoxyadenosyl) 등이 결합할 수 있다. 상품으로 생산되는 비타민 B$_{12}$는 시안기가 결합되어 있어 시아노코발라민(cyanocobalamin)이라 불리며 화학적으로 매우 안정하다. 자연계에 존재하는 비타민 B$_{12}$의 활성형은 시안기 이외의 작용기들이 결합한 형태들이다. 비타민 B$_{12}$라는 용어는 인체에서 비타민 B$_{12}$의 생물적 활성을 나타내는 코발라민들을 총칭하는 일반명이다.

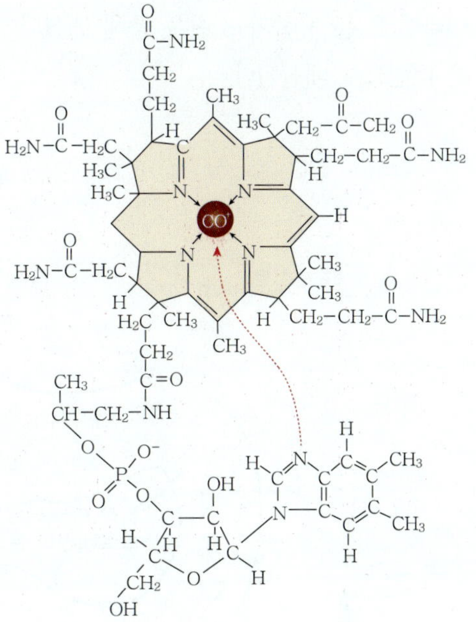

【그림 11–13】 비타민 B$_{12}$의 구조

인체의 혈장과 조직 중에 주로 존재하는 비타민 B$_{12}$의 형태는 메틸코발라민(methylcobalamin)과 5–디옥시아데노실코발라민(5'–deoxyadenosylcobalamin), 그리고 하이드록소코발라민(hydroxocobalamin)이다. 그러나 단지 메틸코발라민과 5'–디옥시아데노실코발라민만이 인체 내에서 조효소로 작용한다.

2 흡수와 대사

식품 중의 비타민 B$_{12}$는 단백질에 결합되어 있으며 섭취된 후 위에서 위산과 펩신에 의해 단백질로부터 분리된다. 유리된 비타민 B$_{12}$는 침선에서 분비된 R–프로테인이란 물질과 결합함으로써 장내 박테리아에 의한 분해로부터 보호된다. 비타민 B$_{12}$가 장관에서 혈류로 흡수되기 위해서는 내재인자(intrinsic factor, IF)가 필요하다. IF는 위벽 세포에서 분비되는 당단백질로서 비타민 B$_{12}$의 흡수를 돕는다.

소장의 상부에서 비타민 B$_{12}$와 결합된 R–프로테인은 췌장의 트립신에 의해 떨어져 나가고 그 대신 IF가 비타민 B$_{12}$에 부착한다. 비타민 B$_{12}$–IF 결합체는 소장의 하부, 회장에서 흡수된다. 혈류로 흡수된 비타민 B$_{12}$는 특수한 운반단백질 트란스코발라민 II(transcobalamin II)와 결합하여 간과 다른 조직으로 운반된다. 비타민 B_{12}의 흡수과정은 [그림 11-14]와 같다.

　과잉의 비타민 B_{12}는 간에 상당량 저장되므로 섭취부족에 의한 결핍은 쉽게 일어나지 않는다. 비타민 B_{12}는 담즙과 소변을 통해 배설되며 흡수되지 않은 것과 장내 박테리아에 의해 합성된 것은 대변으로 배설된다.

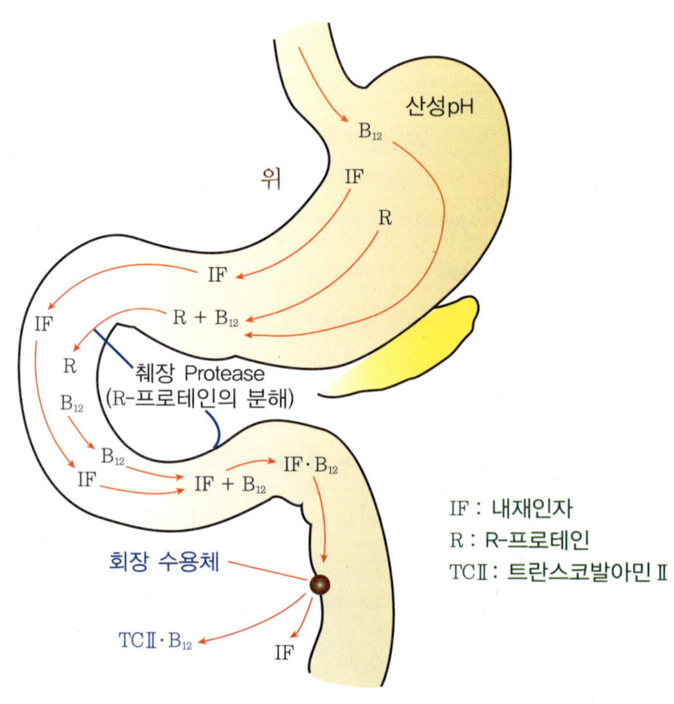

【그림 11-14】 비타민 B_{12}의 흡수과정

3　생리적 기능

① 메틸코발라민(methylcobalamin) 조효소로서 세포의 분열과 성장에 관여한다.

　비타민 B_{12}는 메틸코발라민 조효소로서 엽산 조효소를 재생시킴으로서 DNA의 생합성에 필수적이며, 따라서 세포의 성장과 분열에 관여한다. [그림 11-15]에서 보듯이 비타민 B_{12} 조효소는 호모시스테인이 필수 아미노산 메티오닌으로 전환되는 것을 중재한다. 이 전환과정에서 비타민 B_{12}는 N^5-메틸 THF로부터 메틸기를 받아 호모시스테인으로 전달하여 엽산 조효소 THF를 재생시킨다.

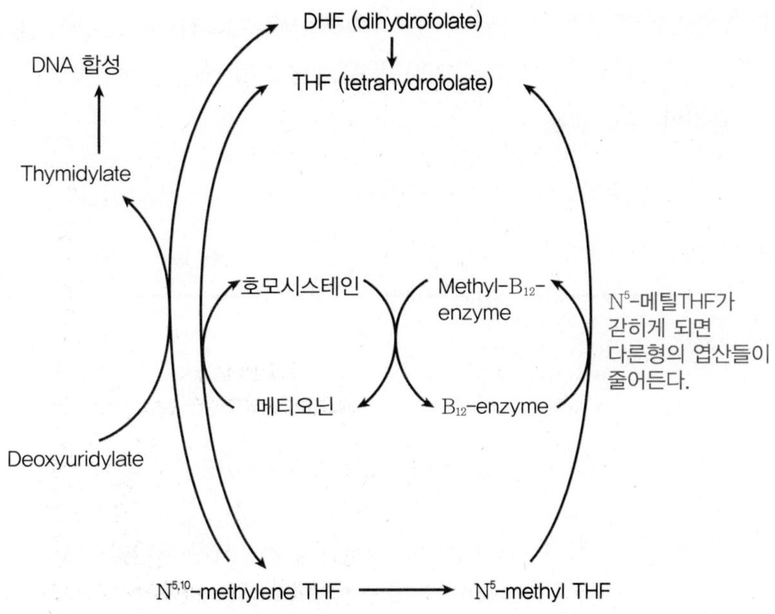

【그림 11-15】비타민 B₁₂와 엽산 그리고 메티오닌의 관련성

N^5-메틸 THF는 엽산 조효소의 주요 형태이다. N^5-메틸 THF가 신체의 엽산풀(pool)로 되돌아가는 유일한 길은 [**그림 11-15**]에서와 같이 비타민 B₁₂에 의한 매개반응을 통한 것이다. 따라서 비타민 B₁₂가 결핍될 경우 엽산이 N^5-메틸 THF의 형태로 붙들려 축적됨으로써 엽산의 다른 형태들이 DNA 합성과 다른 대사기능에 이용되지 못하게 된다.

적혈구세포의 전구체인 적아세포(erythroblast)가 형성되는 골수에서는 DNA 합성에 필요한 메틸기를 제공하는 $N^{5,10}$-메틸렌 THF를 위해 비타민 B₁₂와 엽산 양자가 모두 필요하다. 만일 DNA가 적절한 양으로 생성될 수 없으면 적아세포는 분열하지 못하고 거대 적아세포가 생성된다. 비타민 B₁₂가 모든 인체 세포들에서 DNA의 합성에 필요하지만 적아세포는 매우 빠르게 분열하기 때문에 B₁₂결핍에 특히 침해받기 쉽다. 비타민 B₁₂와 엽산의 상호관련성은 엽산이나 B₁₂의 결핍에서 공통적인 빈혈증세를 나타내는 이유를 설명해준다.

② 5'-디옥시아데노실코발라민(5'-deoxyadenosylcobalamin) 조효소로서 일부 지방산과 아미노산의 분해 및 신경세포의 유지를 돕는다.

일부 지방산과 아미노산 발린(valine), 이소류신(isoleucine), 트레오닌(threonine)과 메티오닌(methionine)의 분해대사과정에서 중간산물로 프로피오닐(propionyl) CoA가 생성되며 이 물질은 비오틴 의존성 카르복실화 반응에 의해 메틸말로닐(methylmalonyl) CoA를 생성한다. 메틸말로닐 CoA는 메틸말로닐 뮤타아제(methylmalonyl mutase) 효소에 의해 이성질체화되어 숙시닐(succinyl)

CoA로 되어 TCA회로로 들어가 대사된다. 5'-디옥시아데노실코발라민은 메틸말로닐 뮤타아제의 조효소로 작용한다[그림 11-16]. 따라서 비타민 B_{12}가 결핍될 때에는 메틸말로닐 CoA가 숙시닐 CoA로 전환되는 과정이 저해된다.

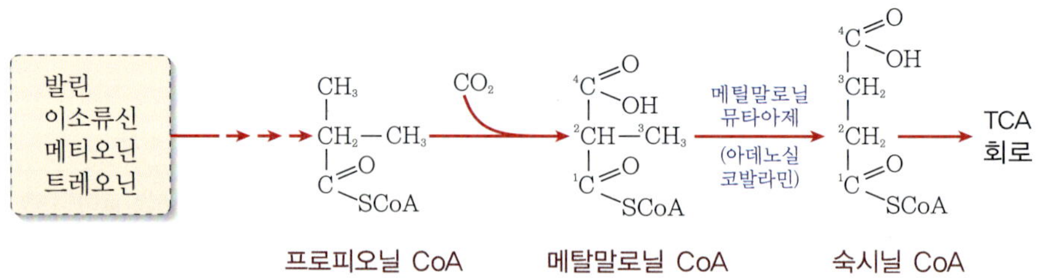

【그림 11-16】 일부 아미노산 대사와 비타민 B_{12}

비타민 B_{12} 결핍이 신경계 결함을 나타내는 것은 B_{12}의 결핍 시에 메틸말로닐 CoA 대사가 방해되면서 신경섬유를 둘러싸고 있는 지단백의 흰 보호덮개 물질인 신경수초(myelin sheath)의 합성이 저해되는 것에 어느 정도의 원인이 있는 것으로 알려져 있다. 즉 메틸말로닐 CoA의 축적이 지방산 합성에서 말로닐 CoA에 대해 경쟁적 저해물질로 작용하여 신경수초의 형성을 방해할 수 있다는 것이다. 비타민 B_{12}의 결핍 시 신경섬유의 점차적인 미엘린 제거가 일어나며 다양한 신경증세들을 유발하게 된다.

최근에는 호모시스테인이 B_{12}의 결핍 시에 신경계 질환을 일으키는 요인 중의 하나로 주목받고 있다. B_{12}의 결핍 시 체내 호모시스테인 농도가 높아지고 신경독소로 알려져 있는 호모시스테인이 신경병증의 원인이 될 수 있다는 것이다.

4 결핍증

비타민 B_{12} 결핍은 대부분 섭취 부족 보다는 내재인자(intrinsic factor)의 생성 결함으로 인한 부적절한 흡수가 원인이다. 이처럼 내재인자의 결여에 의해 일어나는 비타민 B_{12} 결핍증은 악성빈혈(pernicious anemia)로 알려져 있다.

악성 빈혈의 특징은 크고 미성숙한 적혈구(거대 적아구)가 골수로부터 혈류로 방출되므로 적혈구의 부족을 초래하는 것이다. 이는 비타민 B_{12}의 결핍으로 인해 엽산이 활성형으로 전환되지 못하므로 DNA의 합성이 느려지고 결국 세포 분열이 원활히 되지 못한다는 표시이다. 증세는 무기력, 창백, 식욕 상실, 숨가쁨, 체중 감소, 우울, 혼돈, 불안정 등으로 나타난다. 악성 빈혈 환자의 대부분은 월 1회 규칙적으로 비타민 B_{12}를 주사하여 직접 혈류로 보냄으로써 내재인자에 대한 요구를 제거한다.

성장속도가 가장 빠른 적혈구 세포들은 비타민 B_{12}나 엽산 결핍의 영향을 제일 먼저 받아 거대적아구성 빈혈을 나타낸다. 비타민 B_{12}나 엽산 어느 것이든 이 형태의 빈혈을 치유할 것이다. 그러나 만일 비타민 B_{12}가 결핍될 때 엽산이 주어진다면 비타민 B_{12} 결핍증상 중 혈액계 증세인 빈혈은 치유되나 신경계 증세는 그대로 진행되어 마비나 영구적인 신경손상을 초래할 수 있다.

신체는 비타민 B_{12} 저장량을 5~7년간 사용하기에 충분하게 보유하고 있으므로 부적절한 식사 섭취로 인한 결핍증이 발생하는 데는 수년이 걸린다.

5 영양 상태 평가

비타민 B_{12} 결핍은 흔히 신경계 증세 없이 거대혈구성 빈혈을 나타낼 수 있으므로 엽산과 비타민 B_{12}의 결핍에 대해 모두 조사될 필요가 있다. 혈청 B_{12}와 혈청 엽산 및 적혈구 엽산 수준은 이를 효과적으로 구별해내는데 사용될 수 있는 방법이다. 혈청 B_{12}의 수준과 적혈구 엽산수준이 모두 낮으나 혈청 엽산 수준은 정상이상이면 비타민 B_{12}의 결핍으로 판정한다. 혈청 엽산 수준은 높은데 적혈구 엽산 수준이 낮은 것은 순환하는 5'-메틸-THF가 적절히 이용되지 못하고 적혈구 세포에 의한 엽산의 이용이 감소되었음을 반영한다.

비타민 B_{12} 결핍으로 일단 판정되면 쉴링테스트(schilling test)를 이용하여 결핍의 원인을 파악할 수 있다. 이 검사는 공복상태에서 방사성 동위원소 코발트를 함유하는 비타민 B_{12}를 경구투여하고 소변으로 배설되는 양을 측정함으로써 결핍의 원인을 찾아낸다.

6 비타민 B_{12}의 섭취기준과 급원식품

우리나라 19세 이상 모든 연령의 비타민 B_{12}의 하루 평균필요량은 남녀 모두 2.0 μg이며 권장섭취량은 2.4 μg으로 설정하고 있다. 임신부와 수유부의 권장섭취량은 각각 0.2 μg, 0.4 μg을 추가하며, 유아, 아동 및 청소년의 권장섭취량은 0.9~2.7 μg의 범위에서 설정되어 있다. 영아에 대해서는 충분섭취량으로서 전반기에 0.3 μg, 후반기 0.5 μg이 설정되어 있으며 비타민 B_{12}의 상한섭취량은 정하지 않고 있다.

비타민 B_{12}의 주요 급원은 어패류, 육류, 난류 등의 동물성 식품들이다. 특히 바지락, 모시조개 등은 함량이 매우 높고 오징어, 굴, 꽁치, 고등어, 멸치 등에도 많다. 육류, 달걀, 우유 등은 함량이 그보다 낮지만 섭취빈도가 높아 좋은 급원이다. 대두 발효 식품이나 해조류에는 미생물에 의해 합성된 비타민 B_{12}가 소량 함유되어 있지만 생체 이용률에 대해서는 논란의 여지가 있다.

우유와 알 종류를 허용하는 채식주의자(lacto-ovo-vegetarian)들은 결핍증을 피할 수 있다. 엄격한 채식주의자들은 가끔씩 비타민 B_{12}의 보충제를 복용할 것이 권장된다. [표 11-16]은 한국인 상용 식품 1인 1회 분량 중의 비타민 B₁₂ 함량을 나타낸다.

【표 11-16】 한국인의 상용 식품 1인 1회 분량 중의 비타민 B₁₂ 함량

식품명	1인 1회 분량(g)	비타민 B₁₂ 함량(μg)	식품명	1인 1회 분량(g)	비타민 B₁₂ 함량(μg)
바지락	80	49.9	돼지고기(삼겹살)	60	0.5
오징어	80	13.3	닭고기	60	0.2
굴	80	12.8	소시지	30	0.1
꽁치	60	11.5	메추리알	60	2.8
고등어	60	6.4	달걀	60	0.7
멸치(마른 것)	15	6.2	생파래	30	2.2
참치통조림	60	1.8	김	2	1.2
조기	60	1.5	우유	200	0.9
쇠고기	60	1.2	요구르트(호상)	100	0.4

*성인 19~29세 1일 비타민 B₁₂ 권장섭취량: 남녀 모두 2.4 μg
**자료: 보건복지부, 한국영양학회. 2015 한국인 영양소 섭취기준, 2015

09. 판토텐산 Pantothenic acid

판토텐산은 광범한 종류의 식품 중에 존재한다는 데서 그 이름이 유래한다. 즉, 'pantos'란 '모든 곳'을 의미한다. 처음 이 물질이 확인되었을 때는 비타민 B₅라 불려 졌으며 효모 중의 성장인자이며 닭의 피부염과 쥐의 털 변색을 치유하거나 예방할 수 있는 것으로 알려졌다. 판토텐산은 1938년에 분리되고 1940년에 그 화학구조가 확인되었다.

1 구조와 성질

판토텐산의 화학구조는 [그림 11-17]과 같으며, 코엔자임 A(coenzyme A, CoA)의 구조의 일부로 포함되어 있다.

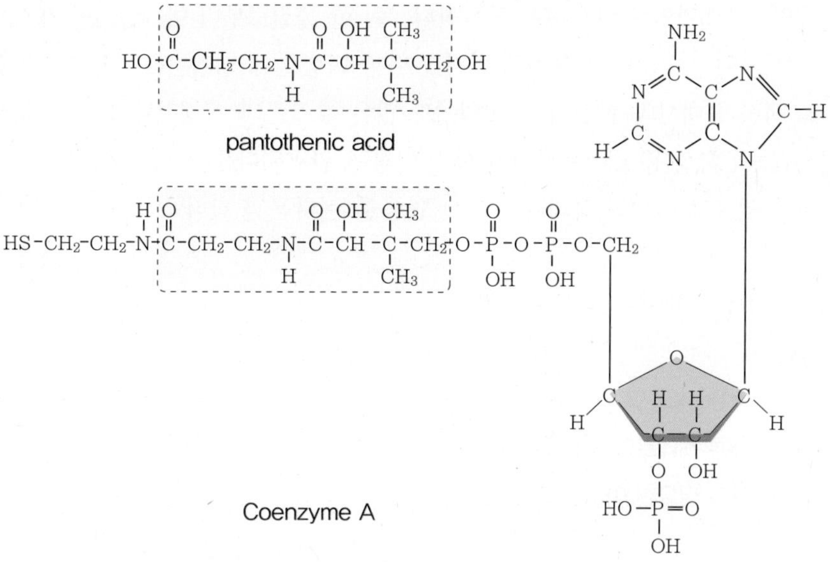

【그림 11-17】 판토텐산과 Coenzyme A의 구조

판토텐산은 수용성으로서 습열과 중성 용액 중에서 안정하나 건열과 산, 알칼리에서는 비교적 불안정하다. 정상적인 온도에서는 조리 동안 거의 손실이 없다. 순수한 판토텐산은 결정화되지 않는 황색의 기름이다. 합성된 유도체인 칼슘 판토텐산(calcium pantothenate)은 결정체로 이용가능하며 영양보충제로서 사용되는 형태이다.

2 흡수와 대사

식품 중의 판토텐산은 CoA와 아실기 운반단백질(acyl carrier protein, ACP)의 구성성분으로 존재하며, 장내에서 가수분해되어 유리 상태로 방출된 후 흡수된다. 판토텐산은 소장에서 운반 단백질에 의한 능동수송 또는 고농도에서는 단순 확산에 의해 흡수된다. 혈장 중에 유리산의 형태로 운반이 되며, 적혈구 내에 더 높은 농도로 들어 있다. 신체 조직 중에서 대부분의 판토텐산은 CoA로 존재한다. 판토텐산의 대사 분해산물은 알려져 있지 않다. 섭취량에 따라 하루 소변으로 1~7 mg 범위의 판토텐산이 그대로 배설된다.

3 생리적 기능

판토텐산의 알려진 생물적 기능의 대부분은 CoA의 구성성분으로서의 역할이다. 또한 판토텐산은 지방산 대사에 관여하는 단백질인 아실기 운반단백질의 구조의 일부로서도 작용한다.

CoA는 아세틸(acetyl)기의 운반체로서 작용한다. 즉, 한 물질로부터 아세틸기를 제거하여 아세틸 CoA(acetyl CoA)를 형성하고 다시 그 아세틸기를 다른 화합물에 넘겨준다. 그러한 반응들은 탄수화물, 지방, 단백질의 대사와 관련되며, 이외에도 많은 호르몬과 신경전달물질 그리고 신체의 다른 필수 화합물들의 합성 등 100여 가지 이상의 반응과 관련된다.

아세틸 CoA를 필요로 하는 영양과 관련되는 반응들은 다음과 같다.

① 탄수화물, 지방, 단백질로부터 에너지의 방출
② 지방의 합성
③ 헤모글로빈의 헴(heme)구조의 형성
④ 콜레스테롤과 다른 스테로이드 호르몬의 합성
⑤ 신경자극의 전달에 필요한 아세틸콜린의 합성

아세틸 CoA는 에너지 생성 대사계의 모든 과정에 필수적이고 이외에도 다른 많은 역할을 수행하므로 판토텐산이 거의 모든 식품 중에 광범하게 존재하는 것은 자연의 섭리로 보인다.

4 결핍증

임상적으로 판토텐산의 결핍증세가 인간에서 보고된 바는 없다. 그러나 실험적으로 판토텐산 결핍식을 급여 받거나 판토텐산 길항물질을 복용한 사람들에서 결핍증세가 관찰되었다. 증세들은 결핍식을 급여 후 최소 9주가 지난 후 나타났는데 무관심, 피로, 두통, 수면장애, 오심, 손이 따끔거리는 느낌, 복통들이 포함된다. 감염에 대한 저항성의 저하도 잘 알려진 결핍증세이다. 판토텐산의 결핍은 많은 조직에서 다양한 생화학적 혼란을 야기하므로 신체계의 전반적인 기능 부전이 초래된다. 결핍증을 가진 사람들에서 판토텐산 섭취를 증가시키면 스트레스를 견디는 능력이 개선되는 것으로 알려져 있다.

5 판토텐산 섭취기준과 급원 식품

인간에게 필요한 판토텐산의 정확한 양은 아직 알려져 있지 않으므로 우리나라 사람들을 위한 평균필요량과 권장섭취량은 설정되어 있지 않으며 대신 충분섭취량이 설정되어 있다. 한국 성인의 1일 충분섭취량은 남녀 모두 5 mg, 어린이와 청소년은 2~5 mg, 영아는 1.7~1.9 mg이다. 임신부는 1 mg, 수유부는 2 mg을 부가 설정하고 있다. 판토텐산은 식품 중에 널리 분포하기 때문에 신체의 요구량이 높을 때조차도 대부분의 식사들에 의해 적절한 양이 제공된다. 판토텐산은 과잉섭취로 인해 유해 작용이 발생되었다는 보고가 없으므로 상한섭취량은 설정되지 않았다.

판토텐산은 모든 동식물세포에 존재하므로 거의 모든 식품에 상당한 양으로 존재한다. 모든 식품군들이 식사에 어느 정도의 판토텐산을 제공하지만 특히 우수한 급원은 내장육, 생선, 가금육, 전곡, 콩류, 브로콜리 그리고 아보카도 등이다. 가공 중에 건열 처리한 식품들은 비교적 불량한 급원이다. 통조림 가공 동안 동물성 식품중의 판토텐산은 약 1/3이 손실되고 식물성 식품 중 함량의 3/4이 손실되는 것으로 알려져 있다. [표 11-17]은 한국인 상용 식품 1인 1회 분량 중의 판토텐산 함량을 나타낸다.

【표 11-17】한국인의 상용 식품 1인 1회 분량 중의 판토텐산 함량

식품명	1인 1회 분량(g)	판토텐산 (mg)	식품명	1인 1회 분량(g)	판토텐산 (mg)
연어	60	0.76	대두	20	0.30
삼치	60	0.69	완두콩	20	0.34
돼지고기	60	0.77	냉이	70	0.77
오리고기	60	0.67	송이버섯	30	0.57
닭고기	60	0.63	팽이버섯	30	0.42
수수	90	1.27	목이버섯	30	0.34
현미	90	1.22	땅콩	10	0.25
밤	60	0.62	호두	10	0.16
팥	90	0.90	들깨	5	0.08

*성인 19~29세 1일 판토텐산 충분섭취량: 남녀 모두 5 mg
**자료: 보건복지부, 한국영양학회. 2015 한국인 영양소 섭취기준, 2015

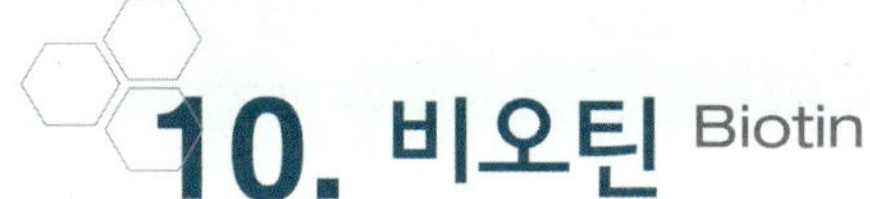

10. 비오틴 Biotin

비오틴은 1924년에 미생물의 성장에 필요한 3가지 인자들 중의 하나인 'bios Ⅱ'로서 확인되었고 식이의 필수물질로도 알려졌다. 이후 이 'bios Ⅱ'와 두 가지 다른 인자들에 대한 연구 결과 이 3가지 물질들은 모두 동일한 황함유 수용성 비타민이라는 사실이 밝혀졌다. 이후 이 물질들에 대해 비오틴이라는 단일 이름이 주어졌으며 1943년에 합성되었다.

1 구조와 성질

비오틴의 화학구조는 [그림 11-18]과 같다. 비오틴과 아미노산 라이신(lysine)이 화학적으로 결합한 비오시틴(biocytin)은 생물적으로 활성인 비오틴의 유도체이다. 비오틴이 생물적 기능을 수행할 때 아미노산 라이신의 곁사슬에 있는 ε-아미노기와 아미드결합(amide bond)을 통해 펩타이드나 단백질과 결합된다. 식품 중에 비오틴을 함유한 펩타이드나 단백질이 소화될 때 비오시틴이 장내로 방출된다. 비오틴과 비오시틴 모두 공기, 빛, 열에 노출되어도 비교적 안정하나 자외선에 노출되면 서서히 파괴된다.

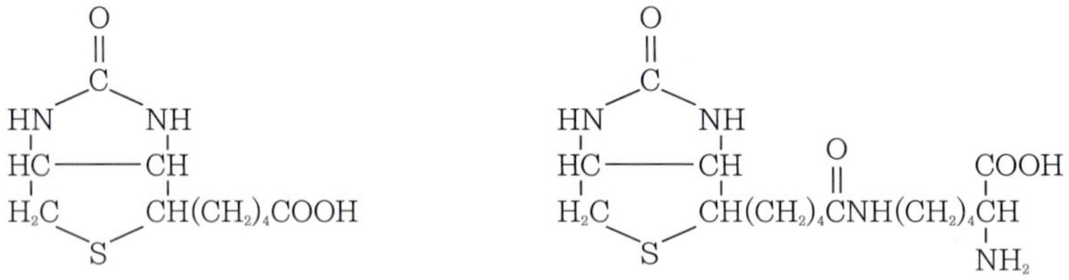

Biotin

Biocytin

【그림 11-18】 비오틴과 비오시틴의 구조

2 흡수와 대사

식품 중 비오틴의 대부분은 단백질에 결합하여 존재한다. 단백질과 결합된 비오틴은 장내 단백질 분해효소의 작용에 의해 비오티닐 펩타이드(비오시틴)로 분리된다. 잇달아 소장효소 비오티니다아제(biotinidase)에 의해 펩타이드와 떨어져 유리 비오틴이 분리된다. 인간에서 비오틴의 흡수기전은 거의 알려져 있지 않으나 동물 연구 결과 섭취량이 낮을 때는 촉진된 확산(facilitated diffusion)에 의해, 섭취량이 높을 때는 단순 확산(simple diffusion)에 의해 흡수되는 것으로 보고되어 있다.

비오틴은 혈중에 비오틴 결합단백질에 의해 운반되며 카르복실화효소(carboxylase)가 많은 조직에 주로 분포되어 있다. 사람에서의 평형연구(balance study) 결과 소변과 대변에서 배설되는 비오틴의 총량은 섭취량을 초과하는 것으로 나타났으며, 동물에서 항생제를 투여하면 비오틴 결핍증이 더 쉽게 일어난다는 사실이 알려졌다. 이러한 사실들은 비오틴이 장내 박테리아에 의해 합성된다는 것을 뒷받침한다.

3 생리적 기능

비오틴을 포함하는 효소들이 촉매하는 반응의 주요 형태는 이산화탄소(CO_2)를 기질에 첨가하는 카르복실화(carboxylation) 반응이다. 4가지의 카르복실화 반응들이 인체 대사에서 중요한 것으로 알려져 있으며 비오틴은 이들 효소들의 보결원자단으로 기여하여 카르복실기 운반체로서 작용한다. 이 비오틴 의존성 효소들[표 11-18]은 당신생합성, 지방산 신생합성, 프로피온산의 대사, 류신의 대사에 중요한 역할을 함으로서 지방과 탄수화물 대사과정의 많은 반응들에 참여한다. 비오틴은 또한 아미노산의 탄소골격이 에너지 생성경로로 들어가는 일에 참여하며, DNA 합성에도 관여한다.

【표 11-18】 비오틴 의존성 카르복실화 효소들과 역할

효소(소재)	역할
Pyruvate carboxylase (미토콘드리아)	· 포도당신생반응에서 pyruvate를 포도당으로 전환하는 경로의 첫반응 · TCA회로를 위한 oxaloacetate 공급 반응
Acetyl CoA carboxylase (사이토졸)	· 지방산합성과정 첫 반응에서 malonyl CoA 형성
Propionyl CoA carboxylase (미토콘드리아)	· propionate를 methylmalonyl CoA로 전환하는 반응
ß-Methylcrotonyl CoA carboxylase (미토콘드리아)	· leucine과 isoprenoid 화합물의 분해반응

피루브산 카르복실화효소(pyruvate carboxylase)는 3-탄소 피루브산에 CO_2를 첨가하여 4-탄소 옥살로아세트산(oxaloacetate)을 생성한다. 이 반응은 주로 간에서 일어나며 포도당신생합성(gluconeogenesis)의 초기 단계이다. 또한 이 효소는 옥살로아세트산과 같은 TCA회로의 중요 화합물이 고갈되는 일을 방지하는데 결정적인 역할을 한다. 비오틴이 없다면 이들 화합물들이 충분하게 재보충될 수 없을 것이며 따라서 TCA회로가 효율적으로 순환될 수 없을 것이다. 결과적으로 호기적 포도당 대사가 느려지면서 혈액 중에 혐기적 해당과정의 부산물인 젖산의 농도가 높아질 것이다. 중추신경계 내에 젖산 농도의 증가는 심한 비오틴 결핍에 뒤따르는 신경계 장애(우울증, 기면(嗜眠), 환각, 사지 말단의 무감각증)의 원인이 되는 것으로 추정되고 있다.

아세틸 CoA 카르복실화효소(acetyl CoA carboxylase)는 지방산 생합성과정의 주요 조절효소로서 그 첫 번째 반응에서 아세틸 CoA에 카르복실기를 더하여 말로닐 CoA를 생성한다[그림 11-19].

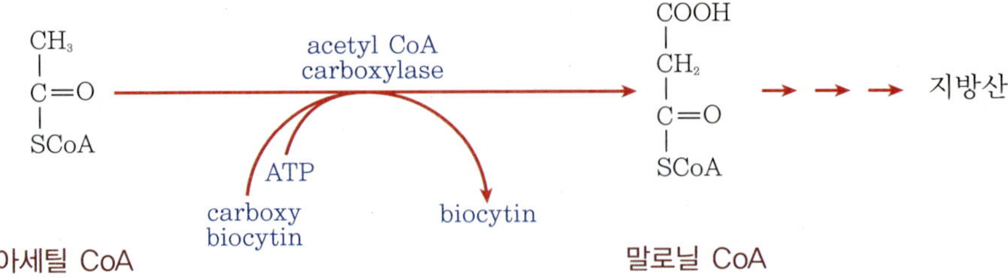

【그림 11-19】 지방산 생합성에서의 비오틴의 역할

비오틴은 또한 프로피온산과 같은 3-탄소 지방산이 TCA회로에 들어갈 수 있도록 그 대사를 돕는다. 프로피온산은 홀수의 탄소를 가진 지방산의 산화산물로서 또는 측쇄 아미노산의 분해나 위장관내의 미생물의 발효산물로서 생성된다. 프로피온산 CoA 카르복실화효소(propionyl CoA carboxylase)는 프로피온산 CoA에 활성화된 CO_2를 첨가하여 메틸말로닐 CoA를 만들고 메틸말로닐 CoA는 TCA회로의 중간 대사물인 숙시닐 CoA로 전환되어 대사되도록 해준다.

이외에도 비오틴은 다섯 가지의 아미노산(발린, 류신, 이소류신, 메티오닌, 트레오닌)의 대사에 필요하며, 니아신, 퓨린, 프로스타글란딘의 합성과 소화효소 췌장 아밀라아제의 활성을 위해서도 필요하고, 또한 면역계 세포의 정상적 기능을 위해서도 필요하다.

4 결핍증

정상적인 식사를 하는 성인에서 자연적인 비오틴 결핍은 알려져 있지 않다. 비오틴 결핍증은 완전비경장영양(total parenteral nutrition, TPN)에 장기간 의존할 경우나 비오틴 함량이 낮고 다량의 생난백을 함유하는 식사를 하는 경우, 또는 유전적으로 비오티니다제(biotinidase)나 카르복실화효소(carboxylase)가 결여된 경우에 일어날 수 있다. TPN을 받는 영아나 성인의 비오틴 결핍증은 TPN 혼합액에 비오틴을 첨가함으로써 쉽게 예방될 수 있다.

달걀 난백은 아비딘(avidin)이라는 당단백을 포함하며 이 물질은 비오틴과 결합함으로써 소화효소의 작용을 받지 않는 복합체를 형성하여 비오틴의 흡수를 방해한다. 아비딘은 조리에 의해서 변성되어 불활성화 되므로 익힌 난백은 비오틴 영양 상태를 위협하지 않는다. 아비딘에 의해 비오틴 결핍이 발생하기 위해서는 식이 에너지의 30%를 생난백으로부터 섭취해야하며 이는 하루 12개 정도의 난백을 먹어야 함을 뜻한다. 이와 같은 식사란 현실적으로 가능하지 않으며 가끔씩 생난백을 먹는 일은 비오틴 영양 상태를 위협하지 않는다.

선천성 비오티니다제 결핍과 복합적 카르복실화효소의 결핍 증후들은 생명을 위협하는 상태이다. 이러한 경우에는 신체가 비오틴을 흡수하지 못하며, 완전하게 작용할 수 있는 카르복실화효소를 만들 수 없다. 그러나 이러한 경우 다량의 비오틴(10 mg/일)을 투여하여 치료할 수 있다. 실험적으로 연구된 결핍 증세들은 비늘이 일어나는 붉은 피부 발진, 탈모, 식욕상실, 우울증, 설염 등이 있다.

5 섭취기준과 급원 식품

비오틴의 결핍은 인간에서는 희귀하며 모든 연령에 대해 충분섭취량이 설정되어 있다. 우리나라 성인들의 1일 충분섭취량은 30 μg으로 정하고 있으며 유아와 청소년들은 9~30 μg, 영아는 5~7 μg으로 정하고 있다. 수유부는 5 μg을 부가 섭취하도록 설정하고 있다. 비오틴은 비교적 독성이 없으므로 상한섭취량은 설정되어 있지 않다.

비오틴은 단백질에 결합된 상태로 거의 모든 식품들에 널리 분포하므로 다양한 식품의 섭취는 결핍을 예방한다. 비오틴의 가장 풍부한 급원은 간, 콩팥, 땅콩버터, 난황, 효모 등이며 콩류, 견과류, 버섯류도 좋은 급원이다.

비오틴은 장내의 박테리아에 의해서도 합성되며 이 과정은 식이 자당에 의해 자극된다. 비오틴은 소장에서 가장 효율적으로 흡수가 되기 때문에 대장에서 합성되는 비오틴의 생체이용률에 관해서는 여전히 의문이다. 설폰아미드, 테트라사이클린을 포함한 항생제들은 비오틴 생성 박테리아의 수를 감소시키는 것으로 알려져 있다. [표 11-19]는 한국인 상용 식품 1인 1회 분량 중의 비오틴 함량을 나타낸다.

【표 11-19】 한국인의 상용 식품 1인 1회 분량 중의 비오틴 함량

식품명	1인 1회 분량(g)	비오틴 함량 (μg)	식품명	1인 1회 분량(g)	비오틴 함량 (μg)
달걀	60	15	양송이버섯	30	4.8
대두	20	12	옥수수	70	4.2
백미	90	10.8	사과	100	4.5
연어	60	4.4	당근	70	3.5
고구마	70	3	땅콩	10	3.4

*성인 19~29세 1일 비오틴 충분섭취량: 남녀 모두 30 μg
**자료: 보건복지부, 한국영양학회. 2015 한국인 영양소 섭취기준, 2015

[그림 11-20]은 비타민 B군들이 조효소로서 관여하는 대사경로들을 나타낸 것이다.

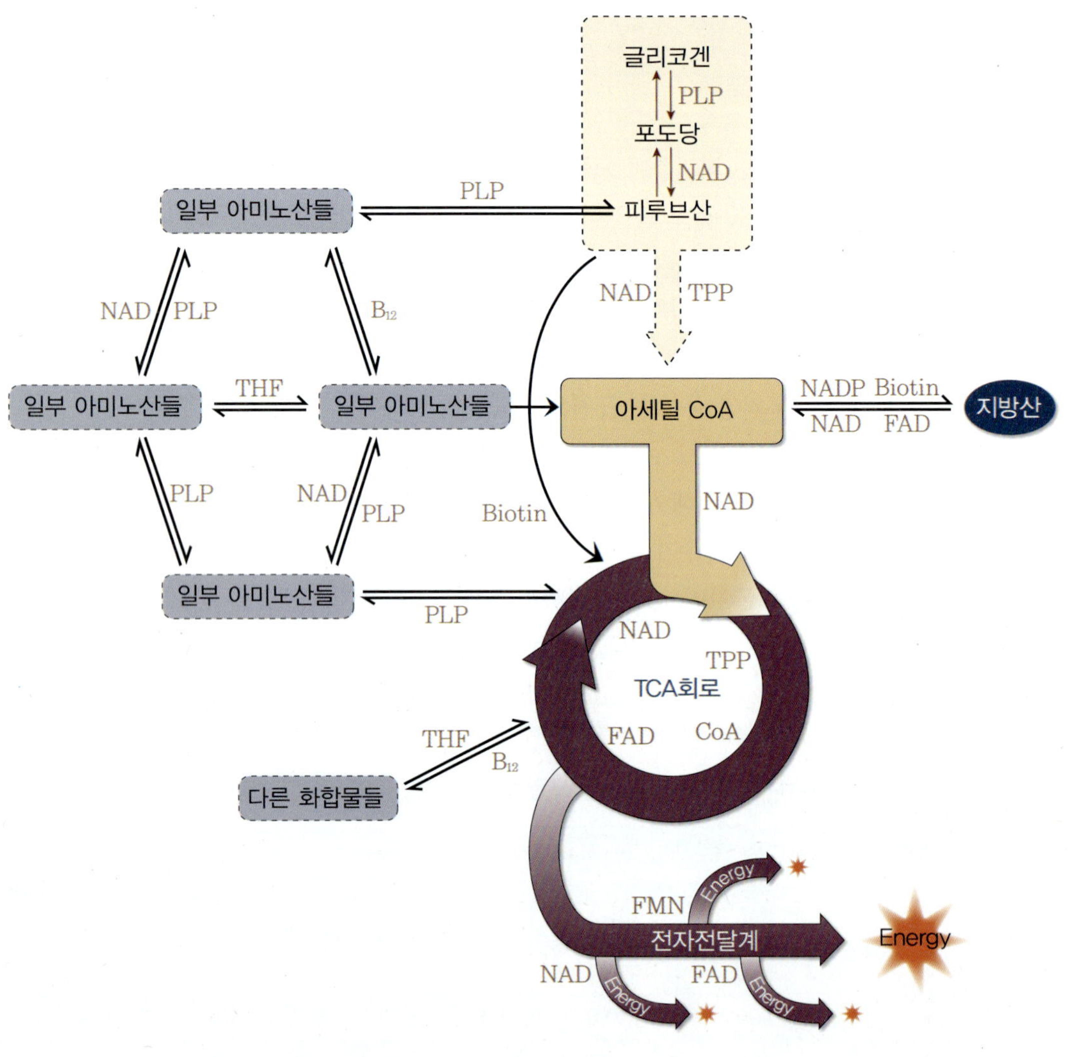

NAD와 NADP : 니아신   FMN과 FAD : 리보플라빈   TPP : 티아민   THF : 엽산
CoA : 판토텐산   PLP : 비타민 B_6 B_{12} : 비타민 B_{12} Biotin : 비오틴

【그림 11-20】 비타민 B군이 관련되는 대사경로들

【표 11-20】 수용성 비타민 요약

비타민	조효소	생화학적 기능	권장섭취량	결핍증	과잉증	풍부한 식품
비타민 C		• 콜라겐, 카르니틴, 호르몬, 신경전달 물질의 합성 • 항산화 역할	성인 100 mg/일	괴혈병(scurvy), 빈혈, 동맥벽 plaque pinpoint hemorrhages, Bone fragility 증가	설사, 위장관질환, 철분 흡수증가	감귤류, 오렌지, 자몽, 토마토, 딸기, 레몬, 콩, 양배추, 고추
티아민	TPP	• 에너지 대사에서의 조효소 TPP의 구성 • 탈탄산반응(해당과정, TCA회로) • 펜토오스 인산회로 • 신경계에서의 기능	성인 남 1.2 mg/일 여 1.1 mg/일	각기병(beriberi)	보고된 바 없음	돼지고기, 전곡, 강화곡류, 내장육, 땅콩, 두류
리보 플라빈	FMN FAD	• 에너지 대사에서의 조효소 FMN, FAD 구성 • 산화-환원반응에서 수소전달 • 지방 분해	성인 남 1.5 mg/일 여 1.2 mg/일	구각염, 설염, photophobia(눈부심), 각막충혈, 코·입 주위의 피부염	보고된 바 없음	우유 및 유제품, 전곡, 강화곡류, 녹색채소(브로콜리, 무청, 시금치 등), 간
니아신	NAD NADP	• 에너지 대사에서의 조효소 NAD, NADP 구성 • 전자·수소이온 전달 • Glucose, Alcohol, Fat 대사에 기여	성인 남 16 mg NE/일 여 14 mg NE/일	펠라그라(설사, 피부염, 정신질환, 사망)	피부발진, 간손상, 내당능 손상	단백질 함량이 높은 식품들(참치, 닭고기, 육류), 간, 버섯, 땅콩, 완두콩, 밀기울
비타민 B₆	PLP PMP	• PLP, PMP의 구성 • transamination, protein, urea 합성에 관여 • 신경세포 myelin 수초의 형성	성인 남 1.5 mg/일 여 1.4 mg/일	피부염, 설염, 발작, 구토, 두통, 빈혈	신경관 퇴화, 피부 손상	육류, 닭고기, 연어, 바나나, 해바라기씨, 감자, 시금치, 밀배아
엽산	THF	• THF의 구성 • 새로운 세포 성장을 위한 DNA 합성을 도움 • 비타민 B₁₂에 메틸기 제공해 활성형이 되도록 함 • 적혈구의 성숙	성인 400 μg DFE/일	거대 적아구성 빈혈, 설염, 설사, 성장장애, 정신질환, 신경관 결함	비타민 B₁₂ 결핍을 가린다.	시금치, 짙푸른 잎채소, 내장육, 오렌지주스, 밀배아, 아스파라거스, 멜론
비타민 B₁₂	메틸코발아민 아데노실코발아민	• 새로운 세포 성장을 위한 DNA합성을 도움 • 신경세포보호	성인 2.4 μg/일	악성빈혈, 거대 적아구성 빈혈, 신경섬유의 파괴, 신경계 손상	보고된 바 없음	동물성 식품(내장육, 굴, 조개류)
판토텐산	CoA	• Coenzyme A 구성분 • 모든 에너지 대사에 관여 • steroid 호르몬, 신경전달물질, 헤모글로빈 합성에 관여	성인 충분섭취량 5 mg/일	신체의 전반적인 기능부전(불면증, 피로, 우울증, 불안감, 무기력증, 두통, 복통)	보고된 바 없음	대부분의 식품: 난황, 간, 치즈, 버섯, 땅콩, 생선, 전곡
비오틴	비오시틴	• CO_2를 운반하는 carboxylase 효소의 coenzyme 역할 • 당신생합성, 지방산합성, 아미노산·지방산 분해관여	성인 충분섭취량 30 μg/일	각질화, 피부염, 탈모, 식욕감퇴, 메스꺼움, 환각, 우울증	보고된 바 없음	치즈, 소화기관 내의 미생물에 의한 합성

11. 비타민 유사물질들

콜린(choline), 이노시톨(inositol), 카르니틴(carnithine), 타우린(taurine) 등은 비타민 유사물질로서 신체 내의 원활한 대사 작용을 위해 필요하다. 이러한 물질들은 체내에서 합성될 수 있으나 합성되는 양이 정상적인 성장과 대사를 지원하기에 충분하지 않은 경우에는 식품으로 섭취해야 하는 조건부 필수영양소(conditionally essential nutrient)가 된다.

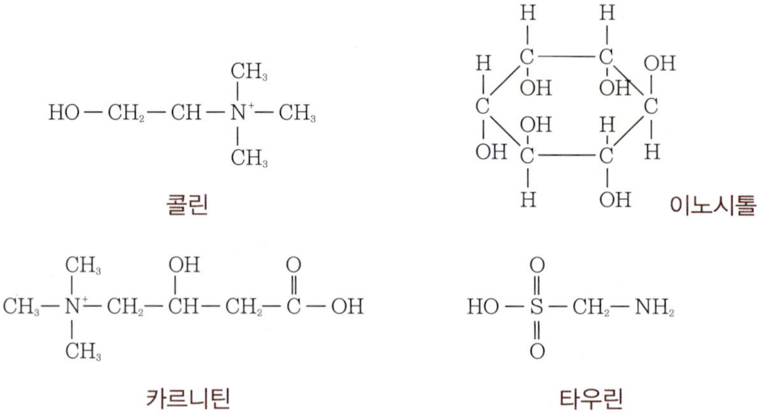

【그림 11-21】 콜린, 이노시톨, 카르니틴, 타우린의 구조

1 콜린

콜린은 인체 내에서 아미노산의 일종인 메티오닌으로부터 만들어질 수 있다. 인지질 레시틴의 분자구조의 일부로서 많은 식품들 속에서 흔하게 발견된다. 콜린 결핍은 거의 없지만 식이 콜린이 전혀 없으면 체내에서 합성되는 양만으로는 인체의 요구량을 충족시키기에는 불충분하다. 이와 같은 이유로 미국인의 영양섭취기준에는 콜린에 대한 충분섭취량(AI)으로서 성인 남자는 하루 550mg, 여자는 425mg으로 설정하였다. 신체는 콜린을 신경전달물질 아세틸콜린과 인지질 레시틴을 만드는데 사용한다. 콜린이 결핍되면 간 손상이 일어나며 과잉 섭취 시에는 불쾌한 체취, 발한, 저혈압, 성장률의 저하 등이 일어난다. 주요 식품 급원은 우유, 달걀, 땅콩, 간 등이다.

2 이노시톨과 카르니틴

이노시톨과 카르니틴은 인체에서 만들어지며 식품 중에 널리 분포한다. 이노시톨은 체내에서 포도당으로부터 만들어져 세포막의 성분으로 이용된다. 카르니틴은 아미노산 라이신과 메티오닌으로부터 만들어진다. 카르니틴은 지방산이 산화되기 위해 미토콘드리아로 운반되는 것을 돕는다. 카르니틴의 주요급원은 육류와 우유 및 유제품 등의 동물성 식품이며 식물성 식품에는 거의 함유되어 있지 않다.

3 타우린

타우린은 체내에서 함황 아미노산인 시스테인과 메티오닌으로부터 만들어지며 담즙산의 성분으로, 또는 근육과 신경조직, 혈소판 등에 다량 함유되어 있다. 타우린의 주요 기능은 혈구 내 항산화작용, 중추신경 기능, 눈의 광수용 기능 등에 관여한다. 타우린은 동물성 식품에만 함유되어 있으며 결핍증은 알려져 있지 않다.

---

focus

파이토케미칼(phytochemicals)

파이토케미칼은 식물성 식품에서 발견되는 비영양소 화합물로서 체내에서 생물학적인 활성을 가진 물질들을 말하며 인간의 건강에 있어서 이들의 역할에 대한 수많은 연구들이 오늘날 이루어지고 있다.

분명히 과일과 채소의 질병에 대한 방어 효과는 항산화 영양소의 단독 효과보다 더 크며 이것은 과일과 채소류 중에 포함되어 있는 항산화제 이외의 비영양소 화합물과 관련이 있는 것으로 보인다. 식품에서 파이토케미칼은 맛과 향기, 색과 다른 특성 등을 부여한다. 예로서 이들은 후추의 강렬한 맛과 마늘의 매운 냄새, 그리고 토마토의 붉은색을 준다. 체내에서 파이토케미칼들은 항산화제로서, 또는 유사호르몬으로서 작용하기도 하며, 질병 발생을 억제하는 등의 생리활성 효과를 주기도 한다.

현재까지 알려진 파이토케미칼들의 종류와 생리 효과 및 식품 급원들을 요약하면 다음과 같다.

【포커스】파이토케미칼의 종류 및 생리기능과 급원

종류	체내 기능	급원 식품
캡사이신 (capsaicin)	혈액응고를 조절함으로서 심장과 동맥질환에서 치명적인 혈액응고의 위험을 제거	고추, 고춧가루
카로티노이드 (carotenoids: β-carotene, lycopene)	항산화제로 작용하여 암과 다른 질환들의 위험을 제거	짙은 색깔의 과일과 채소들 (살구, 브로콜리, 멜론, 당근, 늙은 호박, 시금치, 고구마, 토마토)
커큐민 (curcumin)	발암성 물질의 작용 억제	카레가루, 노란색 양념

플라보노이드 (flavonoids: flavones, flavonols, isoflavones, catechin)	항산화제로서 작용: 발암물질을 제거[위에서 질산염(nitrates)와 결합하여 니트로소아민(nitrosamines)으로의 전환을 방해, 세포 증식의 방해]	딸기류, 홍차, 셀러리, 감귤류, 녹차, 올리브, 양파, 오레가노(향신료), 적포도, 적포도 주스, 대두와 대두 제품류, 채소류, 전곡
인돌 (indoles)	발암물질로부터 DNA손상을 막아주는 효소의 생산을 자극, 에스트로겐의 작용을 저해	브로콜리와 다른 겨자과의 채소 (싹양배추, 양배추, 콜리플라워), 고추냉이
아이소티오시아네이트 (isothiocyanates) 설포라판(sulforaphane)	발암물질의 작용을 저해하는 효소들과 발암물질을 해독하는 효소의 생산을 촉진	브로콜리와 다른 겨자과의 채소들 (싹 양배추, 양배추, 콜리플라워), 고추냉이
리그난(lignans)	세포 내에서 에스트로겐의 작용을 저해함으로서 유방암, 대장암, 난소암과 전립선암의 위험을 제거	아마씨(flaxseed)와 아마씨기름, 전곡류
모노테르펜, 리모넨 (monoterpenes, limonene)	발암물질을 해독하는 효소의 생산을 자극: 암의 촉진과 세포의 증식을 저해	감귤류의 껍질과 기름
유기 황화합물 (organosulfur compounds)	발암물질을 파괴하는 효소의 생성을 촉진: 발암물질 활동 효소의 생성을 느리게 함	쪽파, 마늘, 부추, 양파
페놀산(phenolic acids)	발암물질을 수용성으로 만들고 배설을 촉진하는 효소의 생성을 자극	커피콩, 과일류(사과, 블루베리, 체리, 포도, 오렌지, 서양배, 말린 자두), 귀리, 감자류, 대두류
피트산(phytic acid)	미네랄을 결합하여 자유라디칼 (free-radical)의 형성을 방해하고, 암 위험을 제거	전곡류
식물성 스테롤 (phytosteroids; genistein, diadzein)	유방암, 대장암, 난소암, 전립선암과 에스트로겐 민감성 암의 위험성 제거, 암세포의 생존 감소, 골다공증의 위험성 감소	대두, 콩가루, 두유, 두부, 그 외 콩과 식물류
프로테아제 억제인자 (protease inhibitor)	암세포에서 효소의 생성 억제, 종양의 증식의 지연, 호르몬 결합 방해, 세포 내에서 악성으로의 변화 저해	브로콜리 싹, 감자류, 대두류와 콩과 식물류, 대두 제품류
레스베라트롤 (resveratrol)	고지방식의 동맥손상 효과를 상쇄	적포도주, 땅콩류
사포닌(saponins)	DNA 복제 방해, 암세포의 증식 방해: 면역 반응의 자극	알팔파싹, 녹색 채소류, 감자류, 토마토
탄닌(tannins)	발암물질의 작용과 암의 증식을 저해: 항산화제로서 작용	동부(black-eyed peas), 렌즈콩 (lentils), 적포도주, 백포도주, 녹차

확인해 봅시다

1. 수용성 비타민 각각에 대해 체내에서의 주요 생리기능, 특징적 결핍증상, 주요 식품급원들을 정리하시오.

2. 비타민 B군에서 에너지 대사에 관여하는 것, 단백질 대사에 관여하는 것, 그리고 세포의 분열에 관여하는 비타민들을 정리하시오.

3. 수용성 비타민 각각에 대해 체내 영양 상태 평가 방법을 설명하시오.

4. 인체 내에서 생성될 수 있는 수용성 비타민의 종류와 생성 방법을 설명하시오.

5. 니아신, 비타민 B_6, 비타민 C의 과다복용과 관련되는 위험들에 대해 알아보시오.

6. 트립토판과 니아신의 관계를 설명하시오.

7. 엽산과 비타민 B_{12} 사이의 관계에 대해서 설명하시오.

8. 비타민 B_{12} 식품 급원의 특징과 B_{12}가 위장관에서 흡수 이용되는 과정을 설명하시오.

9. 에너지 영양소들의 대사과정을 도식화하고, 수용성 비타민들이 조효소로 관여하는 반응들을 표시하시오.

12

다량 무기질

무기질은 체중의 4~5%를 차지하는데 성인 여성과 남성에 약 2.8~3.5 kg 정도 들어있다. 무기질은 크게 다량 무기질(macrominerals)과 미량 무기질(microminerals)은 체중의 0.05% 이상을 차지하는데, 칼슘, 인, 마그네슘, 나트륨, 칼륨, 염소, 황이 이에 속한다. 다량 무기질들은 하루에 100 mg 이상이 필요하고, 미량 무기질은 하루에 20 mg 이하의 소량이 필요하다.

1 종류와 체내 분포

체중의 4~5%를 차지하는 무기질은 성인 여성과 남성에 약 2.8~3.5 kg 정도 들어있다. 크게 다량 무기질(macrominerals)과 미량 무기질(microminerals)로 분류하며 다량 무기질(macro minerals)은 체중의 0.05% 이상을 차지하는데, 칼슘, 인, 나트륨, 염소, 칼륨, 마그네슘, 황이 이에 속한다. 이들은 하루에 100 mg 이상이 필요하고, 미량 무기질은 하루 필요량이 100 mg 이하이거나 체중의 0.05% 이하의 소량이 필요하다. 무기질은 탄소 원자를 가지고 있지 않기 때문에 칼로리를 내지 못하며 대부분이 금속으로 한 개의 화학 원소(element)로 구성되어 있다. 인체에 들어있는 무기질의 종류와 권장량은 [표 12-1]에 나타나 있다.

【표 12-1】 인체 내 무기질의 분포와 영양소 섭취기준

분류	무기질	체중(%)	2015 영양소 섭취기준*	
			권장섭취량	충분섭취량
다량무기질 (>0.05% 체중)	칼슘	1.5~2.2	남: 800 mg 여: 700 mg	
	인	0.8~1.2	700mg	
	나트륨	0.15		1,500 mg
	염소	0.15		2,300 mg
	칼륨	0.35		3,500 mg
	마그네슘	0.05	남: 350 mg 여: 280 mg	
	황	0.25		

미량무기질 (<0.05% 체중)	철	0.004		남: 10 mg	
				여: 14 mg	
	아연	0.002		남: 10 mg	
				여: 8 mg	
	구리	0.00015	800 µg		
	불소				남: 3.5 mg
					여: 3.0 mg
	망간	0.0002			남: 4.0 mg
					여: 3.5 mg
	요오드	0.00004	150 µg		
	셀레늄	0.0003	60 µg		
	몰리브덴	0.0002		남: 30 µg	
				여: 25 µg	
	크롬	0.00003			남: 35 µg
					여: 25 µg
	코발트	0.00003			

*성인 19~29세 기준
**자료: 보건복지부, 한국영양학회. 2015 한국인 영양소 섭취기준

2 특성

무기질은 체내에서 대체로 이온 상태로 존재한다. 예로, 나트륨, 칼륨, 칼슘 등은 양이온으로, 염소, 황, 인 등은 음이온 상태로 존재한다. 무기질 이온들은 보조인자(cofactor)로 작용해서 효소 활성을 조절하는데, 체내의 동화와 이화 작용에 관여하는 무기질들은 [그림 12-1]에 나타나 있다.

무기질은 동식물성 식품에 널리 퍼져 있기 때문에 여러 가지 식품을 골고루 섭취하여야 무기질 요구량이 충족된다. 인체의 무기질 요구량을 충족하기 위해서는 정제되지 않은 곡류, 과일, 채소, 우유, 육류 등을 섭취하는 것이 필요하다.

헴철을 제외한 다른 무기질들은 대부분 이온의 형태로 흡수된다. 소화가 끝난 뒤에도 계속 유기화합물이나 무기질 복합체 형태로 남아있는 무기질들은 흡수가 안 되고 대변으로 배설되므로 생체이용률이 낮다. 일반적으로 철, 크롬, 망간 등은 생체이용률이 낮고, 나트륨, 칼륨, 염소, 요오드, 불소 등은 생체이용률이 높다. 칼슘, 마그네슘 등은 중간 정도의 이용률을 보인다.

무기질들은 다른 무기질의 장내 흡수, 전달, 이용, 저장 등에 부정적인 영향을 미칠 수 있다. 예로 비헴철을 보충하면 아연의 흡수율이 낮아질 수 있고, 아연의 과다 섭취는 구리의 흡수를 감소시킬 수 있으며, 칼슘의 과다 섭취는 망간, 아연, 철의 흡수를 낮출 수 있다.

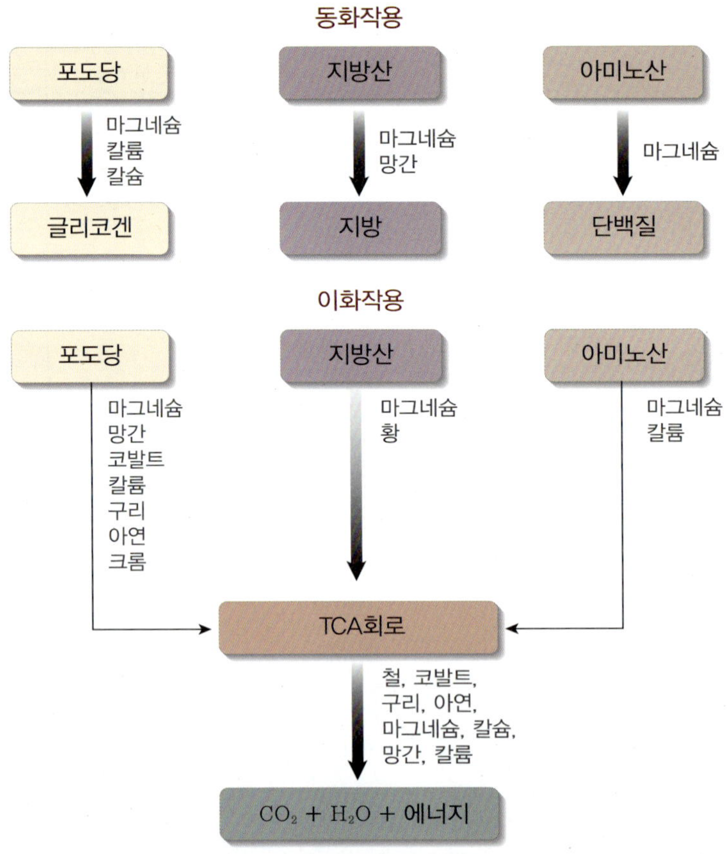

【그림 12-1】 동화작용과 이화작용에 이용되는 무기질들

3 전해질

다량 무기질 중 나트륨, 칼륨, 염소는 체내의 주된 전해질로 삼투압에 따라 체내 수분의 흐름을 조절하는 작용을 한다. 체내에 중요한 전해질들의 종류와 양은 [표 12-2]에 나타나 있다.

체내의 산 알칼리 상태는 pH에 의해 결정된다. pH가 낮으면 산성 상태(acidosis), pH가 높으면 알칼리 상태(alkalosis)를 나타낸다. 체내 pH를 7.35에서 7.45의 정상 범위로 유지해야 생리적인 기능과 생화학적 기능이 원활하게 이루어진다. 식사와 조직 대사 과정에서 많은 양의 산이 발생하지만, 신체는 전해질의 완충 작용을 통해 정상 pH를 잘 유지할 수 있다.

【표 12-2】 체내의 주된 전해질들

전해질	세포외액 농도 (mEq/L)	세포내액 농도 (mEq/L)
양이온		
나트륨(Na^+)	142	10
칼륨(K^+)	5	150
칼슘(Ca^{2+})	5	2
마그네슘(Mg^{2+})	3	40
합계	155	202
음이온		
염소(Cl^-)	103	2
중탄산염(HCO_3^-)	27	10
인산(HPO_4^{3-})	2	103
황산(SO_4^{2-})	1	20
유기산(젖산, 피루브산)	6	10
단백질들	16	57
합계	155	202

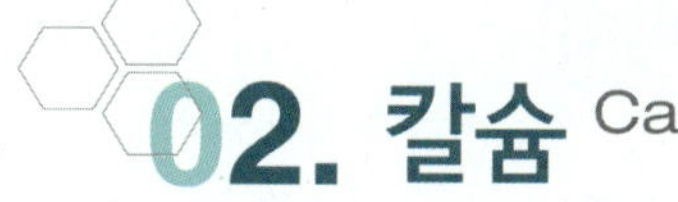 02. 칼슘 Ca

1 분포

칼슘은 체내에 가장 많이 들어있는 무기질로 체중의 1.5~2.2%를 차지하며, 체내 총 무기질의 39%를 차지한다. 칼슘의 약 99%는 뼈와 치아에 들어있고, 나머지 1%가 혈액, 근육, 간, 심장 같은 연조직에서 대사 기능을 조절하는 역할을 한다. 연조직과 혈액의 칼슘 농도는 비록 낮지만 혈장 칼슘 농도가 늘 9~11 mg/dL의 범위 내에서 유지되면서 인체 내 기능을 한다.

2 흡수

칼슘의 흡수는 소장의 모든 부위에서 일어난다. 식후에 십이지장이 아직 산성 환경 하에 있을 때 흡수속도가 가장 빠르고, 그 후 소장이 알칼리화 되면서 흡수 속도가 느려진다. 양적으로는 회장을 포함한 소장 아랫부분에서 가장 많은 양의 칼슘이 흡수된다. 성인의 칼슘 흡수율은 약

30%로 보고 있고, 성장기 어린이의 경우 식사 칼슘의 75%까지 흡수될 수 있다.

칼슘은 포화가 되는 능동 수송과 포화되지 않는 수동 확산에 의해 흡수된다[그림 12-2]. 식사 시 흡수되는 칼슘의 95%가 능동 수송 경로로 흡수된다. 능동 수송은 주로 십이지장과 공장 윗부분에서 일어나는데 칼슘은 칼슘 채널(TRVP6)를 통해 장세포 안으로 들어오고, 장세포내에서 칼슘 결합단백질인 칼빈딘(calbindin)을 통해 이동되며, 장세포를 빠져나갈 때는 ATP 분해효소(ATPase)의 작용을 통해 혈액으로 들어간다. 비타민 D는 칼슘의 능동 흡수 세 단계인 칼슘 채널(TRVP6) 활성화, 칼빈딘 산출, ATP 분해효소 활성화에 관여한다. 한편, 칼슘의 수동 흡수는 포화되지 않고 비타민 D와 무관하게 일어나며, 소장 세포 사이를 통과하고, 소장 전체에 걸쳐서 일어난다. 식사에 칼슘 섭취량이 많을 때에는 많은 칼슘이 이 수동 경로를 통해 흡수된다.

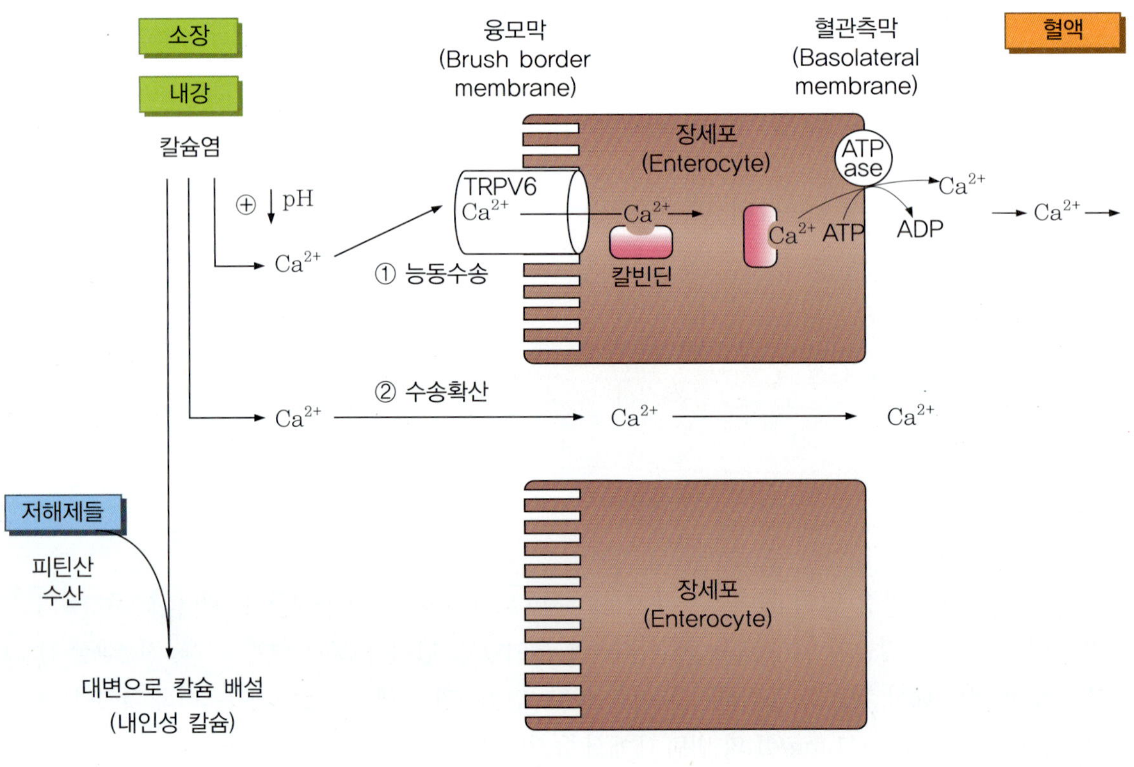

【그림 12-2】 칼슘의 흡수와 이동

많은 인자들이 장내강 칼슘의 생체이용률과 칼슘 흡수에 영향을 준다. 일반적으로 칼슘 요구량이 크고 공급량이 적을수록 더 효율적으로 흡수가 일어난다[그림 12-3]. 성장기, 임신 수유기, 칼슘 결핍 시 그리고 운동으로 골밀도가 높아질 때에는 요구량이 증가하므로 칼슘 흡수도 증가된다. 여성의 경우 남성보다 칼슘 흡수율이 낮고, 나이가 증가하면 칼슘 흡수율이 감소한다.

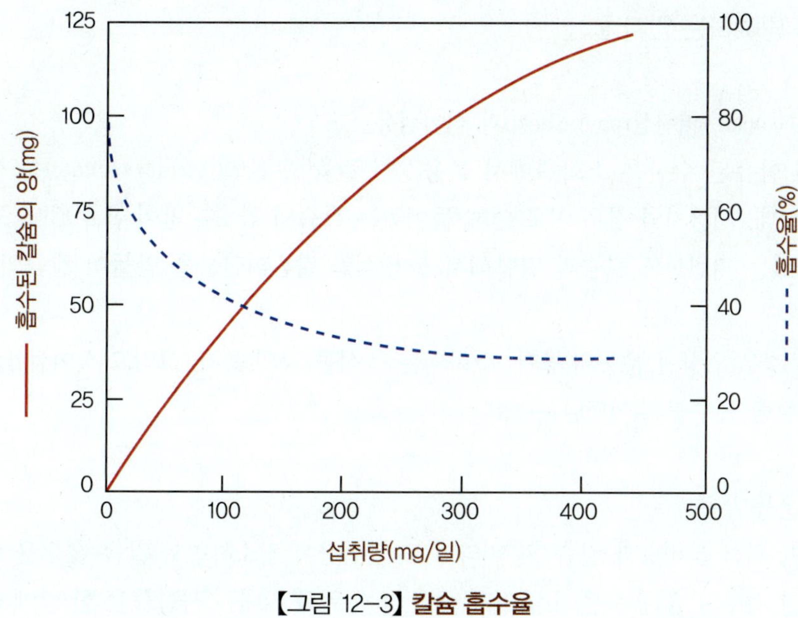

【그림 12-3】 칼슘 흡수율

(1) 칼슘 흡수를 돕는 인자들

1) 비타민 D

활성 비타민 D는 장점막세포에서 혈액으로 칼슘의 흡수를 촉진하고, 칼슘 결합단백질인 칼빈딘의 산출을 자극한다. 소장 흡수 세포에서 칼빈딘의 역할은 칼슘을 장점막세포에서 기저막으로 운반하는 것이다. 따라서, 비타민 D 섭취량이 적거나 햇볕에 노출이 적으면 칼슘 흡수가 줄어든다. 활성 비타민 D는 칼슘 흡수율을 10~30% 정도 증가시킬 수 있다.

2) 소화물의 산성 정도

칼슘은 산성 환경에서 쉽게 흡수된다. 위에서 분비되는 염산은 십이지장 근위부의 pH를 낮추어서 칼슘 흡수를 촉진한다. 나이가 증가하면, 위산 분비가 감소해서 소장의 음식물이 빨리 중화되므로, 칼슘 흡수율이 감소할 수 있다.

3) 유당(lactose)

유당은 유산균의 작용으로 젖산으로 바뀌어 장 내 환경을 산성으로 만들므로 칼슘 흡수를 증가시킨다. 유당은 특히 유아기의 칼슘 흡수에 도움이 된다.

(2) 흡수를 방해하는 인자들

1) 수산(oxalic acid), 피틴산(phytic acid)과 식이섬유

녹색채소에 함유된 수산은 소화관에서 불용성인 칼슘 수산염(calcium oxalate)을 형성해서 흡수율을 낮추는데, 시금치의 경우 이로 인해 들어있는 칼슘의 약 5% 만이 흡수된다. 곡류의 껍질에 주로 들어있는 피틴산도 칼슘과 결합해서 불용성인 칼슘피틴산을 만들어 칼슘의 흡수를 방해한다.

식이섬유의 경우 위장관 운동의 증가, 소화되는 음식물 양의 증가, 그리고 식이섬유와 무기질의 결합 때문에 칼슘 흡수를 떨어뜨릴 수 있다.

2) 나이와 운동 부족

나이가 들면 위산 분비량과 칼슘 및 비타민 D 섭취량이 감소하면서 칼슘 흡수율이 낮아진다. 운동이 부족할 경우 칼슘 흡수율이 낮아지는데, 늘 누워서 지내는 사람들은 한 달에 골격 칼슘의 0.5%가 빠져나갈 수 있다. 우주인들의 경우에도 무중력으로 인해 체중이 실리지 않고 또 운동이 부족해서 칼슘 손실을 경험하게 된다.

3) 카페인, 감정, 약물

카페인 섭취량이 많으면 소변으로 배설되는 칼슘 양이 증가하고 위장관으로의 칼슘 분비가 자극되어 칼슘의 체내 이용률이 떨어진다. 칼슘 흡수율은 감정 상태의 영향을 받아서, 스트레스, 긴장, 걱정, 우울함, 무료함 등은 모두 칼슘 흡수를 방해한다. 또한, 항경련성 약제, 코티손, 갑상선 호르몬, 알루미늄 함유 제산제 등도 칼슘 흡수율을 낮춘다.

알아두기 12-1

■ 동물성 단백질을 많이 먹으면, 소변으로 칼슘 배설이 증가하는가?

동물성 단백질 섭취 시 소변으로 배설되는 과다 칼슘에 대해 두 가지 견해가 있다. 한 견해는 한 끼 식사에 동물성 단백질을 많이 섭취하거나 또는 평상시에 많이 섭취하는 경우에 소변으로 칼슘량이 늘어난다는 것이다. 소변으로 배설되는 칼슘 손실이 증가하는 이유로 동물성 단백질에 풍부한 함황 아미노산이나 인산으로부터 나온 산이나 수소 이온의 증가를 들기도 하고, 단백질이 풍부한 식사를 한 후에 인슐린과 글루카곤 같은 포도당 조절 호르몬의 분비가 증가되기 때문으로 보기도 한다. 다른 견해는 고단백 식사를 계속하면 며칠 후에는 그 식사에 적응이 되어서 소변 칼슘 배설량에 별 영향을 미치지 않는다는 것이다. 그 예로 육류를 많이 섭취하는 사람들을 대상으로 한 장기적인 연구에서는 소변 칼슘의 증가가 뚜렷하게 나타나지 않는 것으로 보고되었다.

3 대사

흡수된 칼슘은 혈액을 통해 필요한 세포에 들어가서 이용된다. 혈액이 신장에서 여과될 때 약 99%의 칼슘이 혈액으로 재흡수 되고, 나머지 1%만 소변(약 100~120mg)으로 배설된다. 대변으로 배설되는 칼슘(100~150mg 정도)은 흡수되지 않은 식이 칼슘과 담즙 등에 함유되어 위장관으로 분비된 내인성 칼슘이다. 땀으로 방출되는 칼슘은 하루에 약 15mg 정도이고 땀을 많이 흘리는 경우 손실양이 증가한다. 체내에 흡수된 칼슘의 대부분은 뼈의 석회화에 이용되고, 뼈 칼슘의 1/3은 혈중 칼슘 농도가 감소할 때 채워주는 칼슘 저장고의 역할을 한다.

혈청 칼슘은 칼슘이온 형태(47.6%), 인산, 시트르산, 또는 다른 유기 음이온과 결합된 형태(6.4%), 그리고 주로 알부민을 중심으로 한 단백질 결합체(46%)의 세 가지 형태로 존재하며, 약 9~11mg/dL의 범위로 유지된다. 혈청의 칼슘 이온(Ca^{++})은 여러 호르몬의 조절을 받는데, 특히 부갑상선 호르몬에 의해 그 농도가 조절된다.

혈청 칼슘을 조절하는 호르몬들

■ 부갑상선 호르몬

부갑상선 호르몬은 정상 혈중 칼슘 농도(약 10 mg/dL)를 유지하는데 주된 역할을 한다. 혈중 칼슘 농도가 떨어지면 부갑상선 호르몬이 분비되어 수분 이내에 신장에서의 칼슘 재흡수를 촉진하고 인의 배설은 촉진시킨다. 또한 몇 시간 이내에 뼈의 칼슘과 인을 혈액으로 방출하도록 자극한다. 부갑상선 호르몬은 또한 비타민 D를 활성화시켜 칼슘 결합 단백질(칼빈딘)의 산출을 증가시켜 장에서의 칼슘 흡수율을 증가시킨다. 장에서의 칼슘 흡수도 자극한다. 혈장 칼슘 수준이 정상으로 돌아오면 부갑상선 호르몬의 분비가 현저히 감소된다.

■ 칼시토닌

혈중 칼슘 농도가 현저히 높을 때에는 갑상선에서 칼시토닌(calcitonin)호르몬이 분비되어 뼈에서 혈액으로 칼슘과 인의 방출을 억제하고, 소장의 칼슘 흡수를 감소시키며, 소변의 칼슘 배설은 증가시켜 혈장 칼슘과 인의 수준을 낮춘다.

■ 비타민 D

비타민 D는 장내 칼슘 흡수와 신장에서의 칼슘 재흡수를 돕고 부갑상선 호르몬이 뼈에서 칼슘을 방출하는 것을 도와서 부갑상선의 효과를 강화한다. 한편, 비타민 D 농도가 지나치게 높으면 뼈의 칼슘 용해가 촉진되고 장의 칼슘 흡수는 증가되어 고칼슘혈증이 초래된다.

■ 글루코코르티코이드, 갑상선 호르몬, 성호르몬

글루코코르티코이드가 지나치게 높으면 칼슘의 능동과 수동 흡수가 모두 손상되고 골격 손실양이 증가한다. 갑상선 호르몬(T_4와 T_3)은 뼈의 재흡수를 촉진하고, 여성의 경우 혈청 에스트로겐이 정상 범위 내에 있어야 골격 형성이 유지된다. 폐경기의 급속한 혈청 에스트로겐 농도 감소는 골격 손실의 주된 원인이 된다.

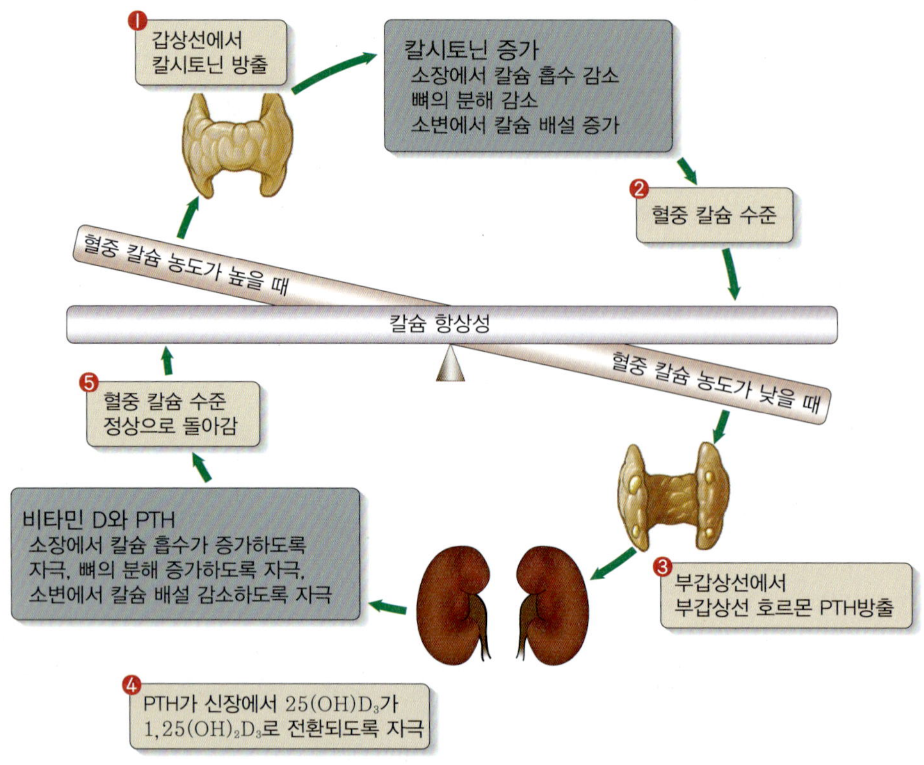

【그림 12-4】 혈액 칼슘 항상성의 유지

4 기능

(1) 골격 및 치아 형성

칼슘은 골격과 치아의 주된 구성 성분이고 세포의 작용에 꼭 필요하다. 칼슘 섭취량과 단백질 섭취량이 적은 경우에 평균 키가 작아진다. 골격은 태아 초기부터 형성되는데 단단하지만 유연한 결체조직이 먼저 형성되고 그 위에 무기질이 축적된다. 결체조직은 뼈의 1/3을 차지하는데 콜라겐이라고 부르는 섬유상 단백질로 구성되어 있다. 출생 직후부터 결체조직 위에 칼슘을 포함한 무기질이 침착해서 뼈가 단단해지는데 이 과정을 석회화라고 한다. 뼈의 석회화에 관여하는 무기질 결정체는 수산화인회석(hydroxyapatite)이다.

뼈는 단단한 치밀골인 피질골(cortical bone)과 해면골인

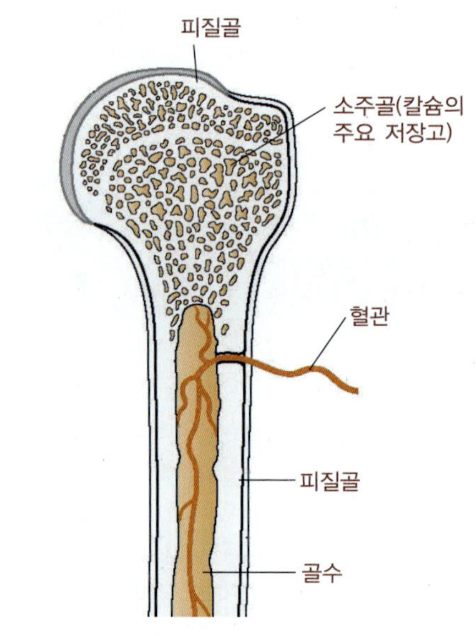

【그림 12-5】 장골의 구조와 칼슘의 저장고

소주골(trabecular bone)로 나누어지는데, 소주골은 구멍이 많아서 혈액 공급이 원활하게 일어나 혈액에 칼슘이 부족할 때 쉽게 칼슘을 공급하는 칼슘 저장고의 역할을 한다[그림 12-5]. 인체 골격은 약 80%의 치밀골과 20%의 소주골로 구성된다.

치아 외부와 중간 부분의 에나멜과 상아질층도 많은 양의 수산화인회석을 함유한다. 치아의 경우 콜라겐 대신 케라틴(keratin) 단백질을 함유해서 골격보다 더 단단하고 수분 함량은 더 적다.

(2) 혈액응고

칼슘은 혈액응고 시에 중요한 역할을 한다. 조직에 상처가 나면 트롬보플라스틴(thromboplastin)이라는 효소가 상처부위의 세포나 혈소판에 의해 방출되며, 프로트롬빈 단백질을 트롬빈(thrombin)으로 바꾸는 반응을 촉매하는데 이 과정에 칼슘 이온이 필요하다. 트롬빈은 피브리노겐이라는 용해성 혈액 단백질을 불용성의 피브린(fibrin)으로 바꾸어서 혈액응고가 일어난다. 이 과정은 [그림 12-6]에 요약되어 있다.

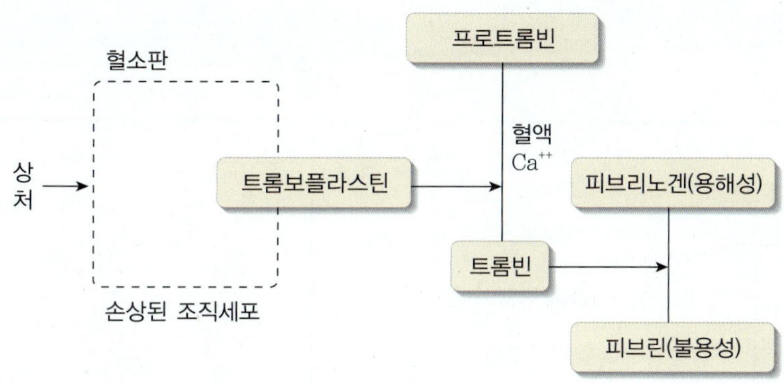

【그림 12-6】 혈액의 응고 과정

(3) 신경전달물질 방출

칼슘은 신경 세포가 신경 전달물질을 방출하는 데에도 필요하다. 신경 자극이 신경 세포의 끝부분에 다다르면 세포막의 칼슘 채널이 열려서 칼슘 이온이 세포 내부로 유입된다. 세포 내에 칼슘 이온 농도가 증가하면 신경 세포가 신경전달물질을 방출해서 가까이에 있는 다른 신경 세포에 자극이 계속 전달된다.

(4) 근육 수축 및 이완

한편, 신경의 자극으로 근육이 흥분되면 근육 세포내 세망내 그물(sarcoplasmic reticulum)에 저장된 칼슘이 세포질 내로 방출되면서 근육의 수축이 일어난다. 이후 칼슘이온이 다시 저장고로 들어가면 근육이 이완된다.

(5) 세포 대사

칼슘은 세포 내에서 칼모둘린(calmodulin) 단백질과 결합해서 복합체를 형성하는데, 이 복합체가 세포 내 다른 단백질들의 활성을 변화시켜서 여러 가지 대사 및 신호전달 작용에 영향을 미친다.

(6) 기타

그 밖에 칼슘은 비타민 B_{12}의 흡수와 췌장 리파아제(lipase) 및 인슐린 분비 과정 등에 필요하다.

5 결핍증

(1) 골다공증(osteoporosis)

골다공증은 골밀도(bone density)와 골질량(bone mass)의 감소와 관련된 문제로 주로 장년기와 노년기 여성에게 많이 나타난다[그림 12-7, 12-8]. 주된 증상은 골절을 쉽게 입는다는 것이다. 골다공증을 예방 또는 줄이는 가장 효과적인 방법은 일생동안 적절한 운동과 함께 칼슘을 충분히 섭취하는 것이다.

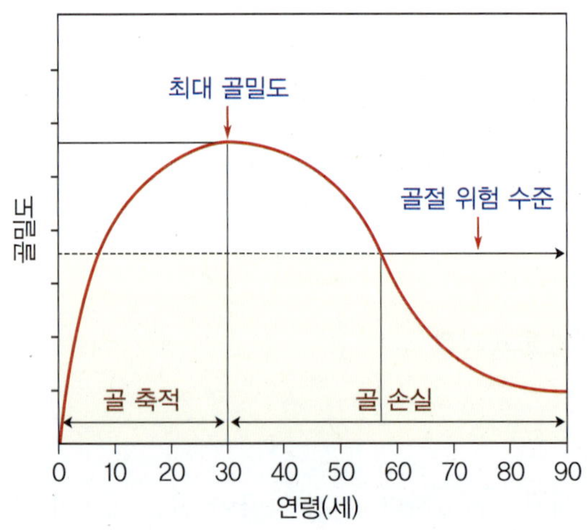

【그림 12-7】 **일생을 통한 골질량의 변화**

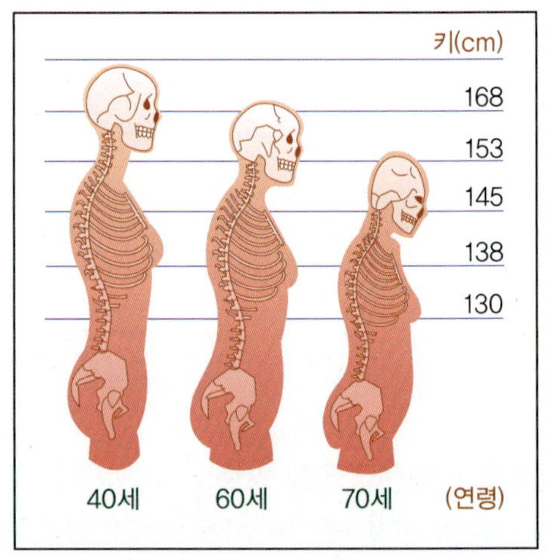

【그림 12-8】 **골다공증으로 인한 신장의 감소**

골격은 평생 동안 파괴되고 새로 생성되는 과정을 계속 진행하는데 신체 골격의 10%가 항상 이 과정에 참여한다. 뼈가 파괴될 때 칼슘은 혈장으로 용출(재흡수)되었다가 다시 뼈 형성에 쓰인다. 건강한 젊은 사람의 경우에는 칼슘의 용출 속도와 새 뼈의 형성 속도가 같다. 그러나 나이가 들면 골격의 칼슘 용출 속도가 골격 형성 속도를 앞지르게 된다. 이 시기에 골질량이 적은 사람은 약간만 뼈의 무기질이 빠져나가도 골감소증(osteopenia)이 생길 수 있다.

뼈가 좀 더 손실되면, 뼈 조직의 전체 구조가 무너지면서 골다공증이 초래된다. 골다공증의 경우 전체 골질량은 감소하지만 구성성분의 비율은 그대로 유지된다. 50세 이상 여성의 25%는 골다공증을 갖고 있고, 80세가 넘은 노인들은 대부분 골다공증을 갖게 된다. 골다공증은 [표 12-3]처럼 크게 두 종류로 나누어진다.

【표 12-3】 골다공증의 종류와 비교

	Type Ⅰ	Type Ⅱ
다른 이름	폐경기 골다공증	노인기 골다공증
발생시기	50~60세	70세 이상
손실되는 뼈	소주골 (trabecular bone)	소주골과 피질골 (trabecular and cortical bone)
골절부위	손목과 척추	엉덩이
남녀발생 비율 (여자 : 남자)	6 : 1	2 : 1
주된 이유	폐경후 에스트로겐의 급속한 손실(여성), 나이 증가에 따른 테스토스테론의 손실(남성)	칼슘 흡수율의 감소, 뼈 무기질 손실량 증가, 잘 넘어짐

TypeⅠ 골다공증은 폐경으로 인한 에스트로겐 감소와 직접적인 관련이 있다. 소주골은 치밀골 보다 뼈의 재형성이 더 빨리 진행되기 때문에 TypeⅠ 골다공증은 주로 소주골에 발생한다. 50~60세 여성은 소주골의 20~30%와 치밀골의 5~10%가 소실된다. 소주골은 치밀골보다 조골세포와 파골세포의 밀도가 높은데, 조골세포가 최대 활성을 내려면 에스트로겐이 필요하다. 따라서 엉덩이와 대퇴부를 잇는 부분, 척추, 요골(radius), 손목 등의 소주골 비율이 높은 뼈에서 골절이 발생하기 쉽다.

TypeⅡ 골다공증은 남녀 모두에서 발생하고, 70~75세 이후 발생한다. TypeⅡ 골다공증은 치밀골과 소주골이 둘 다 분해되어 나타나고, 식사와 연령 관련 인자 모두가 관련이 있다. 두 종류의 골다공증 다 신장이 감소하고, 척추에 심각한 통증이 나타난다. 여성의 경우 키가 3 cm 이상 감소할 수 있고, 척추후만증이 발생할 수 있다.

골다공증 유발에 관여하는 인자들

■ 나이와 성

나이가 들면 골격의 재흡수 속도가 골격 형성 속도를 앞질러서 결국 골다공증이 유발된다. 여자가 남자보다 골다공증에 걸릴 확률이 8배나 높고, 전체 폐경기 여성의 반 정도는 어느 정도의 골다공증 증상을 가진다. 여자는 남자보다 25% 정도 골질량이 적고, 폐경기 이후에 골질량과 밀도 유지에 도움을 주는 에스트로겐 호르몬 분비의 감소로 뼈 손실 속도가 높다. 이와 같이 증가된 골 손실 속도는 5~10년간 지속된 후에 폐경기 전의 손실 수준으로 돌아간다.

■ 인종, 신체 구성과 가족력

황인종이나 백인종은 흑인보다 골밀도가 낮기 때문에 골다공증을 유발할 가능성이 더 높다. 골격이 작거나 체중이 적은 사람들도 골다공증 유발 가능성이 높아진다. 체지방은 에스트로겐 호르몬의 산출을 돕기 때문에 체지방이 많으면 골다공증 예방에 유리하다. 한편, 골다공증의 가족력이 있는 사람은 골다공증을 유발할 가능성이 높다.

■ 약제와 생활습관

항경련제, 갑상선 호르몬, 코르티코스테로이드 등은 골질량 손실을 가속화시킬 수 있다. 그밖에 술, 카페인, 흡연, 좌식생활, 감정적인 스트레스, 부적절한 식사 등도 골다공증을 촉진한다.

(2) 골연화증과 골감소증

칼슘과 비타민 D의 섭취가 둘 다 부족한 경우 골연화증(osteomalacia)이 발생한다. 골연화증이 발생하면 뼈의 무게는 그대로인데 뼈의 질이 떨어져서 뼈가 연해지고 통증을 수반하게 된다. 골연화증의 가장 흔한 원인은 비타민 D 결핍으로 인한 혈장 칼슘 수준의 감소이다. 비타민 D는 식품뿐만 아니라 자외선에 의해서도 형성되므로 주로 햇빛을 많이 보지 못하는 지역의 여성, 칼슘 흡수를 방해하는 항경련제를 먹는 사람들, 그리고 계속된 임신 출산으로 인해 무기질 저장고가 부족한 사람에게 골연화증이 많이 나타난다. 골연화증을 가진 대부분의 사람들은 비타민 D 치료 요법을 한다. 한편, 골감소증(osteopenia)은 뼈의 분해는 정상적으로 일어나는데 골격 생성이 부족해서 골질량이 감소되는 증상이다.

(3) 근육 경련과 강직

혈액의 칼슘 수준이 역치 이하로 떨어지면 신경세포의 적절한 자극이 전달되지 않아서 영향을 받은 신경의 흥분성이 증가하고 근육 경련이 일어나는데 이러한 상황을 근강직성 경련(tetany)이라고 한다.

(4) 고혈압

하루에 100mg 이하의 저 칼슘 섭취는 고혈압과 관련이 있다. 고혈압을 막기 위한 식이 연구(dietary approaches to stop hypertension, DASH) 조사 결과에 따르면, 저지방 유제품, 과일, 채소로부터 적절한 수준의 칼슘, 마그네슘, 칼륨을 섭취하면 고혈압을 가진 사람들의 혈압을 낮추고 고혈압 발병률도 낮춘다고 한다.

(5) 대장암

여러 연구에서 식이 칼슘과 대장암 발생 사이에 역상관 관계가 있다고 보고하였다.

알아두기 12-2

■ 술과 흡연이 골절에 미치는 영향

흡연은 특히 날씬한 여성의 척추와 둔부 골절을 증가시킨다. 41쌍의 쌍둥이를 대상으로 조사했을 때 흡연은 여포자극호르몬과 황체 호르몬 농도를 높이고, 혈청 부갑상선 호르몬 농도, 혈청 칼슘농도, 그리고 뼈 손실 지표인 소변 pyridinoline의 농도를 낮추는 것과 관련이 있었다. 결론적으로 하루에 담배 한 갑을 피우는 경우 골밀도가 5～10% 정도 감소해서 골절 위험이 증가한다. 여러 연구결과 85세까지 둔부 골절이 발생할 확률이 흡연자는 19%이고 비흡연자는 12%였으며, 흡연을 많이 할수록 골절 위험이 높았다. 흡연을 하면 에스트로겐의 감소로 인해 폐경이 1～2년 일찍 되며, 비흡연 여성보다 골 손실이 더 빠르게 나타난다.

하루 두 잔 이상의 지나친 음주를 오랫동안 계속 하면 알코올 대사 중에 산의 방출량이 증가해서 이 일부가 골격 칼슘에 의해 중화된다. 젊은 여성들 중 흡연과 지나친 음주를 하는 비율이 점점 증가하고 있는데 이 두 인자가 모두 뼈의 무기질 밀도를 낮추는 위험인자여서 골다공증 위험을 증가시키고 있다.

6 과잉증

칼슘 섭취량이 지나칠 경우 고칼슘혈증, 신장 결석, 우유–알칼리 증후군, 석회화를 동반하는 신부전 등이 초래될 수 있다. 고칼슘 섭취는 다른 2가 이온들(철, 아연, 망간 등)의 흡수를 방해하기도 한다. 따라서 칼슘과 철 보충제를 같이 이용할 경우 각기 다른 시간대에 복용하는 것이 권장된다.

7 칼슘 섭취기준과 급원 식품

칼슘 섭취기준은 칼슘 평형, 골밀도 및 골절위험을 주요 지표로 사용하였고, 한국인 평균 체위 기준과 생애주기별 칼슘 흡수율을 고려하여 칼슘의 평균 필요량 및 권장섭취량을 산출하였다. 성인 19~49세의 남녀 칼슘 권장섭취량은 각각 800 mg과 700 mg이다. 상한섭취량의 경우 우유-알칼리 증후군에 대한 용량-반응 평가 결과에 근거한 최저유해용량에 불확실계수를 반영하여 산출하였고, 19~49세 성인 남녀의 상한섭취량은 1일 2,500 mg으로 정하였다. 과량의 칼슘 섭취는 변비 발생, 칼슘의 이용효율을 저하시키고, 또한 제산제의 복용과 함께 우유 섭취가 지나치게 과다해지면 우유-알칼리 증후군이 생길 수 있다.

칼슘이 많이 들어있는 식품은 [표 12-4]에 나타난 바와 같이 멸치, 치즈, 깨, 김, 대두, 미역, 우유를 들 수 있다. 한편 시금치 등의 짙푸른 채소에 들어있는 수산은 칼슘의 생체 이용률을 낮추는 경향이 있다. 칼슘 섭취를 증가시키기 위해서는 식사의 형태로 칼슘이 풍부한 섭취할 수 있도록 유도하는 것이 바람직하다. 그러나 우유나 유제품에 대한 선호도가 낮거나 유당불내증이 있는 경우에는 칼슘보충제를 사용할 수 있다. 칼슘 보충제의 급원으로 구연산 칼슘, 탄산칼슘, 인산칼슘 등이 있으며 특히 탄산칼슘염이 칼슘 농도가 약 40%가 가장 높다. 칼슘 보충제는 약 500 mg을 섭취하였을 때 장내 흡수율이 가장 좋으며, 위산분비가 적은 사람은 칼슘 흡수율을 고려하여 식품과 함께 섭취하는 것을 권장한다.

【표 12-4】 한국인 대표식품 1인 1회 분량 중의 칼슘 함량

식품명	1인 1회 분량(g)	칼슘 함량(mg)	식품명	1인 1회 분량(g)	칼슘 함량(mg)
멸치 자건품	15	285.8	두부	80	35.2
우유	200	182.0	콩나물	70	33.6
깻잎	70	154.7	달걀	60	31.2
아이스크림	100	113.0	시금치	70	28.0
요구르트(호상)	100	107.0	무	70	18.2
치즈	20	100.6	파	70	17.5
상추	70	66.5	고구마	70	16.8
새우	80	59.2	깨	5	13.8
요구르트(액상)	150	58.5	양파	70	11.2
대두	20	49.0	빵	35	7.7
김치, 열무김치	40	39.6	김	2	5.3

*성인 19~29세 1일 칼슘 권장섭취량: 남 800 mg, 여 700 mg
**자료: 보건복지부, 한국영양학회. 2015 한국인 영양소 섭취기준, 2015; 농촌진흥청 국립농업과학원. 식품성분표, 2011

03. 인 P

1 분포

인은 체내에 칼슘 다음으로 많이 들어있는 무기질로 체중의 약 1%를 차지한다. 체내 인의 80% 가 뼈와 치아에 인산칼슘의 결정체 형태로 들어있고, 나머지 20%는 신체 전체에 퍼져있는데 그 중 반 정도가 근육에 들어있다.

혈청의 무기 인은 부갑상선 호르몬에 의해 3~4 mg/dL 정도로 유지가 잘 되지만 혈청 칼슘처럼 세밀하게 조절되지는 않는다. 대부분의 혈청 무기 인은 HPO_4^{2-}와 $H_2PO_4^-$ 형태로 존재하고, 약 10%가 단백질에 결합되어 있거나 칼슘이나 마그네슘과 복합체를 이루고 있다.

2 흡수와 대사

인은 식사에서 무기인산과 유기인산의 형태로 섭취하는데, 유기인산은 장 내강에서 알칼린 포스파타아제(alkaline phosphatase)의 작용에 의해 무기인산으로 바뀐다. 십이지장 초입의 산성 환경은 인의 용해도를 높이고 생물학적 활성을 유지하는데 필요하다. 채식 식사에 들어 있는 피틴산은 인의 소화를 방해한다. 성인의 경우 인산의 흡수율은 약 60%로 흡수효율이 칼슘의 약 2배 정도이다.

칼슘과 마찬가지로 인의 혈중농도는 비타민 D, 부갑상선 호르몬과 칼시토닌에 의해 조절된다. 혈중 농도가 낮으면 비타민 D와 부갑상선 호르몬이 소장에서 인의 흡수를 증가시키고, 뼈에서의 인의 재흡수를 증가시킨다. 한편, 혈액의 인 농도가 높으면 칼시토닌이 뼈 형성을 자극해서 혈액의 인 농도를 정상 수준으로 낮추게 된다.

인 배설의 주된 경로는 신장이다. 건강한 사람의 경우 인의 흡수 속도와 신장으로의 배설 속도가 같아서 체내 인의 수준이 일정 수준으로 유지된다. 정상 성인의 혈중 인의 양은 3~4 mg/dL이다. 혈장 인 수준이 2.5 mg/dL 이하이면 저인산혈증이라고 하는데, 인의 흡수량이 부족하거나 신장을 통한 인 배설이 증가할 때 나타난다.

3 기 능

(1) 골격과 치아의 구성

뼈가 석회화 될 때 인산칼슘과 수산화칼슘의 혼합체인 수산화인회석[hydroxyapatite,

$Ca_{10}(PO_4)_6(OH)_2$]이 주로 축적되는데, 이 때 칼슘과 인의 비율은 약 2:1이다. 뼈의 무기질화에 인은 주로 인산의 형태로 참여하고, 혈액의 칼슘과 인의 균형이 맞지 않으면 뼈의 석회화가 잘 일어나지 않는다.

(2) 에너지 대사

탄수화물, 지방, 단백질 산화 시 방출되는 에너지는 인산을 함유하는 ATP의 형태로 세포에 저장된다. ATP, ADP 그리고 에너지 전달에 관련된 조효소에 인산이 존재하는 것은 세포에서 에너지를 저장하고 이용하는데 인이 꼭 필요함을 의미한다.

(3) 영양소의 흡수와 전달

많은 영양소들이 장세포막을 통과해 체내에 흡수되고 또 여러 세포에 분포되기 위해서 인산 그룹과 결합한다.

(4) 효소와 단백질 활성 조절

효소를 포함한 많은 단백질들은 인산화(PO_4^{3-})에 의해 활성과 비활성 형태로 전환된다. 인산화로 인해 세포의 성장 속도와 세포 분열 속도가 조절되고 세포핵 내의 어떤 유전인자가 활성을 띨 것인가가 정해진다.

(5) 신체 여러 물질의 구성성분

인은 ATP, ADP 뿐만 아니라 DNA, RNA, 세포막 인지질의 구성성분으로 작용한다.

(6) 혈액의 산-염기 균형 조절

PO_4^{3-}, HPO_4^{2-}, $H_2PO_4^-$는 혈액의 주된 음이온으로 인산 이온은 수소이온과 쉽게 결합한다. 인산 이온은 신체가 산성화되면 수소 이온과 더 많이 결합하고, 알칼리화되면 수소이온을 내어놓아서 체내의 지나친 pH의 변화를 막는 완충제 역할을 한다.

4 ▮ 결핍증

인은 매우 다양한 식품에 널리 들어있기 때문에 결핍증이 잘 발생하지 않으나, 제산제를 과다 섭취하거나 신장 투석으로 지나치게 많은 인이 소변으로 배설될 경우에 결핍증이 발생할 수 있다. 인이 결핍되면 ATP와 다른 유기 인산들이 합성되지 않아서 신경, 근육, 골격, 혈액 그리고 신장에 비정상성이 나타난다.

5 과잉증

칼슘 섭취량이 적고 인 섭취량이 많은 식사를 계속하면 고인산혈증과 함께 부갑상선 호르몬 (PTH)농도가 증가한다. 이를 영양학적 원인으로 인한 2차성 부갑상선 항진증이라고 부른다. PTH 가 증가된 상황이 지속되면 뼈의 교체 속도가 빨라져서 골질량과 골밀도가 감소하고, 뼈가 약해 져 취약성 골절이 발생할 수 있다. PTH수준이 증가된 상황이 지속되면 골 무기질화가 억제되어 청소년기에 최대 골질량에 도달하지 못하고, 성인의 경우에는 골질량의 손실이 증가된다.

6 권장량과 급원 식품

2015년 한국인 영양소 섭취기준에서는 성인의 경우 혈청 무기 인산의 최저 정상수준인 2.7 mg/ dL를 유지할 수 있는 인 섭취량과 인 흡수율 60~65%를 고려하여 580 mg을 평균 필요량으로 하고, 변이계수 10%를 고려하여 권장섭취량은 700 mg으로 정하였다. 유아와 청소년의 평균 필 요량은 신체 성장에 따른 인 증가량과 소변 중 배설량, 체내 흡수율 등의 요인을 고려하여 정하였 다. 성인의 인 상한섭취량은 혈청 인산 농도가 정상 상한치에 도달하는 3,500 mg으로 정하였다.

최근 인의 섭취량이 증가하고 있어서, 인 급원식품을 섭취할 때는 칼슘의 비율을 고려하도록 권 고하고 있다. 특히 보충제나 식품첨가물을 통한 가공식품의 섭취 자제를 권고하고 있다. 인의 급 원식품으로는 주로 질 좋은 단백질 식품인 육류, 어류, 달걀, 우유와 식물성 식품으로 견과류, 채 소와 곡류, 두부 등이 있다.

【표 12-5】한국인 대표식품 1인 1회 분량 중의 인 함량

식품명	1인 1회 분량(g)	인 함량 (mg)	식품명	1인 1회 분량(g)	인 함량 (mg)
보리	90	324	명태	60	121.2
멸치	15	219	달걀	60	111
오징어	80	219	두부	80	106
흰쌀밥	210	183	돼지고기	60	98
치즈	20	169	요구르트(호상)	100	87
우유	200	166	쇠고기	60	78
꽁치	60	145	닭고기	60	66
조기	60	140	요구르트(액상)	150	42
고등어	60	139	커피믹스	12	36
대두	20	124	배추김치	40	16

*성인 19~29세 1일 인 권장섭취량: 남녀 모두 700 mg
**자료: 보건복지부, 한국영양학회. 2015 한국인 영양소 섭취기준, 2015; 농촌진흥청 국립농업과학원. 식품성분표, 2011

04. 나트륨 _{Na}

1 분포

나트륨은 체내에서 주로 1가 양이온인 나트륨 이온(Na^+)으로 존재한다. 체내 나트륨의 약 50% 가 세포외액에 들어있고, 약 10%가 세포 내에 들어있다. 나트륨은 계속 세포 속으로 들어가지만 세포막 단백질에 의해서 다시 세포 밖으로 밀려나온다. 나머지 40%의 나트륨은 골격에서 발견되 는데 이들은 골격 표면에 붙어 있다. 이 골격 나트륨의 반 정도는 세포외액에 나트륨이 줄어들 때 이를 채워주는 나트륨 저장고의 역할을 한다.

식사의 주된 나트륨 공급원은 식염(NaCl)인데, 물에 들어가면 나트륨 이온과 염소 이온으로 분 리된다. 식염이 나트륨의 주된 공급원이기 때문에 때때로 식염과 나트륨이 같은 의미를 갖는 것으 로 간주되기도 하지만 나트륨은 가공 식품에도 많이 들어있기 때문에 이 둘을 같이 생각하는 것 은 적합하지 않다.

2 흡수와 대사

섭취한 나트륨의 일부는 위에서 흡수되고 나머지 대부분은 소장에서 흡수된다. 흡수된 나트륨 은 혈액이 신장을 통과할 때 여과된 후 혈액 나트륨 수준을 정상으로 유지하는데 필요한 만큼만 재흡수된다. 일반적으로 섭취한 나트륨의 약 85~90% 정도가 소변으로 배설된다. 신장에 의한 나 트륨 재흡수는 부산피질의 알도스테론(aldosterone) 호르몬과 신장의 레닌(renin) 효소에 의해 조절 된다.

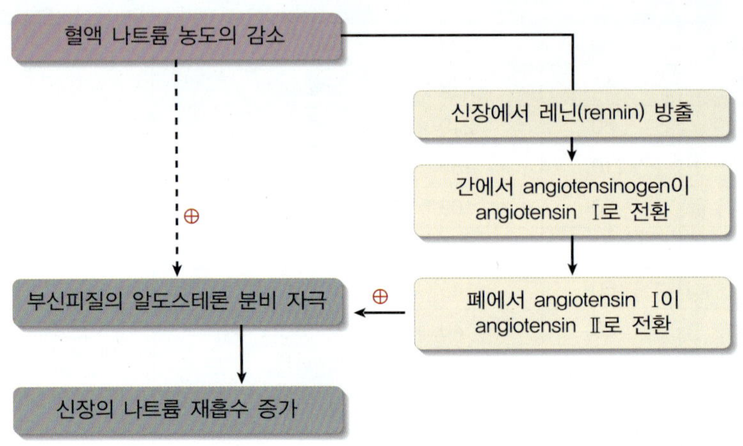

【그림 12-9】 혈액 나트륨 감소시의 보상 기전

혈액 나트륨 농도가 정상 이하로 떨어지면 부신 피질에서 알도스테론 호르몬이 많이 분비되어 신장에서의 나트륨 재흡수량이 증가한다[그림 12-9]. 이와 동시에 신장에서 만들어지는 레닌 효소가 혈액으로 분비되는데, 이 효소는 간에서 혈장으로 분비된 안지오텐시노겐(angiotensinogen) 단백질을 안지오텐신 I(angiotensin I)으로 바꾸는 역할을 한다. 안지오텐신 I은 폐에서 안지오텐신 II로 활성화되어 더 많은 알도스테론의 분비를 자극한다. 나트륨은 소변뿐 아니라 땀을 통해서도 배설되는데, 1 L의 땀에 약 200 mg의 나트륨이 함유되어 있다.

3 기능

(1) 세포 내외의 수분 균형 조절

나트륨은 세포외액의 주된 양이온으로 삼투압을 야기해서 세포 내의 물을 세포 밖으로 나가게 하는 주된 물질이다. 한편 세포 내에는 칼륨이 있어서 물을 세포외액으로부터 세포 내로 끌어들인다. 세포외액의 나트륨과 세포내액의 칼륨은 보통 세포내외의 적절한 수분 균형을 유지할 수 있는 수준으로 들어있다. 만약 세포내액에 나트륨의 양이 증가하면 물이 세포 내부로 들어와서 세포가 팽창하게 된다. 한편, 세포외액의 나트륨 수준이 감소해도 수분 균형이 깨져서 수분이 세포 내부로 흘러드는데, 이 경우 세포외액의 부피가 감소하고 혈압도 떨어지게 된다.

(2) 체액의 산 염기균형

나트륨은 세포외액이 정상적인 pH를 유지하는 것을 돕는다. 나트륨은 염기성을 띠는 하이드록실기(OH⁻)와 결합해서 알칼리를 형성하는 물질로 알려져 있다.

(3) 다른 영양소의 흡수에 필요

나트륨은 포도당을 흡수하는데 필요하며 많은 영양소들이 세포막 특히 장세포막을 통해 전달되는 데에 꼭 필요하다. 나트륨은 영양소와 함께 세포막의 운반체에 결합해서 나트륨이 농도 차에 따라 세포 안으로 들어갈 때 영양소가 따라서 들어가게 된다.

(4) 신경 자극의 전달

나트륨과 칼륨은 신경세포에서 활동 전위를 형성해서 신경 자극을 전달한다. 또한 근육에 전기화학 자극을 전달해서 근육의 흥분성을 유지한다.

4 결핍증

체내 나트륨 저장고가 고갈되는 경우는 극히 드물지만 결핍되면 무기력, 메스꺼움, 구토 등이 나타난다. 또한 짜증을 많이 내며 어지럽고 약해지고, 적개심이 나타나기도 한다.

혈액의 나트륨 수준이 현저히 낮아지는 저나트륨혈증(hyponatremia)은 나트륨 섭취의 감소보다 세포외액의 증가나 나트륨 배설량의 증가로 나타나는 경우가 많다. 이 경우 삼투압이 낮아져서 항이뇨 호르몬의 분비가 억제되어 농축되지 않고 희석된 소변이 배설되며, 심하면 혼수상태에 빠지고 사망할 수도 있다.

5 과잉증

나트륨은 필수 영양소이기는 하지만 지나친 양은 오히려 몸에 해롭다. 나트륨 섭취량이 필요 이상으로 증가하면 고나트륨혈증(hypernatremia)이 생기고, 삼투압 현상에 의해 세포내액에서 혈액으로 수분 이동이 증가하여 혈액량이 증가하고 혈압이 높아지게 된다.

6 나트륨 섭취기준과 급원 식품

나트륨은 모든 연령층에서 충분섭취량을 정하였고 9세 이상부터는 목표 섭취량을 설정하였다.

성인의 나트륨 충분섭취량은 1,500 mg으로 설정하였다. 나트륨 과잉 섭취 시 고혈압 등의 만성 질환 발생 위험이 높으므로 한국인 영양소 섭취기준에서는 나트륨의 목표 섭취량을 세계보건기구의 권고량인 하루 2 g으로 정하였다.

식품 중의 나트륨 섭취는 세 경로로 나눌 수 있다. 식품 속에 들어있는 나트륨, 가공 또는 조리 시 들어가는 나트륨, 그리고 식탁 소금을 통한 섭취를 들 수 있겠다. 음식의 풍미를 증가시키기 위해 사용하는 monosodium glutamate(MSG)는 식사의 나트륨 양을 증가시키는 한 요인으로 작용한다. 나트륨의 주요 급원은 양념류, 국, 찌개 탕류, 면류 및 김치류[표 12-6]이다.

【표 12-6】 한국인 저염장류를 활용한 대표음식 1인 1회 분량 중의 나트륨 함량

식품명	1인 1회 분량(g)	나트륨 함량(mg)	식품명	1인 1회 분량(g)	나트륨 함량(mg)
비빔밥	325	504	제육볶음	120	170
국수장국	550	372	쇠고기불고기	120	168
갈치조림	120	316	쇠고기장조림	90	188
된장찌개	230	247	잡채	90	165
도토리묵무침	90	243	깻잎장아찌	15	153
닭찜	170	229	배추김치	60	139
쇠고기미역국	210	227	동태탕	250	134
조기양념구이	90	212	숙주나물	50	132
육개장	240	212	동태전	90	131
순두부찌개	230	203	고사리나물	50	129
돼지갈비찜	150	195	고등어조림	120	119
배추된장국	210	177	상추겉절이	40	33

*성인 19~29세 1일 나트륨 충분섭취량: 남녀 모두 1,500 mg
**자료: 보건복지부, 한국영양학회. 2015 한국인 영양소 섭취기준, 2015; 농촌진흥청 국립농업과학원, 식품성분표, 2011

우리 몸의 중요한 전해질

　전해질로 알려져 있는 나트륨, 칼륨, 염소는 각각 신체 총 무기질의 2%, 5%, 그리고 3%를 차지한다. 전해질들은 체액에서 이온으로 존재한다. 나트륨과 염소는 주로 세포외액에 들어있고 칼륨은 주로 세포내액에 들어있다. 이 전해질들은 최소한 4가지의 중요한 생리적 기능을 가지고 있다.

- 수분 균형과 분포　　　　• 삼투압 평형　　　　• 산-염기 균형　　　　• 세포 내외의 농도차 유지

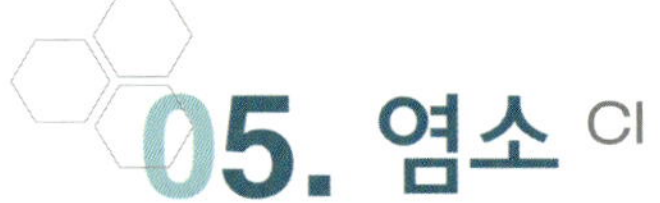

05. 염소 Cl

1 분포와 대사

염소는 염소 이온 형태로 체내에 널리 분포되어 있다. 염소 이온은 나트륨과 칼륨 이온의 짝으로 작용하는 주된 음이온으로 체중 1 kg당 1.5 g 정도 들어있다. 염소 이온 농도가 가장 높은 곳은 뇌척수액과 위액이다. 염소는 나트륨, 칼륨과 함께 소장에서 쉽게 흡수되며 주로 소변으로 배설된다.

2 기능

염소 이온은 수소 이온과 결합해서 수소를 제거하는 능력이 부족하기 때문에 산성을 형성하는 이온으로 알려져 있다. 위장의 정상적인 산성을 유지하는데 필요한 염산(HCl)은 체내에서 수소 이온과 염소 이온의 형태로 존재하면서 많은 양의 수소 이온을 체액으로 방출한다.

염소 이온은 세포내액보다 세포외액에서 주로 발견된다. 그러나 염소 이온은 적혈구 세포의 안팎을 자유롭게 드나들면서 적혈구 세포가 산소와 이산화탄소를 교환하는 상황에서 전기적인 중성을 유지하는 것을 돕는다. 이렇게 염소 이온이 적혈구의 안팎을 드나드는 것을 염소 이온의 순환(chloride shift)이라고 한다.

3 결핍증

식염 섭취량이 줄어들면 체내의 염소량이 작아지며 신장에서의 재흡수율이 높아진다. 염소는 땀, 설사, 그리고 구토로 나트륨이 손실될 때도 같이 빠져나간다. 나트륨과 마찬가지로 일상적인 섭취량은 요구량보다 많은 편이어서 정상적인 상황에서는 염소 결핍이 발생하지 않는다.

두유를 기본으로 해서 만든 조제 분유에 염소를 별도로 첨가하지 않았을 때 이를 섭취한 유아 141명에게 염소 부족 증세가 나타난 적이 있다. 염소 이온 결핍시의 임상 증상은 성장 발달이 늦고, 식욕이 없고, 무기력하고, 약한 것 등이다. 이와 함께 혈액 염소 농도가 낮아지고, 알칼리혈증, 고나트륨혈증, 고칼륨혈증이 나타나고 혈뇨가 배설된다.

4 과잉증

염소 이온의 과잉 섭취로 체내 보유량이 늘어나면 균형을 이루기 위해 나트륨 이온의 보유량도 늘어나는데 이는 고혈압의 원인으로 작용할 수 있다.

5 ▪ 염소 섭취기준과 급원 식품

거의 모든 식이 염화물은 나트륨에 붙어 있어서 성인의 염소 충분섭취량은 나트륨과 같은 몰당량인 2,300 mg으로 정했다. 식염 이외에 식수도 약간의 염소 이온을 공급하고 우유는 나트륨보다 염소 이온을 좀 더 많이 함유한다.

06. 칼륨 K

칼륨은 식품과 신체에서 양이온인 칼륨이온(K^+)의 형태로 존재한다. 칼륨의 화학적인 특성은 나트륨과 비슷해서 칼륨도 염기를 내는 이온으로 알려져 있다. 둘 사이의 주된 차이점은 칼륨은 세포내액의 주된 이온이고 나트륨은 세포외액의 주된 이온이라는 것이다. 이들 이온은 계속적인 펌프 작용에 의해 세포내액에서는 Na^+:K^+가 1:10의 비율로 들어있고, 세포외액에서는 28:1을 나타낸다[그림 12-10].

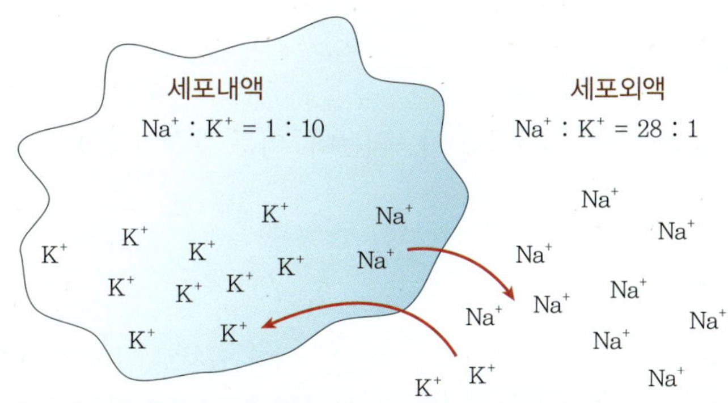

【그림 12-10】 세포내외의 나트륨과 칼륨 비율

1 ▪ 분 포

신체 전체에 들어있는 칼륨의 양은 250 g인데 대부분 세포 내에 들어 있기 때문에 혈중 칼륨량을 신체의 칼륨량 지표로 쓰기는 힘들다. 혈액 칼륨은 세포 대사의 변화를 반영해서, 체조직이 붕괴될 때와 설사로 인해 산독증일 때에는 혈중 칼륨 수준이 증가하고, 반면 세포 내에 단백질이나 글리코겐 합성량이 증가하거나 알칼리증일 때에는 혈중 칼륨량이 감소한다.

세포외액 칼륨의 양이 0.5 g/L 이상 증가하면 근육 조절에 장애가 발생하고, 심각한 경우 심장이 멈추게 되는데, 이같이 높은 칼륨 수준은 신장이 여분의 칼륨을 다 제거하지 못할 때 주로 발생한다. 체내 칼륨 수준은 체내 근육 조직의 양을 결정하는 데에도 사용된다.

2 기능

(1) 세포 대사

칼륨은 세포의 성장에 필요하다. 칼륨은 세포의 많은 생화학적 기능에 관여하는데 특히 식품으로부터 에너지를 방출하고 글리코겐과 단백질을 합성하는데 꼭 필요하다.

(2) 체액의 균형 조절과 산 염기 평형 유지

칼륨은 세포 내 삼투압에 영향을 주어서 세포 내외의 체액 분배를 조절하는 주된 인자이다. 칼륨은 또한 산 염기의 평형을 유지하는 역할을 한다.

(3) 신경세포의 활동 전위 발생

칼륨은 신경세포에서 이온들이 활동 전위를 일으키고, 췌장에서 인슐린이 방출되는 데에 관여한다.

(4) 근육 이완

칼륨은 마그네슘과 함께 근육 이완제로 이용되는데, 이는 칼슘이 근육 수축작용을 하는 것과는 반대의 작용이다.

(5) 혈압 조절

일반적으로 나트륨이 혈압을 조절하는 가장 중요한 식이 인자로 알려져 있지만, 나트륨/칼륨의 비율이 나트륨의 절대량보다 더 중요하다. 칼륨 섭취 수준을 나트륨 섭취 수준으로 맞추면 고나트륨 섭취의 부작용을 줄일 수 있다.

3 결핍증

식사 중의 칼륨 섭취 부족으로 칼륨 결핍증이 발생하는 경우는 드물다. 유아의 경우에는 심한 설사 시 칼륨 결핍증이 나타날 수 있다. 설사를 하면 식품이 소화기관을 매우 빨리 통과해서 칼륨의 흡수와 재흡수율이 현저히 감소된다. 구토, 이뇨제 이용, 심각한 영양실조 그리고 수술 등에서도 칼륨 고갈과 결핍이 초래될 수 있다.

혈액에 칼륨이 너무 적게 녹아있는 것을 저칼륨혈증(hypokalemia)이라고 한다. 칼륨 결핍시의 주된 증상은 근육 약화, 호흡기능 약화, 복부 팽창과 함께 소화기능 약화, 그리고 심장의 비정상성 등이다.

4 과잉증

칼륨의 과다 섭취는 혈액 칼륨 수준을 지나치게 높여서 심장 박동을 멈출 수 있다. 특히 신장 기능이 좋지 않은 노인의 경우 과다 칼륨의 배설이 어려워서 고칼륨혈증(hyperkalemia)이 유발된다.

5 칼륨 섭취기준과 급원 식품

식사를 통한 충분한 칼륨의 섭취는 혈압을 낮추며 뇌졸중과 심근경색을 예방한다. 이 때 칼륨 섭취량은 나트륨과 칼륨의 비율이 1에 가까운 수준이 되는 정도가 적절하다. 성인 남녀의 칼륨의 충분섭취량은 소금 섭취로 인한 혈압 상승의 완화와 신장결석 발병 위험도의 감소, 염분 감수성을 감소시킨다는 자료를 근거로 3,500 mg으로 정하였다. 신장기능이 정상인 건강한 사람의 경우 충분섭취량 이상의 칼륨을 섭취하여도 소변을 통한 배설을 증가시켜 칼륨의 항상성을 조절할 수 있으므로 상한섭취량은 설정하지 않았다.

칼륨의 주요 급원식품으로는 가공하지 않은 곡류, 채소와 과일, 특히 고구마, 감자, 토마토, 오이, 호박, 가지와 근채류에 칼륨이 많이 들어있고, 콩류, 사과, 바나나, 우유, 육류에도 상당히 들어있다[표 12-7].

【표 12-7】한국인 대표식품 1인 1회 분량 중의 칼륨 함량

식품명	1인 1회 분량(g)	칼륨 함량(mg)	식품명	1인 1회 분량(g)	칼륨 함량(mg)
감자	140	555	멸치(말린 것)	15	172
바나나	100	335	복숭아(백도)	100	133
우유	200	310	토마토	70	125
돼지고기(등심)	60	304	김	2	70
고구마	70	300	식빵	35	38

*성인 19~49세 1일 칼륨 충분섭취량: 남녀 모두 3,500 mg
**자료: 보건복지부, 한국영양학회. 2015 한국인 영양소 섭취기준, 2015; 농촌진흥청 국립농업과학원. 식품성분표. 2011

07. 마그네슘 Mg

1 분포

마그네슘은 세포내에서 칼륨 다음으로 세포내에 많이 들어 있는 양이온이다. 체내 마그네슘의 약 60%는 뼈에서 발견되고 25%는 근육, 그 나머지가 연조직과 체액에 들어있다. 혈중 마그네슘의 약 1/2은 이온 상태이고, 1/3은 알부민에 결합되어 있으며, 나머지는 구연산, 인산 또는 다른 음이온과 복합체를 이루고 있다.

2 흡수와 대사

마그네슘의 항상성은 장내 흡수와 신장으로의 배설을 통해 조절된다. 마그네슘은 소장에서 섭취된 양의 약 35~40%가 흡수된다. 칼슘, 알코올, 인, 피틴산, 지방이 존재할 때에는 흡수율이 감소하고, 비타민 D가 있을 때에는 흡수율이 증가한다. 혈액 마그네슘 수준이 떨어지면 부갑상선 분비가 증가되어서 마그네슘의 흡수율을 높인다. 또한, 신장도 마그네슘 재흡수율의 조절을 통해 마그네슘 수준을 일정하게 유지한다.

변으로 배설되는 마그네슘의 대부분은 흡수되지 않은 식이 마그네슘이다. 소량의 마그네슘이 땀으로 빠져나가는데, 온도가 높아지면 이 손실량이 전체 마그네슘 손실량의 15%까지 차지할 수 있다. 마그네슘 보유량을 평가하는 바람직한 방법 중의 하나는 한 번에 많은 양의 마그네슘을 섭취하도록 한 후에 소변으로 배설되는 마그네슘의 양을 측정해서 많은 양이 배설되면 체내 보유량이 많다고 추정하는 것이다.

체내 총 마그네슘 농도는 매우 일정하게 유지되므로 혈청 농도로 마그네슘 상태를 파악하기는 어렵다. 한편 백혈구 마그네슘은 영양 상태에 매우 민감하므로 마그네슘 상태 파악의 좋은 지표가 될 수 있다.

3 기능

(1) 골격의 구성성분
체내 마그네슘의 60%는 뼈에 들어있어서 건강한 골격을 유지하는 역할을 한다.

(2) ATP 구조의 안정화

마그네슘의 주된 역할은 ATP에 의존하는 효소 반응에서 ATP의 구조를 안정화시키는 것이다. 마그네슘은 탄수화물, 단백질, 지방 및 핵산 대사 과정을 비롯한 300여 가지 생화학 반응의 보조인자로 작용한다. 마그네슘이 관여하는 생화학 반응의 예로 hexokinase, pyruvate kinase, adenylate cyclase, guanylate cyclase, Na-K ATPase, Ca-ATPase 등을 들 수 있다. 마그네슘은 cAMP를 형성할 때 필요한데 cAMP는 호르몬에 반응해서 세포 밖의 메시지를 세포 내에서 전달하는 세포질의 제2메신저(second messenger)로 작용한다. 이러한 기능을 수행하기 위해서 세포내액에서 발견되는 마그네슘의 농도는 세포외액에서 발견되는 것보다 7배나 높다.

(3) 근육의 이완

세포외액에서 발견되는 마그네슘도 신체의 정상적인 기능을 위해 중요한 역할을 하는데 특히 신경 자극의 전달과 근육 이완에 꼭 필요하다. 정상적인 근육 수축에서 칼슘은 수축제로 작용하고, 마그네슘은 칼슘채널을 막는 인자로 작용해서 이완제로 작용한다. 마그네슘 수준이 혈액에 너무 많이 증가하면 근육 이완으로 인해 무감각해져서 혼수 상태와 심부전을 가져올 수 있다.

4 결핍증

신장이 마그네슘을 매우 효율적으로 재흡수하기 때문에 섭취 부족으로 인해 마그네슘 결핍이 일어나는 예는 거의 없다. 만성적으로 마그네슘이 부족한 식사를 하거나 마그네슘 손실이 증가하거나, 칼륨 농도의 감소로 전해질 균형이 깨어지는 경우에 마그네슘 결핍이 발생할 수 있다. 혈청 마그네슘 농도가 낮아지면 신경의 지나친 자극과 증가된 근육 수축으로 짜증, 신경과민, 발작 등이 나타날 수 있다. 잘 알려져 있는 마그네슘 결핍증의 예는 저마그네슘 근강직성경련(tetany)인데 이는 칼슘 결핍시의 근강직성 경련 증상과 유사하다. 처음에 절제할 수 없는 신경근육 경련이 일어나서 격렬한 발작이 일어날 때까지 진행된다. 술과 이뇨제는 마그네슘의 손실량을 증가시키는 것으로 알려져 있다.

심각한 마그네슘 결핍이 골대사에 미치는 효과는 혈청 부갑상선 호르몬(PTH) 농도가 감소하고, 뼈와 신장이 PTH에 잘 반응하지 않아 변형된 수산화인회석 결정체가 형성되며 어린이의 뼈 성장이 손상되거나 노인에게 골다공증이 발생하는 것 등을 들 수 있다. 정맥으로 마그네슘을 주사하면 이런 증상을 단기간에 호전시킬 수 있다.

마그네슘 감소는 여러 가지 만성 질환과 관련이 있다. 예로, 마그네슘 섭취 부족은 심근경색과 관련이 있어서 급성 심근경색 후에 마그네슘을 투여하자 사망률이 감소하고, 중등도 고혈압을 가진 중년기 여성에게 마그네슘을 보충해주자 혈압이 감소한 것으로 보고되었다.

마그네슘 과잉으로 인한 독성 증상은 매우 드물지만, 마그네슘 보충제나 마그네슘 함유 약물을 다량 복용한 경우에 발생한다. 소화불량, 가슴앓이, 설사, 복통 등을 초래하며 심하면 심장을 멈추게 할 수도 있다.

6 마그네슘 섭취기준과 급원 식품

마그네슘 섭취기준은 영아 0~11개월의 경우 충분섭취량을 설정하였고, 유아 1세 이상 모든 연령층에서는 평균 필요량과 권장섭취량을 설정하였으며, 식품 외 급원에 대한 상한섭취량을 설정하였다. 성인의 경우 마그네슘 평형실험을 근거로 체중 당 마그네슘 필요량을 구한 후, 기준체중 등을 이용하여 권장섭취량을 산출하였다. 19~29세 성인 남녀의 권장섭취량은 각각 350mg과 280mg이다.

마그네슘은 식품에 함유된 것은 유해한 영향을 보이지 않으므로, 상한섭취량은 식품 외 급원으로부터 섭취한 마그네슘에 국한하여 350 mg/일로 상한치를 정하였다.

마그네슘 상한섭취량은 약리적인 목적으로 사용되는 마그네슘염과 같은 식품 외 마그네슘 과잉 섭취가 유해하다는 보고를 근거로 식품 외 급원으로 국한하였다. 마그네슘은 정제되지 않은 곡류, 두류, 견과류, 종실류 등 식물성 식품에 다량 함유되어 있다[표 12-8].

【표 12-8】한국인 대표식품 1인 1회 분량 중의 마그네슘 함량

식품명	1인 1회 분량(g)	마그네슘 함량(mg)	식품명	1인 1회 분량(g)	마그네슘 함량(mg)
팥	90	134.6	잣(생 것)	10	22.9
수수(알곡)	90	105.8	참깨(마른 것)	5	18.7
대두(마른 것)	20	56.0	백미	90	17.8
비름	70	49.1	호두(마른 것)	10	17.7
근대	70	48.9	감자	140	9.8
시금치	70	37.5	양파	70	8.5
조(도정곡)	90	33.9	무	70	6.1
강낭콩(생 것)	20	33.4	귤	100	6.1
표고버섯(마른 것)	30	31.4	고추(풋고추)	70	2.8
깻잎(들깻잎)	70	29.3	팽이버섯	30	1.8
딸기	150	26.7	사과	100	1.2

*성인 19~29세 1일 마그네슘 권장섭취량: 남 350 mg, 여 280 mg
**자료: 보건복지부, 한국영양학회. 2015 한국인 영양소 섭취기준, 2015; 농촌진흥청 국립농업과학원. 식품성분표. 2011

08. 황 S

1 분포와 대사

황은 체내의 모든 세포에 분포되어 있고 체중의 약 0.25%를 차지하는데, 많은 양이 피부, 손톱, 발톱, 그리고 머리카락에서 발견된다. 황은 체내에서 아미노산 같은 유기화합물에 함유된 유기황의 형태로도 발견되고, SO_4^{2-}, SO_3^{2-} 같은 무기황의 형태로도 발견된다. 무기황이 지나치게 많으면 황산의 형태로 소변으로 배설된다.

황 함유 아미노산이 대사되면 황산 음이온이 많이 생성된다. 황산 이온은 사구체에서 여과된 후 칼슘 이온과 결합해서 칼슘 재흡수를 낮춘다. 동물성 단백질이 풍부한 식사를 한 후에 관찰되는 소변 칼슘량 증가의 50%는 이 기전 때문으로 보고 있다.

2 기능

(1) 아미노산의 구성성분

황은 시스틴, 시스테인과 메티오닌의 구성성분으로 모든 세포와 결합 조직 등에 존재한다. S-아데노실 메티오닌도 황을 함유한다.

(2) 항산화 작용

황은 시스테인을 함유하는 항산화제인 글루타티온(glutathione)의 구성성분이다.

(3) 헤파린과 chondroitin sulfate의 구성성분

황은 항응고제인 헤파린과 뼈와 연골에서 발견되는 콘드로이틴 설페이트(chondroitin sulfate)의 구성성분이다.

(4) 비타민의 구성성분

황은 비타민 B_1, 비오틴, 판토텐산의 필수 구성성분이다.

3 황 섭취기준과 급원식품

황의 섭취기준은 아직 정해지지 않았는데, 황을 많이 함유하는 식품으로는 육류, 가금류, 생선, 달걀, 말린 콩, 브로콜리 등을 들 수 있다.

뼈 건강과 파이토케미칼

뼈 조직의 조밀한 정도를 골밀도라 하며, 골밀도는 주기적으로 재순환된다. 이 과정을 재형성(remodeling)이라 부르고 파골세포(osteoclast)와 조골세포(osteoblast)의 작용에 의해 뼈의 재형성 및 건강을 유지하게 된다. 파골세포는 효소와 산을 분비하여 뼈의 표면을 부식하며, 조골세포는 새로운 뼈세포를 형성하여 뼈 조직을 구축하게 된다. 노화가 되면 뼈 분해가 뼈 형성보다 더 활발해져 이에 따른 뼈의 재형성의 불균형으로 골밀도가 감소하게 된다.

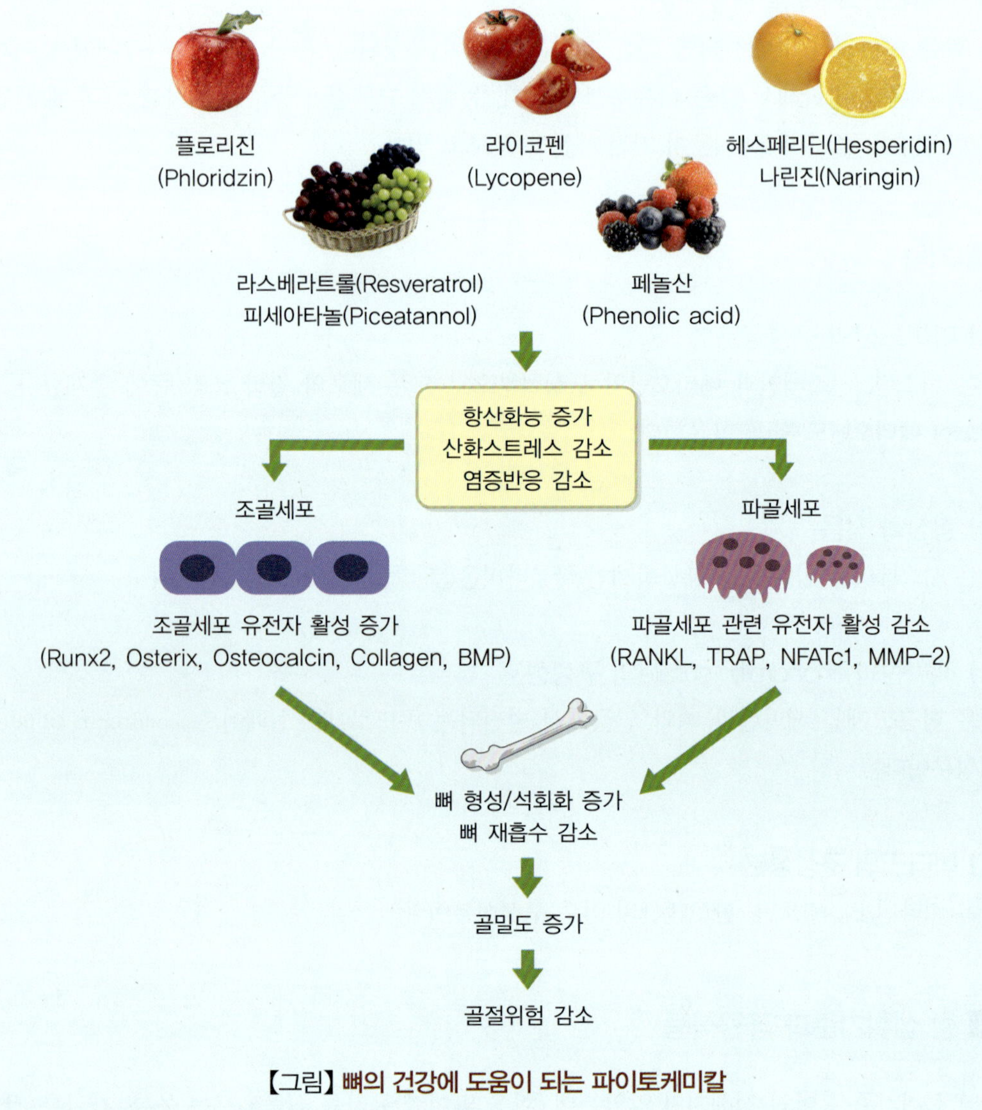

【그림】뼈의 건강에 도움이 되는 파이토케미칼

　　과일류에 포함되어 있는 파이토케미칼을 자주 섭취하면 뼈의 석회화와 골밀도가 증가한다는 연구들이 보고되었다. 토마토에 들어있는 라이코펜(lycopene)은 항산화능이 우수하고 조골세포의 활성 증가와 뼈의 석회화를 증가시켜 골다공증 예방에 도움이 된다. 감귤류의 폴리페놀류 및 헤스페리딘(hesperidin)은 조골세포의 활성 및 성장을 증가시켜 뼈 형성에 도움을 준다. 딸기류의 폴리페놀류 및 페루릭산(ferulic acid)는 조골세포의 성장뿐 아니라 뼈의 부식을 증가시키는 파골세포의 활성을 감소시켜 뼈의 형성과 재흡수를 저해하는 효과가 있다.

　　그 외에 포도의 라스베라트롤(resveratrol)은 항염증효과, 항산화능의 증가, 뼈의 조골세포 관련 유전자 활성 증가, 반면에 파골세포 관련 유전자 활성 감소로 인해 골다공증 예방의 효과가 있다. 사과의 플로리진(phloridzin)은 항염증 효과와 뼈의 재흡수 저해를 통해 뼈의 형성 유지에 관여한다.

　　뼈 밀도 증가, 골 형성 유지 및 골다공증 예방을 위하여 과일류 등의 섭취를 통한 파이토케미칼의 중요성이 보고되어 있으며, 앞으로도 파이토케미칼의 적정 섭취량에 대한 지속적인 연구들이 필요하다.

---

1) Adrawai MS et al. Lycopene treatment against loss of bone mass, microarchitecture and strength in relation to regulatory mechanisms in a postmenopausal osteoporosis model. Bone. 2016; p127
2) Chawan-Li Shen et al. Fruits and dietary phytochemicals in bone protection. Nutrition Research 2012; 32: p897

확인해봅시다

1. 다량 무기질의 기능, 결핍증, 과잉증을 정리하시오.

종류	기능	결핍증	과잉증
칼슘			
인			
나트륨			
염소			
칼륨			
마그네슘			
황			

2. 다량 무기질이 많이 들어있는 식품, 성인 남녀의 권장섭취량(충분섭취량)과 상한섭취량을 정리하시오.

종류	함유 식품	권장섭취량(충분섭취량)	상한섭취량
칼슘			
인			
나트륨			–
염소			–
칼륨			–
마그네슘			
황		–	–

3. 칼슘의 흡수에 영향을 주는 인자들에는 어떤 것이 있는지 설명하시오.

4. 혈중 칼슘의 항상성 유지에 관여하는 호르몬에 대해 설명하시오.

미량 무기질

미량 무기질은 하루 필요량이 100 mg 이하이며, 체내에서 체중의 0.05% 이하로 존재하지만, 적절한 성장과 건강, 그리고 발달에 꼭 필요한 영양소이다. 다량 영양소의 결핍은 쉽게 알 수 있지만 미량 무기질의 결핍은 주로 세포 수준에서 발생하므로 파악하기가 힘들다.

미량 무기질은 많은 화학 반응의 보조인자(cofactor)로 작용한다. 무기질이 효소의 한 부분일 때 보조인자라 하고, 이러한 효소는 금속효소(metalloenzyme)로 불린다. 보조인자의 기능은 비타민의 조효소(coenzyme) 기능과 비슷하다. 미량 무기질은 일반적으로 동물성 식품, 특히 해산물에 풍부하게 들어있다. 단, 망간은 예외적으로 식물성 식품에 많이 들어있다.

01. 철 Fe

1 분포

건강한 성인 남자는 약 3.6 g의 철(50 mg/kg)을 보유하고, 성인 여성은 적혈구와 저장철 양이 적어 약 2.3 g의 철(40 mg/kg)을 보유한다. 체내 철은 생화학 기능에 참여하는 기능성 철과 저장 또는 운반에 관여하는 비기능성 철로 나눌 수 있다[표 13-1].

【표 13-1】 젊은 성인의 철 분포

형태		비율(%)	체내에 들어있는 양(mg)	
			남자	여자
기능성 철	헤모글로빈	64~73	2,300	1,700
	미오글로빈	9~8	320	180
	헴(heme) 효소	2~3	80	60
	비헴 효소	3+	100	80
비기능성 철	페리틴	15~9	540	200
	헤모시더린	6~4	230	100
	트랜스페린	< 1	5	4
합계			3.6g	2.3g

기능성 철의 대부분은 헤모글로빈에 결합되어 있고, 일부가 근육의 미오글로빈에 결합되어 있으며, 나머지는 효소의 일부분으로 여러가지 촉매 작용을 한다. 비기능성 철은 저장철과 운반철로 나누어지는데, 저장철 중 용해성인 페리틴(ferritin)은 한 분자에 4,500개의 철 이온을 저장할 수 있고, 헤모시더린(hemosiderin)은 비용해성 철 저장고이다. 한편 트랜스페린(transferrin)은 혈액에서 철을 운반하는 작용을 한다.

2 흡수와 대사

(1) 흡수

식이 철은 헴철과 비헴철의 두 가지 형태로 존재한다. 헴철은 철이 헴(heme) 그룹에 연결되어 있는 형태로 주로 동물성 식품의 헤모글로빈과 미오글로빈 형태로 섭취된다. 비헴철은 주로 식물성 식품에 들어있으나, 동물성 식품 중에서는 비헴 효소와 페리틴에 들어 있다.

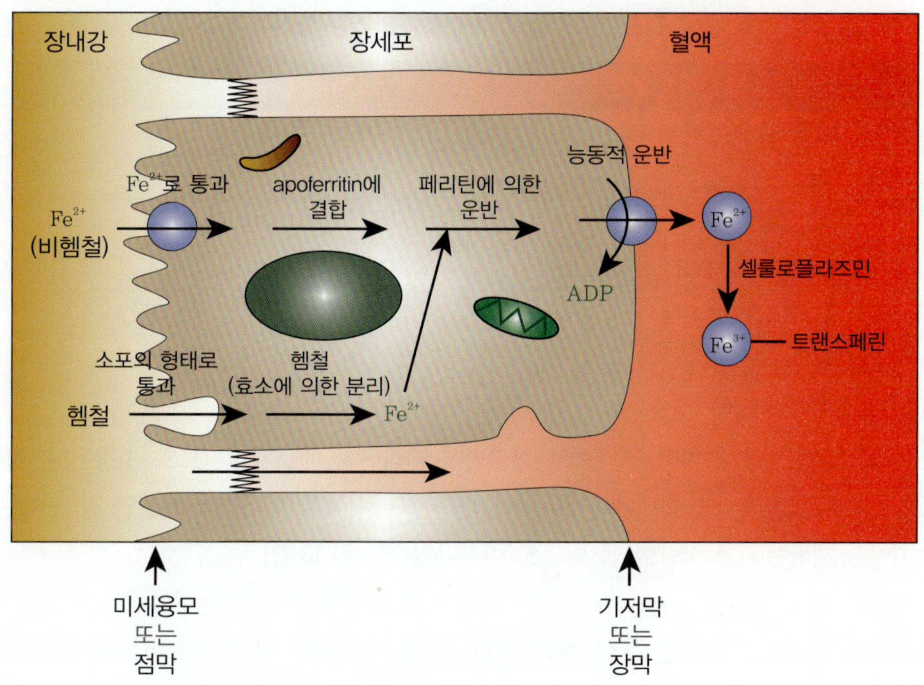

【그림 13-1】 소장 세포로부터 헴철과 비헴철의 흡수

철의 흡수는 주로 십이지장과 공장에서 이루어진다. 비헴철이 소장 세포 속으로 흡수되기 위해서는 반드시 소장에 자유롭게 용해될 수 있는 형태로 방출되어야 한다[그림 13-1]. 제1철(Fe^{2+})은 소장에서의 용해도가 높아 제2철(Fe^{3+})보다 쉽게 흡수된다. 비타민 C는 제2철(Fe^{3+})을 제1철(Fe^{2+})로 환원시키는데 필요하다. 미세융모에서 제1철(Fe^{2+})은 주로 2가 양이온 운반체(divalent cation transporter)에 의해 흡수되고, 제2철(Fe^{3+})은 제1철(Fe^{2+})로 환원 되거나 integrin 운반체에 의해 장세포로 흡수된다. 헴철의 경우에는 헴 형태로 헴운반단백질(heme carrier protein)에 의해 소장점막으로 흡수되고, 장세포 속의 헴 산화효소(heme oxygenase)에 의해 철이 방출된다. 그 후 철 이온은 페리틴에 붙어서 소장 장막(serosal surface)으로 운반된다. 철이 혈액으로 들어가면 다시 구리 함유 단백질인 세룰로플라스민에 의해 3가 철(Fe^{3+})로 산화된 후 트랜스페린에 결합되어 운반된다. 이후 간이나 골수세포로 들어가 아포페리틴(apoferritin)과 결합해 페리틴 형태로 저장된다. 페리틴은 세포내 저장고의 역할과 철을 소장세포의 점막에서 장막으로 운반하는 두 가지 역할을 한다.

일상적인 식사로 섭취되는 총 철 중 헴철은 약 10% 정도이고, 헴철의 흡수율은 20~30%이다. 헴철은 흡수될 때 헴 속에 들어있기 때문에 다른 음식물의 영향을 별로 받지 않는다. 한편, 식사의 90%를 차지하는 비헴철의 흡수율은 여러 인자의 영향을 받으며[표 13-2], 흡수율이 5~10% 정도이다. 우리나라 식사의 경우, 비헴철과 헴철의 비율을 9:1로 보고, 헴철의 흡수율은 30%, 비헴철의 흡수율은 10%를 적용하여 철 흡수율을 12%로 추정하고 있다.

철 흡수 증가 요인	철 흡수 감소 요인
비타민 C	피틴산
위산	옥살산
육류, 생선, 가금류	폴리페놀(예: 차의 탄닌)
필요량 증가 시(임신, 생리, 성장기)	제산제
철 저장량이 적을 때	칼슘, 인, 망간, 식이섬유 과다 섭취

(2) 대 사

철은 트랜스페린을 통해 여러 조직으로 전달되어 페리틴과 헤모시더린으로 저장된다. 저장철의 30%는 간, 30%는 골수, 그리고 나머지는 비장과 근육에서 발견된다. 체내 철의 약 90%는 사용 후 회수되어서 재활용되고 소량만 몸 밖으로 빠져나간다[그림 13-2].

하루 성인의 철 손실량은 1 mg 정도인데, 위장관 세포 탈락으로 인한 손실이 0.6 mg, 피부를 통한 손실 0.2~0.3 mg, 소변을 통한 배설이 0.1 mg을 차지한다. 우리나라 여성의 생리혈로 인한 철 손실은 약 0.5 mg/일로 보고되었는데, 사람마다 차이가 크다.

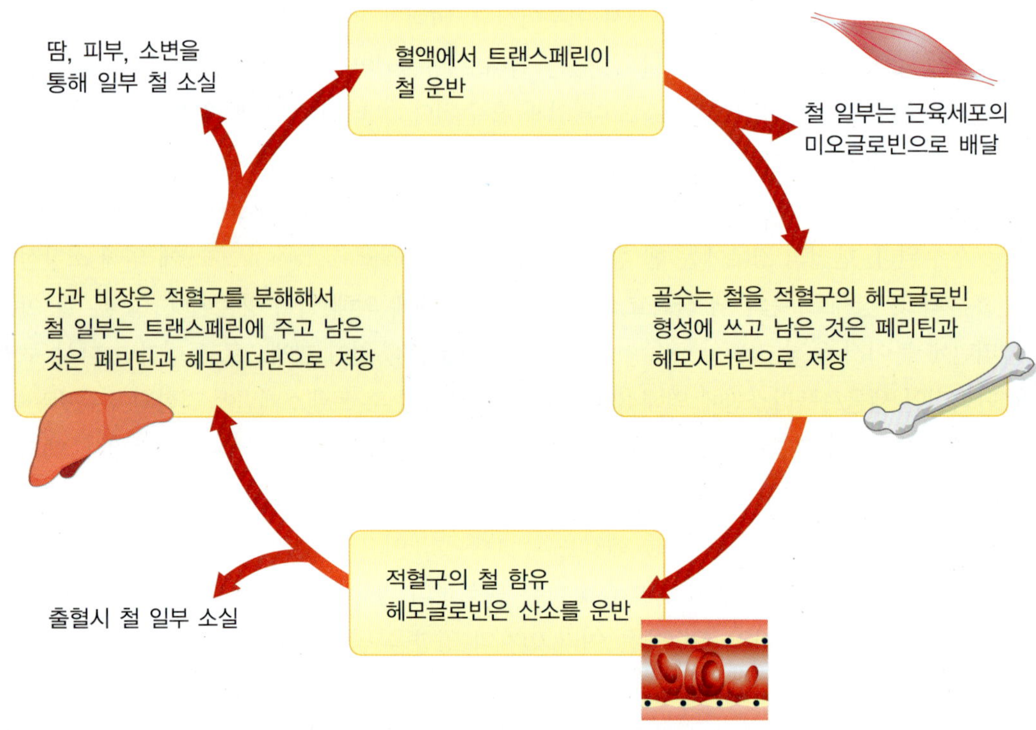

【그림 13-2】 철의 재활용 과정

3 기능

(1) 산소운반과 저장

헤모글로빈과 미오글로빈의 철은 산소를 체내에 운반한다. 철이 헤모글로빈 단백질에 직접 결합하는 것이 아니라 철은 헴(heme) 그룹에 결합하고, 헴 그룹이 헤모글로빈 단백질에 결합한다. 헤모글로빈은 4개의 소구조로 되어있고 각각의 소구조가 한 개씩의 헴을 함유하고 있어서, 한 헤모글로빈에 4개의 산소 분자가 결합할 수 있다[그림 13-3].

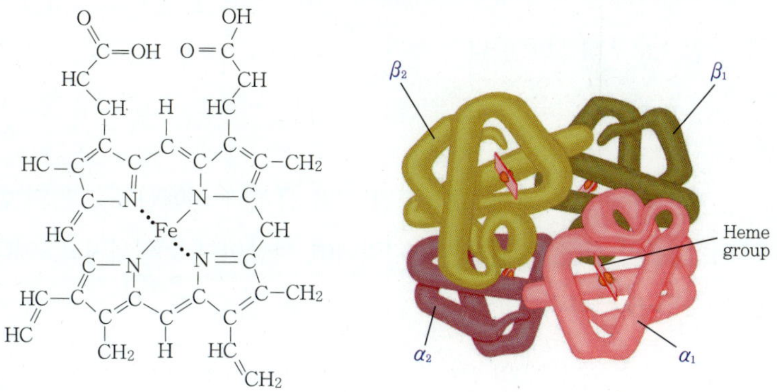

헴　　　　　헤모글로빈

【그림 13-3】 헴과 헤모글로빈의 구조

적혈구 속에 들어있는 헤모글로빈은 골수의 미성숙 세포에서 합성된다. 헤모글로빈은 폐에서 산소를 받아 필요한 조직에 산소를 공급하고 이산화탄소를 받아 폐에서 다시 방출한다. 미오글로빈은 헤모글로빈과 유사한데 1개의 소구조로 되어있어서 하나의 헴 그룹을 함유하고 1개의 산소 분자에 결합할 수 있으며, 근육에서 산소 저장고의 역할을 한다.

적혈구의 수명은 약 4개월이어서 적혈구가 파괴될 때 철은 간과 비장에 헤모시더린과 페리틴으로 저장되거나 새로운 헤모글로빈의 합성을 위해 골수로 돌아간다. 적혈구 속의 아미노산은 혈액에 방출되어서 새로운 단백질 합성에 쓰이거나 에너지로 이용된다. 헤모글로빈에서 철이 제외된 헴 그룹은 빌리루빈으로 바뀌어서 간으로 운반되어 담즙의 형태로 배설된다.

(2) 효소와 보조인자로 작용

미토콘드리아에서 철을 함유하는 시토크롬(cytochrome)은 에너지를 저장하는 기능을 하고, 간의 cytochrome P-450체계는 불용성 약물을 수용성으로 바꾸어 담즙으로 배설시키는 역할을 한다. 철은 또한 β-카로틴을 활성 비타민 A로 전환하거나, 퓨린(purine) 합성, 카르니틴(carnitine) 합성, 콜라겐 합성 시에 보조인자로 쓰인다.

(3) 면역기능

적절한 철 섭취는 정상적인 면역 기능을 위해 꼭 필요하다. 철 과다와 부족 둘 다 면역 반응에 변화를 가져온다. 철 결핍은 체액성과 세포성 면역에 영향을 미친다. 철 결핍 시 순환하는 T 림프구 농도가 줄고 유사분열촉진 반응이 손상되며 자연살해세포 활성 및 인터루킨-2(IL-2) 산출이 감소한다. 한편, 박테리아는 철을 필요로 하기 때문에 정맥에 철을 과다 투여하면 감염 위험이 높아진다. 혈액의 트랜스페린과 모유의 락토페린(lactoferrin)은 철이 해로운 미생물에 이용되지 않도록 막아서 신체를 감염으로부터 보호한다.

(4) 인지능력

철은 중추신경의 정상 기능을 위해 필요한 신경 전달 물질과 미엘린(myelin)의 합성과 기능에 관여한다. 빈혈인 유아는 주의 집중, 학업 성적, 기억력이 정상아보다 떨어지고, 이때 철을 보충시키면 학업 성적이 올라간다는 보고가 있다.

4 영양 상태 평가 지표

철 영양 상태는 [표 13-3]처럼 여러 가지 방법으로 평가할 수 있다.

【표 13-3】 철 영양 상태 평가 지표들

철 상태 평가 지표	특징
혈청 페리틴	체내 저장철의 크기에 비례
총 철결합능	혈청 트랜스페린에 결합할 수 있는 철의 양
혈청트랜스페린 포화도	철과 포화되어 있는 혈청 트랜스페린 비율: 혈청 철/총 철결합력×100
적혈구 프로토포피린	• 헴의 전구체 • 철 부족 시 프로토포피린 형태로 적혈구에 축적
혈청 트랜스페린 수용체	• 철이 필요할 때 세포 표면에 트랜스페린 수용체 발현 • 철 부족 시 세포 표면의 수용체 수 증가와 함께 혈청의 용해성 트랜스페린수용체도 평행하게 증가
헤모글로빈	혈액의 산소운반능력 지표
헤마토크리트	혈액에서 적혈구가 차지하는 비율
적혈구지수	평균적혈구 용적(MCV), 평균적혈구혈색소(MCH)

철 결핍은 3가지 단계로 진행된다[그림 13-4, 표 13-4].

1단계: 저장철 고갈 단계로 체내 저장철이 고갈되어 혈청 페리틴이 감소하고(<12 μg/L), 총철결합력은 증가한다(>400 μg/dL).

2단계: 기능적인 철 결핍 초기 단계로 조혈에 필요한 철 함량은 부족하지만 임상적인 빈혈 증세는 없는 단계이다. 이 단계에서는 트랜스페린 포화도가 감소하고(<16%), 헴 합성에 필요한 철이 부족해서 헴 전구체인 프로토포피린이 적혈구에 축적되어 농도가 높아진다(>70 μg/dL).

3단계: 철 결핍의 마지막 단계는 철 결핍 빈혈 단계로 적혈구 헤모글로빈 농도가 감소하고(남자 <13 g/dL, 여자 <12 g/dL), 적혈구의 크기인 평균 적혈구 용적(MCV)이 감소한다(<80fL).

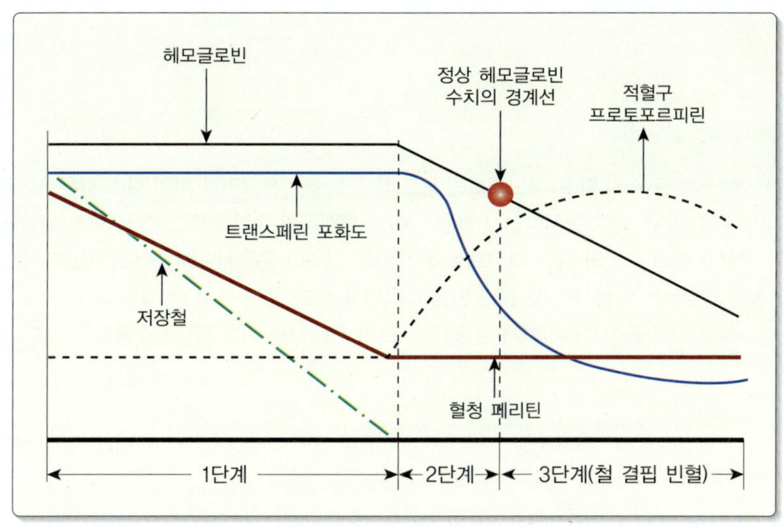

【그림 13-4】체내 철 감소에 따른 평가 지표의 변화

【표 13-4】철 결핍 세 단계와 지표들

철 상태 평가 지표	특징	진단 범위
1단계: 저장고 고갈	혈청 페리틴 농도 총철결합력	<12 μg/L >400 μg/dL
2단계: 기능성 철 결핍 초기(빈혈은 아님)	트랜스페린 포화도 적혈구 프로토포피린 혈청 트랜스페린 수용체	<16% <70 μg/dL 적혈구 >8.5 mg/L
3단계: 철 결핍 빈혈	헤모글로빈 농도 평균 적혈구 용적(MCV)	<130 g/L(남자) <120 g/L(여자) <80 fL

출처: Lee & Nieman. Nutritional assessment. 6th ed. 2013.

철 결핍은 모든 영양 결핍 중 가장 흔하게 나타난다. 철 결핍 빈혈이 나타나기 쉬운 집단은 만 2세 이하의 유아, 청소년기와 가임기 여성을 들 수 있다. 철 결핍으로 발생하는 빈혈은 적혈구의 크기가 작고 혈색소의 농도가 적은 소적혈구성, 저색소성 빈혈(microcytic, hypochromic anemia)이다.

빈혈 증상으로는 피곤함, 두통, 짜증, 의기소침 등을 들 수 있다. 겉으로 보기에 창백하고 피곤하게 보이며, 호흡곤란, 두근거림, 운동수행능력의 감소가 나타난다. 또한 추위에 약해지고 위장장애가 나타나며, 혀가 부풀고, 위산분비가 부족하며, 변비와 설사 등이 나타나고, 지적 수행력이 감소되며 면역력도 약화된다.

알아두기 13-1

■ **운동성 빈혈**(sports anemia)

심한 훈련 시에 적혈구 수의 감소, 헤모글로빈 농도의 감소, 헤마토크리트 치의 감소 같은 일시적인 운동성 빈혈이 나타날 수 있다. 이런 일시적인 빈혈은 아마도 혈액량의 증가로 인한 혈액 희석 효과와 혈관 내 용혈로 인한 적혈구 분해 속도의 증가 때문으로 생각된다. 그러나 운동선수들 중에도 평상시 철 섭취량이 소모량보다 적을 경우에는 만성적인 철 결핍 빈혈이 나타날 수도 있다. 특히 철 결핍 확률이 높은 선수는 장거리 육상 선수, 여자 운동선수, 그리고 채식을 하는 운동선수들을 들 수 있다.

---

6 과잉증

철을 과다하게 섭취하면 변비, 메스꺼움, 구토, 복통 같은 위장장애가 나타난다. 철을 지나치게 섭취하거나 자주 혈액을 수혈받으면 페리틴이 포화된 후에 헤모시더린이 생성되는데, 이는 페리틴과 유사하지만 철을 더 많이 함유하고 매우 불용성이다. 많은 양의 철이 헤모시더린에 축적되면 철침착증(siderosis) 또는 혈철증(hemosiderosis)이 나타나고, 조직 손상으로 이어지면 혈색소증(hemochromatosis)이라고 부른다. 이 경우 혈청, 간, 비장 등에 철이 지나치게 쌓이고, 조직 내 페리틴 수준이 증가하고 혈청 트랜스페린 농도가 증가하며, LDL-콜레스테롤이 산화되어 심장 질환이 야기될 수 있다. 혈액 철 농도가 너무 증가하면 미생물 성장을 촉진시켜 감염 위험도도 높아진다. 한편, 유전적으로 철을 지나치게 흡수하는 유전적 혈색소증(hemochromatosis) 때문에 철 과잉이 나타날 수도 있다.

7 철 섭취기준과 급원식품

우리나라의 철 필요량은 요인 가산법에 의해 기본 손실량에 월경혈 손실량, 임신 시 태아 성장으로 인한 증가량, 성장기의 혈액 증가량, 조직철과 저장철의 증가 등 성별, 연령별 생리적 특성에 따라 필요한 양을 추가해 정한다. 철 흡수율은 6~11개월 영아는 13%, 임신부는 14%를 적용하고, 그 외 연령층은 12%를 적용하였다. 19~49세 성인의 철 평균필요량은 남녀 각각 8 mg과 11 mg이고, 권장섭취량은 각각 10 mg과 14 mg이며, 임신부의 경우 10 mg이 추가로 권장된다. 철 권장섭취량이 가장 높은 연령은 여자 12~14세로 16 mg이고, 그 다음은 12~18세 남자와 15~49세 여자로 14 mg이 권장된다. 철의 상한섭취량은 위장 장애를 독성 종말점으로 적용하여 영아부터 14세까지는 40 mg, 15세 부터는 전 연령에 걸쳐 45 mg/일로 정하였다.

철이 많이 들어있는 식품은 [표 13-5]와 같다. 식품의 철은 헴철과 비헴철의 두 가지 형태로 들어있다. 헴철은 육류, 가금류, 생선에 많고, 비헴철은 곡류, 과일, 채소, 두부 등의 식물성 식품과 유제품 및 달걀에 들어있다. 달걀의 철은 주로 노른자에 있는데, 이 중 2%만이 체내로 흡수된다. 반면, 닭고기에 들어있는 철은 약 30%가 흡수된다. 때때로 건포도나 그 밖의 말린 과일이 철의 급원으로 권장되는데, 실제로는 말리기 전에 함유된 만큼만 들어있고 말린 상태여서 칼로리 함유량도 높다는 것을 고려해야 한다.

【표 13-5】 한국인 대표식품 1인 1회 분량 중의 철 함량

식품명	1인 1회분량 (g)	철 함량 (mg)	식품명	1인 1회분량 (g)	철 함량 (mg)
달래	25	19.3	냉이	70	2.9
재첩	80	16.8	부추	70	2.4
바지락(양식)	80	10.6	멸치(마른 것)	15	2.4
가죽나물	70	9.0	꽃게	80	2.4
무청	70	8.1	고춧잎	70	2.3
감자	140	5.9	찹쌀	90	2.0
새우	80	5.9	근대	70	1.8
꼬막	80	5.4	시금치	70	1.8
홍합	80	4.9	달걀	60	1.7
돼지고기(살코기)	60	3.8	검정콩(서리태)	20	1.6
쇠고기(우둔)	60	3.5	파래(마른 것)	6	1.0
굴	80	3.0	키위	100	1.0
쑥	70	3.0	미역(마른 것)	6	0.6

*성인 19~29세 1일 철 권장섭취량: 남자 10 mg, 여자 14 mg

**자료: 보건복지부, 한국영양학회. 한국인 영양소 섭취기준, 2015; 농촌진흥청 국립농업과학원. 식품성분표. 2011

8 영양실태

만 1세 이상 국민의 철 섭취량은 2009년 13.5 mg에서 2013년 17.8 mg(남자 20.3 mg, 여자 15.3 mg)으로 증가하였고, 평균필요량 미만 섭취자의 분율은 2009년 34.3%에서 2013년 15.1%로 감소하였다. 그러나, 10~18세 남녀와 19~29세 여성의 경우 평균필요량 미만 섭취자 분율이 각각 44%와 39%로 매우 높았다(질병관리본부, 2014). 10세 이상 국민의 빈혈 유병률은 남자 2.5%, 여자 11.6%로 여자가 남자에 비해 4.5배 정도 높았다. 한편, 남자는 70세 이상에서 11.1%, 60~69세는 5.7%의 빈혈 유병률을 보였고, 여자는 40~49세 18.6%, 70세 이상 18.0%, 30~39세 16.5%의 순으로 빈혈 발생률이 높았다.

02. 아연 Zn

1 분 포

아연은 체내에 약 2~3g 정도 들어있는데, 간, 췌장, 신장, 뼈, 근육에 많이 들어있고, 혈액에서는 주로 적혈구에서 CO_2를 HCO_3^-로 바꾸는 탄산탈수효소(carbonic anhydrase)의 구성 성분으로 쓰인다. 혈장 아연은 혈액 아연의 12~22%를 차지하는데 다른 조직으로 운반될 수 있는 아연이고, 질병과 식사섭취량의 변화에 따라 변하며 체내 아연 상태를 측정하는데 이용된다.

2 흡수와 대사

(1) 흡 수

아연은 소장에서 흡수되는데 확산과 운반체에 의한 능동적 수송의 두 가지 방법이 다 사용된다. 아연 섭취량이 많을 때에는 확산을 통해, 아연 섭취량이 적을 때에는 운반체(ZIP4, zinc transporter 4)에 의해 흡수된다[그림 13-5]. 아연이 미세융모를 통해 장세포로 들어오면 소장세포 내에서 사용되거나 메탈로티오네인(metallothionein)에 붙어서 저장되거나, 또는 CRIP(cysteine-rich intestinal protein) 단백질에 붙어 기저막으로 이동된다. 기저막을 빠져 나갈 때는 ZnT(zinc transporter)에 의해 빠져나가고, 혈액에서는 주로 알부민에 의해 간으로 운반된다.

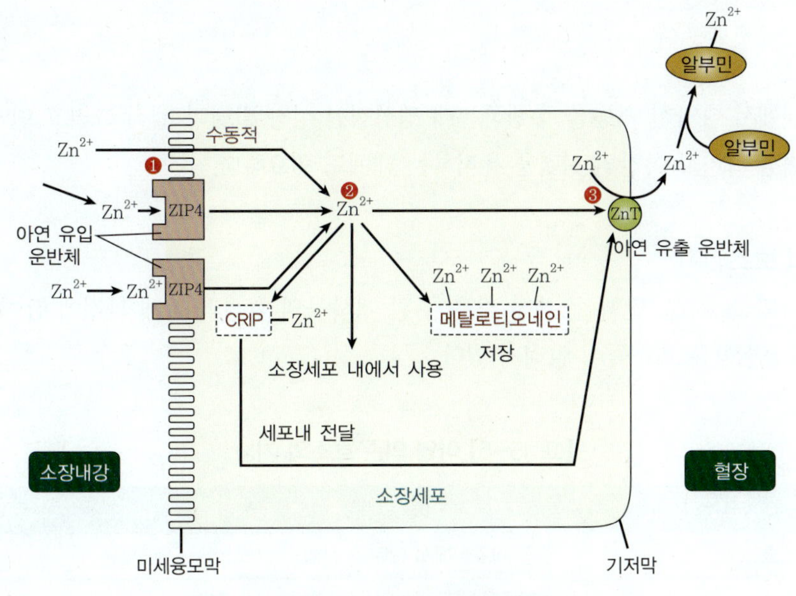

【그림 13-5】 **아연의 흡수과정**

메탈로티오네인은 아연 흡수의 항상성을 조절하는 단백질로 장세포내 아연에 의해 합성이 촉진된다. 체내에 아연이 많이 축적되어 있으면, 많은 양이 그냥 메탈로티오네인에 결합되어 있다가 장벽세포가 낡아서 대변으로 배출될 때 같이 배출되고, 체내 아연량이 적으면 쉽게 메탈로티오네인에서 CRIP로 옮겨가 혈액으로 운반된다. 일반적으로 식이 아연의 약 20%가 흡수된다. 육류, 간, 달걀, 해산물에 든 아연은 채소나 곡류의 아연보다 더 효율적으로 흡수된다.

여러 인자들이 아연 흡수에 영향을 미친다. 특히 식사 내 피틴산 함량은 아연의 생체이용률에 큰 영향을 미쳐 아연 흡수율이 10~50%까지 달라질 수 있다. 한국인의 식사는 피틴산과 아연의 몰(mol)비율이 약 10이어서, 식사의 아연 흡수율을 40%로 간주하고 있다.

과량의 칼슘, 철, 구리, 카드뮴 섭취 시에는 아연 흡수율이 감소한다. 크론 질병(Crohn's disease)이나 췌장부전 등 장 질환이 있을 때에도 아연 흡수가 손상된다. 한편, 단백질, 시트르산(구연산), 피콜린산 등은 아연 흡수를 촉진한다. 구연산과 피콜린산은 모유에서 발견되는데 이는 모유에 든 아연의 효율이 우유보다 높은 것과 관련이 있다.

(2) 전달과 배설

흡수된 아연의 약 30~40%는 간으로 가고 나머지는 체내의 다른 기관과 조직에 분배된다. 하루에 1,000~5,000 μg의 아연이 대변으로 배설되고, 소변을 통해 약 300~500 μg이 배설된다.

3 기능

아연은 체내에서 다양한 기능을 수행하는데 정상적인 성장 발달과 생식 그리고 면역에 꼭 필요하고, 식욕, 미각 그리고 야간의 시력을 유지하는 데에도 필요하다.

(1) 효소의 보조인자

아연은 탄수화물, 지질, 단백질, 핵산 같은 주된 대사물의 합성과 분해 과정에 참여하는데 200여종 이상의 아연 함유 효소들이 알려져 있다.

【표 13-6】 아연 의존 효소와 기능

효소	기능
알코올 탈수소효소	간 세포질에서 에탄올 산화
젖산 탈수소효소	피루브산과 젖산의 산화 환원 상호 전환
알칼린 인산분해효소	골격의 무기질화
안지오텐신 전환효소	안지오텐신 I을 II로 전환
탄산탈수효소	혈액의 CO_2 농도와 pH 조절을 위해 CO_2와 물을 탄산으로 상호 전환
피루브산탈수소효소	미토콘드리아 내에서 피루브산을 아세틸 CoA로 전환
DNA & RNA 중합효소(polymerase)	DNA 복제와 전사
슈퍼옥사이드 디스뮤타아제(SOD)	세포질 항산화제
아스파트산 카바모일기전달효소	피리미딘 합성
카르복시펩티다아제	단백질 소화
인산에스테르분해효소	인산에스테르결합(핵산) 분리
과당 1,6-이인산분해효소	포도당 신생
루코트리엔 가수분해효소	에이코사노이드 대사
엘라스타제	결합조직 엘라스틴의 소화
역전사효소(reverse transcriptase)	DNA 복제
거스틴(gustin)	미각

*자료: Medeiros & Wildman, Advanced nutrition, 2012

(2) 유전자 발현

아연은 핵에 많이 들어있어서, DNA, RNA 구조를 유지, 복제하고, 단백질 합성을 위해 유전 정보를 이용하는 데 필요하다. 아연은 또 DNA에서 RNA를 전사하는데 필요한 특정 DNA-결합단백질(zinc finger)의 구조를 안정화시키는 데에도 필요하다.

(3) 지방 대사

아연은 콜레스테롤의 전달과정에 관여하고, 세포막 지방의 안정성을 유지하는데 필요하며 장쇄 지방산의 합성에도 필요하다.

(4) 탄수화물과 호르몬 대사

아연 결핍은 내당능 손상과 관련이 있는데 이는 지방 조직으로의 포도당 유입에 영향을 주기 때문으로 알려져 있다. 아연은 이외에도 성장호르몬, 성호르몬, 갑상선 호르몬, 프롤락틴, 코티코스테로이드 등과도 상호 작용을 한다.

(5) 면역 기능

아연은 면역체계의 정상적인 발달과 유지를 위해 필요하다. 아연은 감염의 위험률을 낮추기 때문에 나이가 많거나 병든 사람들의 경우에 특히 충분한 양의 아연이 필요하다.

4 영양 상태 평가

체내 아연 상태는 다양한 방법으로 판정된다. 가장 보편적으로 이용되는 방법은 혈장 또는 혈청 아연 수준이고, 혈장 메탈로티오네인의 함량을 재면 아연이 얼마나 흡수되는가를 알 수 있다. 혈액 외에 머리카락에 함유된 아연량은 장기간의 아연 상태를 반영한다. 머리카락 아연 농도가 낮은 아이들에게 아연을 보충하면 성장속도가 증가되었다는 보고가 있다.

5 결핍증

인체의 아연 결핍은 1960년대 중동 지역의 남자 어린이에서 처음 보고되었는데, 아연 결핍 시 성장 지연, 성적 성숙 손상, 면역력 저하, 피부염, 탈모, 미각 상실, 야맹증 등이 발생할 수 있다.

심한 아연 결핍 증상으로는 유전적으로 나타나는 장성말단 피부염(acrodermatitis enteropathica)을 들 수 있다. 이 경우 아연 흡수 불량으로 인해 피부염이 심하게 나타나고, 탈모, 설사, 간헐적으로 박테리아와 이스트 감염이 나타나며 치료받지 않으면 사망하게 된다. 이런 증상은 일반적으로 모유에서 우유로 이유하는 시기에 처음 발견되는데 하루에 30~50 mg의 충분한 아연을 공급하면 치유가 가능하다.

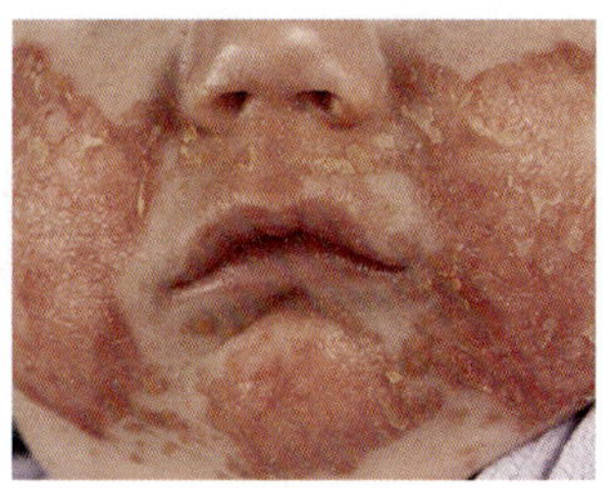

【그림 13-6】 아연결핍 증상

6 과잉증

식품으로 아연을 섭취하는 경우에는 부작용이 나타나지 않지만, 아연 보충제를 지나치게 섭취하면 독성 증상이 나타날 수 있다. 보충제 과다 섭취 시 가장 먼저 나타나는 증세는 적혈구 슈퍼옥사이드 디스뮤타아제(superoxide dismutase) 활성의 감소를 들 수 있다. 만성 아연 독성 시에는 구리와 철 결핍, 빈혈, 면역 반응 손상도 나타난다. 만성 아연 독성 시 혈액 HDL-콜레스테롤 농도가 감소되어 동맥 경화를 유발할 가능성이 있다는 보고도 있다. 아연 도금을 한 용기를 이용해 음식을 하거나, 산업 공해물 오염으로 인해 급성 아연 중독(>200 mg/일)이 발생할 경우에는 복통, 구토, 설사, 무기력, 근육통, 열 등이 나타날 수 있다.

7 아연 섭취기준과 급원 식품

우리나라 성인의 아연 권장섭취량은 요인가산법을 이용하여 위장관을 통한 내인성 손실량과 위장관 이외 경로인 소변, 피부, 정액, 또는 월경을 통한 손실량 요인을 합하여 이를 보충할 수 있는 양으로 평균 필요량을 구하고, 개인 간의 변이계수를 추가해 권장섭취량을 정하였다. 19~49세 성인의 권장섭취량은 남자 10 mg, 여자 8 mg이고, 임신부와 수유부는 각각 2.5 mg과 5 mg을 추가하도록 하였다.

아연의 상한섭취량은 아연을 과량으로 섭취할 때 구리대사 평형이 저해되는 지점을 독성 종말점으로 하여 19세 이상 성인의 상한섭취량은 35 mg으로 정하였다.

다양한 동식물성 식품에 아연이 들어있는데[표 13-7], 일반적으로 동물성 식품의 아연 흡수율이 더 높다. 아연의 대표적인 급원은 굴이고, 그밖에 해산물, 육류, 잡곡 등을 들 수 있다. 곡류의 경우 껍질 부분에서 많이 발견되고, 과일과 채소에는 아연이 거의 들어있지 않다.

한국인의 영양 실태조사에서 20대 남자 성인의 경우 1일 평균 8.7~10.2 mg, 여자 성인은 7.2~12.8 mg의 아연을 섭취하는 것으로 보고되었다.

【표 13-7】 한국인 대표식품 1인 1회 분량 중의 아연 함량

식품명	1인 1회 분량(g)	아연 함량 (mg)	식품명	1인 1회 분량(g)	아연 함량 (mg)
굴	80	10.6	고사리	70	1.0
오징어	80	4.3	죽순	70	0.9
조개	80	3.4	완두콩	20	0.8
꽃게	80	3.0	닭고기, 오리고기	60	0.8
쇠고기	60	2.6	달걀	60	0.8
잡곡(조, 기장, 수수)	90	2.4	잣	10	0.7
꼬막	80	1.8	검정깨	5	0.3
삼겹살	60	1.4	호두	10	0.3
새우	80	1.4	땅콩	10	0.2
문어	80	1.3	건미역	6	0.2
옥수수	70	1.2	들깨	5	0.2
돼지고기	60	1.1	김	2	0.1

*성인 19~29세 1일 아연 권장섭취량: 남자 10 mg, 여자 8 mg

**자료: 보건복지부, 한국영양학회. 한국인 영양소 섭취기준, 2015; 농촌진흥청 국립농업과학원. 식품성분표. 2011

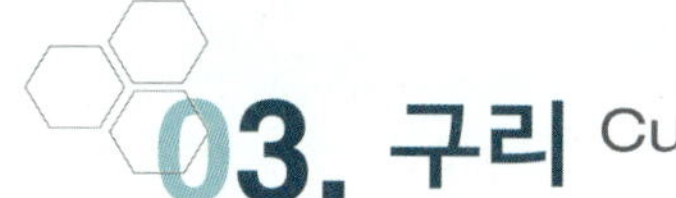

03. 구리 Cu

1 분포

체내에 들어있는 구리의 양은 100~150 mg인데 주로 간, 뇌, 심장, 신장에 많이 들어있다.

2 흡수와 대사

(1) 흡수

구리는 주로 소장에서 흡수되고, 소장 장막을 빠져나갈 때에는 주로 능동적 운반을 통해 이동하는데 촉진 확산도 일어날 수 있다. 흡수되는 단계마다 구리 이온과 다른 2가 이온들 사이에 경쟁이 일어난다. 구리 이온은 소장 세포 안에서 아연이나 다른 이온들보다 메탈로티오네인과 결합력이 더 높다. 구리의 흡수 정도는 장점막 세포의 메탈로티오네인의 양에 의해 조절되는데 이 경우 메탈로티오네인은 구리 흡수를 억제하는 역할을 한다. 구리가 흡수되는 양은 25~60%로 다양하다. 철이나 비타민 C를 많이 섭취하는 경우 구리의 흡수율이 줄고, 섬유소나 피틴산은 구리 흡수에 별 영향을 미치지 않는다.

혈액에서 구리는 주로 알부민에 연결되어 간으로 전달된다. 간에서 구리는 주된 배설 경로인 담즙의 구성 성분이 되거나 구리 함유 효소인 세룰로플라스민(celuroplasmin)의 합성에 이용되어 다시 혈액으로 방출된다.

혈청 구리의 60~90%는 세룰로플라스민 속에 들어있는데 한 분자에 6개의 구리를 함유하고 있어서 여러 조직으로 구리를 수송하는데 중요한 역할을 한다. 혈청 구리 농도는 간에 저장된 구리를 사용해서 늘 일정하게 유지되므로 구리 상태를 판정하는 좋은 지표가 되지는 못한다. 구리는 주로 대변으로 배설되며 그 내용물은 식사에서 흡수되지 않은 구리, 담즙 구리, 낡은 장벽세포의 구리를 포함한다.

3 기능

구리는 여러 효소의 구성성분으로 주로 산화환원반응에 관여한다[표 13-8].

【표 13-8】 구리 결합 효소나 단백질의 기능

효소	기능
철 운반	세룰로플라스민(ferroxidase I)
항산화작용	Cu,Zn-superoxide dismutase(SOD1), 세룰로플라스민, 메탈로티오네인
구리 운반	세룰로플라스민, 알부민
결합조직 형성	라이실 산화효소(lysyl oxidase)
전자 전달	시토크롬 C 산화효소
혈액응고	혈액응고인자 V, VIII
1차 아민의 탈아미노화	아민 산화효소
신경 펩타이드의 α-아민화	peptidylglycine 모노산소첨가효소
멜라닌 색소생성	티로시나아제(tyrosinase)
카테콜아민(신경전달물질) 대사	도파민 β-모노산소첨가효소
페닐알라닌의 티로신으로의 산화	페닐알라닌 수산화효소
금속 해독	글루타티온

*자료: Harvey & McArdle, Br J Nutr 99(S3):S10-13, 2008

(1) 세룰로플라스민 효소로 철과 구리 운반

구리는 다기능 효소의 일종인 세룰로플라스민의 구성성분인데, 혈액에서 구리를 전달하고, 다양한 산화효소로 작용하며, 항산화제로도 사용된다. 세룰로플라스민은 철산화효소(ferroxidase I)로도 작용해 철 이온을 2가에서 3가 이온으로 산화시켜서 철이 트랜스페린에 연결되어 필요한 곳으로 이동되도록 한다. 즉, 세룰로플라스민이 철의 흡수와 이동을 도와 헤모글로빈 합성 시 철이 잘 들어갈 수 있도록 한다.

(2) 라이실 산화효소로 결합조직 형성

구리를 함유하는 라이실 산화효소(lysine oxidase)는 결합 조직 단백질인 콜라겐과 엘라스틴의 라이신(lysine) 가교결합을 형성해서 심장순환계의 결합 조직을 정상으로 유지시킨다.

(3) 사이토크롬 C 산화효소로 ATP 생성에 관여

미토콘드리아의 전자 전달계에서 구리를 함유하는 효소인 사이토크롬 C 산화효소(cytochrome C oxidase)의 구성 성분으로 쓰여서 ATP 생성에 관여한다.

(4) 슈퍼옥사이드 디스뮤타아제(SOD)로 항산화기능

혈액에서 골수로 전달된 구리는 항산화효소인 슈퍼옥사이드 디스뮤타아제(superoxide dismutase, SOD)를 합성해서 산화제와 자유 라디칼로부터 신체를 보호하는 역할을 한다. 적혈구에는 핵이 없기 때문에 새로 SOD를 합성할 수가 없다. 따라서 적혈구 SOD의 농도는 만성 구리 상태의 지표로 이용된다.

(5) 멜라닌과 신경전달물질 합성

구리는 멜라닌과 뇌의 신경전달물질인 노르에피네프린과 도파민 합성 효소의 보조 인자로 작용한다.

４ 영양 상태 평가

구리 영양 상태의 지표로 혈장 구리 농도가 가장 많이 사용되지만, 잘 조절이 되므로 단기간의 구리 결핍을 반영하지는 못한다. 심한 구리 결핍 시에는 혈장 세룰로플라스민이 감소하므로 중등도의 구리 결핍 지표로 활용될 수 있다. 혈소판 구리 농도는 다른 지표들보다 최근의 구리 섭취량을 신속하게 반영한다. 구리 섭취량이 적을 때에는 소변의 구리 농도도 감소한다. 구리와 결합하는 적혈구 SOD(Cu/Zn SOD), 혈소판 시토크롬 C 산화효소 등이 구리 영양 상태의 지표로 사용되기도 한다.

구리 결핍 증상은 빈혈, 호중구 감소증, 탈무기질화로 인한 골격 비정상화를 들 수 있다. 다른 변화들은 골막하 출혈, 머리카락과 피부 탈색, 엘라스틴 형성 손상 등이 있다. 조혈 작용 부전과 뇌 손상이 나타나면 사망을 초래할 수 있다. 구리는 임신 말기에 태아에게 축적되므로 미숙아의 경우 특히 구리 결핍이 발생하기 쉽다. 성인의 경우 구리 결핍은 매우 드물게 발생한다.

Menke's disease 또는 kinky-hair syndrome은 열성 유전 결함으로 구리 흡수 불량, 소변으로의 구리 배설 증가, 비정상적인 세포내 구리 전달 등으로 인해 조직과 세포에 비정상적인 구리 분포를 갖게 된다. 이런 유전 결함을 가진 영아는 성장 지연과 정신 손상 등으로 몇 달 안에 사망하는데, 장애의 많은 부분이 콜라겐과 엘라스틴의 교차 결합이 되지 않아 나타나는 결과이다.

6 과잉증

식품 섭취를 통해 구리 독성이 나타나기는 어렵지만, 구리 보충제의 과다 복용이나 농작물에 과다 사용시 독성이 나타날 수 있다. 급성 구리 중독 시 적혈구 파괴로 인한 빈혈, 신 세뇨관 손상, 그리고 간 손상이 나타난다. 정상보다 10배 이상의 구리염을 섭취하면 메스꺼움과 구토가 유발된다.

만성 구리 독성은 윌슨씨 병(Wilson's disease)같은 유전 질환에서 나타나는데, 간의 세룰로플라스민 합성 부족으로 지나친 양의 구리가 체조직에 쌓이게 된다. 이 질환은 구리를 담즙으로 배설할 수가 없어서 간, 뇌, 신장, 각막 등에 구리가 축적되어 갈색이나 녹색 원이 나타난다. 체내 구리의 양을 줄이기 위해 구리와 결합체를 형성하는 페니실린 계통의 페니실아민을 사용하고, 철저한 채식 식사로 구리 섭취량을 줄이면 환자에게 도움이 될 수 있다.

7 구리 섭취기준과 급원식품

구리의 평균 필요량 추정은 구리 보충·고갈 실험에서 체내 구리 영양 상태를 반영하는 생화학적 지표들(혈청 구리 및 세룰로플라스민 농도, 적혈구 SOD 활성, 혈소판 구리농도와 시토크롬 C 산화효소 활성, 소변 구리 배설량)이 더 이상 감소하지 않는 섭취수준을 기준으로 19세 이상 남녀 성인의 평균필요량을 600 μg으로 정하고, 권장섭취량은 변이계수를 적용하여 800 μg으로 정하였다. 임신부와 수유부는 권장섭취량에 각각 130 μg과 480 μg을 추가로 섭취하도록 하였다. 구리의 상한섭취량은 건강한 성인에게 12주간 10 mg/일의 구리를 투여하여도 간에 유해한 영향이 나타나지 않았다는 결과를 토대로 1일 10 mg(10,000 μg)으로 정하였다.

구리는 식품 중에 다양하게 분포하는데 특히 우유를 제외한 동물성 식품에 많이 들어있다[**표 13-9**]. 우리나라 성인의 구리 섭취량은 권장섭취량의 136~177% 정도로 대부분 권장섭취량을 상회하는 것으로 보고되고 있다.

【표 13-9】 한국인 대표식품 1인 1회 분량 중의 구리 함량

식품명	1인 1회 분량(g)	구리 함량(μg)	식품명	1인 1회 분량(g)	구리 함량(μg)
소간	80	8,820	강낭콩(생 것)	20	170
새꼬막(생 것, 살무게)	80	5,040	들깨(마른 것)	5	120
꼬막(생 것, 살무게)	80	4,480	고춧잎(생 것)	70	120
호밀	90	770	딸기	150	100
기장	90	570	숙주나물	70	80
조	90	520	바나나	100	60
백미	90	410	호두(마른 것)	10	50
대두(검정콩)	20	290	느타리버섯	30	30
녹두	20	200	밀크초콜릿	30	20

*성인 19~29세 1일 구리 권장섭취량: 남녀 모두 800 μg
**자료: 보건복지부, 한국영양학회. 2015 한국인 영양소 섭취기준, 2015

04. 불소 F

1 흡수와 대사

불소는 뼈와 치아의 건강에 매우 중요한 음이온으로 골격은 평균 약 2.5 mg의 불소를 함유한다. 섭취된 불소의 약 80~90%가 체내에 흡수된다. 그 중 50%는 신장을 통해 배설되고, 나머지 50%가 뼈와 치아의 구조를 형성하는 데 쓰인다. 불소는 음식과 음료수의 섭취를 통해 신체에 들어오는 경로 외에도, 치약, 젤, 구강 청정제에 함유되어 입 속 에나멜 층의 불소 농도를 높여서 치아를 보호한다.

2 기 능

불소는 세 가지 기전을 통해 충치를 억제하고 뼈를 튼튼하게 유지하는데 사용된다.

① 뼈나 치아가 발달하는 과정에서 칼슘, 인과 함께 불화인회석(fluoroapatite)을 형성하는데, 이 화합물은 수산화인회석(hydroxyapatite)보다 산의 공격에 더 잘 대항할 수 있다.

② 불소는 충치 초기에 치아 표면을 재보수하고 재무기질화 하는 것을 촉진한다.

③ 불소는 구강에서 박테리아 세포의 산 생성을 방해함으로써 박테리아의 해로운 효과를 억제한다.

3 결핍증과 과잉증

불소 섭취량이 적으면 충치 발생률이 증가한다. 여러 연구에서 식수의 불소 함량이 적절한 지역(0.7~1.2 ppm)의 사람들이 식수 불소 함량이 적은 지역의 사람들보다 충치 발생률이 40~60% 줄어든다고 보고하였다. 한편, 식수에 불소가 너무 많이 함유된 지역(2~8 ppm 함유)은 불소증(fluorosis)이 발생한다. 만 8세 이하 어린이의 경우 치아 에나멜층이 발달되는 시기에 과량의 불소에 노출되면, 비가역적인 증상의 치아불소증(dental fluorosis)이 발생해 불투명한 치아, 황갈색 반점 등이 나타나고 심하면 치아가 부서지기 쉬운 형태로 되므로 이 시기(3~8세)에는 고농도의 불소 노출을 피해야 한다. 치아 불소증은 영구치가 나기 전에 잘 나타나고, 치아 발달이 끝난 후에는 치아불소증의 위험은 거의 없다. 대신 성인에서는 불소 과잉으로 골격에 불소가 침착되는 골격불소증(skeletal fluorosis)이 나타나 관절이 뻣뻣해지고, 골반과 척추의 골경화증이 나타나며, 근육쇠약, 신경 장애 증상까지 유발될 수 있다.

불소의 충치 예방효과는 0.5~1.0 mg/L(ppm)일 때 최대이며, 그 이상에서는 불소증의 위험이 있다. 충치 예방과 치아불소증을 유발하는 불소 섭취량의 폭이 좁아서 WHO에서는 수불화(음용수에 불소를 보충하는 것)를 권장하지만 UNICEF에서는 수불화 위험성을 우려하고 있다. 음용수에 1.5 ppm 이하의 불소 함유 시 충치 예방효과가 있고 위해 영향은 없지만, 1.5~3 ppm 함유 시에는 치아불소증 위험이 증가하고, 3~6 ppm에서는 골격불소증의 위험, 6 ppm 이상에서는 불소증 위험과 함께 각종 위해 변화가 발생할 수 있다.

4 불소 섭취기준과 급원 식품

불소의 경우 평균필요량을 추정하기에는 아직 설정 근거가 불충분하여 충분섭취량을 섭취기준으로 사용하였다. 음용수의 불소 농도가 다른 부작용을 초래하지 않으면서 충치를 예방할 수 있는 최적농도로 보고된 1 mg/L를 가진 지역에 사는 사람들이 음용수, 식품, 구강용품으로부터 섭취하는 체중당 불소섭취량이 0.05 mg/kg인 것을 기준으로 해서 19~29세 성인은 남녀 각각 3.5 mg과 3 mg, 30~49세는 남녀 각각 3.0 mg과 2.5 mg으로 충분섭취량을 정하였다. 상한섭취량은 8세까지는 치아불소증을 독성 종말점으로 하고, 9세 이상과 성인은 골격불소증을 독성 종말점으로 하여 정하였고, 19세 이상 성인의 경우 상한섭취량은 1일 10 mg이다.

불소의 주된 공급원은 음용수와 구강제품, 불소를 함유한 가공 식품 등이다. 해산물에도 불소가 많이 함유되어 있다. 우리나라에서 불소의 급원(음용수, 식품, 구강제품, 보충제)을 모두 포함해 불소 섭취량을 측정한 연구는 아직 없다. 2008~2012년도 국민건강영양조사 자료에 의하면, 19~49세 성인 남녀의 경우 식사로 0.089 mg과 0.06 mg을 섭취한 것으로 보고되고 있으나, 구강용품을 통한 불소섭취량 등은 산정되지 않았다. 불소는 식품을 통한 섭취보다 치약, 구강청결제, 불소첨가식수를 통한 섭취가 훨씬 많아 식사조사만으로 섭취량의 적절성을 판정하기는 어렵다.

【표 13-10】 한국인 대표식품 1인 1회 분량 중의 불소 함량

식품명	1인 1회 분량(g)	불소 함량(㎍)	식품명	1인 1회 분량(g)	불소 함량(㎍)
새우	80	5.76	바나나	100	0.52
고등어	60	4.32	사과	100	0.52
오징어	80	4.00	닭고기	60	0.42
갈치	60	3.90	밀	90	0.37
돼지고기	60	3.12	배	100	0.34
쇠고기	60	3.01	고추	70	0.26
쌀	90	1.50	콩	20	0.19
달걀	60	0.72	도라지	25	0.15
고구마	70	0.63	미역	30	0.14
키위	100	0.52	아몬드	10	0.09
귤	100	0.52	바다소금	5	0.07

*성인 19~29세 1일 불소 충분섭취량: 남자 3.5 mg, 여자 3.0 mg
**자료: 보건복지부, 한국영양학회. 2015 한국인 영양소 섭취기준, 2015

05. 망간 Mn

1 흡수와 대사

정상 성인의 경우 체내에 약 10~20 mg의 망간이 들어있는데, 췌장, 뼈, 간, 신장 등에 농축되어 있다. 망간은 소장에서 흡수되는데 철 및 코발트와 흡수 부위를 공유해서 경쟁적으로 흡수되고, 흡수 효율이 매우 낮아 흡수율이 3~4%에 불과하다. 철을 많이 섭취하면 망간의 흡수 효율이 낮아진다. 망간은 주로 담즙을 통해 대변으로 배설되고 소변으로는 거의 배설되지 않는다.

2 기능

망간은 효소 또는 조효소의 구성성분으로 미토콘드리아에서의 에너지 방출, 지방산과 콜레스테롤 합성, 탄수화물 대사, 간에서의 지방 방출 등에 관여한다. 망간을 함유하는 효소로는 뇌 신경전달물질의 활성화에 필요한 글루타민 합성효소(glutamine synthetase), 포도당신생합성에 관여하는 피루브산 카르복실화효소(pyruvate carboxylase), 항산화효소인 미토콘드리아 슈퍼옥사이드 디스뮤타아제(superoxide dismutase) 등을 들 수 있다. 망간은 골격과 연결 조직의 정상적인 발달을 위해서도 필요하다.

3 결핍증

신생아기에 망간이 결핍되면 성장지연, 비정상적 골격 형성, 피부염, 신경 독성이 유발될 수 있다. 성인의 경우 망간 결핍은 드물지만, 발생 시 신경망 결손, 행동장애, 운동 실조, 혈중 HDL 감소, 내당능 손상 등이 나타날 수 있다.

4 과잉증

망간 섭취 과잉증은 식사를 통한 과다 섭취보다는 탄광, 용접, 건전지 생산 공장과 같은 작업 환경에 장기간 노출될 때 발생한다. 망간은 위장관에서 철과 2가 이온운반체를 공유하기 때문에 철이 결핍된 사람은 망간 독성이 나타나기 쉽지만, 고단백식사는 망간 독성을 억제하는 효과가 있다. 만성 망간 독성 시 혈중 망간 수준의 상승과 함께 간과 중추신경계에 망간이 많이 축적되어 파킨슨 병과 유사한 증상을 보이는데, 근육통, 떨림, 기억력 저하, 반사 능력 감소 등의 신경 독성과 운동 장애가 동반된다. 영유아기 때 망간에 과잉 노출되면 학습능력이 손상되고, 신경발달에 영향을 줄 수 있다.

5 망간 섭취기준과 급원식품

망간은 아직 평균필요량을 설정할 수 있는 과학적 근거가 부족하여 충분섭취량을 제시하였다. 망간의 충분섭취량은 2008~2012년도 국민건강영양조사의 망간 섭취량 중앙값을 근거로 19세 이상 성인 남녀 각각 4.0 mg과 3.5 mg으로 하였고, 상한섭취량은 망간의 독성 증세가 나타나지 않는 최대무해용량을 근거로 남녀 모두 11 mg으로 정하였다.

망간의 주된 공급원은 전곡류, 종실류, 차, 잎채소 등의 식물성 식품이어서, 우리나라 사람들이 서구인들보다 섭취량이 많은 편이다[**표 13-11**].

【표 13-11】 한국인 대표식품 1인 1회 분량 중의 망간 함량

식품명	1인 1회 분량(g)	망간 함량(mg)	식품명	1인 1회 분량(g)	망간 함량(mg)
현미	90	5.85	들깨	5	0.25
미나리	70	2.90	표고버섯(마른 것)	10	0.22
고사리	70	1.80	참깨	5	0.15
쌀	90	1.70	깻잎	70	0.14
파	70	1.50	감자	140	0.14
부추	70	1.30	고구마	70	0.14
대두(검정콩)	20	1.20	땅콩	10	0.13
딸기	150	0.80	녹차	3	0.13
밤	60	0.70	김	2	0.10
강낭콩	20	0.70	시금치	70	0.07

*성인 19~29세 1일 망간 충분섭취량: 남자 4 mg, 여자 3.5 mg
**자료: 보건복지부, 한국영양학회. 한국인 영양소 섭취기준, 2015; 농촌진흥청 국립농업과학원. 식품성분표. 2011

06. 요오드 |

1 분포

신체는 15~30mg의 요오드를 함유하는데, 체내 요오드의 75% 이상이 갑상선에서 갑상선 호르몬의 합성에 이용된다. 나머지는 몸 전체에 퍼져있는데 주로 타액, 유선, 위 점막 그리고 신장에 들어있다.

2 흡수와 대사

섭취한 요오드의 대부분은 요오드 이온(I⁻) 형태로 소장에서 흡수되고, 혈액에서 갑상선을 비롯한 체내 필요한 곳에 분배된다. 갑상선으로 들어온 요오드 이온(I^-)은 요오드(I)로 산화되어 요오드 저장 단백질인 갑상선 글로불린(thyroglobulin)의 티로신기에 결합한다.

시상하부는 혈액의 갑상선 호르몬 농도가 낮아지면 갑상선자극호르몬 방출 호르몬(thurotropin-releasing hormone, TRH)을 혈장으로 방출한다. TRH는 뇌하수체가 갑상선자극호르몬(thyroid-stimulating hormone, TSH, thyrotropin으로도 불림)을 혈장으로 방출하도록 자극한다. TSH는 갑상선으로 가서 갑상선 글로불린으로부터 요오드 함유 티로신기를 자르는 효소의 산출을 자극해서 갑상선 호르몬을 만든다. 갑상선 호르몬이 증가하면, 음의 피드백이 나타나 TRH의 방출이 감소한다. 갑상선 호르몬 T_3와 T_4는 1 : 10의 비율로 혈액으로 방출되는데, T_3가 T_4보다 5~10배 정도 활성이 강하다.

혈액에서 약 80%의 갑상선 호르몬은 갑상선결합단백질(thyroxine-binding protein)에 결합되어 운반되고, 10~15%는 프리알부민, 그리고 나머지는 알부민에 연결되어 운반된다. 갑상선 호르몬이 표적 세포에 들어간 뒤에는 주로 T_3로 전환된다. 갑상선 호르몬은 표적세포의 핵에 운반체가 있으므로 갑상선 호르몬의 활성 정도는 유전자 발현에 관여한다.

3 기능

요오드는 주로 갑상선에 저장되어 있다가 갑상선 호르몬인 트리요오드티로닌(triiodothyronine, T_3)과 티록신(thyroxine, T_4) 합성에 사용된다[그림 13-7].

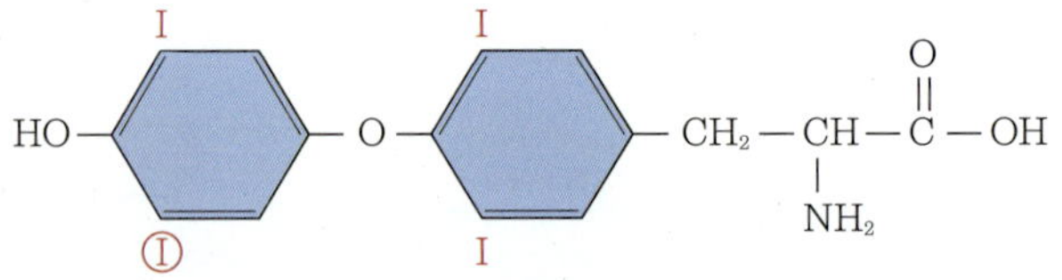

【그림 13-7】 갑상선 호르몬 T3와 T4의 화학구조

갑상선 호르몬은 성장 발달을 조절하는 역할을 하고, 대사 속도를 30% 증가시켜서 산소 소비 속도와 열 생산량을 증가시킨다. 갑상선 호르몬은 또한 뇌의 정상적인 발달에 필수적이다. 갑상선 호르몬이 부족한 경우(hypothyroidism) 뇌 발달에 손상이 와서 뇌 기능에 심각한 장애가 초래된다.

갑상선 호르몬은 카로틴을 비타민 A로 바꾸거나, 단백질 합성 및 탄수화물의 흡수에도 관여한다. 갑상선 호르몬이 부족하면 혈청 콜레스테롤 수준이 높아지고, 갑상선 호르몬이 과다 분비될 경우에는 혈청 콜레스테롤이 비정상적으로 낮아진다. 갑상선 호르몬은 생식을 위해서도 꼭 필요하다.

4 결핍증

전 세계 많은 사람들이 요오드 결핍증을 보인다. 이와 관련된 증상으로는 갑상선종(goiter), 저갑상선증(hypothyroidism), 정신 장애, 자연 유산, 사산, 유전적 기형, 크레틴병 등을 들 수 있다.

[1] 갑상선종

요오드 섭취 부족으로 인한 단순 갑상선종(goiter)에서는 갑상선 확장에 의해 목이 붓는다[그림 13-8]. 이는 갑상선 호르몬 합성에 필요한 요오드가 부족해서 보상 작용으로 발생하는데, 직접적인 자극은 혈장 갑상선 호르몬 수준의 저하로 인해 비정상적으로 높아진 갑상선 자극호르몬(TSH) 수준 때문이다. 갑상선 자극호르몬의 지나친 증가는 갑상선 세포의 수와 크기를 둘 다 증가시킨다. 단순 갑상선종은 별 통증은 없지만 치료되지 않으면 기도에 압력이 가해져 호흡이 곤란해질 수 있다. 심각한 경우에는 수술로 일부를 제거해야 하지만 적당량의 요오드를 공급해주면 갑상선의 크기가 점차 줄어든다.

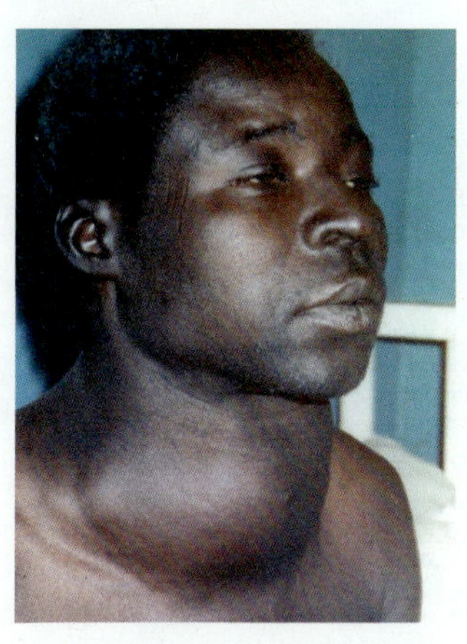

【그림 13-8】 **요오드 결핍 시에 나타나는 단순 갑상선종**

요오드 결핍이 갑상선종의 주된 원인이지만, 갑상선종 유발물질(goitrogen)을 함유하는 식품을 먹어도 갑상선종에 걸릴 수 있다. 갑상선종 유발물질은 혈액으로부터 갑상선 세포로 요오드가 들어가는 것을 막아서 갑상선종을 유발하는데 양배추, 순무, 복숭아, 아몬드, 땅콩, 대두 그리고 열대지역의 주식인 카사바에서 발견된다. 갑상선종 유발물질은 가열하거나 조리를 하면 불활성화 된다.

갑상선종은 마시는 물이나 땅에 요오드가 거의 함유되지 않은 지역에서 발생하는데 여자의 갑상선종 발병률이 남자보다 6배 높다. 세계 보건 기구에서는 갑상선종이 전 세계 약 2억 명의 사람에게 발생하는 것으로 추산하고 있다. 갑상선종이 많이 발생하는 지역에는 소금에 요오드를 보충하거나 요오드를 첨가한 근육주사를 맞거나 경구 복용하면 효과가 있다.

[2] 크레틴병(cretinism)

태아기나 생애 초기에 요오드가 부족하면 유아기에 크레틴병(cretinism)이 발생하는데 이는 요오드 결핍으로 정신적 신체적 발달이 지체되는 질병이다. 증상으로는 정신 발달 지체, 경련성 마비, 농아, 구어장애, 난장이, 저갑상선증 등의 증상을 보인다.

요오드를 만성으로 과다 섭취하면 혈청의 갑상선 자극호르몬(thyroid stimulating hormone) 농도가 먼저 증가하고, 갑상선 호르몬(T_3와 T_4) 농도가 감소하며, 갑상선 기능항진증과 갑상선 악성종양이 악화될 수 있다. 급성 중독일 때에는 입, 목, 복부의 통증, 발열, 오심, 구토, 설사, 맥박 약화, 혼수, 청색증 등이 나타난다.

갑상선기능항진(hyperthyroidism)으로 기초대사율이 높아지는 질병을 그레이브스병(Grave's disease) 또는 안구돌출형 갑상선종이라고 한다. 이 경우 기초대사율이 정상보다 두 배로 높아져 그 결과 신경쇠약, 체중 감소, 안구돌출 증상 등이 나타날 수 있다.

6 　요오드 섭취기준과 급원식품

성인의 요오드 섭취기준은 갑상선 요오드 축적과 교체율을 기초로 한 외국의 연구결과를 반영하여 19세 이상 남녀 성인의 평균 필요량은 95 μg, 권장섭취량은 150 μg으로 정하였다. 임신수유부의 경우 권장섭취량에 추가로 각각 90 μg과 190 μg을 더 섭취하도록 하였다. 요오드의 상한섭취량은 독성 종말점을 단순 갑상선종으로 하여 성인의 상한섭취량은 2,400 μg/일로 정하였다.

요오드는 음식과 물을 통해 공급되는데, 토양의 요오드 농도에 따라 각 지역 동식물의 요오드 농도가 달라진다. 요오드는 해산물에 많이 들어 있고, 특히 다시마, 미역, 김 등의 해조류에 많이 들어있다. 2008~2012년 국민건강영양조사 자료에서 성인 여성의 평균 요오드 섭취량은 319 μg으로 보고되었다.

【표 13-12】 한국인 대표식품 1인 1회 분량 중의 요오드 함량

식품명	1인 1회 분량(g)	요오드 함량(μg)	식품명	1인 1회 분량(g)	요오드 함량(μg)
다시마(마른 것)	6	8190	쇠고기	60	24.8
미역(마른 것)	6	696	돼지고기	60	23.2
홍합(생 것)	80	276.8	메추리알(생 것)	60	22.6
김(마른 것)	2	76.0	달걀	60	15.4
고등어(생 것)	60	52.1	오징어(생 것)	80	11.1
우유	200	47.0	양송이버섯(생 것)	30	5.4
멸치(자건품)	15	39.8	딸기(개량종, 생 것)	150	4.1
요구르트(액상)	150	39.3	밀크초콜렛	30	1.7
갈치(생 것)	60	37.9	땅콩	10	1.4
요구르트(호상)	100	30.9	호두	10	1.0
닭고기	60	30.8	가공치즈	20	1.0

*성인 19~49세 1일 요오드 권장섭취량: 남녀 150 μg
**자료: 보건복지부, 한국영양학회. 2015 한국인 영양소 섭취기준, 2015; 농촌진흥청 국립농업과학원. 식품성분표, 2011

07. 셀레늄 Se

1 분 포

셀레늄은 체내에 약 1.5 mg 정도 들어있는데, 신장에 가장 높은 농도로 들어 있고, 다음이 간, 근육의 순이다. 혈액의 셀레늄 농도는 식이 섭취량과 지역 환경의 영향을 받는다. 셀레늄의 토양 농도가 낮아서 셀레늄 섭취량이 적은 지역으로는 중국의 케샨 지역과 핀란드 그리고 뉴질랜드를 들 수 있다. 셀레늄의 화학구조는 황과 유사해서 대체로 황을 함유하는 화합물에 들어있다.

2 흡수와 대사

셀레늄은 흡수가 매우 잘 되는 편으로 식품 중에 존재하는 셀레노 아미노산의 형태로 공급되면 소장에서 거의 흡수되고, 영양보충제에 주로 쓰이는 무기 셀레늄 형태로 공급되면 공급형태에 따라 흡수율이 50~100%의 범위로 차이가 난다. 셀레늄의 항상성은 주로 소변으로 배설되는 정도를 조절함으로써 이루어진다. 셀레늄 상태는 혈액의 글루타티온 과산화효소 활성이나 혈액과 소변의 셀레늄 농도를 측정해서 평가한다.

3 기 능

(1) 항산화 기능

셀레늄은 글루타티온 과산화효소(GSHPx)라는 항산화 효소의 필수 구성 성분으로 작용한다. 셀레늄 결핍 시에 나타나는 많은 병리적 변화들은 글루타티온 과산화효소의 부족 때문으로 설명할 수 있다. 글루타티온 과산화효소는 다른 항산화제들과 함께 세포의 과산화수소와 자유라디칼을 물과 인체에 해롭지 않은 분자로 바꾼다[그림 13-9]. 글루타티온 과산화효소(GSHPx) 수준을 정상으로 유지하기 위해서는 하루에 약 40 μg의 셀레늄 섭취가 필요하다.

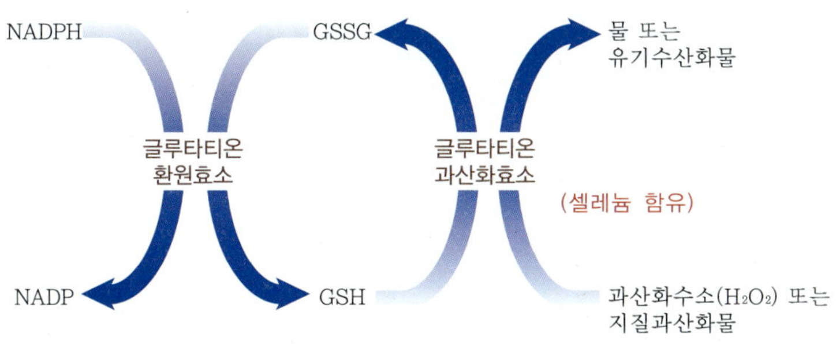

【그림 13-9】글루타티온 과산화효소의 작용기전

셀레늄과 비타민 E는 방법은 다르지만 둘 다 산화적 손상에 대항한 보호 작용을 한다. 글루타티온 과산화효소는 세포질과 미토콘드리아에서 과산화물을 파괴하는 역할을 하고, 비타민 E는 세포막에서 생성된 유리 라디칼을 안정화시켜서 더 이상 작용을 못하게 한다. 따라서 셀레늄을 충분히 섭취하면 항산화에 필요한 비타민 E를 절약하는 효과가 있다.

(2) 갑상선호르몬 대사 관여

갑상선 세포의 제1형 아이오도타이로닌 탈요오드 효소(type I iodothyronine- 5-deiodinase)는 셀레늄을 함유하는 효소로 갑상선 호르몬에서 분비된 T_4를 T_3로 활성화시켜 말단 조직에 공급하는 역할을 한다. 동물실험에서 셀레늄 결핍은 혈장의 T_3 수준을 낮추고, 셀레늄과 요오드를 동시에 결핍시키면 갑상선 저하 증상이 훨씬 심각하게 나타난다. 한편, 신생아의 크레틴병이 모체에 셀레늄과 요오드가 둘 다 부족하기 때문일지도 모른다는 의견도 있다.

(3) 셀레노프로테인 P(selenoprotein P)

셀레노프로테인 P는 또 다른 셀레늄 함유 단백질로 자유라디칼 제거나 셀레늄 전달에 관여한다.

4 결핍증

(1) 케산병(Keshan disease)

토양에 함유된 셀레늄 함량이 매우 적은 중국의 북동에서 남서에 이르는 긴 지역에서 주로 어린이와 가임 여성들에게 나타나는 풍토성 심장근육질환을 케산병이라고 한다. 케산병은 셀레늄 섭취 부족과 직접적인 상관관계가 있어서 이 지역에 사는 백만 명 이상의 사람들을 대상으로 셀레늄을 보충해 주었을 때 질병 발생률이 현저히 줄어들었다. 한편, 계절에 따라 케산병 발병률이 다르고 질병의 몇몇 증상은 셀레늄 부족만으로 설명할 수가 없어서 심장에 독성을 나타내는 바이러스가 이 질병의 발생에 관여하는 것으로 생각하고 있다.

(2) 캐신벡 질병(Kashin—Beck disease)

셀레늄 결핍과 관련된 또 다른 질병은 캐신벡 질병(Kashin—Beck disease)인데, 이것은 사춘기 직전이나 사춘기에 나타나는 풍토성 골관절염이다. 연골세포 괴사, 난쟁이 증세, 관절 변형 등이 초래될 수 있다. 이 질병도 케산병과 마찬가지로 셀레늄 결핍증 이외의 병인학적 요인이 관여하는 것으로 추정하고 있다.

(3) 심장 근육과 골격 근육 약화

정맥 영양 지원을 오랫동안 받아서 혈중 셀레늄 농도와 글루타티온 과산화효소(GSHPx)의 활성이 낮은 환자들에게서 심장 근육과 골격 근육의 약화 증상이 나타났는데 셀레늄을 보충해 주자 증상이 완화되었다.

5 과잉증

영양보충제의 과용으로 인한 급성 중독 시에는 탈모, 경련, 빈맥, 그리고 셀레늄 대사산물의 방출로 인한 호흡 시의 역겨운 마늘 냄새 등이 나타난다. 셀레늄의 만성 중독은 셀레늄 중독증(selenosis)이라고 하는데, 가장 일반적인 증상은 머리카락과 손톱 및 피부 손상이 나타나는 것이고, 신경장애, 감각 상실, 경련, 마비 증상으로 악화될 수 있다.

6 셀레늄 섭취기준과 급원식품

2015년 한국인 영양소 섭취기준에서는 셀레늄이 결핍된 성인에게 셀레노메티오닌 보충 시 혈장 셀레노프로테인 P가 포화되는 양으로 필요량을 추정하여 50 μg을 성인의 평균필요량으로 하고, 개인차를 고려하여 60 μg을 권장섭취량으로 정하였다. 상한섭취량은 셀레늄 중독증을 독성 종말점으로 하여 성인의 경우 400 μg으로 정하였다.

셀레늄이 풍부한 식품은 육류 내장과 해산물, 살코기, 곡류, 유제품 등이다. 곡류에 함유된 셀레늄의 양은 토양의 셀레늄 함량에 따라 현저히 다르다.

08. 몰리브덴 Mo

1 대 사

신체는 약 9 mg의 몰리브덴을 함유하는데, 주로 간, 신장, 그리고 골격에 농축되어 있다. 식이 몰리브덴의 25~80%가 위와 장에서 흡수되고, 소변과 담즙으로 배설된다. 배설되는 양은 식사로부터 공급되는 황산 이온의 영향을 받아서, 황산 이온의 섭취량이 많아지면 소변으로의 배설량이 증가한다. 몰리브덴은 섭취보다는 배설 정도를 통해 신체 항상성을 유지한다.

 기능

몰리브덴은 산화 환원 과정에 관여하는 효소인 잔틴 산화효소(xanthine oxidase), 알데히드 산화효소(aldehyde oxidase), 그리고 아황산염 산화효소(sulfite oxidase)의 조효소로 작용한다. 잔틴 산화효소는 잔틴을 요산으로 전환시키는 효소이고, 알데히드 산화효소는 약물 등의 헤테로고리화합물 대사에 관여하며, 아황산염 산화효소는 시스테인과 메티오닌의 분해에 관여한다. 유전적으로 아황산염 산화효소가 부족하면 시스테인 대사에 치명적인 장애가 생겨 정신 지체를 수반한 심각한 뇌 손상을 가져올 수 있다.

3 결핍증

건강한 사람에서는 몰리브덴 결핍이 보고된 바가 없고, 중심 정맥 영양치료를 받은 환자에서 결핍이 보고된 적이 있으며, 심장박동증가, 호흡곤란, 야맹증 등이 나타났다.

4 과잉증

몰리브덴은 인체 독성이 매우 낮은 편이다. 음식이나 식수로 하루 1~15 mg의 과량의 몰리브덴 복용 시 성장 지연, 빈혈, 고요산혈증이 유발되었다는 보고가 있다. 몰리브덴 과다 섭취 시 잔틴 산화효소의 활성 촉진으로 요산 산출이 많아서 신결석과 통풍의 위험이 증가할 수 있다.

5 몰리브덴의 섭취기준과 급원식품

성인의 몰리브덴의 섭취기준은 미국의 균형연구를 근거로 하여 19~29세 남자는 평균필요량을 25 μg, 권장섭취량은 30 μg으로 정하고, 19세 이상 성인 여자와 30세 이상 성인 남자는 평균필요량을 20 μg, 권장섭취량은 25 μg으로 정하였다. 몰리브덴의 상한섭취량은 인체 대상 연구가 부족하여 동물실험 결과를 바탕으로 남녀 성인의 경우 각각 550 μg과 450 μg으로 정하였다.

몰리브덴의 대표적인 공급원은 우유와 유제품, 콩 종류, 그리고 육류이다. 도정하지 않은 곡류도 좋은 공급원이나, 과일과 채소에는 많이 들어 있지 않다.

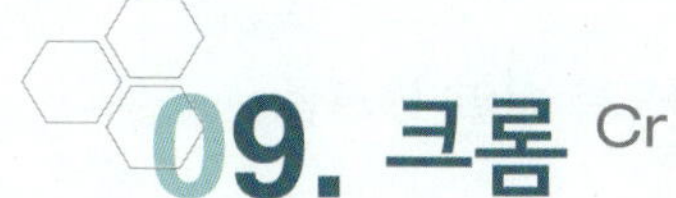

09. 크롬 Cr

1 대 사

체내로 흡수되는 크롬의 양은 매우 적어서 섭취량의 1~3%에 불과하다. 체내에 흡수된 크롬은 피부, 근육, 그리고 지방에 축적되고 배설은 주로 소변을 통해 이루어진다. 머리카락의 크롬은 체내 크롬 상태를 반영하는 지표로 쓰인다.

2 기 능

크롬은 인슐린 기능을 개선해서 탄수화물, 지방, 단백질 대사에 영향을 준다. 저항성운동과 함께 크롬 피콜산(chromium picolinate) 형태의 보충제 섭취 시 제지방이 증가하고, 체지방이 감소한다는 보고가 있었으나, 후속 연구에서는 그런 주장이 입증되지 못하였다.

3 결핍증

크롬이 필수영양소라는 사실은 1977년에 중심정맥영양을 받던 환자가 포도당 대사에 비정상성을 보이다가 크롬을 보충해주자 회복되면서 인정받기 시작했다. 크롬 결핍은 혈당 증가와 콜레스테롤 증가를 가져올 수 있다. 크롬 보충 시 제2형 당뇨 환자에서 혈당, 당화혈색소, 혈중 인슐린 농도 개선의 효과가 있었고, 동맥경화 환자에서는 혈중 중성지방 감소와 HDL-콜레스테롤 증가 등의 효과가 보고되었다. 경미한 포도당 불내증을 보이는 경우에도 크롬 보충이 도움이 될 수 있다.

4 과잉증

식사를 통해 크롬을 과다 섭취한 예는 없지만 산업공해 산물로 인한 크롬(Cr^{6+}) 흡입으로 알레르기성 피부염, 피부 궤양, 폐암 등이 보고되었다.

5 크롬의 섭취기준과 급원식품

크롬의 평균필요량을 정할 수 있는 충분한 연구결과가 없어서 섭취기준은 충분섭취량으로 정하고 있다. 매일 식사로 섭취하는 크롬을 기준으로 해서 19세 이상의 남자 35 μg, 여자 25 μg을 충분섭취량으로 정하고, 임신부는 5 μg, 수유부는 20 μg을 추가로 섭취하도록 하였다. 크롬은 육류
와 도정하지 않은 곡류에 많이 들어 있다.

10. 코발트 Co

1 대 사

코발트의 대부분은 간의 비타민 B_{12} 저장고에 들어있고 혈장에는 1 μg/dL가 들어있다. 코발트는
주로 십이지장에서 흡수되는데 일부는 철과 전달 기전을 공유한다. 철 섭취가 부족하거나 철 과
다로 인한 간경화나 유전적 혈색소증 환자에서 흡수가 증가된다. 흡수된 코발트의 약 85%가 소변
으로 배설되고 소량이 대변과 땀으로 배설된다.

2 기 능

사람에게 알려진 코발트의 유일한 기능은 비타민 B_{12}의 구성 성분이라는 것이다.

3 결핍증

코발트 결핍은 비타민 B_{12} 결핍과 연관되어 나타난다. 비타민 B_{12}가 부족하면 거대적아구성 빈혈
(macrocytic anemia)이 발생한다. 비타민 B_{12} 흡수를 제한하는 유전적 결함이 있을 경우 악성 빈혈
이 야기되는데, 이는 비타민 B_{12}의 과량 투여로 치료될 수 있다.

4 과잉증

코발트를 장기간 과량 섭취하면 갑상선종이 나타나는데 이는 코발트 섭취량을 줄이면 사라진
다. 코발트는 맥주의 거품을 조절하기 위해 첨가되는데, 맥주를 지나치게 많이 마시면 코발트와
술의 상승효과로 적혈구증가증(polycythemia)이 나타날 수 있다.

5 코발트 섭취기준과 급원식품

한국인을 위한 영양섭취기준에서 코발트의 섭취기준은 아직 정해지지 않았다. 비타민 B_{12}를 합성하기 위해 하루에 약 0.04 μg의 코발트가 필요하다. 코발트가 많이 든 식품으로는 간, 신장, 굴 등을 들 수 있다.

확인해봅시다

1. 미량 무기질의 기능, 결핍증, 과잉증을 정리하시오.

종류	기능	결핍증	과잉증
철			
아연			
구리			
불소			
망간			
요오드			
셀레늄			
몰리브덴			
크롬			
코발트			

2. 미량 무기질이 많이 들어있는 식품, 성인 남녀의 권장섭취량(또는 충분섭취량)과 상한섭취량을 정리하시오.

종류	함유 식품	권장섭취량(충분섭취량)	상한섭취량
철			
아연			
구리			
불소			
망간			
요오드			
셀레늄			
몰리브덴			
크롬			
코발트			

3. 체내 철의 분포를 기능성철과 비기능성철로 나누어 설명하시오.

4. 철의 흡수기전을 설명하시오.

5. 철의 결핍단계를 설명하시오.

6. 아연의 흡수기전을 설명하시오.

7. 혈액의 갑상선 호르몬 농도가 낮을 때 농도를 올리는 기전에 대해 설명하시오.

물

　물은 생명의 원천이 되는 물질로 생명체에 가장 많이 필요한 영양소이다. 물은 무기 영양소로 칼로리를 내지 않고, 두 개의 수소 원자와 한 개의 산소 원자로 구성되어 있다. 건강을 유지하려면 소변, 땀, 호흡, 그리고 배변 시에 손실되는 수분을 보충하기 위해 물을 계속 공급해야 한다. 성인의 경우 매일 체액의 4~6%가 새로 바뀌고, 어린이의 경우에는 15%가 새로 공급된다. 건강한 사람은 음식물을 섭취하지 않아도 여러 달을 견딜 수 있지만 수분이 없으면 며칠을 견디기도 힘들어진다. 이제까지 물이 없이 생존한 최장수 기간은 17일인 것으로 알려져 있는데, 일반적으로는 이보다 훨씬 짧은 2~3일 정도밖에 살지 못한다고 보고 있다.

01. 분포

신체는 약 50~70%가 물로 구성되어 있는데, 건강을 위해서는 수분 균형을 잘 유지하는 것이 매우 중요하다. 물이 차지하는 비율은 나이, 성별, 그리고 체구성성분에 따라 달라진다. 출생 시에는 수분이 체중의 74% 정도를 차지하다가 성인이 되면서 수분함량이 줄어드는데, 연령 증가에 따라 수분이 차지하는 비율이 감소하는 주된 이유는 세포외액의 감소 때문이다[표 14-1]. 근육이 지방 조직보다 물을 세 배나 많이 함유하기 때문에 근육이 많은 사람들은 체액이 차지하는 비율이 높다. 따라서 여성과 노인의 경우 남성이나 젊은 사람보다 근육의 비율이 낮고 체지방율은 증가해서 체수분 비율이 감소한다.

【표 14-1】 체내 물의 비율

나이(세)		수분량(%)
유아와 어린이	출생	75
	1	58
	6~7	62
성인 남자	16~30	58.9
	31~60	54.7
	61~90	51.6
성인 여자	16~30	50.9
	31~91	45.2

체액은 세포내액(intracellular fluid)과 세포외액(extracellular fluid)으로 나뉜다[그림 14-1]. 세포내액과 세포외액은 반투막에 의해 분리되어 있다. 이 막은 물은 잘 투과하지만 다른 화학물질들은 잘 투과하지 못하므로 두 구획 사이의 무기질 균형을 이용해 늘 적절한 비율과 종류의 체액을 유지한다. 많은 무기질이 체액의 균형 유지에 참여하는데, 특히 전해질인 나트륨, 칼륨, 염소가 주로 관여한다.

세포내액은 전체 체액의 2/3를 차지하고 나트륨과 칼륨이 1:10의 비율로 들어 있으며 많은 대사 작용이 여기서 일어난다. 세포외액은 나트륨과 칼륨이 28:1의 비율로 들어 있고, 신체의 영양소와 배설물을 운반하는 역할을 한다. 세포외액은 혈관 내액(intravascular fluid)과 세포간질(extravascular fluid)로 나누어진다. 혈관 내액은 혈액과 림프를 구성하는 세포외액을 말하고, 세포간질은 세포에 영양소를 공급하고 배설물을 모으는 역할을 한다.

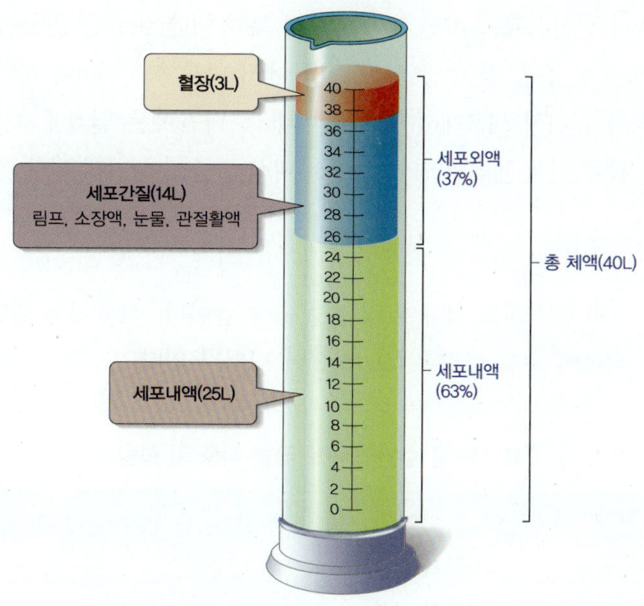

【그림 14-1】 체액의 분포

02. 대사

사람은 음료수, 식품, 대사수를 통해 수분을 섭취하고, 소변, 땀, 호흡, 배변을 통해 수분을 배설한다. 하루에 최고 약 4 L의 물이 섭취·배설되는데 신체의 항상성 기능에 의해 체액의 양은 하루에 150 g 이상 변화하지 않는다. 즉, 하루의 체액 변화량은 0.15 L 정도에 국한된다. 물의 섭취와 배설의 균형은 [표 14-2]에 나타나 있다.

【표 14-2】 성인의 수분 균형

수분 섭취 경로	수분 섭취량(mL)
음료수	1,100
음식 속의 물	500~1,100
대사수	300~400
합계	1,900~2,500
수분 배설 경로	수분 배설량(mL)
소변	900~1,300
피부	500
호흡	300~500
대변	200
합계	1,900~2,500

1 수분의 섭취

(1) 음료수

수분의 주된 공급원은 음료수로 하루에 섭취하는 물의 반을 차지한다. 사람들은 하루에 약 900~1,500 mL(5컵~8컵)의 수분을 음료수로 섭취한다. 어떤 음료수는 오히려 체내에서 물을 앗아가는 역할을 하기 때문에 그냥 평범한 물의 섭취를 통해서 수분 필요량을 채우는 것이 바람직하다. 갈증이 나서 주스나 탄산음료를 마신 후에 여전히 목이 마른 이유는 이들이 수분뿐 아니라 용질(설탕, 소금, 여러 화학 물질 등)을 같이 공급해서 혈액에서 다시 희석되어야 하기 때문이다. 처음에는 이 용질들을 희석하기 위해 세포에서 물을 끌어내고, 다음에는 혈액에 증가된 액체가 소변으로 배설된다. 따라서 결국 전체 체액의 양이 줄어서 다시 갈증이 생기게 된다.

(2) 식품

음료수 외에 식사 중의 음식물도 체내에 많은 물을 공급한다. 식품에는 일반적으로 50% 이상의 수분이 들어있다. 식품의 수분 함량은 [표 14-3]에 나타나 있다.

【표 14-3】 수분의 주요 급원 식품 및 함량

식품명	수분 함량(mL/100g)	식품명	수분 함량(mL/100g)
보리차	99.7	수박	90.8
녹차(침출액)	99.7	우유	88.4
오이	96.3	배	88.4
배추	95.6	사과	86.3
무(뿌리, 생 것)	93.7	감자	82.7

*자료: 보건복지부, 한국영양학회. 2015 한국인 영양소 섭취기준. 2015; 농촌진흥청 국립농업과학원. 식품성분표. 2011

(3) 대사수

대사수(water of metabolism)는 대사산물의 부산물로 나오는 물이다. 당질, 단백질, 지방 그리고 술을 산화시키면 이산화탄소와 물이 부산물로 나온다. 이산화탄소는 반드시 배설되어야 하지만 물은 신체 상황에 따라 배설될 수도 있고 체내에서 이용될 수도 있다.

2 수분의 배설

(1) 소변

소변은 97%가 물로 구성되어 있다. 신장에서 소변을 배설하기 전에 물의 재흡수가 일어나 혈액량을 유지하는데 큰 역할을 한다. 정상적인 소변량은 하루에 1~2 L인데 이 양은 수분 섭취량에 따라 달라진다.

체내 부산물을 정상적으로 제거하려면 하루에 최소한 약 300~500 mL 정도의 소변이 필요하다. 소변 생산에 필요한 물이 부족하면 혈액과 조직에 해로울 정도로 대사산물이 쌓일 수 있다.

(2) 대 변

구강, 위, 창자, 췌장 등을 통해 매일 약 8 L의 물이 소화기장으로 들어간다. 소장은 이 물의 거의 대부분을 재흡수하고, 대장은 약간 덜 재흡수해서 매일 약 200 mL의 물이 대변으로 배설된다.

(3) 피 부

피부를 통한 수분 배출은 하루에 약 350~700 mL인데, 온도가 높고 습도가 낮은 곳에서는 한 시간에 500 mL도 배설될 수 있으며, 아주 심할 경우에는 한 시간에 2,500 mL의 땀이 나오는 경우도 있다.

(4) 호 흡

수분은 호흡을 통해서도 배출된다. 하루에 호흡을 통해 배출되는 물의 양은 약 300 mL이고, 높은 고도에서는 호흡 속도가 증가하므로 배출량이 더 증가한다. 대기가 건조할 경우에도 호흡을 통한 물의 배설량이 높아진다.

03. 기능

1 용매

용매란 다른 화학 물질이 용해되는 액체를 말하는데 물은 생명체의 용매이다. 물이 없다면 화학 반응이 빠른 속도로 진행될 수 없고, 따라서 화학 물질들이 잘 어울려서 생명체를 유지하는 것이 어렵게 된다.

2 전달 기능

세포로 영양소와 대사물질을 전달하고 또한 대사산물을 제거하는 것은 주로 세포외액인 혈액과 림프 조직을 통해서 이루어진다.

3 체내 대사의 반응 물질

화학 반응에 참여하는 화학물질은 반응물질(reactant)이라고 명명하는데 반응이 진행되는 동안
반응물질은 생산물로 전환된다. 물은 체내의 여러 반응에 반응물질로 작용한다. 대표적인 예가
당질, 지방, 단백질 등의 가수분해에 물이 들어가서 반응이 진행되는 것이다. 이와 반대로 화학
반응으로 인한 농축 현상에 의해 물이 새로 형성되기도 한다.

4 체온 조절

물은 체내 열의 분배와 온도 조절에 중요한 역할을 한다. 열량 영양소의 대사 시에 열이 발생하
는데 일부는 체온을 정상으로 유지하는데 쓰이고 나머지는 체외로 배출해야 질병에 걸리지 않게
된다. 체액은 우리 몸에서 주요 냉각제이다. 체온이 오르고 열 방출이 필요할 때 따뜻한 몸의 중
심부에서 피부 밑에 위치한 혈관으로 혈류가 증가한다. 동시에 피부의 땀샘은 물이 주성분인 땀을
분비한다. 땀이 피부 표면에서 증발하면서 열이 외부로 방출되고 피부와 그 밑의 혈액이 냉각되
며, 차가워진 혈액은 신체의 중심부로 돌아가서 신체 내부 체온도 낮아진다[그림 14-2].

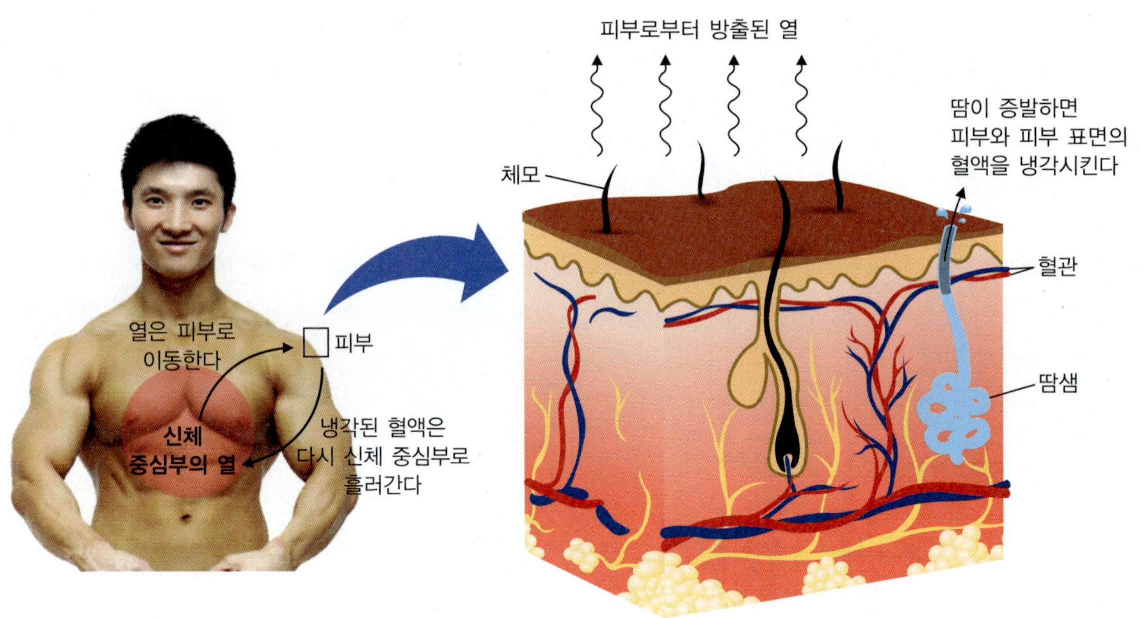

【그림 14-2】 신체내 체온조절

5 윤활 작용

물을 주된 구성성분으로 하는 체액은 신체의 여러 부분에서 윤활유의 역할을 하는데, 특히 관절의 움직임을 원활하게 하고 연골과 뼈의 마모를 완화시킨다. 타액, 소화 기관 및 호흡기관의 점액 등도 윤활 작용을 한다.

04. 수분 균형 및 섭취기준

물은 전해질과 단백질 농도의 변화에 따라 세포내액과 세포외액 사이를 왕래한다. 항이뇨 호르몬(anti-diuretic hormone)과 알도스테론(aldosterone)같은 호르몬은 신장을 통한 수분의 보유와 배설을 조절해서 수분 균형에 영향을 준다. 무기질과 단백질의 섭취도 간접적으로 수분 균형에 영향을 미친다. 예를 들어 짠 국을 먹으면 나트륨이 세포외액에 쌓이게 되어 세포로부터 물을 끌어들이는 역할을 하게 된다. 이 때 세포의 감각 수용기관은 세포에 수분이 부족하다고 뇌에 자극을 전달하므로 갈증을 느끼게 된다.

세포외액이나 내액의 어느 한 구획의 무기질 농도가 너무 올라가면 갈증을 느끼게 되고, 그 구획이 충분히 희석될 때까지 물을 마셔야 한다. 만약 물을 필요 이상으로 마시면 무기질이 너무 희석되는데 이 경우에는 신장에서 소변을 만드는 양이 증가해서 여분의 수분을 여과하게 된다.

신체는 넓은 범위의 환경 스트레스 하에서 수분 균형을 잘 유지한다. 그러나 질병이나 상처가 심할 경우에는 무기질 손실이 많아져서 정상적인 조절 기전이 작용되지 못하고 물의 재분배가 일어나 신체가 심각한 국면에 다다르게 된다. 체내에 단백질이 부족할 경우에는 혈장 단백질 농도가 현저히 감소한다. 이때 혈장의 물이 혈관을 빠져 나와 세포간질에 쌓이고 이런 현상이 지나치면 굶주린 어린이에게서 나타나는 배불뚝이 증상, 즉, 부종이 나타난다.

1 수분 균형의 조절

수분 균형은 두 가지 기전으로 이루어진다. 즉, 갈증 감각의 변화와 신장을 통한 체액 손실량의 조절을 통해서 수분 균형이 이루어진다.

갈증 감각의 변화는 수분 부족 시 나타나는 첫 번째 증상이다. 너무 많은 양의 물이 신체에서 빠져나가면 전해질 특히 나트륨이 세포외액에 증가하게 된다. 뇌의 시상하부는 혈액의 나트륨 증가에 두 가지 방법으로 대처한다. 하나는 갈증 중추를 자극하는 것이고, 또 하나는 뇌하수체후엽에서 항이뇨 호르몬(ADH)을 분비하는 것이다. 이 호르몬은 신장으로 가서 물의 재흡수를 증가시킨다. 혈액에 나트륨 농도가 약 1%만 증가해도 갈증을 통해 수분 섭취량이 증가하고 항이뇨 호르몬의 분비로 신장의 재흡수 기능이 촉진되어서 재빨리 정상적인 수분 균형을 되찾을 수 있다.

두 번째 기전은 탈수로 인해 저혈압이 발생하면, 신장의 레닌-안지오텐신 시스템이 가동되어 부신에서 알도스테론의 분비가 증가되고, 알도스테론은 신장에서 나트륨의 재흡수를 증가시키게 된다.

2 탈수와 수분 과잉

[1] 탈수

탈수란 체내 수분이 지나치게 손실되는 것을 의미한다. 탈수로 수분량이 감소하면 혈액량과 혈압이 떨어진다[그림 14-3]. 수분이 2% 손실되면 강한 갈증을 느끼고, 5%가 손실되면, 집중력이 감퇴한다. 10% 이상 감소하면 심각한 탈수 증상으로 근육경련, 정신착란, 심부전 등이 나타나고, 20% 이상 감소하면 생명을 잃게 된다. 지나친 운동이나 장기간의 소화기 장애는 심각한 탈수 증상을 가져올 수 있다.

탈수 상태에서 수분이 충분히 공급되지 않으면 갈증으로 인해 약해지고, 정신 착란과 함께 사망할 수도 있다. 체내에 수분 공급이 부족했던 사람은 수분 균형을 회복하더라도 그동안 신장에 쌓인 대사산물 때문에 신장이 손상될 수 있다.

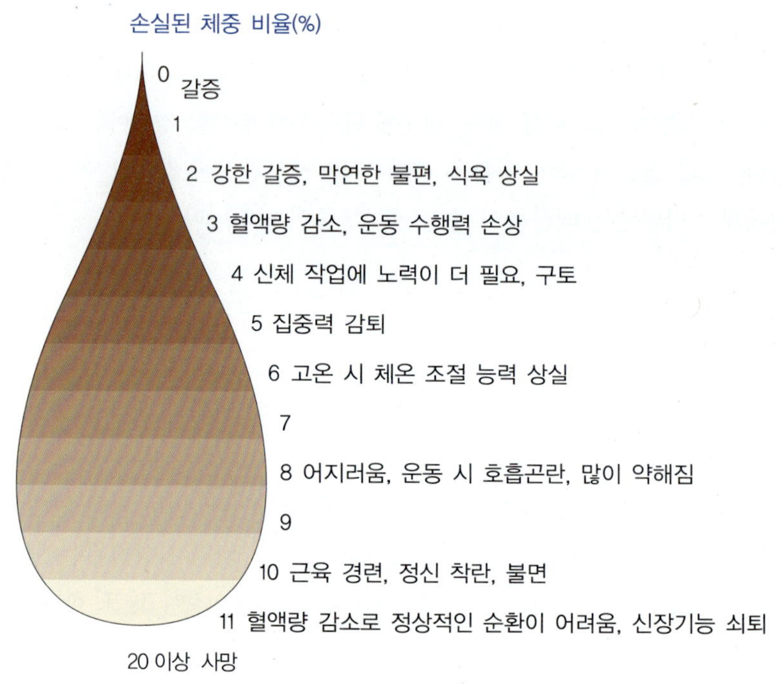

【그림 14-3】 탈수로 인한 부작용

(2) 수분 과잉

수분 중독(water intoxication)이란 지나치게 체액이 많은 상태를 말하는데, 충분한 양의 전해질 섭취 없이 물만 많이 섭취했을 때 나타나는 증상이다. 이 때 혈액나트륨 농도가 130 mmol/L 미만으로 낮아지면, 물이 세포 내부로 들어가거나 칼륨이 세포외액으로 이동하게 된다. 결과적으로 수분 과잉은 근육 경련을 가져오고, 세포외액의 감소로 혈압이 낮아져서 쇠약함을 느끼게 되며, 근육세포의 손상과 신장손상을 가져온다.

3 수분 섭취기준

총 수분 필요량은 음식 속의 수분과 액체 섭취량을 합한 것이고, 액체란 물과 음료수를 합쳐서 말한다. 2015년도 한국인 영양소 섭취기준에서는 19~29세 성인의 총 수분 충분섭취량으로 남자는 2,600 mL, 여자는 2,100 mL로 정하고, 총 수분 중 액체로 섭취하여야 하는 양은 남자 1,200 mL, 여자 1,000mL로 정하였다.

노인과 유아는 수분이 부족해지기 쉽다. 노인의 경우 갈증 감각이 둔해지고 신체가 물을 보유하는 능력이 줄어들기 때문에 수분 섭취량이 부족해지기 쉽다. 유아의 경우에는 다음과 같은 이유로 수분이 부족해지기 쉽다.

- 유아기에는 체중 1 kg당 수분 보유량이 어른보다 높다.
- 유아는 체적(volume)에 대한 체표면적(surface) 비율이 어른보다 커서 수분이 증발되기 쉽다.
- 유아는 어른보다 더 묽은 소변을 본다.

확인해봅시다

1. 체액의 분포와 역할을 설명하시오.

2. 물의 기능에 대해 설명하시오.

3. 신체의 수분 균형 조절 기전에 대해 설명하시오.

4. 성인 남녀의 수분 충분섭취량을 액체와 총 수분 별로 나누어 정리하시오.

	충분섭취량(mL/일)	
	액체	총 수분
남자		
여자		

부록

한국인 영양소 섭취기준
Dietary Reference Intakes for Koreans: KDRIs

【부록 1-1】 에너지 적정비율

영양소		에너지적정비율			
		1~2세	3~18세	19세 이상	비고
탄수화물		55~65%	55~65%	55~65%	
단백질		7~20%	7~20%	7~20%	
지질	총지방	20~35%	15~30%	15~30%	
	n-6계 지방산	4~10%	4~10%	4~10%	
	n-3계 지방산	1% 내외	1% 내외	1% 내외	
	포화지방산	–	8% 미만	7% 미만	
	트랜스지방산	–	1% 미만	1% 미만	
	콜레스테롤	–	–	300 mg/일 미만	목표섭취량

2015 한국인 영양소 섭취기준-당류

총당류 섭취량을 총 에너지섭취량의 10~20%로 제한하고, 특히 식품의 조리 및 가공 시 첨가되는 첨가당은 총 에너지 섭취량의 10% 이내로 섭취하도록 한다. 첨가당의 주요 급원으로는 설탕, 액상과당, 물엿, 당밀, 꿀, 시럽, 농축과일주스 등이 있다.

【부록 1-2】 에너지와 다량영양소

성별	연령	에너지(kcal/일)				탄수화물(g/일)				지방(g/일)				n-6계 지방산(g/일)			
		필요추정량	권장섭취량	충분섭취량	상한섭취량	평균필요량	권장섭취량	충분섭취량	상한섭취량	평균필요량	권장섭취량	충분섭취량	상한섭취량	평균필요량	권장섭취량	충분섭취량	상한섭취량
영아	0~5(개월)	550						60				25				2.0	
	6~11	700						90				25				4.5	
유아	1~2(세)	1,000															
	3~5	1,400															
남자	6~8(세)	1,700															
	9~11	2,100															
	12~14	2,500															
	15~18	2,700															
	19~29	2,600															
	30~49	2,400															
	50~64	2,200															
	65~74	2,000															
	75 이상	2,000															
여자	6~8(세)	1,500															
	9~11	1,800															
	12~14	2,000															
	15~18	2,000															
	19~29	2,100															
	30~49	1,900															
	50~64	1,800															
	65~74	1,600															
	75 이상	1,600															
임신부[1]		+0 +340 +450															
수유부		+320															

성별	연령	n-3계 지방산(g/일)				단백질(g/일)				식이섬유(g/일)				수분(mL/일)			
		평균필요량	권장섭취량	충분섭취량	상한섭취량	평균필요량	권장섭취량	충분섭취량	상한섭취량	평균필요량	권장섭취량	충분섭취량	상한섭취량	평균필요량	권장섭취량	충분섭취량 (액체 / 총수분)	상한섭취량
영아	0~5(개월)			0.3				10								700 / 700	
	6~11			0.8		10	15									500 / 800	
유아	1~2(세)					12	15					10				800 / 1,100	
	3~5					15	20					15				1,100 / 1,500	
남자	6~8(세)					25	30					20				900 / 1,800	
	9~11					35	40					20				1,000 / 2,100	
	12~14					45	55					25				1,000 / 2,300	
	15~18					50	65					25				1,200 / 2,600	
	19~29					50	65					25				1,200 / 2,600	
	30~49					50	60					25				1,200 / 2,500	
	50~64					50	60					25				1,000 / 2,200	
	65~74					45	55					25				1,000 / 2,100	
	75 이상					45	55					25				1,000 / 2,100	
여자	6~8(세)					20	25					20				900 / 1,700	
	9~11					30	40					20				900 / 1,900	
	12~14					40	50					20				900 / 2,000	
	15~18					40	50					20				900 / 2,000	
	19~29					45	55					20				1,000 / 2,100	
	30~49					40	50					20				1,000 / 2,000	
	50~64					40	50					20				900 / 1,900	
	65~74					40	45					20				900 / 1,800	
	75 이상					40	45					20				900 / 1,800	
임신부[1]						+12 +25	+15 +30					+5				+200	
수유부						+20	+25					+5				+500 / +700	

[1] 에너지: 임신부 1,2,3 분기별 부가량, 단백질: 임신부 2,3 분기별 부가량

성별	연령	메티오닌+시스테인(g/일)				류신(g/일)				이소류신(g/일)				발린(g/일)				라이신(g/일)			
		평균필요량	권장섭취량	충분섭취량	상한섭취량	평균필요량	권장섭취량	충분섭취량	상한섭취량	평균필요량	권장섭취량	충분섭취량	상한섭취량	평균필요량	권장섭취량	충분섭취량	상한섭취량	평균필요량	권장섭취량	충분섭취량	상한섭취량
영아	0~5(개월)			0.4				1.0				0.6				0.6				0.7	
	6~11	0.3	0.4			0.6	0.8			0.3	0.4			0.3	0.5			0.6	0.8		
유아	1~2(세)	0.3	0.4			0.6	0.8			0.3	0.4			0.4	0.5			0.6	0.7		
	3~5	0.3	0.4			0.7	0.9			0.3	0.4			0.4	0.5			0.6	0.8		
남자	6~8(세)	0.5	0.6			1.1	1.3			0.5	0.6			0.6	0.7			1.0	1.2		
	9~11	0.7	0.8			1.5	1.9			0.7	0.8			0.9	1.1			1.4	1.8		
	12~14	1.0	1.2			2.1	2.6			1.0	1.2			1.2	1.5			2.0	2.4		
	15~18	1.1	1.3			2.4	3.0			1.1	1.3			1.4	1.7			2.2	2.7		
	19~29	1.0	1.3			2.3	3.0			1.0	1.3			1.3	1.6			2.4	3.0		
	30~49	1.0	1.3			2.3	2.9			1.0	1.3			1.3	1.6			2.3	2.9		
	50~64	1.0	1.2			2.2	2.7			1.0	1.2			1.2	1.5			2.2	2.8		
	65~74	0.9	1.2			2.1	2.6			0.9	1.2			1.2	1.5			2.1	2.7		
	75 이상	0.9	1.1			2.0	2.6			0.9	1.1			1.1	1.4			2.1	2.6		
여자	6~8(세)	0.5	0.6			1.0	1.2			0.5	0.6			0.6	0.7			0.9	1.2		
	9~11	0.6	0.7			1.4	1.7			0.6	0.7			0.8	1.0			1.2	1.5		
	12~14	0.8	1.0			1.8	2.3			0.8	1.0			1.1	1.3			1.7	2.1		
	15~18	0.8	1.0			1.9	2.3			0.8	1.0			1.1	1.3			1.7	2.1		
	19~29	0.8	1.1			1.9	2.4			0.8	1.1			1.1	1.3			2.0	2.5		
	30~49	0.8	1.0			1.8	2.3			0.8	1.0			1.0	1.3			1.9	2.4		
	50~64	0.8	1.0			1.8	2.2			0.8	1.0			1.0	1.2			1.8	2.3		
	65~74	0.7	0.9			1.7	2.1			0.7	0.9			0.9	1.2			1.7	2.2		
	75 이상	0.7	0.9			1.6	2.0			0.7	0.9			0.9	1.1			1.6	2.0		
임신부		+0.3	+0.3			+0.6	+0.7			+0.3	+0.3			+0.3	+0.4			+0.3	+0.4		
수유부		+0.3	+0.4			+0.9	+1.1			+0.5	+0.6			+0.5	+0.6			+0.4	+0.4		

성별	연령	페닐알라닌+티로신(g/일)				트레오닌(g/일)				트립토판(g/일)				히스티딘(g/일)			
		평균필요량	권장섭취량	충분섭취량	상한섭취량	평균필요량	권장섭취량	충분섭취량	상한섭취량	평균필요량	권장섭취량	충분섭취량	상한섭취량	평균필요량	권장섭취량	충분섭취량	상한섭취량
영아	0~5(개월)			0.9				0.5				0.2				0.1	
	6~11	0.5	0.7			0.3	0.4			0.1	0.1			0.2	0.3		
유아	1~2(세)	0.5	0.7			0.3	0.4			0.1	0.1			0.2	0.3		
	3~5	0.6	0.7			0.3	0.4			0.1	0.1			0.2	0.3		
남자	6~8(세)	0.9	1.1			0.5	0.6			0.1	0.2			0.3	0.4		
	9~11	1.3	1.6			0.7	0.9			0.2	0.2			0.5	0.6		
	12~14	1.7	2.2			1.0	1.3			0.3	0.3			0.7	0.9		
	15~18	2.0	2.4			1.1	1.4			0.3	0.4			0.8	0.9		
	19~29	2.7	3.4			1.1	1.4			0.3	0.3			0.8	1.0		
	30~49	2.7	3.3			1.1	1.3			0.3	0.3			0.7	0.9		
	50~64	2.6	3.2			1.0	1.3			0.3	0.3			0.7	0.9		
	65~74	2.4	3.1			1.0	1.2			0.2	0.3			0.7	0.9		
	75 이상	2.4	3.0			1.0	1.2			0.2	0.3			0.7	0.8		
여자	6~8(세)	0.8	1.0			0.5	0.6			0.1	0.2			0.3	0.4		
	9~11	1.1	1.4			0.6	0.8			0.2	0.2			0.4	0.5		
	12~14	1.5	1.8			0.9	1.1			0.2	0.3			0.6	0.7		
	15~18	1.5	1.9			0.9	1.1			0.2	0.3			0.6	0.7		
	19~29	2.2	2.8			0.9	1.1			0.2	0.3			0.6	0.8		
	30~49	2.2	2.7			0.9	1.1			0.2	0.3			0.6	0.8		
	50~64	2.1	2.6			0.8	1.0			0.2	0.3			0.6	0.7		
	65~74	2.0	2.5			0.8	1.0			0.2	0.2			0.5	0.7		
	75 이상	1.9	2.3			0.7	0.9			0.2	0.2			0.5	0.7		
임신부		+0.8	+1.0			+0.3	+0.4			+0.1	+0.1			+0.2	+0.2		
수유부		+1.5	+1.9			+0.4	+0.6			+0.2	+0.2			+0.2	+0.3		

【부록 1-3】 지용성 비타민

성별	연령	비타민 A(μg RAE/일)				비타민 D(μg/일)				비타민 E(mg α-TE/일)				비타민 K(μg/일)			
		평균 필요량	권장 섭취량	충분 섭취량	상한 섭취량	평균 필요량	권장 섭취량	충분 섭취량	상한 섭취량	평균 필요량	권장 섭취량	충분 섭취량	상한 섭취량	평균 필요량	권장 섭취량	충분 섭취량	상한 섭취량
영 아	0~5(개월)			350	600			5	25			3				4	
	6~11			450	600			5	25			4				7	
유 아	1~2(세)	200	300		600			5	30			5	200			25	
	3~5	230	350		700			5	35			6	250			30	
남 자	6~8(세)	320	450		1,000			5	40			7	300			45	
	9~11	420	600		1,500			5	60			9	400			55	
	12~14	540	750		2,100			10	100			10	400			70	
	15~18	620	850		2,300			10	100			11	500			80	
	19~29	570	800		3,000			10	100			12	540			75	
	30~49	550	750		3,000			10	100			12	540			75	
	50~64	530	750		3,000			10	100			12	540			75	
	65~74	500	700		3,000			15	100			12	540			75	
	75 이상	500	700		3,000			15	100			12	540			75	
여 자	6~8(세)	290	400		1,000			5	40			7	300			45	
	9~11	380	550		1,500			5	60			9	400			55	
	12~14	470	650		2,100			10	100			10	400			65	
	15~18	440	600		2,300			10	100			11	500			65	
	19~29	460	650		3,000			10	100			12	540			65	
	30~49	450	650		3,000			10	100			12	540			65	
	50~64	430	600		3,000			10	100			12	540			65	
	65~74	410	550		3,000			15	100			12	540			65	
	75 이상	410	550		3,000			15	100			12	540			65	
임신부		+50	+70		3,000			+0	100			+0	540			+0	
수유부		+350	+490		3,000			+0	100			+3	540			+0	

【부록 1-4】 수용성 비타민

성별	연령	비타민 C(mg/일)				티아민(mg/일)				리보플라빈(mg/일)				니아신(mg NE/일)[1]				
		평균필요량	권장섭취량	충분섭취량	상한섭취량	평균필요량	권장섭취량	충분섭취량	상한섭취량	평균필요량	권장섭취량	충분섭취량	상한섭취량	평균필요량	권장섭취량	충분섭취량	상한섭취량[2]	상한섭취량[2]
영아	0~5(개월)			35				0.2				0.3				2		
	6~11			45				0.3				0.4				3		
유아	1~2(세)	30	35		350	0.4	0.5			0.5	0.5			4	6		10	180
	3~5	30	40		500	0.4	0.5			0.5	0.6			5	7		10	250
남자	6~8(세)	40	55		700	0.6	0.7			0.7	0.9			7	9		15	350
	9~11	55	70		1,000	0.7	0.9			1.0	1.2			9	12		20	500
	12~14	70	90		1,400	1.0	1.1			1.2	1.5			11	15		25	700
	15~18	80	105		1,500	1.1	1.3			1.4	1.7			13	17		30	800
	19~29	75	100		2,000	1.0	1.2			1.3	1.5			12	16		35	1,000
	30~49	75	100		2,000	1.0	1.2			1.3	1.5			12	16		35	1,000
	50~64	75	100		2,000	1.0	1.2			1.3	1.5			12	16		35	1,000
	65~74	75	100		2,000	1.0	1.2			1.3	1.5			12	16		35	1,000
	75 이상	75	100		2,000	1.0	1.2			1.3	1.5			12	16		35	1,000
여자	6~8(세)	45	60		700	0.6	0.7			0.6	0.8			7	9		15	350
	9~11	60	80		1,000	0.7	0.9			0.8	1.0			9	12		20	500
	12~14	75	100		1,400	0.9	1.1			1.0	1.2			11	15		25	700
	15~18	70	95		1,500	1.0	1.2			1.0	1.2			11	14		30	800
	19~29	75	100		2,000	0.9	1.1			1.0	1.2			11	14		35	1,000
	30~49	75	100		2,000	0.9	1.1			1.0	1.2			11	14		35	1,000
	50~64	75	100		2,000	0.9	1.1			1.0	1.2			11	14		35	1,000
	65~74	75	100		2,000	0.9	1.1			1.0	1.2			11	14		35	1,000
	75 이상	75	100		2,000	0.9	1.1			1.0	1.2			11	14		35	1,000
임신부		+10	+10		2,000	+0.4	+0.4			+0.3	+0.4			+3	+4		35	1,000
수유부		+35	+40		2,000	+0.3	+0.4			+0.4	+0.5			+2	+3		35	1,000

성별	연령	비타민 B6(mg/일)				엽산(μg DFE/일)[3]				비타민 B12(μg/일)				판토텐산(mg/일)				비오틴(μg/일)			
		평균필요량	권장섭취량	충분섭취량	상한섭취량	평균필요량	권장섭취량	충분섭취량	상한섭취량	평균필요량	권장섭취량	충분섭취량	상한섭취량	평균필요량	권장섭취량	충분섭취량	상한섭취량	평균필요량	권장섭취량	충분섭취량	상한섭취량
영아	0~5(개월)			0.1				65				0.3				1.7				5	
	6~11			0.3				80				0.5				1.9				7	
유아	1~2(세)	0.5	0.6		25	120	150		300	0.8	0.9					2				9	
	3~5	0.6	0.7		35	150	180		400	0.9	1.1					2				11	
남자	6~8(세)	0.7	0.9		45	180	220		500	1.1	1.3					3				15	
	9~11	0.9	1.1		55	250	300		600	1.5	1.7					4				20	
	12~14	1.3	1.5		60	300	360		800	1.9	2.3					5				25	
	15~18	1.3	1.5		65	320	400		900	2.2	2.7					5				30	
	19~29	1.3	1.5		100	320	400		1,000	2.0	2.4					5				30	
	30~49	1.3	1.5		100	320	400		1,000	2.0	2.4					5				30	
	50~64	1.3	1.5		100	320	400		1,000	2.0	2.4					5				30	
	65~74	1.3	1.5		100	320	400		1,000	2.0	2.4					5				30	
	75 이상	1.3	1.5		100	320	400		1,000	2.0	2.4					5				30	
여자	6~8(세)	0.7	0.9		45	180	220		500	1.1	1.3					3				15	
	9~11	0.9	1.1		55	250	300		600	1.5	1.7					4				20	
	12~14	1.2	1.4		60	300	360		800	1.9	2.3					5				25	
	15~18	1.2	1.4		65	320	400		900	2.0	2.4					5				30	
	19~29	1.2	1.4		100	320	400		1,000	2.0	2.4					5				30	
	30~49	1.2	1.4		100	320	400		1,000	2.0	2.4					5				30	
	50~64	1.2	1.4		100	320	400		1,000	2.0	2.4					5				30	
	65~74	1.2	1.4		100	320	400		1,000	2.0	2.4					5				30	
	75 이상	1.2	1.4		100	320	400		1,000	2.0	2.4					5				30	
임신부		+0.7	+0.8		100	+200	+220		1,000	+0.2	+0.2					+1				+0	
수유부		+0.7	+0.8		100	+130	+150		1,000	+0.3	+0.4					+2				+5	

[1] 1 mg NE(니아신 당량)=1 mg 니아신=60 mg 트립토판 [2] 니코틴산/니코틴아미드 [3] Dietary Folate Equivalents, 가임기 여성의 경우 400 μg/일의 엽산보충제 섭취를 권장함. 엽산의 상한섭취량은 보충제 또는 강화식품의 형태로 섭취한 μg/일에 해당됨.

【부록 1-5】 다량 무기질

성별	연령	칼슘(mg/일)				인(mg/일)				나트륨(mg/일)				
		평균필요량	권장섭취량	충분섭취량	상한섭취량	평균필요량	권장섭취량	충분섭취량	상한섭취량	평균필요량	권장섭취량	충분섭취량	상한섭취량	목표섭취량
영아	0~5(개월)			210	1,000			100				120		
	6~11			300	1,500			300				370		
유아	1~2(세)	390	500		2,500	380	450		3,000			900		
	3~5	470	600		2,500	460	550		3,000			1,000		
남자	6~8(세)	580	700		2,500	490	600		3,000			1,200		
	9~11	650	800		3,000	1,000	1,200		3,500			1,400		2,000
	12~14	800	1,000		3,000	1,000	1,200		3,500			1,500		2,000
	15~18	720	900		3,000	1,000	1,200		3,500			1,500		2,000
	19~29	650	800		2,500	580	700		3,500			1,500		2,000
	30~49	630	800		2,500	580	700		3,500			1,500		2,000
	50~64	600	750		2,000	580	700		3,500			1,500		2,000
	65~74	570	700		2,000	580	700		3,500			1,300		2,000
	75 이상	570	700		2,000	580	700		3,000			1,100		2,000
여자	6~8(세)	580	700		2,500	450	550		3,000			1,200		
	9~11	650	800		3,000	1,000	1,200		3,500			1,400		2,000
	12~14	740	900		3,000	1,000	1,200		3,500			1,500		2,000
	15~18	660	800		3,000	1,000	1,200		3,500			1,500		2,000
	19~29	530	700		2,500	580	700		3,500			1,500		2,000
	30~49	510	700		2,500	580	700		3,500			1,500		2,000
	50~64	580	800		2,000	580	700		3,500			1,500		2,000
	65~74	560	800		2,000	580	700		3,500			1,300		2,000
	75 이상	560	800		2,000	580	700		3,000			1,100		2,000
임신부		+0	+0		2,500	+0	+0		3,000			1,500		2,000
수유부		+0	+0		2,500	+0	+0		3,500			1,500		2,000

성별	연령	염소(mg/일)				칼륨(mg/일)				마그네슘(mg/일)			
		평균필요량	권장섭취량	충분섭취량	상한섭취량	평균필요량	권장섭취량	충분섭취량	상한섭취량	평균필요량	권장섭취량	충분섭취량	상한섭취량[1]
영아	0~5(개월)			180				400				30	
	6~11			560				700				55	
유아	1~2(세)			1,300				2,000		65	80		65
	3~5			1,500				2,300		85	100		90
남자	6~8(세)			1,900				2,600		135	160		130
	9~11			2,100				3,000		190	230		180
	12~14			2,300				3,500		265	320		250
	15~18			2,300				3,500		335	400		350
	19~29			2,300				3,500		295	350		350
	30~49			2,300				3,500		305	370		350
	50~64			2,300				3,500		305	370		350
	65~74			2,000				3,500		305	370		350
	75 이상			1,700				3,500		305	370		350
여자	6~8(세)			1,900				2,600		125	150		130
	9~11			2,100				3,000		180	210		180
	12~14			2,300				3,500		245	290		250
	15~18			2,300				3,500		285	340		350
	19~29			2,300				3,500		235	280		350
	30~49			2,300				3,500		235	280		350
	50~64			2,300				3,500		235	280		350
	65~74			2,000				3,500		235	280		350
	75 이상			1,700				3,500		235	280		350
임신부				2,300				+0		+32	+40		350
수유부				2,300				+400		+0	+0		350

[1] 식품외 급원의 마그네슘에만 해당

【부록 1-6】 미량 무기질

성별	연령	철(mg/일) 평균필요량	권장섭취량	충분섭취량	상한섭취량	아연(mg/일) 평균필요량	권장섭취량	충분섭취량	상한섭취량	구리(μg/일) 평균필요량	권장섭취량	충분섭취량	상한섭취량	불소(mg/일) 평균필요량	권장섭취량	충분섭취량	상한섭취량
영아	0~5(개월)			0.3	40			2				240				0.01	0.6
영아	6~11	5	6		40	2	3					310				0.5	0.9
유아	1~2(세)	4	6		40	2	3		6	220	280		1,500			0.6	1.2
유아	3~5	5	6		40	3	4		9	250	320		2,000			0.8	1.7
남자	6~8(세)	7	9		40	5	6		13	340	440		3,000			1.0	2.5
남자	9~11	8	10		40	7	8		20	440	580		5,000			2.0	10.0
남자	12~14	11	14		40	7	8		30	570	740		7,000			2.5	10.0
남자	15~18	11	14		45	8	10		35	650	840		7,000			3.0	10.0
남자	19~29	8	10		45	8	10		35	600	800		10,000			3.5	10.0
남자	30~49	8	10		45	8	10		35	600	800		10,000			3.0	10.0
남자	50~64	7	10		45	8	9		35	600	800		10,000			3.0	10.0
남자	65~74	7	9		45	7	9		35	600	800		10,000			3.0	10.0
남자	75 이상	7	9		45	7	9		35	600	800		10,000			3.0	10.0
여자	6~8(세)	6	8		40	4	5		13	340	440		3,000			1.0	2.5
여자	9~11	7	10		40	6	8		20	440	580		5,000			2.0	10.0
여자	12~14	13	16		40	6	8		25	570	740		7,000			2.5	10.0
여자	15~18	11	14		45	7	9		30	650	840		7,000			2.5	10.0
여자	19~29	11	14		45	7	8		35	600	800		10,000			3.0	10.0
여자	30~49	11	14		45	7	8		35	600	800		10,000			2.5	10.0
여자	50~64	6	8		45	6	7		35	600	800		10,000			2.5	10.0
여자	65~74	6	8		45	6	7		35	600	800		10,000			2.5	10.0
여자	75 이상	5	7		45	6	7		35	600	800		10,000			2.5	10.0
임신부		+8	+10		45	+0.2	+2.5		35	+100	+130		10,000			+0	10.0
수유부		+0	+0		45	+4.0	+5.0		35	+370	+480		10,000			+0	10.0

성별	연령	망간(mg/일) 평균필요량	권장섭취량	충분섭취량	상한섭취량	요오드(μg/일) 평균필요량	권장섭취량	충분섭취량	상한섭취량	셀레늄(μg/일) 평균필요량	권장섭취량	충분섭취량	상한섭취량	몰리브덴(μg/일) 평균필요량	권장섭취량	충분섭취량	상한섭취량	크롬(μg/일) 평균필요량	권장섭취량	충분섭취량	상한섭취량
영아	0~5(개월)			0.01				130	250			9	45							0.2	
영아	6~11			0.8				170	250			11	65							5.0	
유아	1~2(세)			1.5	2.0	55	80		300	19	23		75				100			12	
유아	3~5			2.0	3.0	65	90		300	22	25		100				100			12	
남자	6~8(세)			2.5	4.0	75	100		500	30	35		150				200			20	
남자	9~11			3.0	5.0	85	110		500	39	45		200				300			25	
남자	12~14			4.0	7.0	90	130		1,800	49	60		300				400			35	
남자	15~18			4.0	9.0	95	130		2,200	55	65		300				500			40	
남자	19~29			4.0	11.0	95	150		2,400	50	60		400	25	30		550			35	
남자	30~49			4.0	11.0	95	150		2,400	50	60		400	20	25		550			35	
남자	50~64			4.0	11.0	95	150		2,400	50	60		400	20	25		550			35	
남자	65~74			4.0	11.0	95	150		2,400	50	60		400	20	25		550			35	
남자	75 이상			4.0	11.0	95	150		2,400	50	60		400	20	25		500			35	
여자	6~8(세)			2.5	4.0	75	100		500	30	35		150				200			15	
여자	9~11			3.0	5.0	85	110		500	39	45		200				300			20	
여자	12~14			3.5	7.0	90	130		2,000	49	60		300				400			25	
여자	15~18			3.5	9.0	95	130		2,200	55	65		300				400			25	
여자	19~29			3.5	11.0	95	150		2,400	50	60		400	20	25		450			25	
여자	30~49			3.5	11.0	95	150		2,400	50	60		400	20	25		450			25	
여자	50~64			3.5	11.0	95	150		2,400	50	60		400	20	25		450			25	
여자	65~74			3.5	11.0	95	150		2,400	50	60		400	20	25		450			25	
여자	75 이상			3.5	11.0	95	150		2,400	50	60		400	20	25		450			25	
임신부				+0	11.0	+65	+90			+3	+4		400				450			+5	
수유부				+0	11.0	+130	+190			+9	+10		400				450			+20	

부록 2

에너지
요구량 산출

【부록 2-1】 단위 체표면적당 에너지 소모량

단위 (kcal/m²/시간)

연령(세)	성별	
	남	여
0	48.7	48.4
1~	53.6	52.6
2~	56.2	55.1
3~	57.2	55.6
4~	56.5	54.0
5~	55.1	51.6
6~	52.9	49.5
7~	51.1	47.6
8~	49.3	46.2
9~	47.5	44.8
10~	46.2	44.1
11~	45.3	43.1
12~	44.5	42.2
13~	43.5	41.2
14~	42.6	39.8
15~	41.7	38.1
16~	41.0	36.9
17~	40.3	36.0
18~	39.6	35.6
19~	38.8	35.1
20~29	37.5	34.3
30~39	36.5	33.2
40~49	35.6	32.5
50~59	34.8	32.0
60~64	34.0	31.6
65~69	33.3	31.4
70~74	32.6	31.1
75~79	31.9	30.9
80~	30.7	30.0

*자료: 일본인의 영양소요량(제6차 개정), 1999

성명 __________
성별 남( ) 여( )
연령 __________ 세
신장 __________ cm
체중 __________ kg

때	시간	활동	에너지 소모 활동군										
			0	1	2	3	4	5	6	7	8	9	10
오전	5 : 40	기상	V										
	5 : 40~6 : 10	세수, 양치질, 머리감기				V							
	6 : 10~6 : 20	아침 식사			V								
	6 : 20~6 : 40	머리손질, 옷 갈아입기				V							
	6 : 40~6 : 45	걷기							V				
	6 : 45~7 : 00	버스타기(서서)					V						
	7 : 00~7 : 10	걷기											
	7 : 10~7 : 15	계단 오르기											
	7 : 15~8 : 40	공부(도서관)											
	8 : 40~8 : 50	계단 내려오기											
	8 : 50~9 : 00	걷기											
	9 : 00~10 : 50	수업											
	10 : 50~11 : 00	계단 내려가기											
	11 : 00~11 : 25	수업											
	11 : 25~11 : 30	걷기											
	11 : 30~11 : 50	점심식사											
	11 : 50~12 : 00	걷기											
오후	12 : 00~2 : 00	서서 실습수업											
	2 : 00~2 : 10	걷기											
	2 : 10~2 : 20	계단 오르기											
	2 : 20~2 : 30	걷기											
	2 : 30~3 : 00	앉아서 친구와 대화											
	3 : 00~4 : 15	공부											
	4 : 15~4 : 25	걷기											
	4 : 25~6 : 00	수업											
	6 : 00~6 : 10	걷기											
	6 : 10~6 : 15	계단 오르기											
	6 : 15~8 : 20	공부											
	8 : 20~8 : 30	계단 오르기											
	8 : 30~8 : 40	걷기											
	8 : 40~9 : 00	버스타기(서서)											
	9 : 00~9 : 10	걷기											
	9 : 10~9 : 20	씻기, 세수											
	9 : 20~9 : 40	저녁식사											
	9 : 40~10 : 00	양치질, 잠옷 갈아입기											
	10 : 00	취침											

【부록 2-3】 각종 활동강도에 따른 에너지 소모량

에너지 소모 활동군	활동상태	에너지 소모량 (kcal/kg체중/분)
0. 수면		
1. 깨어서 누워 있는 정도의 활동		0.002
2. 앉아 있는 활동	편안히 앉아 있는 상태, 소리 내어 책을 읽는 상태, 바느질하기, 글을 쓰는 상태, 먹는 상태, 공부하는 상태	0.007
3. 서 있는 활동		0.008
4. 일상생활 작업 활동	옷 입기, 옷 벗기, 세면, 목욕, 면도 등	0.012
5. 아주 가벼운 활동	자동차 운전, 부엌에서의 가사노동, 다림질, 세탁기에서 빨래하기, 타이프를 치는 상태, 실외에서 천천히 걷는 상태	0.017
6. 가벼운 활동	직장에서 앉아서 일을 하는 상태, 손빨래하기(가벼운 세탁물을 세탁하는 경우), 그림을 그리거나 가구의 페인트 칠하기, 구두닦기, 중정도의 속도로 피아노치기, 카펫을 청소하는 경우(청소기를 이용), 실외에서 보통의 속도로 걷는 경우	0.025
7. 중정도의 활동	중정도의 속도로 자전거를 타는 경우, 골프나 야구 등의 운동을 하는 경우, 목공일, 춤을 추는 경우, 청소하는 경우, 약간 빠른 속도로 걷는 경우(3~3.5mph)	0.042
8. 약간 심한 활동	빠른 춤을 추는 경우, 말타기(말이 걷는 정도의 속도로), 탁구치기, 스케이트 타기, 급히 걷는 경우	0.067
9. 심한 활동	나무 판자를 톱질하기, 테니스, 뛰는 말타기, 계단 오르고 내리기, 뛰기	0.108
10. 극심한 활동	권투, 풋볼, 레슬링 등의 운동, 배를 저으면서 타기(중간속도), 수영, 달리기	0.142

【부록 2-4】 1일 각종 활동 강도에 따른 활동대사량

등급	활동상태	에너지 소모량 (kcal/kg체중/시간)
A	하루 종일 휴식하고 있는 상태 (주로 앉아서 책을 읽거나, 바느질을 하거나, 약간 걷거나, 서 있는 종류)	0.50
B	아주 가벼운 노동(활동) (주로 앉아서 하루 종일 일을 하거나, 약 2시간쯤 걷거나 서 있는 종류)	0.59
C	가벼운 노동(활동) (앉아서 타이프 치고, 실험실 등에서 서 있거나 걸어 다니는 일의 종류)	0.79
D	중간 노동(활동) (서 있거나 걸어 다니면서 집안일을 주로 하고, 때때로 마당 손질하기)	1.10
E	심한 노동(활동) (서 있거나 걷거나 또는 운동, 춤 등의 활동을 하며, 별로 앉아 있지 않는 상태)	1.69
F	격심한 노동(활동) (심한 운동으로 수영, 정구, 농구, 배구, 달리기 등의 운동을 많이 하는 사람)	2.40

참고문헌

찾아보기

참고문헌

■ 국내서적

· 곽한식 외 역(Mary K. Campbell). 생화학 제 8 판. 라이프사이언스; 2015

· 구재옥 외. 고급영양학. 파워북; 2015

· 농촌진흥청 국립농업과학원. 제8개정판 식품성분표. 2011

· 보건복지부·한국영양학회. 2015 한국인 영양소 섭취기준. 2015

· 보건복지부·질병관리본부. 2013년도 국민건강통계. 2014

· 식품의약품안전처. 당류, 얼마나 먹었을까요. 2014

· 식품의약품안전처. 건강이와 함께하는 단맛이야기. 2014

· 식품의약품안전처. 생애주기 영양관리 정보관. www.foodnara.go.kr

· 이미숙 외 9인 저. 영양과 식생활. 교문사; 2015

· 이명숙 외 11인. 분자영양학. 교문사; 2015

· 이주희 외 5인. 생화학 제2판. 교문사; 2010

· 이양자 외. 고급영양학. 신광출판사; 2006

· 이종호 외. 임상영양치료를 위한 병태생리학. 교문사; 2013

· 이상선 외 역. New 영양과학. 지구문화사; 2008

· 이주희 외. 대사를 중심으로 한 생화학. 교문사; 2013

· 질병관리본부·대한소아과학회. 한국소아발육표준치. 2007

· 최혜미 외. 21세기 영양학. 교문사; 2006

· 통계청. 2014년 양곡소비량조사 결과. 2015

· 한국지질·동맥경화학회 치료지침 제정 위원회. 이상지질혈증 치료지침 2판 수정보완판. 2009

■ 해외서적

- Bender DA, Mayes PA. Digestion and absorption. In Harper's Biochemistry. 26th ed,
- Murray RK, Granner DK, Mayes PA, Rodwell VW. eds, Appleton & Lange, 2003
- Bowman BA, Russel RM eds. Present Knowledge in Nutrition. 9th ed. ILSI Press; 2006
- The British Nutrition Foundation. Cardiovascular Disease: Diet, Nutrition and
- Emerging Risk Factors. Blackwell Publishing; 2005
- Ball GFM. Vitamins: Their role in the human body. Blackwell Science; 2004
- Boyle MA. Personal Nutrition. 9th ed. Wadsworth; 2014
- Food and Nutrition Board. Dietary reference intakes for energy, carbohydrates, fiber, fat, protein and amino acids(Macronutrients). National Academies Press; 2015
- Gropper SS, Smith JL, Groff JL. Advanced Nutrition and Human Metabolism. 5th ed. Wadsworth; 2009
- Lee RD. Nutritional Assessment 5th ed. McGraw Hill; 2010
- Mahan LK, Escott—Stump S. Krause's Food & Nutrition Therapy. 12th ed, Elsevier; 2008
- Medeiros DM, Wildman REC. Advanced Human Nutrition. 2nd ed. Jones & Bartlett Learning; 2012
- Nelson DL, Cox MM, Lehninger AL. Biochemistry, 4th ed. 2005
- Shils ME, Shike M, Ross AC, Caballero B, Cousins RJ. Modern Nutrition in Health and Disease. 10th ed. Lippincott Williams & Wilkins; 2006
- Sizer F, Whitney E. Nutrition Concepts and Controversies. 12th ed. Wadsworth; 2011
- United States Department of Agriculture, Scientific Reports of the 2015 Dietary
- Guidelines Advisory Committee. 2015
- Wardlaw GM. Perspectives in Nutrition. 9th ed. McGraw—Hill; 2013
- WHO:Diet, Nutrition and the Prevention of Chronic Diseases. Report of a Joint
- WHO/FAO Expert Consultation. 2003
- Whitney E, Rolfes SR. Understanding Nutrition. 12th ed. Wadsworth; 2011

찾아보기

저자약력

김혜영 | 미국 일리노이대학교(University of Illinois, Urbana) Ph.D.
용인대학교 식품영양학과 교수, 영양학 전공

박혜련 | 미국 터프트대학교(Tufts University) Ph.D.
명지대학교 식품영양학과 교수

이혜성 | 미국 미네소타대학교(University of Minnesota) Ph.D.
경북대학교 식품영양학과 명예교수

장순옥 | 미국 일리노이대학교(University of Illinois, Urbana) Ph.D.
수원대학교 식품영양학과 교수 역임

최영선 | 미국 메릴랜드대학교(University of Maryland) Ph.D.
대구대학교 식품영양학과 교수

김광옥 | 경북대학교(Kyungpook National University) Ph.D.
김천대학교 식품영양학과 조교수

김기대 | 고려대학교(Korea University) Ph.D.
경남대학교 식품영양학과 조교수

김윤희 | 일본 큐슈대학교(Kyushu University, Fukuoka) Ph.D.
대구대학교 식품영양학과 조교수

박은미 | 미국 텍사스어스틴주립대학교(University of Texas at Austin) Ph.D.
한남대학교 식품영양학과 조교수

임영숙 | 명지대학교(Myongji University) Ph.D.
명지대학교 식품영양학과 조교수

최신 영양학

2004년 10월 30일 초판 발행
2006년 2월 20일 2개정판 발행
2011년 8월 29일 3개정판 발행
2016년 8월 11일 4개정판 발행

지은이 | 김혜영, 박혜련, 이혜성, 장순옥, 최영선
　　　　　 김광옥, 김기대, 김윤희, 박은미, 임영숙
발행인 | 김홍용
펴낸곳 | **도서출판 효일**
디자인 | 에스디엠

주소 | 서울시 동대문구 용두동 102-201
전화 | 02-928-6644
팩스 | 02-927-7703
홈페이지 | www.hyoilbooks.com
e-mail | hyoilbooks@hyoilbooks.com
등록 | 1987년 11월 18일 제6-0045호

※ 무단복사 및 전재를 금합니다.

값 26,000원
ISBN 978-89-8489-125-8